大石门水利枢纽土石坝精细化建造关键技术研究与实践

顾　问　张振良　易平川　吐尔洪·马合木提

赵宇飞　亚森·纳斯尔　杨玉生
王晓强　袁文艺　张久庆　周际东　著

中国水利水电出版社
www.waterpub.com.cn
·北京·

内 容 提 要

土石坝是目前水利水电工程建设中最常见的坝型，土石坝精细化建造是提升工程建设科技水平、施工效率、质量监控的最直接途径。本书结合大石门水利枢纽工程中的沥青混凝土心墙砂砾石坝建设，开展了土石坝精细化建造关键技术开发与实践研究，主要包括坝料级配快速识别技术、施工信息BIM+GIS云上融合技术、施工过程重要信息感知与实时监控技术、施工过程多源海量数据分析技术等方面。最后结合大石门水利枢纽土石坝建设实践，开展了相关技术研究的实际工程实践。

本书不仅是大石门水利枢纽工程中土石坝建设经验总结，也是目前土石坝精细化建造关键技术研究成果的系统总结，可为今后水利水电工程、岩土工程等专业相关研究者及相关工程建设提供重要的参考。

图书在版编目（CIP）数据

大石门水利枢纽土石坝精细化建造关键技术研究与实践 / 赵宇飞等著. -- 北京 : 中国水利水电出版社, 2021.10
ISBN 978-7-5226-0155-7

Ⅰ. ①大… Ⅱ. ①赵… Ⅲ. ①水利枢纽－土石坝－工程施工－研究－巴音郭楞蒙古自治州 Ⅳ. ①TV632.452 ②TV641

中国版本图书馆CIP数据核字(2021)第223128号

书　　名	**大石门水利枢纽土石坝精细化建造关键技术研究与实践** DASHIMEN SHUILI SHUNIU TUSHIBA JINGXIHUA JIANZAO GUANJIAN JISHU YANJIU YU SHIJIAN
作　　者	赵宇飞　亚森·钠斯尔　杨玉生　王晓强　袁文艺 张久庆　周际东　著
出版发行	中国水利水电出版社 （北京市海淀区玉渊潭南路1号D座　100038） 网址：www.waterpub.com.cn E-mail：sales@mwr.gov.cn 电话：（010）68545888（营销中心）
经　　售	北京科水图书销售有限公司 电话：（010）68545874、63202643 全国各地新华书店和相关出版物销售网点
排　　版	中国水利水电出版社微机排版中心
印　　刷	清淞永业（天津）印刷有限公司
规　　格	184mm×260mm　16开本　14.75印张　359千字
版　　次	2021年10月第1版　2021年10月第1次印刷
印　　数	001—800册
定　　价	**108.00**元

凡购买我社图书，如有缺页、倒页、脱页的，本社营销中心负责调换

版权所有·侵权必究

前言
PREFACE

我国是全球人均水资源最贫乏的国家之一，尤其在我国西北地区的塔里木河流域，水资源存在严重的时空分布差异，水利工程是水资源优化调控的重要基础工程，关乎整个流域的生态环境、经济发展与社会安定。但是水利工程建设是一项复杂的系统工程，不同专业相互交叉制约，使得传统的水利工程建设施工管理手段与方法，难以对工程中关键工程部位及关键工序的施工实现有效的过程管理，施工质量无法得到有效保证，为水利工程的安全可靠运行与社会经济效益发挥埋下巨大的安全隐患。

进入21世纪以来，我国步入了真正的信息化时代，云计算、物联网、区块链等技术改变了传统的生活工作习惯，在物联网感知的大数据基础上，结合BIM与人工智能等先进技术，为全面把握水利工程建设情况、形象展现工程建设面貌、科学优化工程施工方案等方面提供了重要的基础资料与技术支撑，也强有力地推进了水利工程智慧化发展进程。

但是这些技术目前大多都应用在水利水电工程设计及运行管理阶段，在实际施工过程中的应用还不常见，尤其是对于传统的土石坝工程在填筑过程中的精细化管理与智能化施工方面的支撑还需要进一步研究与应用。

本书在阿尔塔什水利枢纽工程大坝填筑施工过程实时监控系统研究与应用基础上，依托新疆塔里木河流域的大石门水利枢纽工程，结合该工程中的沥青混凝土心墙砂砾石坝施工过程，利用BIM技术、高精度北斗定位技术、物联网技术、云计算技术、概率统计拟合与大数据挖掘分析技术，开展了大石门水利枢纽工程大坝填筑施工的智能化监控与精细化管理的研究与应用，通过大石门水利枢纽的工程实践，可知综合利用BIM技术、高精度北斗定位技术、无人驾驶技术等能够有效地提高传统的土石方填筑工程的智能化水平，实现精细化的施工管理，能够有效保证施工质量，为整个工程的安全可靠运行、社会经济效益发挥提供重要的技术保障。

通过大石门水利工程中的精细化智能化管理实践，在以下四个方面进行了有益的探讨与应用，包括：①BIM技术对土石方填筑工程建设施工的施工资源规划、施工过程动态管理与优化以及施工信息的多维立体化展示支撑；②大坝填筑施工机械无人驾驶快速便捷无损改造技术研究与实际工程应用，以及云端施工任务规划与施工机械任务执行监控的技术研究与应用；③基于大坝填筑施工过程汇集的多维异构海量数据的深入挖掘与分析；④土石坝填筑施工过程实时智能化监控系统规划、开发、应用及提升等方面的深化研究。这几个方面在大石门水利枢纽工程中所取得的实践应用成果，都能为今后的相类似工程的智能化管理与控制提供重要的参考与借鉴。

随着水利部智慧水利顶层设计与规划，以及实施方案的确定与发布，利用高速发展的信息化技术赋能传统的水利工程，提升水利工程智能化与智慧化程度，是未来一段时间我国水利工程发展方向。本书的出版，是对我国智慧水利的响应，也可为未来智慧水利发展做出微薄贡献。

在本书的编写与出版过程中，得到了中国水利水电科学研究院“十四五”“三星人才”产品型人才基金（GE0145B022021）的资助，得到了新疆巴音郭楞蒙古自治州水利局建设管理处、巴州且末县大石门水利枢纽建设管理局、水利部新疆维吾尔自治区水利水电勘测设计研究院等单位的大力支持，作者在此一并向相关单位和个人表示最诚挚的谢意。

由于作者水平有限，书中难免存在不妥之处，恳请各位专家和广大读者及时给予批评指正。

作者

2021年3月

目录
CONTENTS

前言

第 1 章　绪论 ………… 1

1.1　我国土石坝建设发展历程 ………… 1

1.2　土石坝建造精细化智能管控关键技术的研究与应用 ………… 3

1.3　大石门水利枢纽工程 ………… 9

1.4　本书内容及关键技术 ………… 14

1.5　研究意义 ………… 14

第 2 章　土石坝建造精细化智能管控关键技术 ………… 16

2.1　概述 ………… 16

2.2　国内水利水电工程信息化发展水平与趋势 ………… 19

2.3　坝料级配特性参数快速识别技术 ………… 20

2.4　BIM+GIS 云上融合技术 ………… 24

2.5　施工过程重要信息的感知与控制技术 ………… 26

2.6　施工过程多源海量数据分析技术 ………… 28

第 3 章　土石坝填筑质量控制标准 ………… 30

3.1　土石坝填筑质量评价指标与过程控制 ………… 30

3.2　沥青混凝土试验与施工质量控制 ………… 31

3.3　施工过程质量控制 ………… 34

第 4 章　基于无人驾驶技术的大坝填筑施工过程精细化智能监控系统 ………… 37

4.1　系统架构 ………… 37

4.2　硬件系统 ………… 38

4.3　信息传输与交互系统 ………… 41

4.4　软件系统 ………… 43

4.5　施工机械无人驾驶技术 ………… 46

4.6　阿尔塔什水利枢纽工程土石坝填筑施工过程精细化智能监控系统应用 ………… 64

第 5 章　大石门水利枢纽工程大坝填筑施工过程精细化智能监控系统 ………… 79

5.1　大石门水利枢纽 BIM 技术应用 ………… 79

5.2　大石门水利枢纽工程填筑施工质量控制标准 ………… 95

5.3　大坝填筑施工过程精细化智能监控系统 …… 141
附：大石门水利枢纽大坝填筑施工过程数字化实时监控系统实施管理办法（试行）…… 163
第6章　大坝填筑施工过程精细化智能监控系统的管理实践与效益分析 …… 167
6.1　大坝运行阶段 BIM 模型的继承应用 …… 167
6.2　基于大坝填筑施工过程精细化智能监控系统的精细化管理 …… 169
6.3　大坝填筑施工质量检测数据分析 …… 182
6.4　大坝变形监测数据分析 …… 201
6.5　结论 …… 223
参考文献 …… 225

第1章 绪　论

1.1 我国土石坝建设发展历程

土石坝泛指由当地土料、石料或混合料，经过抛填、碾压等方法堆筑成的挡水坝。土石坝是水利水电工程中最常见的坝型之一，也是最古老的坝型之一，在我国有着悠久的建造历史，但是利用现代技术筑坝基本上起源于20世纪50年代。我国土石坝施工技术的发展，主要以振动碾压机械应用、筑坝高度以及对坝料性能的深入认识为主要标志。进入21世纪以来，随着GIS、BIM以及高精度卫星定位技术应用的不断深入，土石坝建造的精细化、数字化及智能化得到了很大提升，大坝建设质量、建设效率以及管理水平都得到了显著提高。

我国土石坝建造历史，大致可以分为四个阶段：早期建设阶段、新时期发展阶段、高土石坝发展阶段以及智能化发展阶段。

（1）早期建设阶段。主要指20世纪50年代到70年代的20年，是我国土石坝建设发展阶段。这个时期，我国先后修建了一批土坝，坝高一般都在50m以下，坝型绝大多数为均质土坝或土质心墙砂砾坝，地基处理大多采用黏土截水槽或上游铺盖方案，大坝填筑方式基本上以人力为主，辅以少量轻型施工机械。1958年后，各地建坝数量直线上升。70年代后，土石坝施工技术进步明显，主要体现在挖掘机开采坝料、汽车运输坝料逐渐占据主导地位，并且振动碾压施工机械也逐步进入大坝填筑领域。70年代初期沥青混凝土心（斜）墙坝的修筑在我国开始起步，由于施工技术的限制，心墙一般都采用浇筑方式填筑。如1974年完成一期工程的甘肃党河沥青混凝土心墙坝（心墙高58.5m）。由于施工机具、优质沥青料源等客观条件的限制，这种坝型没有得到较好的发展。

这一时期的代表性土石坝有松涛均质土坝（坝高80.1m，1970年建成）、岳城均质土坝（坝高53m，1964年建成）、毛家村心墙砂砾坝（坝高82.5m，1971年建成）、碧口心墙坝（坝高101.8m，1976年建成）等。

（2）新时期发展阶段。主要指20世纪80—90年代的近20年。这一时期，随着大型高效配套施工机械和施工技术的进步，以及岩土力学和试验技术的提高，高土石坝得到较快发展。进入20世纪70年代中期，我国开始向国外学习先进的筑坝经验，引进与研制大型施工机械以及科学的大坝建设管理经验。随着改革开放后综合国力的增强，大型土石方填筑施工机械及其配套设备装备在土石坝工程中得到了广泛应用，标志着我国进入了土石坝建设的新时期。在这个时期建立的小浪底水利枢纽斜心墙堆石坝（坝高154m）、黑河金盆心墙砂砾石坝（坝高130m），极大地丰富了我国在土石坝施工方面的实践经验。

另外，在这一个时期，我国的混凝土面板堆石坝也由于施工机械等现代化技术的发展得到了快速推广，彰显了其安全性、经济性以及适应性的优势。进入20世纪90年代之后，混凝土面板堆石坝迅速发展，1985—2000年，我国完建的混凝土面板堆石坝约为40座，其中坝高超过100m的大坝有9座，在这9座大坝中，天生桥一级水电站大坝坝高达178m，为混凝土面板堆石坝成为我国土石坝中高、中坝的主导坝型之一奠定了坚实基础。这一时期大坝的典型代表有西北口水电站、天生桥一级水电站、乌鲁瓦提水利枢纽以及芹山水电站等。

(3) 高土石坝发展阶段。这个阶段指2001—2010年这10年。进入21世纪之后，我国的土石坝建设进入了一个新的发展时期，一批高土石坝、超高土石坝的动工修建和相继建成，标志着中国的土石坝建设技术已经进入了世界先进行列。这10年中，相继建成高于100m的土石坝超过40座，其中高于150m的土石坝超过20座。高土石坝施工所使用的施工设备有了很大进步，填筑施工机械普遍使用了重型振动碾；坝料使用规划、坝体填筑分区等都更加科学、规范、合理；土石坝施工结束后质量检验检测、安全监测系统等技术都有了很大进步；并且混凝土面板、心墙等防渗系统的设计施工技术有了显著提升。

这个时期，我国高土石坝建设的水平主要体现在瀑布沟水电站砾石土心墙坝、水布垭水电站混凝土面板堆石坝、紫坪铺水库混凝土面板堆石坝等工程中。

(4) 智能化发展阶段。这一个时期从2011年开始至今。应用GPS卫星定位技术进行大坝填筑碾压过程的监控最早在水布垭水电站大坝填筑施工中进行了尝试，在云南糯扎渡水电站大坝建设中得到了系统全面的应用，云南糯扎渡水电站的心墙堆石坝的大坝填筑碾压施工最早系统地应用了大坝数字化施工系统，以天津大学钟登华院士为代表的科研团队，结合糯扎渡水电站大坝设计、施工状态，利用GPS高精度定位系统以及无线传输系统，建立了糯扎渡水电站的数字大坝系统，对大坝的坝料运输、坝料使用、大坝碾压等大坝施工过程的重要控制方面进行了实时监控，保证了大坝填筑质量。随后几年中，随着GIS技术、BIM技术、云计算技术、物联网技术等迅猛发展以及广泛应用，土石坝填筑施工过程中的数字化、智能化也得到了进一步发展。大坝填筑施工过程中坝料级配的快速识别、大坝碾压施工机械的无人驾驶施工、坝料碾压施工质量的自动感知与分析以及BIM+GIS技术的应用，是这个时期的典型体现。这一时期，我国一批复杂地质条件下超高土石坝开始开工建设，代表了世界土石坝建设的最高水平。

在这个时期，一批300m级高土石坝开工建设，如两河口水电站的黏土心墙堆石坝、双江口水电站的黏土心墙土石坝等，以及高地震烈度深厚覆盖层上的阿尔塔什水利枢纽混凝土面板堆石坝，它们都是这一阶段的典型代表。

从我国土石坝工程建设发展阶段来看，随着施工经验的丰富、施工机械的发展、控制技术的进步与信息技术的渗透，我国的土石坝工程建设水平已经处在国际领先水平，代表了国际上最先进的土石坝筑坝技术水平。

本书中所选择的大石门水利枢纽，位于新疆维吾尔自治区巴音郭楞蒙古自治州且末县，处于新疆南疆腹地，具有目前土石坝施工领域内最高地震设防烈度区域内的最高沥青混凝土心墙堆石坝，是新疆地区复杂地质环境下高坝建设的代表。

1.2　土石坝建造精细化智能管控关键技术的研究与应用

近年来，随着BIM技术的不断发展，土石坝工程建设施工的数字化、智能化水平越来越高，推动工程向着精细化水平发展。因此结合实际工程建设，开展系统的土石坝施工精细化关键技术梳理，整合BIM+GIS平台，并在以后的土石坝工程中推广，将获得较好的经济与社会效益。

目前，土石坝建造精细化智能管控关键技术大致分为以下四个方面，通过这四个方面关键技术的研究与应用，能够切实可行地实现土石坝施工质量与进度的严格控制以及施工效率、土石坝工程建设管理水平的提高。

1. 工程设计与施工阶段的BIM+GIS技术的应用与展示

BIM（building information modeling，建筑信息模型）技术由Autodesk公司在2002年率先提出，它可以帮助实现建筑信息的集成，从建筑的设计、施工、运行直至建筑全寿命周期的终结，各种信息始终整合于一个三维模型信息数据库中，设计单位、施工单位、管理单位等各方人员可以基于BIM进行协同工作，有效提高工作效率。

在项目划分与大坝施工组织设计中，单元工程是现场施工管理中最小的工程质量评价单元。在设计单位的BIM模型基础上，结合实际工程建设项目划分，根据实际施工现状，进行单元工程相关参数录入，精确生成将要进行施工的单元工程模型，并且结合GIS等技术，可以进行真实施工环境的生成，并将相关的施工信息实时进行三维展示，为工程施工的动态管理提供重要的基础与手段，如图1.1所示。

另外，结合BIM模型，可以实现土石坝填筑施工任务分解与资源优化，通过BIM模型生成体积，可以估算坝料用量、运输车辆、摊铺机械、碾压机械的优化调配；并且能够真实地利用BIM与GIS等技术，实现工程建设进度的三维展示，以及实际进度与计划进度的对比与调整；也可以利用三维BIM模型，整合各种施工信息，进行图像化、图形化等展示，为工程实际施工管理提供重要的手段与平台。还可以利用BIM技术，实现大坝填筑施工单位、监理单位、管理单位等工程项目参与单位的信息传递与共享，协同管理，提高工程建设效率，如图1.2所示。

利用BIM模型进行土石坝填筑施工的精细化管理，还能够为实现工程设计、建设、运行一体化的管理与数据继承提供重要的基础。

2. 土石坝填筑施工质量控制标准的精细化确定

随着土石坝工程施工机械自动化的发展，以及工程现场试验技术条件与管理水平的提升，在土石坝填筑施工机械碾压条件下的坝料压实控制参数与控制指标的确定也越来越精确，为土石坝填筑施工质量控制提供了重要的确定方法。

工程建设中，土石坝填筑质量控制标准基本上都是通过干密度换算得到，如相对密度、孔隙率等指标，这些指标的确定，常规方法是通过试验室的击实试验数据分析得到。但是随着施工机械的发展，坝料所允许的粒径也越来越大，室内试验由于缩尺效应，其所能代表的坝料粒径也越来越不能反映实际工程现状。

目前，随着试验水平的不断提高，在工程现场结合实际大坝填筑施工条件，利用典型

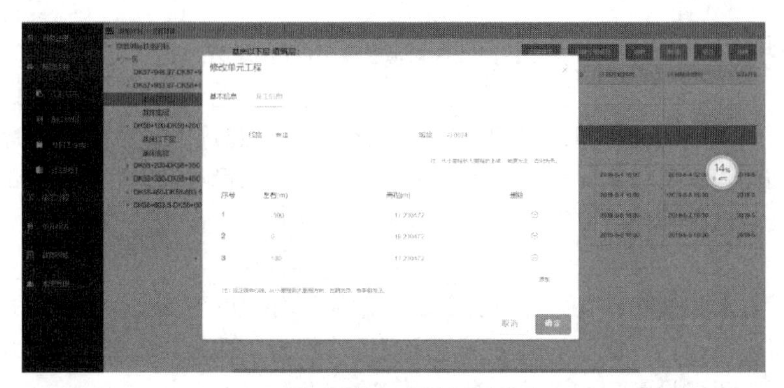

(a) BIM模型中单元工程的相关参数录入

(b) 在BIM模型生成将要进行施工的单元工程模型

图 1.1　土石坝施工工程的 BIM 模型

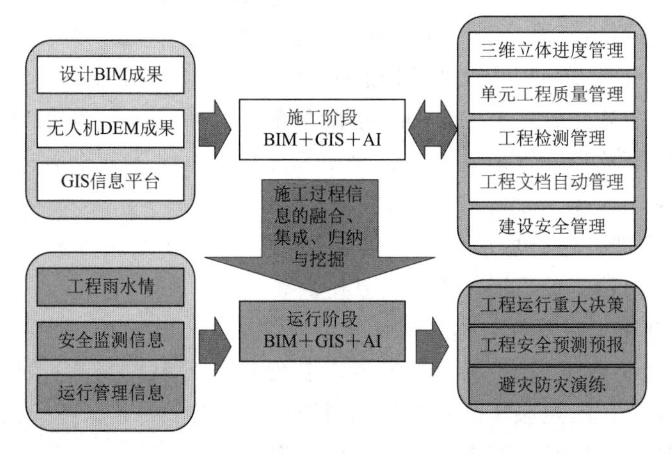

图 1.2　“BIM+GIS”技术在土石坝工程建设中的应用

设备开展真实施工条件下土石坝填筑施工质量控制标准确定的研究工作已经成为大型水利水电工程设计、施工以及运行期安全评价的关键。在我国新疆南部的阿尔塔什水利枢纽、大石门水利枢纽、大石峡水利枢纽、玉龙喀什水利枢纽、卡拉贝利水利枢纽、努尔加水库等工程，以及河南前坪水库、四川红鱼洞水库、四川李家岩水库等重大水利水电工程中都进行了现场的土石坝填筑施工质量控制标准的精细化确定试验，为整个工程的建设提供了重要技术支撑。

3. 土石坝填筑施工过程实时精细化智能监控

基于高精度北斗定位导航系统、智能物联网、云计算、图像识别、大数据挖掘等技术，建立实时、智能、全程、高效的大坝填筑施工过程的精细化智能碾压系统。系统中，对大坝填筑施工全过程的关键环节进行有效控制与管理，主要包括对大坝的坝料级配、坝料运输、坝料碾压施工过程以及坝料碾压质量进行实时智能化的施工过程管理。并且施工过程管理是基于 BIM 的工程实际项目划分进行，可以利用 BIM 进行智能化施工交底，保证大坝碾压施工过程实时监控系统与实际施工的单元工程管理一致，真正实现大坝填筑施工的精细化、智能化管理，保证施工质量与进度。

基于图像识别技术的大粒径坝料级配特性分析技术，即采用图像识别技术，将摊铺后坝料进行拍照，根据角度、位置、距离等因素进行修正，建立图像与实际坝料级配的相关关系，进行坝料粒径分析，绘制级配曲线，得到级配特征，如图 1.3 所示。与数据库内标准（碾压试验）骨料级配进行对比分析，提出施工过程碾压质量控制指标。

图 1.3　基于图像识别技术的大粒径坝料级配特性分析技术

在大坝填筑碾压施工过程方面，应用我国自主研发的三频信号服务高精度北斗定位导航系统（GNSS）以及车载高精度 GNSS 接收机、压实传感器、方向传感器、差分电台和车载控制器等数据采集设备，结合信息传输系统，建立土石坝填筑碾压施工机械施工过程的实时监控系统，保证施工过程完全按照制定的施工过程控制指标进行，保证施工质量。

建立基于碾压机械的人机友好型无人驾驶操作系统。无人驾驶操作系统主要包括施工机械的传感系统、决策系统和执行系统三个部分（图 1.4），在施工区域碾压路径自动规划与发布基础上，碾压机械实现对施工环境的自我感知、碾压路径的自我识别、驾驶动作的自我协同决策以及机械操作的自我执行（主要的无人驾驶技术系统运行流程如图 1.5 所示）。本系统不改变施工机械的油路、电路及气路控制系统，仅仅是在施工机械上布置相关的控制机构，通过简单调试就能够实现无人驾驶功能，避免了对碾压施工机械内部结构与控制系统的更改，降低了对碾压施工机械不可逆转的损伤风险，具有很强的适用性与移植性，以及广阔的应用前景。

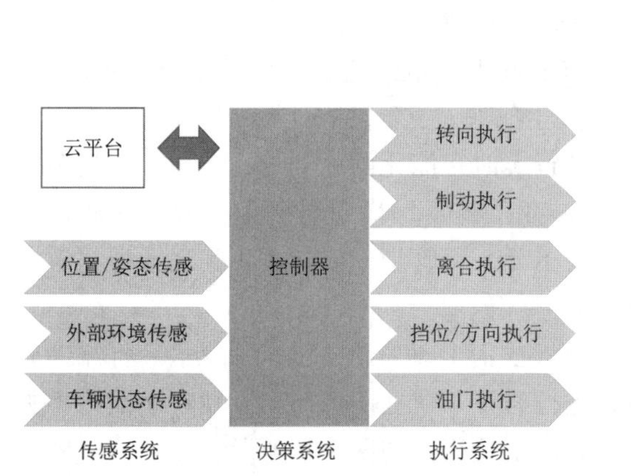

图 1.4　大坝填筑碾压施工机械无人驾驶操作系统示意图

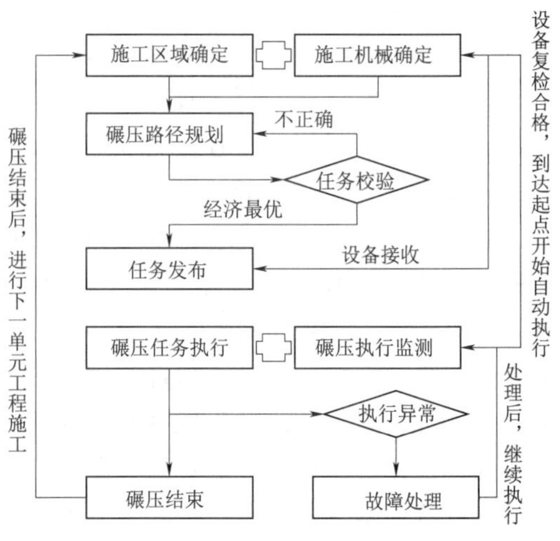

图 1.5　大坝填筑碾压施工机械无人驾驶技术系统运行流程示意图

图 1.6 所示的是在出山店水库中对已有施工机械进行改装后具有无人驾驶功能的（智能碾）实物。

图 1.6　改装后具有无人驾驶功能的（智能碾）实物

开发大坝填筑施工过程的精细化智能监控软件系统，为工程施工过程高效管理与质量控制提供了强大的技术支撑。并且软件系统部署在云上，这样便于系统存储资源、计算资源，并随着系统应用需求进行优化与拓展，实现按需快速增容，保证资源集约高效利用，也进一步降低现场部署服务器的建设、运行管理的软件、硬件以及人工管理成本。

大坝填筑过程包括料源、运输、摊铺、碾压、检测等关键环节，各部分设置不同的信息采集，其数据由矢量坐标、图像数据、传感器数据、检测数据、视频信息等多源异构信息组成，且每日信息数以十万计，累计入库信息可达数十亿条。采用大数据挖掘与分析技术，进行碾压遍数、激振力、碾压轨迹及碾压速度等指标实时在线（离线）分析，以及大坝任意平面、剖面、历史回放等监控指标分析与展示（图 1.7～图 1.9），大坝填筑信息能够无缝展示在 BIM+GIS 平台上，为工程建设形象化管理与施工过程质量控制提供了重要基础与平台。

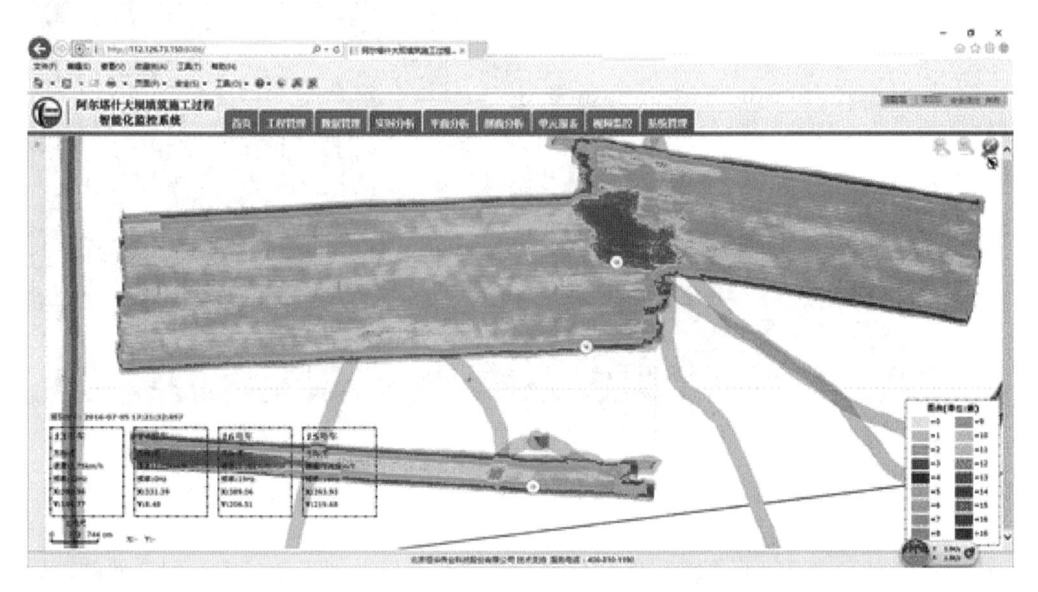

图 1.7 大坝碾压施工过程信息实时分析云图［阿尔塔什水利枢纽（混凝土面板堆石坝）］

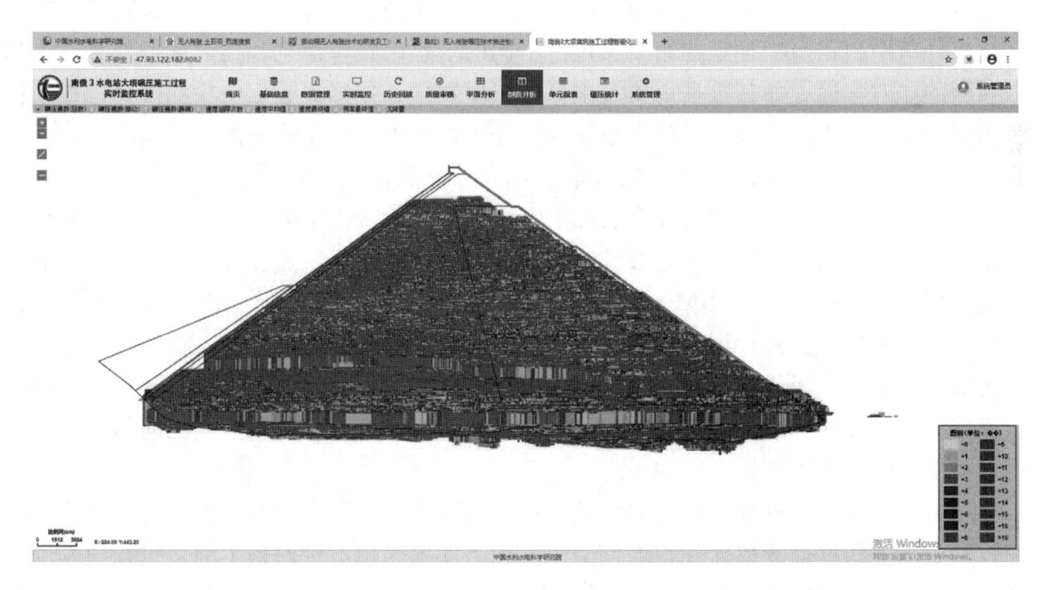

图 1.8 大坝碾压剖面分析示意图（老挝南俄 3 水电站 210m 高面板堆石坝）

4. 施工过程数据积累、挖掘与展示

通过对海量的多源异构信息的高效分析，实现对大坝填筑过程的坝料颗分、摊铺厚度、碾压遍数、碾压速度、施工机械振动状态、坝料压实程度等方面的深入分析及结果展

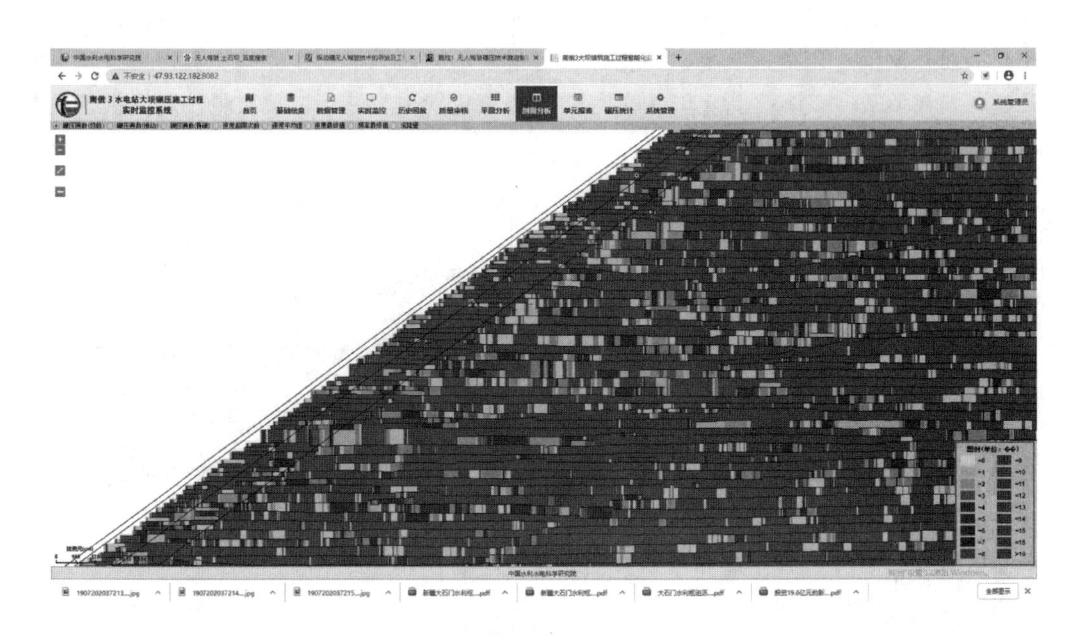

图 1.9　大坝碾压剖面分析示意图（局部放大图，老挝南俄 3 水电站 210m 高面板堆石坝）

示，从而实现对大坝填筑施工过程的全程智能化管控，以及施工质量的不同层面的挖掘与分析，为工程施工质量的多层次综合评价提供技术支撑。

在实际施工中，大坝填筑过程包括料源、运输、摊铺、碾压、检测等关键环节，在不同的施工环节中根据施工过程控制要点进行不同的信息采集，信息种类、数据量等方面都具有强烈的非对称性，如其数据由矢量坐标、图像数据、传感器数据、检测数据、视频信息等多源异构信息组成，且每日信息数以百万计，但是施工质量检测的数据却很少，且其代表性也存在一定问题。故而自动采集信息、人工检测信息、设计信息等不同类别的信息，具有强烈的个性，这就需要结合实际工程需要，针对工程中的不同类型问题，利用大数据挖掘与分析技术，进行碾压遍数、激振力、碾压轨迹及碾压速度等不同类型信息的实时在线（离线）分析，利用 BIM 模型，进行大坝任意平面、剖面、三维立体等不同形式的指标分析结果展示。并且可以通过基于大数据的动态贝叶斯智能系统分析评价，来建立碾压遍数、激振力、碾压速度和压实厚度等因素与压实质量指标（压实度或孔隙率）耦合分析模型，进而形成基于施工过程实时采集海量数据与人工检测有限数据之间的多源异构数据的多层次综合分析结果。

利用大坝填筑施工过程中产生的大量数据，包括地质信息、监测数据、施工过程实时监控数据、施工质量检测数据等，进行全面梳理与深度挖掘，全面揭示施工过程中大坝与坝基（深厚覆盖层）的变形特点，并利用 BIM＋GIS 等技术进行展示，为大坝运行过程中的安全评价与决策提供重要基础；通过提出的多层次、多因素、多参数的大坝长期运行安全性态（变形与渗流）预测预报，开展高面板堆石坝在不同运行工况下的安全风险预警与安全评价系统研究，包括提出安全分析因素、安全分析方法以及安全评价标准等方面，真正实现土石坝工程设计、施工与运行的全生命周期清晰化智能管理。

1.3 大石门水利枢纽工程

1.3.1 工程概况

大石门水利枢纽工程位于新疆且末县境内的车尔臣河上。坝址位于车尔臣河与托其里萨依河汇合口下游300m处，地理坐标为东经85°51′51″，北纬37°30′24″。从乌鲁木齐沿国道G312、G314和沙漠公路至且末县城约1300km，且末县城有县乡道路可通达枢纽，公路里程98km，其中86km为沥青混凝土路面，12km为级配砾石路面，交通条件较好。

大石门水利枢纽工程为大（2）型Ⅱ等工程，主要任务是防洪、发电兼顾灌溉。水库总库容1.27亿m^3，调节库容0.99亿m^3，死库容0.18亿m^3；水库正常蓄水位2300.00m，坝顶高程2304.50m；拦河坝最大坝高128.8m，电站装机60MW，发电引水流量82.0m^3/s。工程主要水工建筑物有沥青混凝土心墙坝、底孔泄洪洞、表孔溢洪洞、导流洞、引水发电系统和电站厂房，其中大坝为1级建筑物，底孔泄洪洞、表孔溢洪洞、发电引水洞进口为2级建筑物，发电引水洞和发电厂房为3级建筑物，临时建筑物为4级。大石门水利枢纽坝址区水工建筑物三维布置示意图如图1.10所示。

挡水大坝采用沥青混凝土心墙坝，坝顶高程2304.50m，最大坝高128.8m，坝顶宽

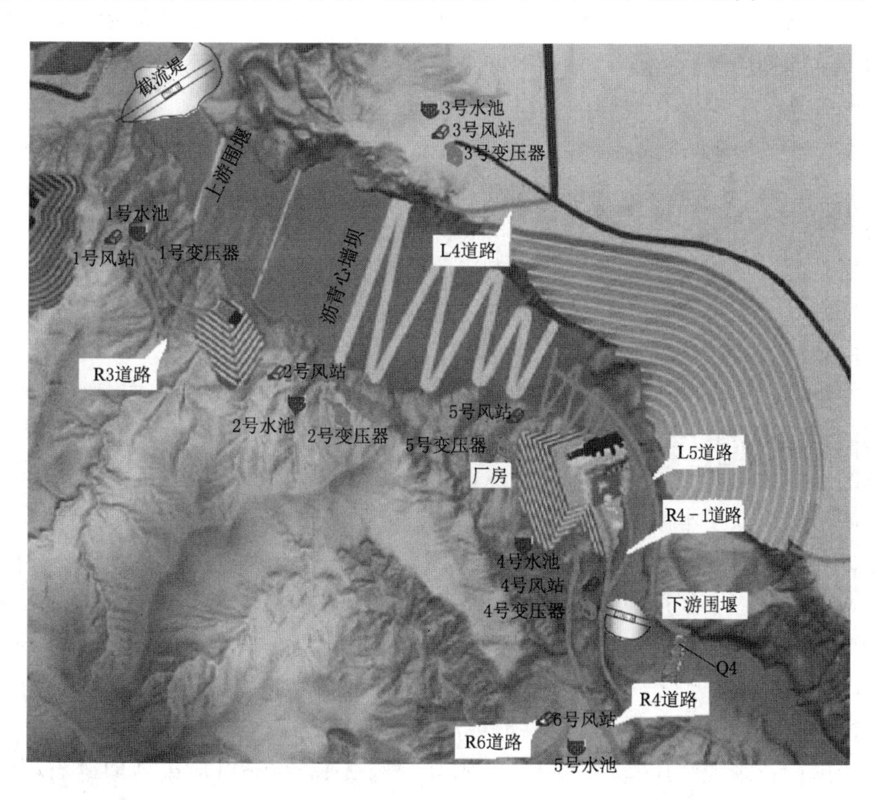

图1.10　大石门水利枢纽坝址区水工建筑物三维布置示意图

度12m，坝长205m。坝顶上游侧设置L形钢筋混凝土防浪墙，防浪墙顶高程2305.70m，墙高3.2m。大坝填筑完成之后三维形象示意图如图1.11所示，图1.12是坝体填筑各类坝料分区，图1.13为大石门水利枢纽坝体分期填筑示意图。

图1.11 大石门水利枢纽大坝填筑完成之后三维形象示意图

大石门水利枢纽工程区位于塔里木陆块与塔里木陆块南缘活动带交界部位，坝址区距全新世活动的阿尔金区域性断裂较近，地震地质背景复杂，区域构造稳定性差。根据《中国地震动参数区划图》(GB 18306—2015)，工程区地震动峰值加速度为0.20g，相应的地震基本烈度为Ⅷ度。根据新疆防御自然灾害研究所2009年5月《新疆且末大石门水库场地地震安全性评价报告》的结论，坝址区50年超越概率10%的基岩峰值加速度为260.6g；50年超越概率5%的基岩峰值加速度为363.0g；100年超越概率2%的基岩峰值加速度为643.3g。

工程所在的区域位于车尔臣河及其支流的两河交汇处下游300m处，所在区域地质条件较为复杂，对大坝填筑施工质量与施工过程的要求提出了比较高的标准。坝轴线工程地质条件分左坝段、河床段和右坝段，分述如下：

(1) 左坝段：可分为Ⅸ级阶地前缘和河床左岸岸坡陡坎两段，其中0+000～0+187.4m为Ⅸ级阶地前缘段，台地面高程2350.00～2368.00m，地形坡度2°～5°。阶地面上部出露的岩性为第四系上更新统砂卵砾石，结构密实，厚度8～35m，下部第四系中更新统砂卵砾石层，泥质半胶结，该层下部为基岩。0+187.4～0+271.5m段为河床左岸，基岩裸露，在岸边形成陡坎，自然坡度70°左右，由于岸坡较陡，裂隙发育，裂隙与岩层层面组合，开挖过程中易形成不稳定块体及少量的崩塌体，需对其进行相应的工程处理。基岩岩性为下元古界蚀变辉绿岩、片岩，灰绿色，厚层状，岩层产状50°～60°SE∠45°～60°，左岸陡坎河床附近0+270.4m处发育大石门断层F_{17}，断层产状300°～340°SW∠40°～45°。并且左岸段西侧存在深厚型古河槽，河槽最深达295m。

(2) 河床段：现代河床宽约30m，河水高程约2187.00m。河床砂卵砾石层，厚5～10m，为中—强透水层。其下部为侏罗系泥岩、砂岩夹煤层，灰黑色，中厚层状，岩层产状50°SE∠70°。在河床桩号0+295.4m处发育隐伏断层$F_{17\text{-}1}$。

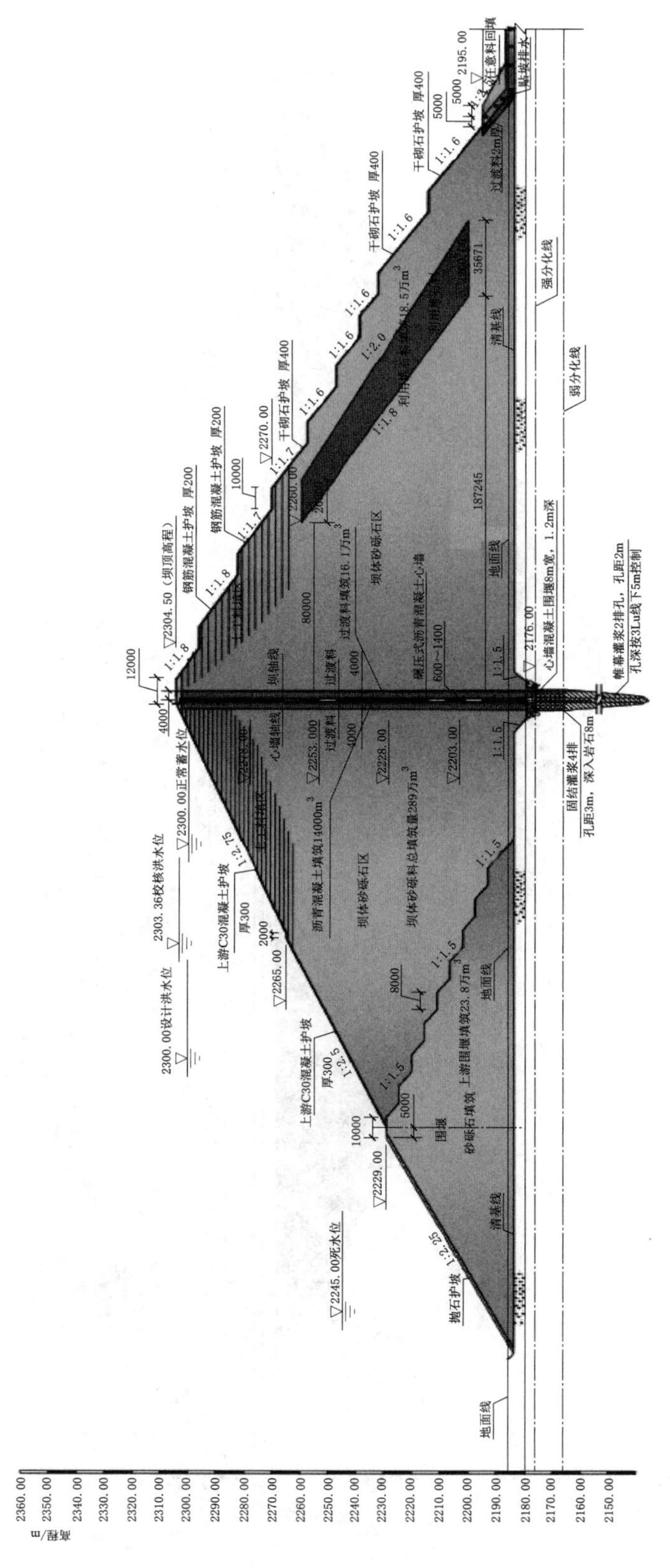

图 1.12　大石门水利枢纽坝体填筑各类坝料分区

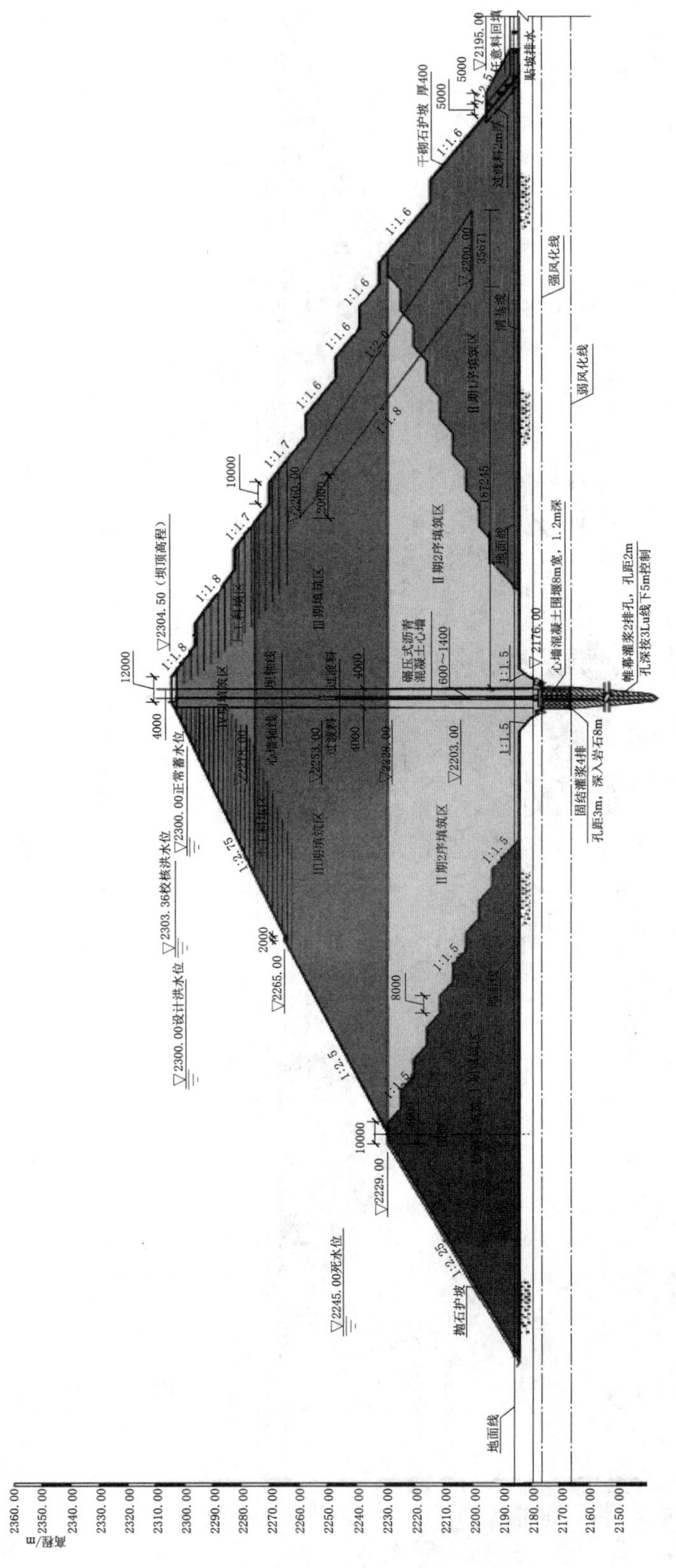

图 1.13 大石门水利枢纽组坝体分期填筑示意图

(3) 右坝段：该段为岸坡陡坎，基岩裸露，高程 2190.00～2350.00m，自然坡度 56°～67°。其中 0+299.1～0+328.9m 段岩性为侏罗系泥岩、砂岩夹煤层，灰黑色，中厚层状，岩体破碎，岩层产状 50°SE∠70°；0+328.9～0+471.9m 基岩岩性为下元古界蚀变辉绿岩、片岩，灰绿色，厚层状，岩层产状 50°～60°SE∠45°～60°。右岸岸坡较陡，岩层倾角倾向岸外，岩体表层节理发育，局部发育顺坡向裂隙，岩体破碎。右岸坝肩 0+328.9m 处发育大石门断层 F_{17}，产状为 300°～340°SW∠40°～45°。

1.3.2 工程建设难点与挑战

大石门水利枢纽工程，位于新疆南部，是塔克拉玛干沙漠南缘地区重要的水资源高效利用工程，关系到整个地区的经济发展与社会稳定。但是通过大石门水利枢纽工程所处地质、地形及设计特征来看，其沥青混凝土心墙堆石坝的建设施工质量成为整个工程成败的关键，也是整个工程后续社会与经济效益发挥的关键。大坝是目前国内外已知的高地震烈度区域内最高的沥青混凝土心墙堆石坝，对大坝填筑施工过程质量控制与施工过程管理都提出了巨大的挑战。

通过系统分析与整理，大石门水利枢纽大坝建造难点体现在以下几个方面。

(1) 大石门水利枢纽工程区位于塔里木陆块与塔里木陆块南缘活动带交界部位，坝址区距全新世活动的阿尔金区域性断裂较近，地震地质背景复杂。工程区地震动峰值加速度为 0.20g，相应的地震基本烈度为Ⅷ度。另外根据新疆防御自然灾害所对大石门水库场地地震安全评价研究结论，坝址区场地类别为基岩Ⅰ类场地，属于建筑抗震不利地段。

对于坝高超过百米的大坝来说，其抗震性能是整个工程建设的关键。在这样的情况下，对坝体的填筑质量要求也比其他条件下的坝体填筑要求更高。在大坝填筑施工过程中，如何加强大坝施工过程控制，保证大坝施工质量，是大石门水利枢纽工程中的关键问题。

(2) 大坝结构复杂，有沥青混凝土心墙、垫层、反滤、堆石体坝壳等结构，各个结构填筑标准不同，施工过程控制也不同。因此，针对大坝目前的设计现状与建筑材料的物理力学特性，如何合理准确确定大坝填筑施工质量控制标准与施工过程控制参数，为实现大石门水利枢纽大坝填筑双控（过程控制与结果控制）严格执行提供真实可靠的标准，是本工程建设中的又一个重要挑战。

(3) 在得到的大坝填筑施工双控控制标准基础上，如何实现大坝填筑施工过程的有效监控，保证大坝填筑施工过程严格按照施工前现场试验确定的碾压遍数、碾压速度、碾压搭接宽度、碾压厚度、碾压振动频率等，真正将大坝填筑施工控制标准进行施工过程的严格执行，切实解决工程建设施工过程中存在的过程实时监控难题，这也是本项目建设中又一个重要的挑战。

(4) 大石门水利枢纽坝址区工程地质条件复杂，岸坡岩体破碎，在大坝填筑过程中，需要对岸坡破碎岩体进行清理，清理完成之后才能进行大坝填筑施工，在施工过程中，岸坡岩体结构破碎，坝体与岸坡相接的部位是整个大坝填筑建设过程控制的重点和难点。

(5) 大石门水利枢纽坝址区受地形限制，河谷狭窄，另外大坝填筑施工期紧张，在有限的时间内，如何对大坝填筑过程中的人员、材料、机械进行高效优质配置与调度，既能保证大坝施工质量，又能兼顾大坝填筑施工的成本与效率，保证整个工程建设的进度要求，也是大石门水利枢纽工程建设过程中的一个重要挑战。

（6）大石门水利枢纽工程地处新疆维吾尔自治区南部，塔克拉玛干沙漠南缘的昆仑山腹地，位置偏远，网络环境较差，并且工程建设管理人员较少，移植其他大型水利水电工程建设施工过程控制与管理的高端数字化智能管理模式，在大石门水利枢纽工程建设中难以得到较好的应用效果。

在这样的背景下，如何采用经济有效的技术与管理手段，保证大石门水利枢纽工程建设中大坝填筑施工质量，保证大石门水利枢纽工程建成后的安全可靠运行，是整个枢纽工程建设过程中的重要任务和挑战。

1.4　本书内容及关键技术

1.4.1　主要内容

本书结合大石门水利枢纽工程，在以往水利水电工程建设施工过程实时智能化监控系统研究及应用基础上，针对大石门水利枢纽工程建设特点，开展工程建设中大坝精细化建造管控的关键技术研究应用，并且在大石门水利枢纽工程建设过程中研发的系统为大坝填筑施工过程监控起到了重要的指导作用。因此本书的基本内容包括以下几个方面：

（1）土石坝填筑施工质量控制标准的合理确定。

（2）土石坝填筑施工全过程的精细化智能监控系统研发与应用。

（3）以大石门水利枢纽工程为依托的大坝填筑精细化施工控制过程与应用。

（4）大坝填筑施工过程精细化管理实践与效益分析。

1.4.2　关键技术

本书从工程需要与实际应用出发，凝练了土石坝建造的精细化智能管控关键技术，从技术发展与应用的角度来进行技术总结，以便这些技术在实际工程推广与应用中能够得到更好的发展。主要的关键技术包括：

（1）坝料级配特性的快速识别技术。

（2）BIM＋GIS 技术在实际工程建设管理中的应用。

（3）大坝填筑施工过程中的智能感知与实时监控技术。

（4）施工过程中多元海量数据的深入挖掘分析技术。

本书系统地对水利水电工程建设过程中大坝填筑施工过程质量控制标准确定与质量控制技术手段进行了总结，为今后的水利水电工程中土石坝的建设施工过程管理提供重要的参考与借鉴。

1.5　研究意义

水利水电工程建设是国家重点投资建设的领域。由于水利水电建设工程的质量关系到人民生命、财产安全与国家稳定发展，因此近年来国家在水利领域投入了大量资金，加快了水利水电工程的建设，以满足各地对水资源应用与管理的需求以及洪涝灾害的预防。

从 2002 年的“金水工程”开始，水利信息化成为国家信息化建设的一个重点支持领域，经过多年的建设，完成了国家防汛指挥系统两期工程的建设，水资源管理、水环境保护、水文监控网络的建设以及水利行业的网络基础设施、电子政务系统和门户网站等的建设。但是并未深入涉及水利水电工程建设过程中的质量、进度以及文档管理方面，对于重要的施工过程控制方面缺乏相关的信息化手段。

近年来，随着云计算、虚拟化、智能感知、地理信息等信息技术的迅猛发展，互联网、物联网和移动互联网等网络环境也在快速普及与蓬勃发展。目前智慧城市、智能电网、智能交通、智能物流和智慧医疗等应用正在成为中国信息化的新热点与急速发展的应用领域。但是在水利水电工程建设中尚未开展大范围的研究与应用，目前水利水电工程建设管理依然采用传统的工程管理模式，管理水平低下，亟待利用信息化技术手段开展水利水电工程建设质量与进度控制方面的研究，提高工程管理信息化水平，保证水利水电工程建设质量，进而保证水利水电工程运行的安全与可靠。

本书正是从水利水电工程建设管理亟须解决的问题入手，开展项目研究。项目成果可以为国家重大水利水电工程建设全过程的严格管理与质量保证提供重要的技术手段与平台。对于进一步规范我国水利水电工程数字化、标准化管理，提高工程建设管理水平；提高工程建设信息利用效率；进而进一步提高工程质量；保障工程运行安全等方面发挥重要作用。研究成果应用于实际工程将产生巨大的经济与社会效益，具有广泛的应用前景。

第2章　土石坝建造精细化智能管控关键技术

2.1　概述

土石坝是一种古老且富有生命力的传统坝型，其具有经济性好、适应变形能力强、施工效率高、碳足迹少、节能环保等特征，是我国水利水电工程中的首选坝型，尤其是我国西南部河谷陡峻、覆盖层深厚、地震多发且土石料丰富地区水利水电工程开发的最好选择。目前在我国已经规划和建设的坝高大于100m的土石坝超过100座。

随着施工机械的进步，我国土石坝工程施工水平不断提高。目前，在我国水利水电工程土石坝的施工现场，几乎可以看到全世界所有著名品牌的施工机械产品，如德国宝马格、德国悍马、美国英格索兰等，进入21世纪，随着我国机械制造水平不断提升，中国全液压传动压路机不仅在产品系列和品种上得到了很大程度的丰富，而且在产品性能、可靠性等方面实现了极大的提高，缩小了与国际先进水平之间的差距，使得中国压实机械又一次实现了质的飞跃，同时也为我国土石坝施工过程，尤其是重要的碾压施工过程的智能化监控提供了必要的基础和条件。

土石坝填筑施工质量控制是大坝施工质量控制的主要环节，土石坝填筑施工质量直接关系到大坝的运行安全，而土石坝填筑施工质量主要与坝料质量和碾压质量有关。因此在土石坝的填筑施工中，有效地控制坝料性质和碾压过程质量是保证土石坝填筑施工质量的关键。但是，目前我国土石坝的施工质量管理，仍然采用常规的依靠人工现场控制碾压参数（如碾压速度与遍数）和人工挖试坑取样的检测方法来作为控制现场施工质量的主要手段，与大规模机械化施工不相适应。在这样的背景下，应用具有实时性、连续性、自动化、高精度等优势的土石坝施工质量实时监控系统迫在眉睫，也是土石方工程建设发展的重要趋势。对大坝施工的全过程各环节实现有效监控，保证施工质量，以及保证水利水电工程的长期安全可靠运行，具有非常重要的意义与推广价值。

新疆南疆地区地域辽阔，自然条件较为恶劣，工程建设条件极其复杂，具有高严寒、高海拔、高地震区、深覆盖层（即所谓“三高一深”）的特点。南疆地区河床覆盖层厚，砂砾石丰富，因此，南疆地区水利工程中的大坝基本都是土石坝。所以，在新疆南疆地区，如何利用目前发展较快的土石坝填筑施工实时智能化监控系统，为当地土石坝工程建设施工质量的控制提供重要技术手段，确保这些重要的水利水电工程今后长期运行安全可靠具有重要的作用和意义。

对沥青混凝土心墙坝工程建设而言，其施工工艺主要包括以下四大部分：大坝基础开挖、基座及护坡混凝土浇筑、坝体填筑和沥青混凝土心墙浇筑。在这四部分中，大坝基础开挖、基座及护坡混凝土浇筑，其技术难度并不太高，只需采用常规的工程施工过程控制手段就可以有效控制施工质量，但是对于沥青混凝土心墙浇筑与坝体填筑，由于工序较多，且大坝坝体填筑量较大，因此，需要采用信息化的新技术对坝体填筑整个施工过程进行实时监控，保证坝体的施工满足过程控制参数的要求，确保坝体填筑施工质量。

1. 沥青混凝土浇筑

一般而言，沥青混凝土工程主要为大坝沥青混凝土心墙，是大坝重要的防渗结构。沥青混凝土心墙为碾压式，位于坝体中部，坝轴线上游，一般沥青混凝土心墙的厚度由底部基座处的最大厚度逐渐以梯形渐变至坝顶处的最薄厚度。

另外，一般沥青混凝土心墙与基座间铺设一定厚度的沥青玛琋脂，心墙与基座之间采用铜片止水连接，沿心墙轴线布置。心墙上、下游侧会分别设一定厚度的过渡层与坝体相接，过渡层为沥青混凝土心墙的持力层和保护层。

在坝体填筑过程中，沥青混凝土心墙与过渡层、坝壳填筑一般要求平起平压，均衡施工，并且坝体沥青心墙在基座混凝土施工完成之后进行。在沥青混凝土施工之前，需要通过沥青混凝土配合比试验，确定施工过程中的沥青混凝土配合比，在保证强度、延性等控制条件下能够取得最大的经济性，沥青混凝土心墙主要设计参数有容重、孔隙率、渗透系数等。

国内冶勒沥青混凝土心墙堆石坝是我国沥青混凝土堆石坝的典型工程，在坝体填筑过程中，结合堆石坝中的沥青混凝土心墙施工各工序（图 2.1），进行了施工全过程的严格监控。根据以往工程建设管理经验，对影响沥青混凝土填筑施工质量的最重要的两个工序——摊铺与碾压，实行全面监控。沥青混凝土摊铺前确保基面干燥清洁，表面温度使用红外线加热器控制在 700℃且无烤焦现象；在心墙填筑中尽量减少横向接缝，沥青混凝土浇筑力求连续；在出现沥青混凝土浇筑中断事故时，视处理措施难易程度分别采取重新造孔浇筑与继续浇筑后期补救的质量控制措施。沥青混凝土心墙冬季施工时，严格控制沥青混合料与拌和楼保温料罐中的保存历时以及运输车转运历时，严格控制沥青混合料入仓温度为 165～175℃、碾压温度为 150～160℃，心墙填筑采用多段碾压。心墙雨季施工时，质量控制要点在于雨前完成出机沥青拌和料的填筑，减少弃料；雨后迅速恢复生产与施工。

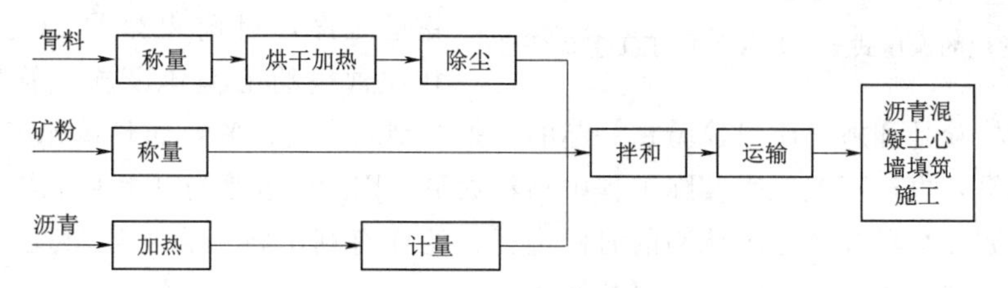

图 2.1 沥青混凝土心墙填筑施工主要工序

在沥青混凝土心墙施工质量检测中，使用相关科研单位自制的密度瓶法进行沥青混合料密度检测，测试精度较高；采用离心式抽提试验仪检验沥青混合料拌和楼的配料精度；采用核子密度仪对碾压后的沥青混凝土心墙进行容重与孔隙率的无损检测；对于在无损检测过程中的不合格部位及出现施工异常部位进行钻芯取样，以评定心墙综合质量指标。

冶勒水电站中，其沥青混凝土心墙堆石坝施工，以工序质量控制为核心，从坝基清理、料源、施工工序三方面着手确定了沥青混凝土填筑质量控制过程，其中工序质量控制主要由施工方案的审批、施工条件（基础验收合格、料源质量满足设计要求、施工人力和物力满足强度要求）的检查以及完整的工序交接与验收程序组成。这套控制模式已经成为目前水利水电工程中沥青混凝土心墙施工质量控制模式。对各工序采取全员、全过程、全方位的旁站监理；开工前，监理单位根据规范及试验结果编写监理质量管理细则，施工单位制定各工序实施细则，并实行专人专职负责制，在质量控制重要环节实行“三检制”，大幅提高了沥青混凝土质量的控制与保障。

2. *碾压式土石坝填筑施工*

在碾压式土石坝填筑施工过程中，涉及的施工工序较多，其中包括：坝料开采、进场道路、坝料摊铺、坝料碾压以及质量检测，但是影响碾压式土石坝填筑施工质量最重要的几个因素分别为：坝料物理力学特性、坝料含水率、坝料摊铺厚度、坝料碾压遍数、碾压速度、碾压振动频率、不同坝料结合以及大坝与岸坡结合施工。因此，在常规的碾压式土石坝填筑施工质量控制中，将大坝填筑施工流程分为以下几个工序，分别为坝面准备（包括基础处理与基础验收）、坝料摊铺（摊铺前需要进行坝料质量检查，主要检查内容级配与含水率）、坝料碾压以及施工质量检测等几个施工工艺流程，如图 2.2 所示。

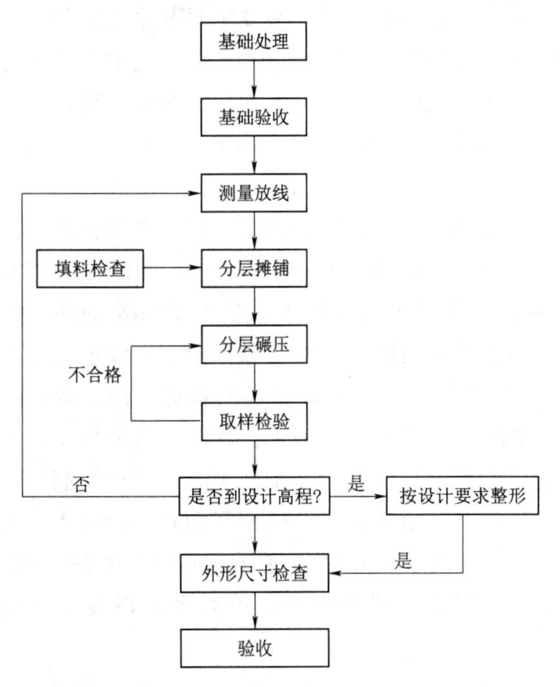

图 2.2　常规的碾压式土石坝填筑施工工艺流程图

在碾压式土石坝的坝体填筑施工中，比较关键的工序包括坝料合格性检测、大坝坝料摊铺以及大坝碾压施工三个工序，其中，大坝坝料合格性检测是最关键的工序，目前也是最为复杂的工序。按照常规的工程建设施工管理模式，坝料的合格性检验是和施工质量检验在一起的，是典型的事后检验，而且单元工程中所取得检验点的数量，也远不能代表实际工程中坝料数量，因此，在实际工程中，对于坝料的检验，应将其放在料场或者上坝摊铺的时候进行，这样有利于将不合格坝料及时清运出场，切实保证工程施工质量，避免不必要的返工。

在大坝坝料填筑方面，近几年以天津大学钟登华院士、中国水利水电科学研究院陈祖煜院士以及清华大学李庆斌教授为代表的团队，各自都建立了自己的大坝填筑碾压施工过程的实时智能化监控系统，为我国高土石坝的填筑智能化施工提供了重要的基础与施工过程管理手段。

目前来说，利用智能的信息化技术来进行土石坝填筑施工的实时智能化精细管理，对大型水利水电工程来说，已经是相对容易实现的内容，但是对于中小型水利水电工程来说，其经费是经过严格预算的，经费的不足导致了工程建设施工过程难以利用最新的信息化技术手段进行工程质量控制，加之具有专业水平的技术人员缺失，也进一步增加了小型水利水电工程建设施工质量控制的难度，为重要的水利水电工程的安全可靠运行埋下了极大隐患。因此在今后的一段时间内，如何进一步将已有水利水电工程中土石坝填筑施工控制的成熟信息化手段轻量化，为中小型水利水电工程服务，仍是一段时间内工作的重点与方向。

2.2 国内水利水电工程信息化发展水平与趋势

“十二五”以来，国家水利投资近4万亿，水利水电工程建设迎来了又一个高潮期，工程建设质量成为全社会关注的焦点。随着当今社会步入信息化时代，数字技术、网络技术和智能技术等信息化技术正在渗透到水利水电工程建设的各个领域，带来革命性的转折，水利水电工程信息化是实现水利现代化的重要途径。但关乎水利水电工程运行安全可靠的建设阶段协同管理、过程监控与质量保证的信息化水平却相对较低。采用云计算、物联网、大数据等一系列最新信息技术，加强水利水电工程建设运行的监控和管理，提高工程建设效益，保障工程建设质量，实现水利水电工程建设协同化、智能化及精细化的管理迫在眉睫。主要表现在：

(1) 缺乏多层级、多角色、多业务一体化应用管理支持，工程建设进度、质量和安全管理复杂。

大型水利水电工程建设管理，涉及多层级管理、多角色管理、多业务管理的复杂体系与业务数据交互，系统设计开发更涉及诸多的专业管理知识与经验支撑，这也是国内难有全面满足建设管理业务的成功软件系统原因所在。

管理体系和管理流程的复杂性，再加上水利水电工程的建设战线长，施工期长，且每年有效的施工时间较短，因此，利用传统的水利水电工程建设管理模式，工程建设质量、建设进度以及建设安全，很难全面把控，为工程建设以及运行埋下隐患。

(2) 缺乏空间信息数字化、可视化创新技术，工程建设过程管理难以实现四维立体管理。

水利水电工程空间信息的数字化、可视化应用，将使工程建设业务管理更具直观性、便捷性和良好的展示性，有效降低了专业管理难度。但在国内工程建设管理信息化领域，采用数字化、可视化技术往往意味着高成本投入。

分析数字化、可视化管理系统高成本的原因，客观上一方面是由于库区、坝区、坝下游管理范围大，导致空间数据处理的数字化成本高；另一方面则是由于水利工程设计的BIM与施工过程的BIM难以直接转换，即结构设计与项目划分存在空间信息不同，导致设计的BIM无法直接应用于施工过程管理，需要重新进行数字结构建模才适用于三级项目划分管理需要。此类问题，也在后续运维阶段的维护管理BIM应用上同样存在。

(3) 缺乏多业务、多客户端管理交互技术，工程建设管理过程中缺乏真实可靠的施工过程信息，缺乏抓手。

水利水电工程施工是一项交互性极强的工作，施工、监理、建设单位在进度、质量、安全、合同管理等各项业务中每天都存在大量的数据信息交互。从管理便捷性角度，如何解决现场平板客户端的数据实时交互与业务审签，以及 PC 机、移动电脑、平板电脑、手机端数据同步等问题，具有较大的技术难度。

此外，目前 PC 端的实时签名基本采用签字板技术，对于大型工程建设而言将额外采购数百台签字设备，无疑使各个参建单位增加了支出。

（4）无法真正实现系统与实际施工过程的紧密贴合，无法为施工过程管理、施工质量控制以及施工重大决策提供强有力的支撑。

在实际工程建设过程中，虽然建立了很多工程建设管理系统，但是由于缺乏有效的施工过程信息采集传感器与实时信息传输系统，导致实际工程施工的过程管理困难，常规的监理模式也难以做到现场实时监控的全覆盖，导致一些重要的施工环节或者施工部位的施工质量难以保证，为工程运行的安全可靠埋下了隐患。

目前我国水利水电工程中需要进一步提升工程建设智能化水平的工作包括：在实际工程中利用成熟技术推广和应用基于数字图像技术的土石坝坝料级配特性快速识别，对于砂砾石坝来说尤为重要；结合目前快速发展的 BIM 技术，集成 GIS 技术，实现远程可视化的大坝填筑真实三维展示；基于多传感技术的大坝填筑施工过程实时智能化监视与控制技术，保证大坝填筑施工质量；另外的一个重要方面是，基于多传感技术，在工程建设和施工过程中积累的多源海量数据的深入挖掘与分析，为后续工程施工组织设计及优化提供重要支撑，在保证施工质量的前提下提高施工进度，也是需要深入研究的方面。

下面将从这几个方面展开深入的阐述。

2.3　坝料级配特性参数快速识别技术

2.3.1　坝料级配特性参数识别技术发展现状

在土石坝填筑工程中，不同粒径填料按照一定的比例混合起来，通过不同的碾压工艺，使其达到符合要求的密实度，满足上部结构对填方的要求。但是在土石坝填筑工程中，填料的级配特性或者颗粒组成，一般是通过筛分得到，筛分工作量大，其作为填筑施工质量评定的重要因素，一般都在碾压完成后进行，并没有在填筑前进行，因此，不利于施工前的填料质量控制与施工过程的质量管理。

在过去的一段时间里，利用数字图像分析技术对土石坝填料的颗粒组成特征进行深入分析与参数提取开展了较多的工作，积累了较多的经验，为填料组别的图像识别技术开发与研究提供了较好的研究基础。

20 世纪 60 年代，国内外一些专家学者就利用数字图像进行了颗粒宏观、细观的形状特征分析，但是真正利用数字照片开展土石体的颗粒形状、尺寸以及组成比例等特性分析是 20 世纪 90 年代之后。

国外在该方面的研究主要始于 20 世纪八九十年代，在数字图像获取技术与设备以及计算机图像处理技术发展起来之后，结合道路交通、选矿等专业逐渐开展起来，并且在沥青混凝土等领域内进行了尝试，进入 21 世纪以来，随着信息化技术的不断发展，基于数字图像识别技术的人工智能算法成为该领域研究的主流，小波分析、傅里叶级数、神经网络等技术的成熟与发展支撑了该研究方向的发展。

国内在该方向的研究主要在本世纪逐渐开展起来，随着我国基础工程建设的快速发展，智能化施工与精细化管理成为保证施工质量，加快施工进度的主要技术手段，土石方填筑工程以及选矿工程中，这些填料的颗粒圆度系数、形状系数以及颗粒分布特征等成为智能建造技术发展与应用的基础，因此，很多学者开展了这方面的工作，也取得了较好的研究成果，并集合实际工程与相关的智能建造技术，进行实际工程的应用与推广。

2.3.2 基于数字图像的坝料级配特性识别技术

结合碾压式土石坝料的粒径组别特征，利用高清数码相机对初步整平之后的填料图像进行拍摄，然后对所获得的数字图像进行分析，进而得到填料的粒径级配组成特征。

主要的技术路线如图 2.3 所示。

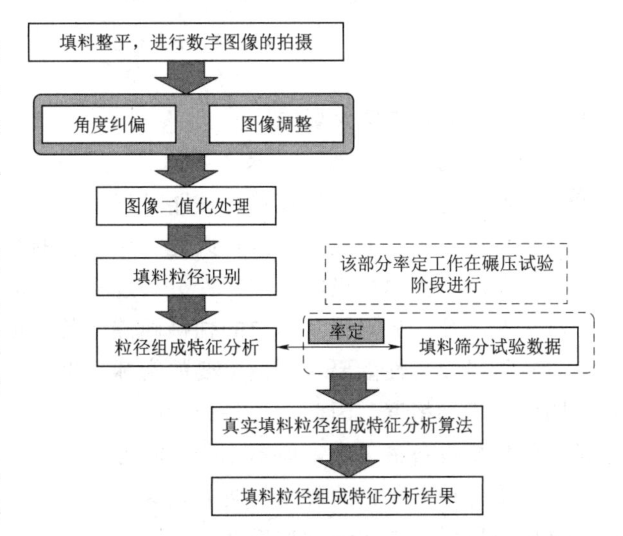

图 2.3 基于数字图像的坝料级配特性识别技术路线示意图

由图 2.3 可知，该方向主要是通过数字采集、数字图像分析，并结合实际工程特性，从技术实现角度进行研究与开发，主要包含以下几部分内容：

（1）填料整平之后的数字图像获取。主要利用数字终端对图像拍照，可以不考虑拍摄角度与拍摄距离，但是需要在拍摄区域内放置一个比例标尺，作为图像角度纠偏的参照物。

（2）通过数字图像中的比例标尺进行数字图像的角度纠偏。保证填料粒径识别为正视图条件下的识别，最大程度上减小识别误差；另外对数字图像的对比度、亮度等方面进行修正，然后在此基础上对数字图像进行二值化等处理、块石形状识别以及相关块石粒径分析，进而可以得到填料的粒径组成特征参数。

对数字图像中块石的识别，主要采用椭圆分析方法，利用椭圆对图像中块石的边界进行拟合，根据拟合之后的椭圆面积计算当量圆的直径，并作为块石粒径尺寸（图 2.4）。

（3）数字图像粒径识别特征的有效性分析。这一块内容应与铁路路基填筑之前所进行的碾压试验配合开展。通过对碾压试验过程中填料图像分析得到的填料粒径组成特征参数与实际拍照位置的挖坑筛分结果进行对比分析，根据分析结果建立图像识别与实际筛分结果之间的修正关系，通过修正关系进而得到较为合理的修正系数或者修正方法，但对比分析需要多组资料作为基础。

（4）通过图像识别技术以及填料筛分对比分析研究，建立真实填料粒径组成特征分析算法，快速对填料粒径组成合格性进行可靠评价，也作为填料压实质量控制指标的重要基础参数。

图 2.4　块石检测及大小测量示意图

2.3.3　图像获取的条件要求

1. 拍摄数字图像的硬件、条件要求

在水利水电工程中大坝填筑、铁路工程及公路工程等路基填筑施工中填料的粒径组成是影响工程施工质量的重要因素，因此，对填料的级配有明确的要求。所以在水利水电堆石坝、铁路路基等填料级配组成特性分析过程中，需要通过填料图像进行级配识别，并确定填料级配特征。故对数字图像的拍摄硬件设备、拍摄条件等有如下要求：

（1）拍摄设备性能要求。最重要的指标是设备图像像素的要求，如果像素过低，将会影响图像的识别精度。因此，设备像素的要求根据需要识别的块石粒径的最小尺寸确定。通常图像拍摄设备最大像素应不小于 800 万像素。

（2）图像拍摄条件的要求，要有较为充足的光照条件，并且避免比例标尺框内存在阴影，这样可以提高图像识别准确性。

（3）在拍摄数字图像时，需要在拍摄区域内放置拍摄标志物，这样可以通过数字图像中的标志物进行数字图像的纠偏，进一步设置数字图像的最小识别尺寸，进而提高数字图像的识别精度。

（4）在进行数字图像拍摄的时候，尽量选择拍摄的位置与碾压结束之后挖坑检测的位置结合在一起，这样可以进行碾压前后的坝料级配对比研究，并且可以将对比结果应用在其他级配检测结果修正，提高级配检测的准确度。

2. 填料粒径特征识别关键技术

在以往研究基础上，开展数字图像识别技术对大坝填料物理特性分析，结合以往研究成果以及以往抗坑检测分析结果，形成目前利用数字图像进行填料粒径特征分析与完善，关键技术有以下几个方面：

（1）数字图像识别精度与纠偏。在以往的研究应用中，利用数字图像分析得到的图像砾石尺寸，需通过数字图像中的像素换算成实际砾石尺寸。但是在实际图像的获取过程中，由于填料摊铺之后表面不可能是完全的平面，并且拍照设备镜头到拍摄面的距离并不每次都相同，以及每次数字图像获取时的角度不同，都会在很大程度上影响后期的识别精度。因此，如何对获取的照片进行标准化的修正与纠偏，保证其识别精度，是确保填料粒径识别成果可靠的重要步骤。

在数字图像获取过程中放置适当的标志物可以提高数字图像的识别精度。通过对标志物的对比，将标志物还原为真实的尺寸与形状，然后经过分析，实现图像中像素与实际尺寸之间的换算。另外对数字图像的亮度、对比度及颜色饱和度等参数的调整，提高数字图像的识别精度；在此基础上利用二值化分析技术进行图像中砾石尺寸识别，并完成粒径组成的分析。

(2) 数字图像识别得到的表面成果与真实三维立体中分布相互关系。数字图像所反映的只是填料摊铺后表面所出露的情况，因此，如何利用表面数字图像得到的粒径组成特性，进行合理的转换分析，得到能够反映真实三维情况的填料砾石尺寸特征情况，是目前相关数字图像识别技术中并未完全解决的问题。通过平面图像识别得到的填料砾石尺寸，以及转换得到的填料级配曲线等结果，与实际挖坑筛分结果有较大的偏差，因此，这也是制约着通过数字图像识别技术能否在实际工程中进行有效推广的关键问题。

因此，利用概率统计分析理论，采用合理假设，通过表面得到的砾石尺寸分布特征，进行适当的转换，将其转换为能够合理反映真实填料中块石尺寸分布特征的级配曲线特征，为填料碾压质量的快速判别与评价提供重要的技术支撑。

(3) 数字图像识别技术得到的填料粒径组成特征的有效性分析。利用数字图像识别技术得到的填料粒径组成特性研究成果，虽然能够大致代表填料粒径组成特性，但是其结果与挖坑筛分结果还是有一定的偏差。如何利用图像识别结果与实际筛分结果进行一致性分析，并且利用分析得到的识别修正系数，提高数字图像的填料粒径组成特征识别精度，是一个重要的问题。

因此，利用筛分结果与图像识别结果之间的对比、验证分析，进行数字图像识别结果的修正，提高填料粒径特性识别精度，是最直接可行的办法。

2.3.4 填料组别的图像识别系统

根据土石坝坝基填筑施工过程智能化监控系统的顶层设计与总体规划，需要开发填料组别图像识别系统，其主要功能在于结合实际路基填筑施工过程，针对每一个具体的填筑单元，在填料料场，或者在碾压区域摊铺之后，利用数字图像识别技术快速识别填料的粒径组成特性，从而快速对填料料源合格与否，以及碾压施工质量评定参数的确定提供重要的基础数据。

此系统应该是大平台或大系统中的一个子系统，其与填料含水率实时监测系统、填料运输监控管理系统、填料碾压施工过程实时智能化管理系统等共同对地基填筑施工全过程进行有效监控，在保证施工质量的前提下，大大提高施工效率，加快施工进度，进而提高施工现场管理水平。

目前填料组别的图像识别系统的功能如下：

(1) 对所拍的照片进行图像识别，识别照片内的填料颗粒。目前主要是利用椭圆进行识别，通过识别椭圆面积的等量分析，进而计算得到填料粒径。

(2) 对不合适的填料识别进行人工修正，最大限度保证填料识别的准确性。

(3) 根据填料的识别情况，可以计算生成填料的级配曲线，并且在级配曲线上能够随鼠标运动，自动显示曲线某点处的填料粒径大小以及所占含量的百分比。

(4) 对识别后的相关内容进行保存，并且可以根据图像所在的单元工程信息进行查询，也可以根据不同桩号与高程对已存储的图像及分析结果进行查询。

2.4　BIM+GIS 云上融合技术

目前，随着 BIM 与物联网技术的不断发展，这些先进的技术在水利水电工程中的应用得到逐步推广。但目前 BIM 技术应用较多的还是在水利水电工程设计阶段，如：利用 BIM 技术进行设计成果的模块化、利用 BIM 技术所具有的精细模拟、动态协调、全程一致等优点，对工程地质条件、水工结构设计、空间布置优化等信息进行三维虚拟化立体展示。在施工阶段对结构设计优化、施工管理调整、施工专业协调、施工进度控制以及多源信息展示等方面也有了一定程度的应用。随着应用的不断扩展，设计、施工及运行全过程的应用将逐渐得到深度融合，水利水电工程智能建造才能真正从概念落实到实际工程建设管理中。

结合 GIS、BIM、物联网及云计算等技术的方法，在黄登水电站、苏洼龙水电站、前坪水库、黄藏寺水利枢纽等工程建设中得到了应用，并取得了较好的应用效果。但是在土石坝智能填筑方面，应用还不足，尤其是 BIM 技术、物联网技术及云计算技术在土石坝填筑施工过程的精细化、实时化、数字化动态管理还不深入，建立的相关管理系统与实际施工状态还存在较大脱节，管理系统中的大部分数据还需要人工录入，这样就不能保证堤防填筑施工过程的全面控制与掌握。

在设计单位交付的 BIM 模型基础上进行轻量化处理，并加载在云平台中，通过用户 PC 端登录系统进行参数化的 BIM 模型切割，形成真正的施工过程管理最小单元，并且能够在生成的 BIM 模型上实时加载真实施工数据，进而实现对土石坝填筑施工过程的三维形象化、实时精细化监控。

以目前水利工程中常见的混凝土面板堆石坝为例，说明由 BIM 模型切割生成最小施工管理单元的流程与重要节点。

图 2.5 为阿尔塔什水利枢纽大坝的标准剖面图，根据水利水电工程的项目划分内容，

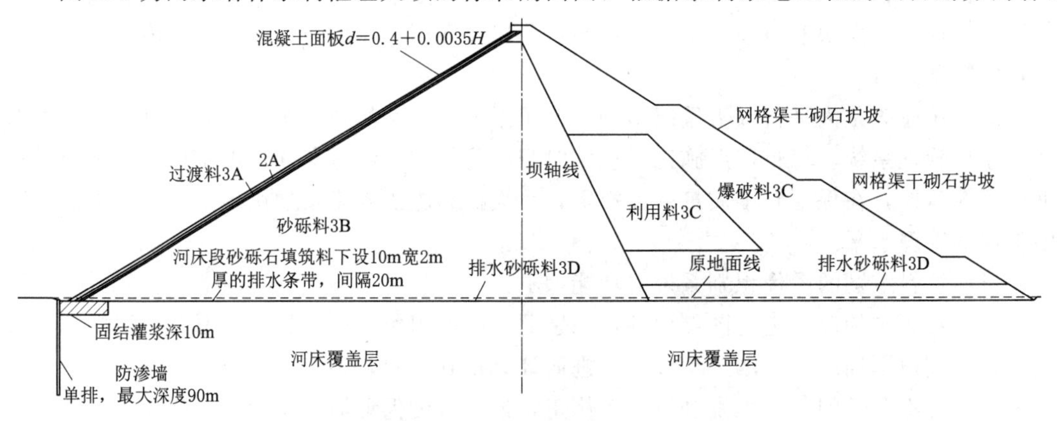

图 2.5　阿尔塔什水利枢纽大坝的标准剖面图

把大坝作为一个单位工程，按照大坝不同填料划分分部工程，坝体结构从上游到下游主要分为混凝土面板、垫层料区、过渡料区、砂砾石主堆料区、爆破料次堆料区，另外在坝下还有水平排水条带。由于坝前面板下的不同材料盖重压实质量要求不高，因而没有在系统中考虑其施工过程的精细化控制。

根据大坝标准剖面，构建了大坝坝体的 BIM 模型（图 2.6）。模型中对坝体每一个分部工程都进行了单独的划分显示，这个模型为大坝施工过程中不同单元工程的 BIM 模型根据施工现状实时生成与质量控制提供了重要的基础。

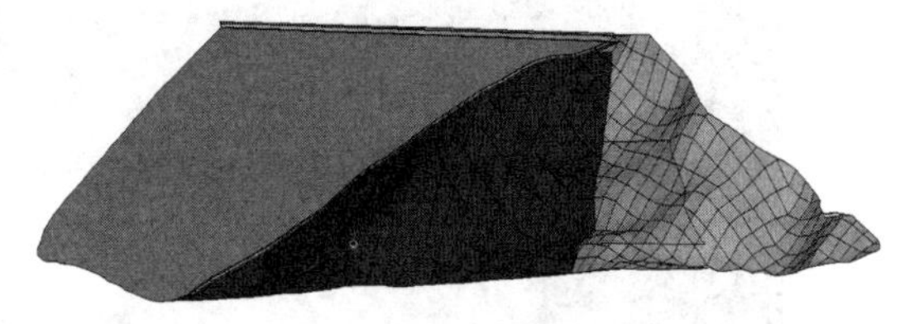

图 2.6 阿尔塔什水利枢纽面板堆石坝坝体的 BIM 模型

根据实际工程中大坝填筑施工工艺及现场管理流程，按照图 2.2 所示的现场施工管理思路，可将大坝填筑施工过程中 BIM 模型的分解与实际施工过程的实时构建结合起来，完整真实地反映大坝填筑施工过程。

在实际施工过程中可以根据实际坝体的划分，按照单位工程→分部工程→单元工程的层次进行施工过程管理。图 2.7 为新疆阿尔塔什水利枢纽大坝填筑中应用 BIM 模型进行的实时过程管理示意图，图 2.8 为京雄高铁路基填筑中应用 BIM 模型进行实时填筑的形象化展示与工程填筑实时进度展示。

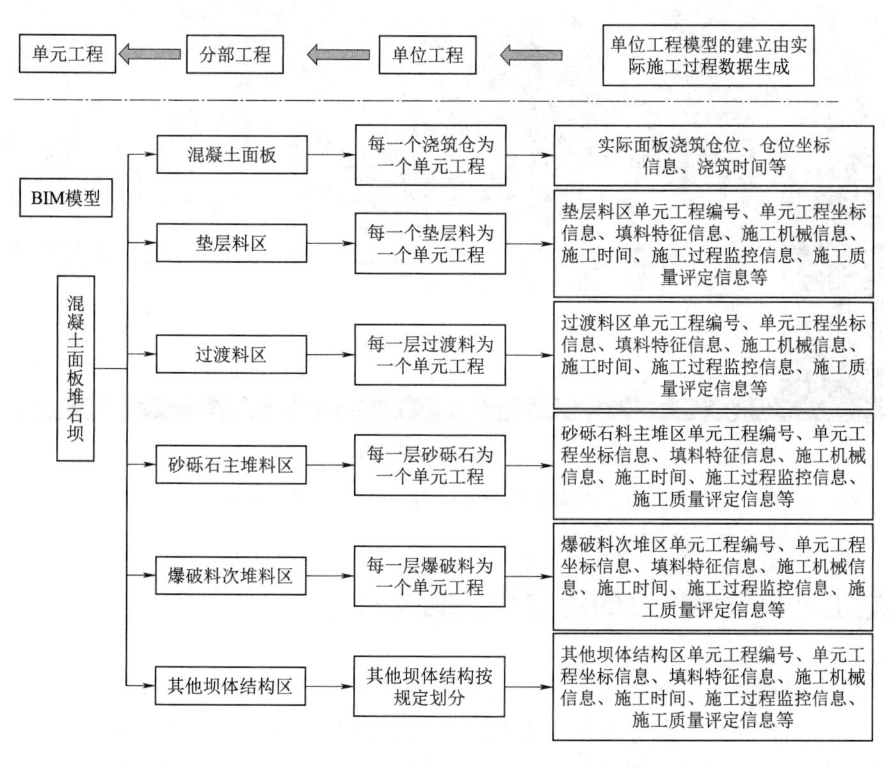

图 2.7 应用 BIM 模型进行的实时过程管理示意图
（阿尔塔什水利枢纽大坝填筑）

(a) 实时填筑施工形象展示图

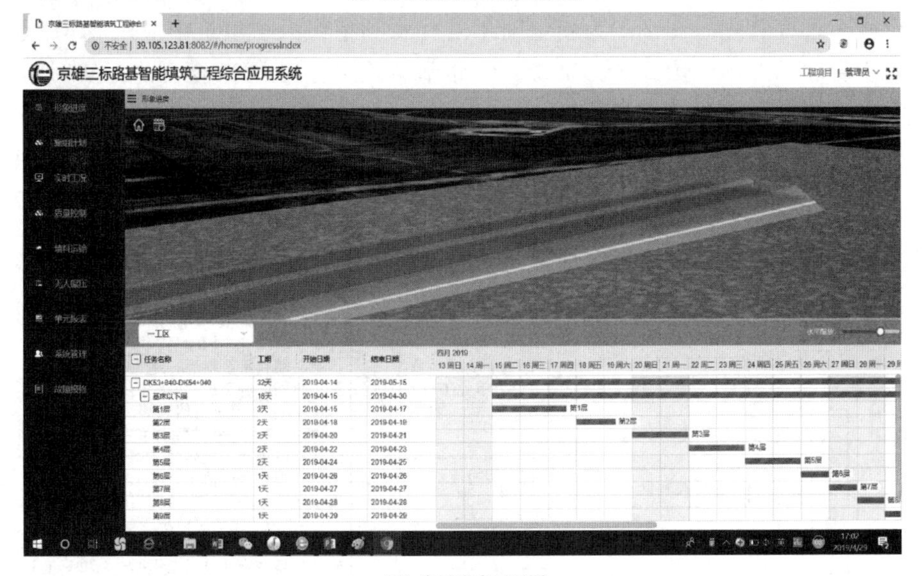

(b) 实时进度展示图

图 2.8　京雄高铁路基填筑 BIM 模型应用示意图

2.5　施工过程重要信息的感知与控制技术

在实际大坝填筑施工过程中，需要针对大坝填筑施工过程主要控制的施工工艺参数，设计相关的感知传感器、信息传输以及机械自动控制技术等，实现施工过程中重要施工信息的实时感知，再利用相关算法对感知的数据进行分析，为施工过程质量的实时评价与调整提供重要的基础数据，并且这些信息能够反馈给施工机械，进而实现施工机械的施工状态调整，保证施工全过程的实时可知可控。

土石坝填筑施工过程中，需要对大坝的坝料级配特性进行感知，这个方面一般采用对数字图像的快速采集与分析来实现；对于坝料的加水问题，一般通过坝料级配的感知，结合坝料运输过程中的自动称重装置计算加水量，并且通过加水装置进行坝料加水；坝料运输入碾压仓面后，在坝料摊铺过程中，可以利用高精度卫星导航装置进行坝料摊铺厚度的感知与实时调整控制；在大坝碾压过程中，可以利用高精度卫星定位技术对碾压机械的碾压遍数、碾压速度、碾压搭接宽度等进行实时感知，并且利用相关技术实现感知信息的实时分析，反馈给施工机械进行优化调整，保证整个大坝填筑碾压施工过程能够严格按照施工前确定的重要施工参数进行。

土石坝工程是水利水电工程中最常见的大坝类型，而大坝碾压施工是整个土石坝填筑施工过程中最重要的施工环节，也是最难控制的施工环节。通过以往土石坝填筑施工经验也可知，大坝碾压施工过程质量控制与现场管理是整个填筑施工过程中的重中之重，也是难中之难。因此，利用无人自动驾驶施工机械进行大坝填筑就成为一个迫切解决的技术难题。近几年来随着计算机技术、高精度卫星定位技术、数据传输与分析等关键技术的发展以及硬件设备成本的进一步降低，实现具有自动行驶功能的大坝填筑碾压施工机械成为可能，也逐渐在工程施工中得到了应用，实现了土石坝施工过程感知与控制技术的最大集成，这一突破代表了目前土石坝填筑施工自动化精细化的重要发展方向。

早在1998年就出现了具有无人驾驶功能的土石坝填筑碾压施工机械。在湘江大堤施工中，首次出现了无人驾驶的振动压路机，这是当时我国自主研制的重达12.6t的高性能振动压路机。但是这台无人碾压设备还是由操作人员在现场使用遥控器进行大坝填筑碾压施工操作，还没有完全实现施工机械的智能施工状态。这是由于当时高精度卫星导航技术动态精度需要进一步提高，仅仅靠计算机视觉导航还不能满足实际工程的需要，因此在实际工程中要应用无人驾驶的碾压设备，还需要从环境感知、定位导航、人工智能、数据实时传输与分析反馈等方面进行提高，以便适应实际工程中大坝碾压施工现场环境的需求。

在1998年，国外第一台无人驾驶压路机出现了，但是其自身重量只有2t。与其相比，我国的大型土石方碾压施工机械以及施工水平均进入世界先进水平。

近几年来，随着高精度定位技术的不断发展，尤其是我国北斗高精度定位导航技术的飞速发展，在动态定位精度方面与美国GPS、俄罗斯格洛纳斯定位系统精度相当，并且随着工业技术的发展，定位感知与控制硬件等成本都有了大幅度的降低，为土石坝施工工程实际应用提供了可能。

目前具有无人驾驶功能的施工机械，需要解决感知、规划及控制技术三个层面的技术问题，对于感知层面来说，采用的硬件技术基本上包括高精度卫星定位硬件、角位移传感器、碾压施工机械姿态感知传感器以及环境及障碍传感器（激光扫描传感器、超声波雷达传感器等）；对于规划决策层面来说，采用的硬件技术基本上包括工控机以及控制器两个方面；对于规划及控制层面来说，常用的硬件包括电控比例泵、电控比例转向泵、电控两点振动泵、制动器等相关设备。目前，在众多施工机械生产供应商中，徐工集团及三一集团是我国施工机械中较好的无人驾驶系统生产与集成供应商。

2.6　施工过程多源海量数据分析技术

实际工程建设过程中，需要结合设计资料、工程施工过程资料、检测资料以及监测资料，进行多源数据的耦合分析，从而为实际工程建设过程的重要决策提供重要的支撑。但是由于不同信息的数据量大小不一致、采集频率不一致、相关强度不一致等问题，无法直接进行关联分析，需要对数据进行清洗、抽稀、标准化等处理后才能进行相关分析。

如实际工程中，GPS 系统所采集到的施工过程的坐标点非常多，这样的可能使数据库中的数据异常巨大，在这种情况下开发的在线系统在网络环境不是特别好的情况下，可能导致数据查询或者相关的质量分析会非常慢，因此，在此基础上，要对数据库中采集到的施工数据进行抽稀处理，也就是在进行数据分析时，在给定的区域内平均抽取一定数目的数据进行分析。另外抽稀操作也是将采集的数据中冗余、无效的数据去除，对有效的数据，在同样整体效果下，按定比例抽取，存储在数据库的新表中，与原始数据分开，并将其显示在云图上。

随着大坝填筑不断增高，施工过程数据也源源不断地传入云数据库中，施工数据每 1 秒 1 条，一个月下来每个车的施工数据积累可以超过 200 万条。因此，使用常规的数据分析算法，常常会造成远程分析卡死、数据分析展示响应时间长等问题，严重影响施工工程的动态管理。

针对系统内数据扩展较快、在线数据分析展示效率低等问题，针对海量数据高效分析、实时展示等应用方面，应用了大数据深入挖掘与分析技术进行系统开发。主要包括的技术有分库分表、动态缓存、结果优先以及数据拆分等方法，对于网络数据传输方面，主要考虑动态压缩技术。

在土石坝工程施工过程中，最重要的施工过程质量控制是大坝填筑施工质量的控制，其是一个复杂的多因素多节点控制参数的复杂函数问题，通过常规的质量监控与质量分析手段都无法实时高效地三维图形化展示大坝填筑施工质量评价结果。因此通过安装在碾压机械上的各种传感器，实时掌握填筑料的各种影响其压实特性的重要影像参数，并通过实时高效的神经网络进行计算得到实时施工位置处的填料压实质量评价参数，为填筑施工过程智能化质量控制提供重要手段，这个方面的数据挖掘与研究可以采用复杂神经网络等技术进行。

另外，对于土石坝工程施工来说，整个工程施工管理可以分为上层业务管理与现场实际施工过程控制，目前常规的工程建设管理还没有将这两个方面的信息完美地进行融合。在现场实际施工过程控制中，目前能够采集到的信息主要包括大坝填筑施工过程中实时感知的数据，以坝料级配、碾压施工过程信息以及坝体建设过程中安全监测信息为主，这些信息主要是以自动感知、自动传输、数量巨大、结构性强等为主要特征；在施工过程中还有一部分信息是由人工采集、人工填表录入、纸质载体为主以及实验室原材料及半成品的试验检测数据组成，这些数据主要是以人工采集、存储载体多样、数据量相对较少、结构性不强为主要特征，这部分信息具有强烈的非对称特点，对这些数据的深入挖掘与分析是目前土石坝工程研究领域中的难点，也是大家关注的焦点。

这部分非对称数据如何进行耦合分析，实现海量结构性数据的稀疏化，有效凝聚提炼，以及人工采集数据的特征抽取、矩阵化再造等进一步深加工，通过两方面数据的协调、统一化处理进行深度耦合，达到多源异构海量数据的深度融合与分析，分析结果为整个工程上层业务管理提供技术数据，并且可以进一步通过统一接口与格式，形成比较完整的工程建设数字化、标准化、精细化和智能化的管理，提高整个工程的建设管理水平与进度控制水平，全面控制施工质量，为后期工程的运行管理过程提供重要的技术支撑。

第3章　土石坝填筑质量控制标准

3.1　土石坝填筑质量评价指标与过程控制

土石坝的填筑，是整个水利水电工程中最重要、最关键的建设环节，也是水利水电工程建设中管理的重点与关键。以往工程建设中，一般都是设计单位根据坝体沉降要求、安全经济要求，并结合实际的施工设备，以室内试验结果为基础，确定出相关的工程建设施工质量控制标准。随着施工机械的不断发展，机械化的填筑施工已经全部代替了以往的人工大坝填筑，但是不同类型的施工机械、坝料，以及不同土石坝结构与功能，其设计参数不同，施工过程中控制指标以及施工质量评定标准也不同。

对于土石坝填筑施工来说，以坝壳料为例，按照其材料不同，可以分为堆石、风化料以及砂砾（卵）石三类，不同的材料由于其物理特性不同（如密度、级配、湿陷程度、单轴抗压强度、变形模量等），工程设计不同，施工所采用的机械与施工工艺也不同。

常规的坝壳料填筑，其相关的作业规划包括坝料摊铺、坝料碾压、坝料施工之后质量评定的取样检查三道主要工序，另外，在施工过程中还要兼顾洒水、超径与逊径处理等方面工作。关键部位的坝料填筑中不同分区的接缝、岸坡与坝体结合部位的填缝以及上下游坡面之间的结合，均需要采用专门的施工方法处理。一般情况下，为了提高施工效率，各工序按照流水作业法进行连续作业。

在不同工序按照流水作业法施工时，需要根据施工中的控制指标进行严格的控制。一般的大坝填筑都会对施工过程与施工结束之后的质量进行控制，实现土石坝填筑施工过程的“双控”。但是在目前的土石坝填筑施工过程中，有些双控指标的检测顺序是颠倒的、不合适的，因此，需要在不断总结先进施工经验的同时，借助先进的三维立体展示平台与图像化施工过程管理技术，实现与土石坝填筑施工过程完全贴合的基于 Web 端的三维立体施工过程动态管理与施工质量控制，提升土石坝填筑施工过程的管理水平。

实际工程中，一般在施工之前要对坝料物理力学特征进行检测，保证坝料的合格性，只有坝料合格，才能通过严格的施工程序，获得较好的土石坝建设质量；另外，在施工过程中，需要结合施工机械与施工工艺，利用碾压试验得到的施工过程参数，进行土石坝填筑的严格施工；最后在施工结束后，施工单位以及检测单位需要根据填筑方量，进行一定数量的挖坑检测，作为施工质量最终的评价与检测结果，也是工程建设最后结算的依据。

施工过程控制的主要依据是碾压试验所得到的控制指标，包括铺料厚度、碾压遍数、碾压速度、振动频率、搭接宽度等，但是含水率很难做到施工过程中的实时监测与应用。

在施工结束之后的质量检测，主要包括对压实度、相对密度、孔隙率、干密度等参数的检测，这些参数都与干密度、含水率间存在依赖关系，虽然是不同的指标，但能够相互换算与转换。

3.1.1 相对密度试验

相对密度是土石坝填筑施工过程中坝体质量评定标准的确定以及质量评定最重要的参数，常规的相对密度试验是根据实际大坝坝料缩尺之后进行室内的最大最小密度试验确定，最后确定一定压实度下的相对密度试验；但是这种室内缩尺之后的相对密度试验具有明显的低估坝料相对密度的缺陷，近几年来开展了现场不进行坝料级配缩尺的真实相对密度试验。

对于砂砾料筑坝材料，设计填筑标准一般按相对密度进行控制，目前室内相对密度试验由于试验设备尺寸限制，只能采用经过缩尺处理的模拟级配材料进行试验，试验结果不能完全反映实际情况。特别是现在大型机械设备在水利水电工程上的广泛应用，在工程质量检测中经常出现相对密度大于100%的情况，说明原来的方法得到的最大干密度并不是真实的最大干密度。因此依据《土石筑坝材料碾压试验规程》（NB/T 35016—2013），采用直径120cm的密度桶，对原级配砂砾料筑坝材料，进行现场大型相对密度试验（包括最大干密度试验和最小干密度试验），校核和论证填筑标准的合理性，并根据试验结果，优化工程方案，复核和确定施工参数，为工程建设提供科学依据。

采用直径100cm的密度桶和表面振动法，按级配人工配料，分别对设计平均线级配、上包线级配、下包线级配、上平均线级配、下平均线级配的5个不同砾石含量的原级配风干主堆砂砾料和垫层料，进行室内大型相对密度试验（包括最大干密度试验和最小干密度试验）。这些成果是评价碾压试验成果的基础，为合理确定土石坝填筑干密度提供科学依据。

3.1.2 土石坝填筑碾压试验

在土石坝施工前，要进行土石坝填筑碾压试验，在碾压试验的基础上，通过挖坑灌水法确定碾压后土石坝压实干密度等重要质量监控指标，并且根据挖坑试验结果确定实际施工中的重要施工参数，如铺料厚度、碾压设备选型、碾压遍数、洒水量等。

对土石坝坝体砂砾石料、过渡料、垫层料进行碾压试验及相应的物理力学特性试验。通过碾压试验等，验证和确定土石坝填筑标准和技术要求，复核和确定施工碾压参数，为土石坝建设和施工技术参数控制提供科学依据。试验主要包括以下内容：

（1）检验所选用的填筑压实机械的实用性及其性能的可靠性。

（2）测定各堆筑料在不同碾压参数组合下碾压后的物性指标：比重、含水率、干密度、孔隙率、相对密度、颗粒级配、渗透系数等。

（3）通过进行不同碾压参数组合对比试验，确定各堆筑料经济合理的碾压施工参数，如碾压设备机具、振动频率及振动位移、行进速度、铺筑厚度、加水量和碾压遍数等。

（4）提出完善坝料填筑的施工工艺、措施和建议。

3.2 沥青混凝土试验与施工质量控制

3.2.1 沥青混凝土心墙材料的选择

《土石坝沥青混凝土面板和心墙设计规范》（SL 501—2010）提出了水工沥青混凝土的

沥青技术要求。该标准是依据已建工程经验和参考《公路沥青路面施工技术规范》(JTG F40—2017)中提出的"道路石油沥青技术要求"中A级道路石油沥青(50～100号)技术指标制定的。《水工沥青混凝土施工规范》(SL 514—2013)也采用了这个技术标准。而且对90号、70号沥青的软化点指标、延度指标采用了高值。

对于沥青混凝土心墙来说，混凝土中沥青的选择非常重要。在实际工程中，碾压式沥青混凝土的填料与沥青用量比公路沥青混凝土的用量多，且公路沥青混凝土面层较薄，一般铺设厚度在10cm左右，而碾压式沥青混凝土每层碾压厚度在25cm左右。在沥青选择过程中，结合骨料最大粒径对心墙沥青混凝土性能的影响，通过正交试验方法以不同骨料粒径、填料浓度、沥青类型、沥青用量为因素，以马歇尔稳定度、流值及劈裂抗拉强度为考核指标，采用极差、方差分析方法分析试验结果，并运用投影寻踪回归分析法和投影寻踪仿真单因素法对不同因素下的马歇尔稳定度、流值和劈裂抗拉强度进行分析，找出适用的沥青，保证工程施工与运行的可靠。

对新疆地区来说，根据《土石坝沥青混凝土面板和心墙设计规范》(SL 501—2010)规定，并参考国内已建工程的经验，结合新疆本地气候等特征，一般选用的质量较好的沥青为中国石油克拉玛依石化公司生产的70号(A级)道路石油沥青。

沥青材料的品种及标号的选择除了要考虑工程类别、气候条件、运用条件和施工要求外，更要考虑沥青混凝土的结构性能，这样才能选择较好的沥青材料，并结合实际施工工艺，保证实际土石坝建设能够满足设计、施工以及长期运行的安全可靠。

3.2.2　沥青混凝土心墙施工配合比的确定

我国水利水电工程中沥青混凝土的应用及相关研究起步较晚，因此，前期工程建设中沥青混凝土的配合比设计主要还是借鉴公路交通工程中沥青混凝土的相关技术经验，如所参考的主要规范为1994年颁布的《公路沥青路面施工技术规范》(中华人民共和国交通运输部颁布)。进入21世纪之后，我国沥青混凝土的研究与应用得到了飞速发展，交通行业中，在原来的《公路沥青路面施工技术规范》的基础上，合并了《公路改性沥青路面施工技术规范》与《公路沥青玛蹄脂碎石路面技术指南》的相关内容，在对主要技术问题科学研究与试验验证的基础上，经广泛征求意见后制订。2004年修订版重点对高速公路、一级公路提出了更高的要求。

我国水工沥青混凝土在水利水电工程中的应用也随着沥青混凝土技术的发展越来越广泛，尤其是一些大型水利水电工程沥青混凝土心墙坝的成功兴建，为水工沥青混凝土配合比设计的理论与经验积累提供了重要的案例，也为进一步规范水工沥青混凝土的配合比试验，以及沥青混凝土设计、施工等方面提供了指导。因此，在这样的情况下，国家发展改革委组织专家编制并颁布了《水工沥青混凝土试验规程》(2006年12月颁布，2007年5月实施)，主要参考了《公路工程沥青及沥青混合料试验规程》，是在总结沥青混凝土在水利工程上的经验基础上形成的。

沥青混凝土配合比设计方法，应当是综合考虑沥青混凝土的工程力学性能、高温稳定性、低温抗裂性及水稳定性等力学性能基础上进行配合比设计。目前水利水电工程中马歇尔试验方法是应用最为广泛的沥青混凝土配比设计方法，也是目前世界各国通用的设计方法。

马歇尔试验是配合比设计的核心，是整个配合比设计中的关键。对每一矿料合成级配，首先计算矿料合成毛体积的相对密度，参考已建类似工程沥青混凝土的标准或油石比，估算出最佳油石比作为油石比中值，按一定间隔分别成型马歇尔试件，测定试件的毛体积相对密度，通过试验或计算确定其理论最大相对密度。计算试件孔隙率、矿料间隙率、有效沥青饱和度等指标，同时进行马歇尔稳定度和流值试验。所有这些指标数据作为确定最佳油石比（沥青用量指标）的依据。

马歇尔试验的最大优点是考虑了沥青混凝土的密度、孔隙率、稳定度和流值等特性，通过分析获得沥青混凝土合适的孔隙率，并求得最佳沥青用量。目前我国水利水电工程沥青混凝土配合比设计都是依据国家发展改革委颁布的《水工沥青混凝土试验规程》（DL/T 5362—2018）。主要综合考虑沥青混凝土的水稳性、高温稳定性以及低温抗裂性能等，来求沥青混凝土中的最佳沥青用量。另外在2010年和2013年，水利行业也根据水利工程中沥青混凝土工程的发展情况，颁布了《土石坝沥青混凝土面板和心墙设计规范》（SL 501—2010）以及《水工沥青混凝土施工规范》（SL 514—2013），进一步对我国水利水电工程的沥青混凝土，设计与施工做了规范性的要求。

但是近几年，国内也有一些单位针对目前所采用的马歇尔试验存在的问题，提出了其他的配合比试验方法。如西安理工大学在对天荒坪抽水蓄能电站、三峡工程茅坪溪防护土石坝、冶勒水电站及尼尔基水利枢纽等工程实例和试验资料进行整理研究和分析的过程中发现，马歇尔试验变形速度比较快，试验温度相对很高，其试验条件与沥青混凝土心墙的工作状态相差比较大，加之水工沥青混凝土油石比较道路沥青混凝土油石比大，变形量也较大，因此在马歇尔试验规定的60℃下会遇到通常测不出马歇尔流值的情况，因而采用马歇尔试验很难评定水工沥青混凝土配合比的好坏。因此，他们在以往水利水电工程、公路交通工程配合比设计经验基础上，结合水工沥青混凝土的特点，在实验室内采用了劈裂试验（间接拉伸试验）确定实际水利水电工程中的配合比，该方法在多个试验工程中得到了应用，取得了良好的应用效果。

3.2.3 沥青混凝土施工质量控制

在《水工沥青混凝土施工规范》（SL 514—2013）中，对我国水利水电工程中的沥青混凝土施工质量提出了较为系统的要求。按照一般沥青混凝土的施工，沥青混凝土施工一般分为前期的混凝土配合比确定；配合比确定之后，需要在沥青混凝土拌和楼的生产过程中严格执行原材料加热、配料、拌和及运输过程中的各项要求；以及在沥青混凝土的碾压或者浇筑施工过程中针对摊铺、碾压、接缝及层间等方面执行施工前的施工控制指标。

沥青混凝土原材料的质量控制，主要针对沥青混凝土原料的进场检测，包括按批次进行检测、沥青以及骨料的级配等。另外在沥青的存储过程中也要进行抽检，以避免出现因为储存条件变化而引起的沥青变质；另外在矿粉加工过程中也应加强工艺控制，主要需要在加工过程中进行控制的参数包括填料的密度、含水率、亲水系数等指标。

在拌和楼中对沥青混凝土制备过程的控制，严格按照配合比进行沥青混凝土的生产控制，但是目前在下料过程中，尚无相关的技术进行控制，一般的控制手段为在机口取样和仓面取样，并且在沥青混凝土运至施工现场，摊铺完成但未碾压之前取样进行检测，检测的内容包括配合比和其他技术性质，能够反映沥青混凝土的声场均匀性，并且也能反映沥青混凝土经过运输、摊铺之后其质量的变化。

在沥青混凝土的碾压或者浇筑过程中，按照目前的标准规范，尚未做出沥青混凝土在碾压或者浇筑施工过程中的控制要求，并没有规定相关的定量要求，仅仅是进行了“沥青混凝土在碾压过程中除了对沥青混凝土的孔隙率和渗透系数进行检验控制外，还要对温度、摊铺厚度、摊铺宽度、碾压情况进行现场检验控制”这样笼统的规定。

但是针对沥青混凝土孔隙率的检测，也就是对沥青混凝土压实度的检测，包括三种方法，分别是岩芯孔隙率、室内马歇尔试件的孔隙率以及现场无损孔隙率。沥青混凝土渗透系数和沥青混凝土的孔隙率存在明显的相关关系，因此，在规范中规定，如果沥青混凝土的孔隙率满足设计要求，则其渗透系数也能够满足设计要求，一般的沥青混凝土渗透系数采用渗气仪测试，也可进行芯样的室内渗透系数测试。

由此可知，在对沥青混凝土的施工进行质量控制时，目前常规的做法是在碾压完成之后进行沥青混凝土的孔隙率检测，其他的可以根据特殊条件及要求进行检测。

3.3 施工过程质量控制

第 3.2 节对沥青混凝土的全过程质量控制做了简单的阐述，所以本节主要针对土石坝中土石坝料在填筑施工过程中的质量控制进行阐述。碾压式沥青混凝土的施工过程控制与土石坝料的填筑碾压施工过程的质量控制基本相同，但是根据沥青混凝土的碾压施工工艺，增加对碾压施工过程中沥青混凝土温度的控制，保证沥青混凝土施工的质量。

因此，针对碾压式土石坝施工全过程，包括坝料开采与加工、运输、加水、填筑施工，以及质量控制几部分内容，并且在填筑施工过程中需要考虑不同的坝料接触过渡界面之间的施工质量，保证不同层面之间、不同类型坝料之间以及岸坡坝体接触面的施工质量，为工程运行的安全可靠提供重要支撑。

1. 坝料开采与加工

根据目前水利工程中现行的碾压式土石坝填筑施工质量控制中，主要有三个方面的内容，第一个方面是坝料开采和加工；第二个方面是坝体填筑施工过程；还有一块内容是施工结束之后的施工质量控制与检测，其中最重要的是坝料质量控制与坝体填筑质量控制。但是在实际施工中应该在坝料的开采与加工过程中进行坝料的质量控制，这对于大坝填筑的质量控制来说是至关重要的，从源头上进行坝料的质量控制避免土石坝填筑结束之后，通过挖坑检测发现坝料不合格而将碾压之后的坝料进行挖除，造成巨大的人力物力浪费，也影响整个土石坝填筑施工过程。

对于爆破料的开采，需要结合岩体强度、岩体结构面发育情况，经过爆破试验，确定合理的爆破方案，从而获得最经济的坝料开采施工工艺。目前随着钻孔效率与装药效率增加，乳化炸药混装车耦合装药爆破开采成为主流，这主要是由于炸药安全性能好、爆破质量好、装药效率高且爆破成本低决定的，目前在坝料开采爆破梯度接近 20m，并且根据爆破试验，能够较好地保证爆破料级配，避免坝料二次加工。

只要料源充足，砂砾石坝具有明显的经济优势，但是在砂砾石坝料开挖过程中，需要控制坝料级配，在静水沉积透镜体等处的过细坝料需要剔除，保证整个大坝填筑具有较好的施工质量。

对于坝体重要的防渗土料来说，其与其他坝料不同的是，对含水非常敏感，对于土石坝，防渗土料的质量和储量具有重要地位，设计过程中对其所做的勘察相对其他坝料来说也非常详细，质量及储量一般出入不大。但其含水率往往与最优含水率有差距，故存在着含水率调整的问题。

另外对于其他防渗料、反滤料、垫层料等小区料来说，也存在级配控制的问题，当开挖料或者爆破料不满足级配要求时，需要进行人工二次破碎制备或者掺添一定粒径的天然砂石料进行级配调整。

2. 坝料填筑施工

在土石坝填筑施工过程中，结合河流汛期安排，将划分主要施工期及一般施工期等，不同阶段的施工组织计划将会根据每个工程建设进度综合制定，施工过程施工参数控制是整个碾压式土石坝施工质量控制的最重要方面，目前一般采用真实施工条件的碾压试验来确定，其中主要包括坝料施工含水率、铺料厚度、碾压机械振动频率、碾压速度等。近年来，随着先进的高精度卫星导航数字化监控技术的应用，我国在碾压式土石坝施工过程施工参数控制自动化监控与实时检测技术方面取得了突破性进展，并在糯扎渡、长河坝工程进入实际应用阶段。采用土石坝施工质量实时监控系统，可根据工程规模、施工工期、运行管理等综合因素选择其对施工过程进行质量控制的主要参数。目前随着我国北斗定位技术的发展，以及定位硬件设备的国产化等，采用卫星导航进行施工过程实时监控的成本逐渐降低，该项技术也逐渐向我国中小水利水电工程中发展应用，大大提高了水利水电工程建设的智能化水平。

大型的碾压施工机械的应用，也大大提高了整个大坝填筑施工的自动化程度，并且为基于高精度卫星导航技术的大坝填筑施工过程实时监控提供了重要的基础。为适应高坝较高的压实密度要求，振动碾吨位越来越大，我国已经自主研发总激振作用力达到80t的32t自行平碾、凸块碾，并已经在水利水电工程中应用，目前18～32t的自行式振动碾已经成为碾压式土石坝施工的主流设备。

另外，在土石坝碾压施工过程中需要重点监控和把握的是不同坝料、分区、岸坡等结合部位。若施工时这些结合部位控制不严，容易产生质量问题，而且可能形成渗流通道，引发防渗体渗透破坏，造成工程事故。

3. 土石坝填筑施工质量检测

碾压式土石坝是利用当地材料修筑的挡水建筑物，具有就地取材，节省重要建筑材料，适应变形能力强等重要优势，但是渗流与变形是碾压式土石坝最大的病害。因此，在施工过程中以及施工结束后，对其质量控制所开展的检测是施工质量控制的重要内容。但是目前规范中所规定的检测是事后检测，还需要结合施工过程实时智能化监控系统，开展相关质量控制指标的实时检测。

在土石料的施工过程中，大型压实机械在碾压过程对料场土、石料二次破碎作用不可忽视，设计提出的级配要求应以料场控制为主，不合格材料应在料场处理合格后再上坝是基本要求。对于过渡料和碎（砾）石土，大功率压实机具碾压作用可在一定程度上调整级配，因此应以料场为主进行坝料质量控制，做到在源头控制质量，对于碾压作用对级配的调整需要试验研究论证后具体确定到料场控制指标，在料场对坝料质量控制是必不可少的环节。

在坝料质量检测中，对于细粒料来说，其控制性因素是坝料的含水率。由于坝料含水率与气候、日照、风速、温度等都有很大的关系，所以在实际施工中，应考虑检测时间对碾压质量的影响。因此，对细粒料含水率的检验，应尽量在大坝碾压施工过程中进行检测，保证其检测结果的时效性，并且对含水不满足施工控制条件的，采取必要的措施进行补救。

坝壳堆石料的填筑以控制施工压实参数（包括碾压设备的型号、振动频率及质量、行进速度、铺筑厚度、加水量、碾压遍数等）为主要手段，通过施工过程中的高精度卫星定位碾压施工过程实时监控系统进行实时控制，并按照坝体压实检查次数中的要求划分单元工程，开展相关重要信息的采集与传输，并记录其干密度和级配。

目前最常见也是最直接的大坝碾压施工质量评定检测方法是挖坑灌水法（挖坑灌砂法），因堆石最大粒径达 100cm，颗粒互相交错咬合，试坑尺寸大，开挖料多，劳动强度大，费力、费时、耗资大，且大颗粒难以挖出，挖出的颗粒往往偏小，使测试结果不能反映实际情况，检测效率低、代表性差，且具有破坏性，取样试坑需按坝体填筑技术要求回填，难以满足多仓面、高强度、机械化快速施工要求。用机械开挖，对周边扰动严重，试坑太大和不规整，难以测定体积，且粒径 50～100cm 石块现场称重困难，亦得不到满意的结果。土石坝体形较大，堆石填筑方量已达上百万、上千万立方米，按传统的检测要求，原位坑测检查次数达上千次，导致坝体填筑施工现场检测评定与施工进度产生矛盾，且施工机械化程度越高，这种矛盾就越突出。因而，采用先进的检测仪器并采取快速质量检验评定方法，已成为业界探寻的共同点。目前常用的大坝填筑碾压质量的快速检测评定方法，主要包括压沉值法、压实计法、附加质量法以及面波法，但是这些方法还存在较大的局限性，并没有成为碾压式土石坝填筑质量控制与评价检测方法的主流，还需要一定时间的积累与方法改进。

第4章　基于无人驾驶技术的大坝填筑施工过程精细化智能监控系统

4.1　系统架构

根据目前水利水电工程中应用较好的各类土石坝、碾压混凝土坝等建筑施工特点，以及基于高精度定位技术施工过程实时精细化管理的相关经验，设计基于无人驾驶技术的大坝建造精细化智能监控系统。

所建立的监控系统主要组成部分如图 4.1 所示，主要包括硬件系统、软件系统以及数据交互与传输网络系统三部分。

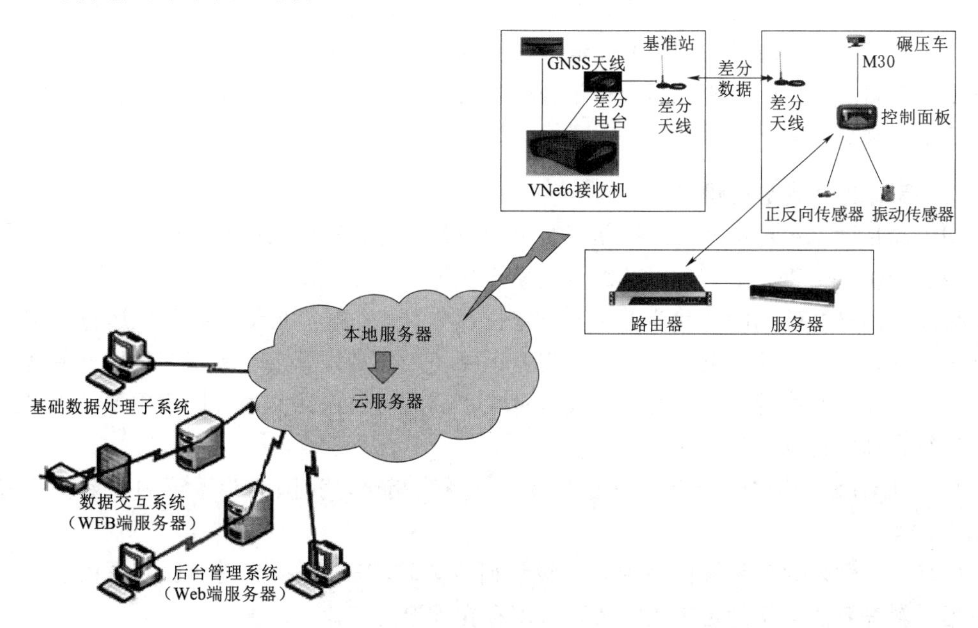

图 4.1　大坝填筑施工过程精细化智能监控系统主要组成部分

硬件系统主要包括安装在施工机械上能够对整个施工机械施工状态进行施工全过程中重要施工控制参数的智能感知设备，也包括通过现场施工技术人员进行坝料级配数字图像分析的图像采集设备，以及坝料自动称量、加水的地秤、自动通水阀等加水设备。软件系统主要指为工程建设现场施工管理人员中有一定权限的工程建设单位、施工单位、监理单位等用户进行施工管理与质量分析而提供的管理平台软件，另外也包括在施工机械驾驶室中安装的智能数据终端，如工业版平板电脑中的相关简易版软件，该软件只需关注该施工机械本身的施工状态，对施工机械驾驶员的施工操作具有引导与提醒功能。数据交互与传输网络系统包括信息交互部分，主要指高精度定位数据精度解算保证的 RTK 差分数据交互系统，以及进行施工过程中重要信息传输的网络系统，可以是无线覆盖及网桥建立的局域网络，也可以是商用的 GPRS 等公共网络。

另外，随着目前信息化技术的不断发展，自动感知技术不断提升，精度日益提高，并且网络环境也使这些实时感知技术的实时传输与云上处理成为现实，在此基础上，大坝填筑碾压施工机械无人驾驶技术逐渐成为土石方碾压施工智能化的发展方向之一，在本章中，将结合目前工程实际，介绍一种适用性强的无人驾驶技术。

4.2　硬件系统

4.2.1　简述

在碾压式大坝填筑施工过程中最重要的实时信息感知硬件设备主要是基于高精度卫星定位技术的接收机以及 RTK 差分系统、为了保证坝料级配满足设计要求而安装的坝料数字图像获取设备、实现坝料运输计量与定量加水的坝料运输称量设备与加水设备。

对于细颗粒坝料来说，如黏土，坝料合格性的重要指标为坝料含水率，因此，对于均质土坝，或者黏土心墙堆石坝中的心墙等颗粒细小坝料，利用快速含水率检测设备，以保证施工前坝料的合格性，避免因坝料不合格导致施工结束后工程质量检测不合格而需挖出坝料返工的现象发生。

4.2.2　高精度卫星定位设备

利用高精度卫星定位系统进行碾压式大坝填筑施工过程的实时智能化监控，已经是目前大型水利水电工程中土石坝以及碾压混凝土坝等工程建设施工管理的必要手段。

目前我国自主研制的“北斗卫星导航定位系统”（简称“北斗系统”）运行稳定，工作状态良好，已在测绘、电信、水利、交通运输、勘探和国家安全等诸多领域开始逐步发挥作用。随着该系统的不断完善，在我国重大水利水电、铁路交通等国家重要基础设施建设、运行管理中得到极为广阔的应用。

与国外 GPS、格洛纳斯等高精度卫星定位系统相比，我国北斗系统的主要优势有以下几个方面：

（1）安全性。北斗系统由我国自主设计研发，较 GPS 等系统更加适合军民应用，坐标数据、解算算法等均满足工程需要，且不存在外泄可能。

（2）三频信号。北斗系统使用的是三频信号，GPS 使用的是双频信号。三频信号可以更好地消除高阶电离层延迟的影响，提高定位可靠性。同时，北斗系统也是全球第一个提供三频信号服务的卫星导航系统。

（3）短报文通信服务。这是中国卫星原创功能，具有日常及紧急情况下通信功能。

（4）定位精度满足工程建设需要。目前北斗系统的定位精度在中国及周边地区与 GPS 相当。

大坝填筑施工过程精细化智能监控系统的高精度卫星定位设备包括基准站、车载终端两个部分。

1. GNSS 基准站

GNSS 基准站是整个大坝填筑施工过程精细化智能监控系统的“定位标准”（图 4.2）。GNSS 接收机单点（一台接收机进行卫星信号解算）精度只能达到亚米级的观测精度，这显然无法满足实际工程需要。使用动态差分技术，利用已知的基准点坐标来修正实时获得的测量结果，可进一步提高 GNSS 定位精度。通过数据链，将基准站的 GNSS 观测数据和已知位置信息实时发送给 GNSS 流动站，与流动站的 GNSS 观测数据一起进行载波相位差分数据处理，从而计算出流动站的空间位置信息，以提高碾压机械 GNSS 设备的测量精度，使精度提高到厘米级，以满足大坝碾压质量控制要求。

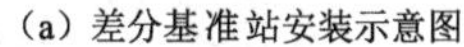

(a) 差分基准站安装示意图

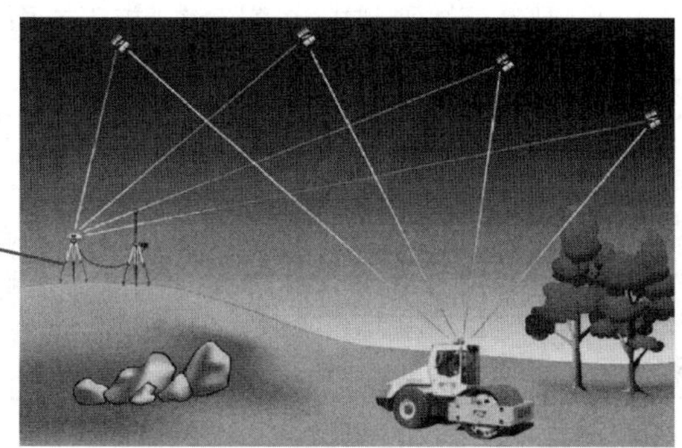

(b) 差分原理示意图

图 4.2　基准站安装及原理示意图

2. 车载终端

碾压机机载 GNSS 采用差分定位模式。该模式的定位原理为：由已知三维坐标的基准站通过无线电通信实时发送改正数，由待测点 GNSS 接收机接收并对其测量结果进行改正，以获得精确的定位结果。载波相位差分将载波相位观测值通过数据链传到流动站（碾压机机载 GNSS 接收机），然后由流动站进行载波相位定位，其定位精度可达厘米级，满足碾压遍数与压实厚度监控的精度要求（压实厚度的监控须经过数学运算减小误差）。实地采用实时动态快速定位（real time kinematics，RTK）技术进行监控，其特点是以载波相位为观测值的实时动态差分 GNSS 定位，满足碾压机械施工监控的实时、快速定位要求。在车载终端上安装的相关硬件设备如图 4.3 所示。

图 4.3　车载终端上安装的相关硬件设备

4.2.3　压实度传感器

硬件系统还包括在大坝填筑机械上安装的各种传感器，包括方向传感器以及压实度传感器，通过传感器实时采集到的数据能够掌握碾压机械的行驶方向与振轮振动频率，并且压实度传感器输出的数据能够反映坝料的压实程度。

目前，在土石方工程碾压施工中，最直接的施工质量实时监测设备就是不同种类的压实度传感器。早在 20 世纪 90 年代，中国水利水电科学研究院房纯纲教授就开始通过振动碾碾轮加速度测量分析技术，间接对压轮下土体压实特性进行实时评价，并且研制出了能够应用于均质土坝、堆石坝以及碾压混凝土坝的压实度传感器，已在国内许多重大水利水电工程中得到了应用。后来，国内张润利、武雅丽、孙祖望等在交通工程的道路碾压施工质量方面开展了实时传感器的研究与应用工作。国外也对土石方压实传感器开展了相关的研究，但是研究都主要集中在道路碾压施工方面，并在相关工程中得到了较好的应用。

图 4.4　安装在大坝碾压施工机械振轮轴心处的压实度传感器

在以往研究与应用的经验基础上，中国水利水电科学研究院结合高精度卫星定位技术以及加速度传感器等设备，开发出了新的土石坝压实度实时监测设备，传感器安装在实际大坝碾压施工机械振轮的轴心处，能够实时监测到振轮加速度、振动频率、坝料摊铺厚度、级配等信息，共同对坝料压实特性进行实时合理的评价。在实际土石坝碾压施工机械中安装的压实度传感器如图 4.4 所示。

通过新疆阿尔塔什水利枢纽、大石门水利枢纽、老挝南俄 3 水电站、江巷水库等大坝填筑施工过程精细化智能监控系统的实际工程应用情况可知，实际工程一般通过碾压试验来确定碾压施工过程的控制指标，也可以利用碾压试验的不同施工参数组合来进行压实度传感器的有效性校验。但实际上土石坝碾压质量，也就是压实度，与坝料摊铺厚度、含水率、碾压遍数、碾压机械吨位、振动频率、碾压速度等都有很大关系，因此单一的压实度传感器感知指标难以全面反映坝料碾压施工的压实质量，也就是说，单靠压实度传感器不能全面准确地反映坝料的压实质量。

4.2.4　坝料级配数字图像采集设备

在常规的土石方碾压施工过程中，是在坝料碾压施工结束之后进行施工质量的挖坑检测时，一并将挖出来的坝料进行筛分，通过筛分结果进行坝料级配分析。但是在坝料碾压结束之后，一些坝料由于相互挤压可能会发生破碎，使得碾压之后的坝料级配不能真实代表碾压之前的坝料级配。在大坝坝料进场之前利用快速便捷的手段，合理有效地检测坝料级配的合格性，在很大程度上避免因使用级配不合格的坝料入场碾压之后，使挖坑检测不合格，进而需要将整个碾压仓面挖除返工。因此，利用快速便捷的坝料级配检测技术，实现坝料入场前或者碾压前灵活的合格性判断，可以减少碾压完成后的整仓坝料挖除返工的风险。

在实际工程中，常用便携式数据终端进行工程现场实时采集坝料数字图像，然后利用数据终端进行坝料的实时级配特性分析，再将采集得到的坝料数字图像传输至云服务器中，最后从客户端获取相关的数字图像，并对其分析，得到坝料级配特征。图 4.5、图

4.6为获得的坝料数字图像分析结果及其级配特征曲线示意图。

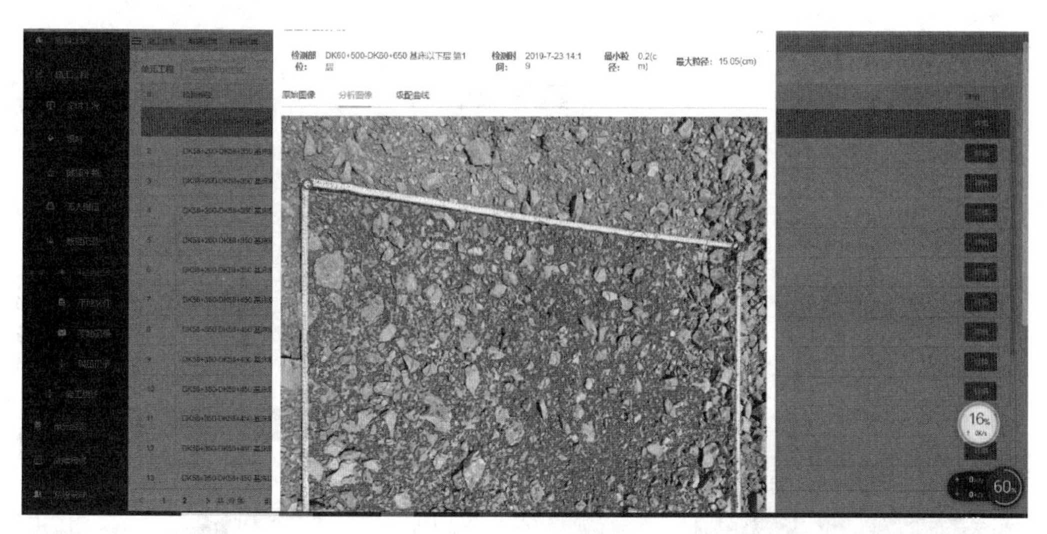

图 4.5 坝料数字图像分析结果

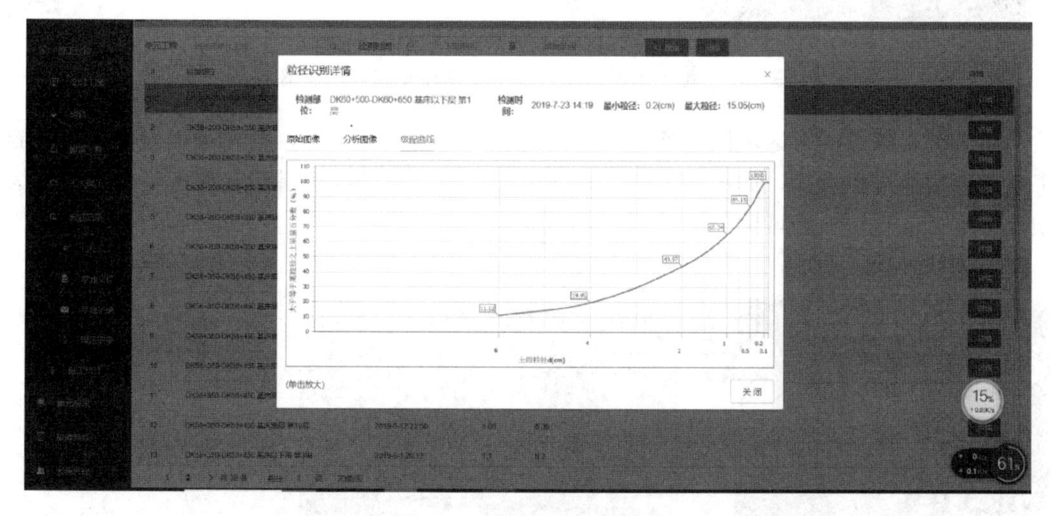

图 4.6 坝料级配特征曲线

4.3 信息传输与交互系统

大坝填筑施工过程精细化智能监控系统中的信息传输与交互系统的功能主要包括两个方面，一是为了保证定位接收机的定位精度，二是建立以电台数据传输方式为主的数据校核与交互系统。

在实际工程中，如果工程建设所在区域的公共信息网络良好，则可借助GPRS网络建立系统的数据实时传输网络系统，该网络系统能够保证施工数据实时地传输至云系统中，并且各用户通过该网络能够实时查询大坝碾压施工数据，进而对数据库中的数据进行实时处理与分析，并实时在客户端的 PC 机中展示。信息传递主要途径及架构示意图如图 4.7 所示。

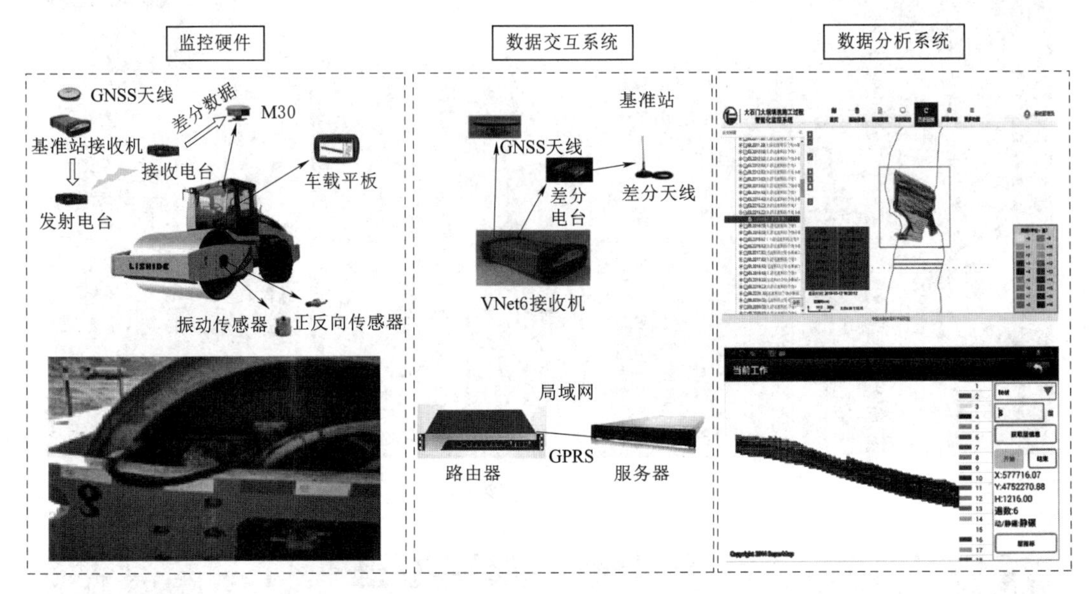

图 4.7　施工过程信息传递主要途径及架构示意图

如果工程建设所在区域网络条件不好，则需要根据现场条件，搭建工程建设过程中施工信息传输的局域网络，如图 4.8 所示，图中所示的是新疆阿尔塔什水利枢纽中搭建的大坝碾压施工信息传输局域网。

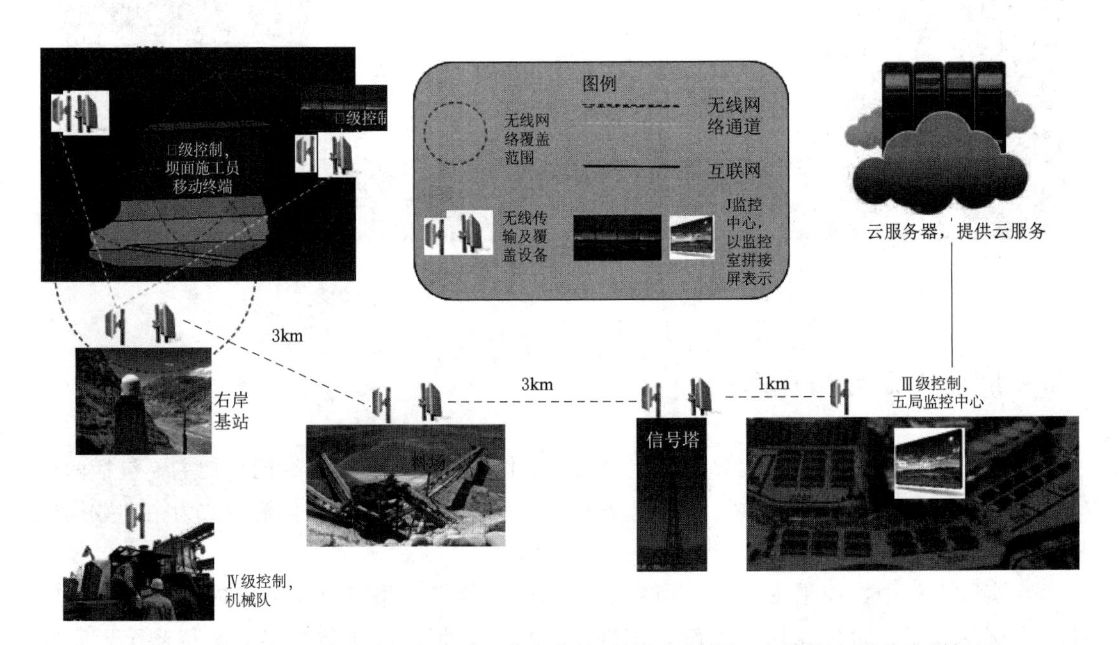

图 4.8　工程建设区域搭建的大坝碾压信息传输局域网示意图（新疆阿尔塔什水利枢纽）

4.4 软件系统

4.4.1 软件系统架构

对于实际工程来说，大坝填筑施工过程精细化智能监控系统主要是为了大坝填筑施工过程的高效管理与动态优化，以保证施工质量，有效提高施工效率，主要的功能与应用效益可以体现在以下几个方面：

（1）应用大坝填筑施工过程精细化智能监控系统，可以对实际大坝填筑施工进行规划与资源调配，并且根据施工结束后汇集的施工数据进行施工机械效率分析，为施工单位实现绩效管理提供最直接、最可靠的数据基础。

（2）能够利用精细化智能监控系统，实现大坝填筑施工质量的实时监控，保证大坝填筑施工能够严格按照事先确定的施工控制参数进行，保证施工质量。

（3）通过大坝填筑施工过程精细化智能监控系统，能够对整个施工过程中的数据进行汇集，并且按照需求进行数据整理分析，作为施工质量评判的重要依据。也可根据汇集的施工过程信息，进行线上大坝填筑施工过程回放与重演。

（4）结合云计算技术、大数据技术，可以实现远程实时的现场施工状态监控，能够为工程建设、监理人员提供重要的施工过程管理手段和平台，另外也能够为施工现场管理人员进行施工过程中的机械人员动态调配的实时决策提供参考。

（5）根据汇集到的各类施工数据，结合实际施工检测数据，开展海量多源异构数据挖掘与分析，为大坝填筑施工及运行期协调变形预测提供参考。

随着我国大型土石方工程建设信息化、智慧化水平的提高，大坝填筑施工过程精细化智能监控系统一般作为一个重要的子系统或者业务管理模块与建立的智能建造管理系统或者智慧工程系统进行融合。

大坝填筑施工过程精细化智能监控系统架构如图 4.9 所示，主要可以分为三层，第一层是系统数据库及基础技术层，这个层面服务器的计算资源都是基于前述的主体工程建设信息云平台系统中 IaaS 层基础上的。其中相关物联网技术是结合安装在碾压设备以及坝料运输设备上的专用仪器。第二层是系统中间件层，也基本上与前述的主体工程建设信息云平台系统中 PaaS 层中相关内容是一致的。第三层是系统应用层，主要是将各种信息通过系统用户界面展示出来，为工程施工过程质量控制以及工程优化调整提供参考与支撑。在系统的编制中，主要以水利水电工程施工中的各种标准、规范、政策及法规为依据。

4.4.2 软件系统主要功能模块

目前已经完成的大坝填筑施工过程精细化智能监控系统中的主要功能模块包括以下几个方面。

1. 工程基本信息整理与展示模块

在工程建设中对大坝进行不同施工单元的划分后，在基础信息部分中除了对工程基本信息进行维护之外，还按照大坝分区、大坝分段、大坝分层以及大坝不同的单元工程信息进行整理与维护，这样就可以利用这些基本信息对大坝施工过程采集到的相关数据进行不

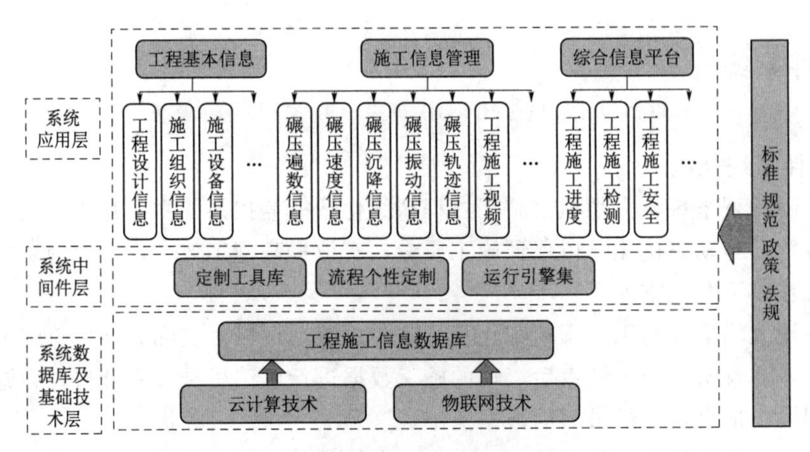

图 4.9 大坝填筑施工过程精细化智能监控系统架构示意图

同区域与施工部位的整理与分析，为数据管理与质量检测分析提供了最重要的基础信息。

另外利用该模块，可以将大坝单元工程划分与实际大坝填筑施工过程结合起来，在工程基础信息模块进行大坝单位工程下不同分部工程的设置，然后在不同的分部工程下进行单元工程的划分。工程的单元工程是质量评定的最小工程单元，但并不是最小的施工控制单元。通常单元工程还进一步划分为不同的施工仓进行施工过程的控制。同时利用该模块可以实现大坝施工机械与驾驶员的管理。

2. 文件上传与数据管理模块

在数据管理模块中，主要按照工程划分规则确定的单元工程模型对采集到的碾压施工过程数据进行标准化的管理，并且能够通过云端系统中不同的大坝分区区域进行数据查找与查看。另外该模块还对系统每条数据的开始时间与结束时间以及不同的碾压设备都进行了区分，这样就为工程管理人员对施工控制提供了重要的资料。

需要说明的是，该模块的数据文件上传到系统服务器时，系统会实时分析数据文件，提取重要信息，进而对数据文件的归类进行判别，主要判别的指标有机车代码、施工开始与结束时间以及相关数据采集点的坐标，这样就可以将数据文件精确地归到某一个大坝分解单元中去，便于数据管理与分析。

3. 施工过程实时监控分析模块

施工过程中不同高程坝面自动生成平面图，并且在平面图上对不同部位的桩号及比例尺进行展示，然后再加载该平面上的碾压设备及相应驾驶员的实时施工过程信息，以便施工单位、监理单位以及工程建设管理单位对大坝碾压实时施工过程进行控制与实时调度，保证大坝碾压施工过程有序、高效进行。

利用该模块，可以实现对大坝碾压施工过程施工设备的碾压速度、碾压设备振动状态、施工区域碾压遍数等进行实时监控。其中在相应的界面中展示大坝碾压施工过程控制参数，实际工程中可按照该参数对施工机械的碾压状态进行控制。

由于实际施工过程管理中，某用户打开系统可能希望看到一定时间之前某个区域内的碾压情况，因此该模块设置了添加历史数据的功能，历史数据的添加，可以按照某时间节点以后添加某几台车的施工信息，也可以按照某个制定区域进行历史数据的添加，这样极大地方便了施工管理人员对现场的施工组织、施工指挥以及动态调度车辆等管理工作。

4. 质量检测分析模块

质量检测分析模块是大坝填筑施工过程精细化智能监控系统最重要的模块，主要对施工结束后一定的施工时间中某施工区域采集到的碾压数据进行综合分析，包括碾压遍数（总数、静碾及振动碾遍数）、速度超限次数、碾压设备速度平均值、碾压设备速度最终值、碾压设备激振力超限次数、激振力平均值、激振力最终值、碾压沉降量以及行车轨迹等重要数据，通过这个模块可以重演大坝填筑施工实施过程。根据施工区域分析结果，可为单元工程质量检测所进行的挖坑检验提供坑位参考，便于单元工程质量检验，保证大坝施工质量控制。另外，需要在相应的界面中显示碾压完成区域内的碾压面积达标百分比、碾压平均速度以及该层的碾压平均层厚。

除此之外，在本系统中，为了更形象分析不同剖面中碾压层厚及不同层之间的结合情况，还需开发任意地沿着坝轴线或者垂直坝轴线的碾压数据剖面分析功能，类似目前医疗机构中所采用的CT技术，以便全方位地了解大坝整体碾压施工过程及数据。

5. 施工报表生成模块

在实际工程建设中，每一个单元工程或每一个分区施工完成之后，可由系统自动生成该施工区域的施工报表，包括报表信息、自动或者手动设置检测点位置等信息以及相关的施工状态图形等内容，可作为施工质量评价的重要附件，为保证大坝工程施工质量检验与评价提供重要参考与支撑资料。

6. 系统管理模块

系统管理模块主要是针对目前工程建设中的相关用户，包括施工单位、监理以及工程建设管理单位等不同用户权限、登录账号及密码等方面进行管理，保证不同的用户能够在各自的权限内进行数据分析及相关管理工作。

另外，在这一部分中，还对工程的碾压施工参数进行了设置，这部分设置工作是根据目前大坝施工组织计划以及碾压试验确定的最终施工过程控制参数，是大坝施工质量分析的重要评价标准。在这个模块中，一般可以采用不同的颜色等信息对不同的施工状态进行描述。

在这部分中，主要的参数设置有以下几个方面：基本参数，用来确定碾压设备特征参数以及施工方案参数中的搭接宽度等数据；碾压遍数云图，用来确定不同碾压遍数的颜色，使得数据分析结果能够以颜色层次的云图进行展示，在超限次数云图、机车速度云图、激振力大小云图等设置功能基本上都与碾压遍数云图设置功能相同。

7. 施工机械碾压统计分析模块

施工机械碾压统计分析模块主要是针对目前大坝碾压施工机械管理人员的，利用该功能模块，可以进行单台碾压机械某段时间内的施工工效统计分析，包括碾压长度、碾压面积、不同碾压遍数所对应的碾压面积统计等。另外还可以在该界面的右侧功能框内，显示该台施工机械某段时间内的施工形象示意图，为施工机械管理人员对某设备的统计分析提供技术支持。

另外，在这一模块中，还提供了某一段时间内对所有参与施工的施工机械进行施工工效分析，主要包括某段时间所有的施工机械施工长度、施工面积以及满足施工标准的施工面积，这样可以为现场施工管理人员根据不同阶段机械操作手的操作效率进行绩效管理提供支持，从而大大提高大坝碾压的施工操作水平、施工管理水平等。实现施工机械的高效利用与高效管理，提高施工效率，大大节省施工成本。

8. 面向碾压设备操作员的大坝碾压施工过程监控模块

对于在大坝碾压施工过程中的每一台碾压设备而言，该台碾压设备的碾压遍数、碾压速度、碾压振动状态以及碾压轨迹等施工信息可以实时地在碾压设备驾驶室中的平板终端上显示出来，如果碾压设备偏离设定的碾压参数范围，该平板终端将会及时提示设备操作人员，进行操作修正，以保证碾压施工过程能够按照既定的碾压施工参数进行。利用该软件系统，可以为碾压设备操作人员提供操作引导与操作纠偏，从而保证大坝碾压施工质量。平板终端系统界面如图 4.10 所示。

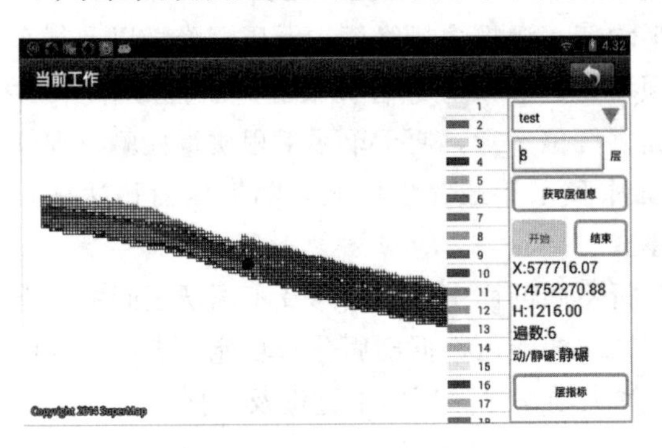

图 4.10　大坝碾压施工设备中的平板终端系统界面

4.5　施工机械无人驾驶技术

4.5.1　无人驾驶技术现状

随着技术的进步，目前在大型土石方施工过程中碾压机械无人驾驶技术，已经在四川长河坝水电站、河南出山店水库、河南前坪水库、四川双江口水电站等重大水利水电工程土石坝碾压施工中得到了应用，在京雄高铁的路基填筑以及重要站场土方施工中也开展了应用。

在目前施工机械无人驾驶技术中，可大致分为以下三个方面：施工机械生产厂家在施工机械出厂前植入无人驾驶模块；相关技术支撑单位改造施工机械油路电路气路以实现无人驾驶功能；相关技术支撑单位在现有施工机械现状基础上进行无人驾驶功能改造，不改变施工机械结构与控制系统的前提下通过在施工机械上安装能够模拟人工操作动作的执行机构来实现施工机械无人驾驶功能。

这三类施工机械无人驾驶功能的实现途径，各有特点：

(1) 施工机械生产厂家在施工机械出厂前植入无人驾驶模块。随着 5G 时代的到来、北斗高精度卫星定位技术的发展，大型土石方填筑施工采用无人驾驶模式越来越普遍，这种在施工机械出厂前就附加无人驾驶功能模块，是今后施工机械无人驾驶技术发展的方向。但是目前这种无人驾驶模式存在的问题在于施工机械出厂前所附加的无人驾驶模块对于施工操作人员来说，很难掌握，在实际施工中还需要生产厂家相关技术人员进行现场技术服务，并且每个土石方工程需要自己建立大型智能建造系统。由于随车自带的系统开放性不强，所以很难进行相关的数据交互与共享；并且该模块的高精度卫星定位导航接入以及施工机械无人驾驶过程的路径规划坐标与实际施工坐标不一致、不协调等问题，也是目前施工机械生产厂家推出的无人驾驶模块不能在实际工程中得到广泛应用的主要原因。

(2) 相关技术支撑单位改造施工机械油路电路气路以实现无人驾驶功能。相关技术支撑单位可以针对任意施工机械类型进行无人驾驶改造，可以根据实际工程施工需求，以及施工区域内的网络环境、施工场地环境、工程建设管理系统要求，进行有针对性的改造，实现土石方工程施工过程的高效施工。但是这里面存在的问题是在施工机械无人驾驶功能改造过程中，可能会对施工机械造成较大程度的损伤，同时也需要相关的技术人员做好现场技术支撑与服务工作。

(3) 相关技术支撑单位在现有施工机械现状基础上进行无人驾驶功能改造。不改变现有施工机械的控制系统与结构，仅仅根据施工机械的结构特征，在施工机械上安装相关的自动执行机构，以及不同执行机构之间协调动作的中控系统，采用施工机械上附着的自动感知传感器对施工环境实时感知，结合规划好的施工任务，进行不同油门、离合、方向盘、挡位等的协调联动，实现施工机械在进行大坝填筑碾压过程中的碾压施工操作。该方案成本最低，并且能够适应不同型号、不同厂家生产以及不同新旧程度的施工机械，对施工机械造成的损伤也最小，具有很好的移植性、适用性，特别能够适用于目前土石方工程施工不同施工单位按照其施工进度安排进行租赁的施工机械，一旦工程建设高潮结束，相关施工机械就清场，最大限度地发挥施工机械效率。但是其最大的缺点在于需要相关的技术人员进行现场维护，一般的施工机械操作人员难以掌握这种施工机械的改造与调试技术。

4.5.2 无人驾驶智能碾压施工机械的系统结构

基于无人驾驶技术的大坝填筑智能碾压施工机械的系统是一种可以自主行驶的智能施工系统。它的系统结构非常复杂，不仅具备加速、减速、制动、前进、后退以及转弯等常规的车辆功能，还具有环境感知、任务规划、路径规划、车辆控制、智能避障等人类行为的人工智能。它是由传感系统、控制系统、执行系统等组成的相互联系、相互作用、融合视觉和听觉信息的复杂动态系统（图 4.11）。随着计算机技术、人工智能技术（系统工程、路径规划与车辆控制技术、车辆定位技术、传感器信息实时处理技术以及多传感器信息融合技术等）的发展，基于无人驾驶技术的大坝填筑智能碾压机械在工程中逐渐得到开发和应用。

基于无人驾驶技术的大坝填筑智能碾压施工机械的系统通过无线网络把碾压机械上的信息上传给云服务器，操作人员看到信息后做出相应的动作（即操作控制端的命令），控制端的下传命令也是通过无线网络下传无人驾驶智能碾压机械，无人驾驶智能碾压机械接收到下传命令后，执行相应的动作，从而达到了“智能碾”的目的（图 4.11）。

具有无人驾驶功能的大坝填筑智能碾压施工机械（智能碾）的系统包括传感系统、控制系统和执行系统三个部分，采用的是自上而下的阵列式体系架构，各系统之间模块化，均有明确的定义接口，并采用无线网络进行系统间的数据传输，从而保证数据的实时性和完整性。

4.5.2.1 传感系统

基于无人驾驶技术的大坝填筑智能碾压施工机械的传感系统，除了监控碾压质量的激振力传感器、方向传感器、定位导航外，还包括三维激光雷达、毫米波雷达、高清影像、方向盘、油门、离合、刹车、挡位等传感设备（图 4.12）。

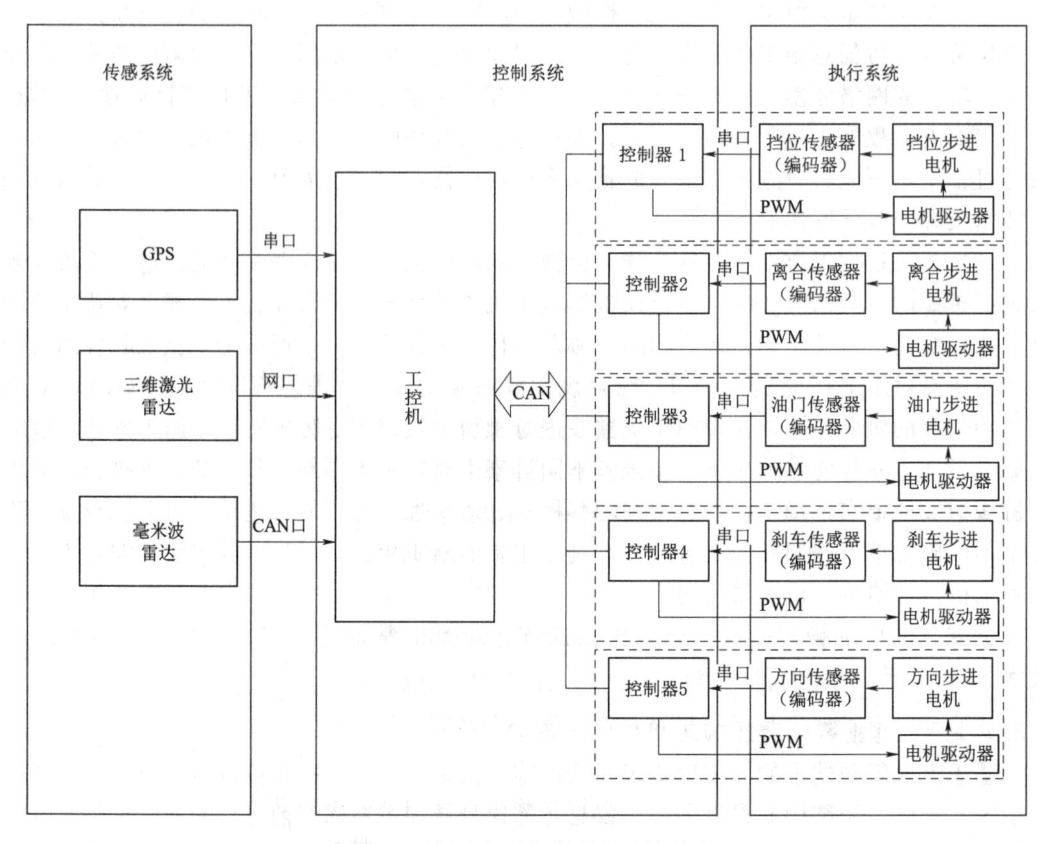

图4.11 无人驾驶智能碾压系统结构

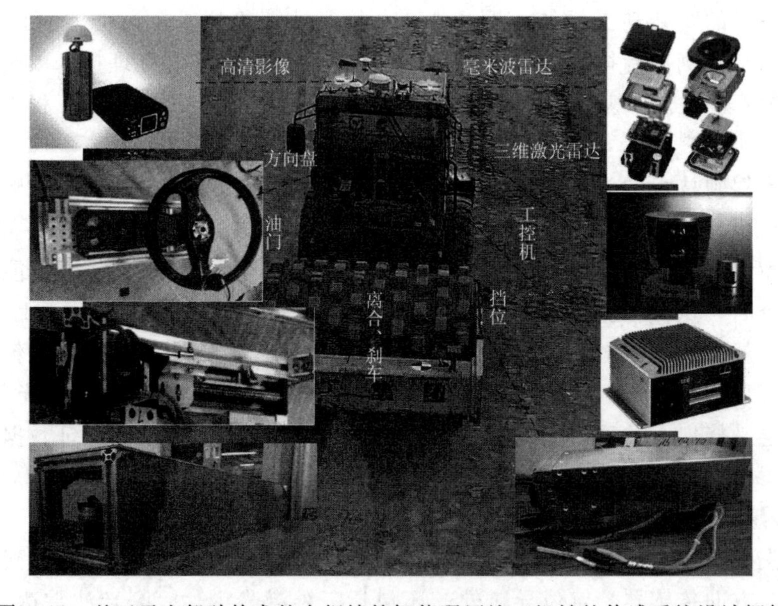

图4.12 基于无人驾驶技术的大坝填筑智能碾压施工机械的传感系统设计框架

1. 三维激光雷达

(1) 道路检测方法。依据激光雷达扫描点在坝面的连续性，首先用相邻扫描点间的欧氏距离对点聚类，然后用加权移动平均值对每类点平滑滤波，再利用斜率将数据点分割成多段线近似直线段，用最小二乘法对线段进行拟合。最后根据线段的斜率和长度、高程信息从多条线段中选取行进路线。试验结果证明（图 4.13)，该算法可以实时、有效地从激光雷达扫描点中提取坝面行进轨迹区域。

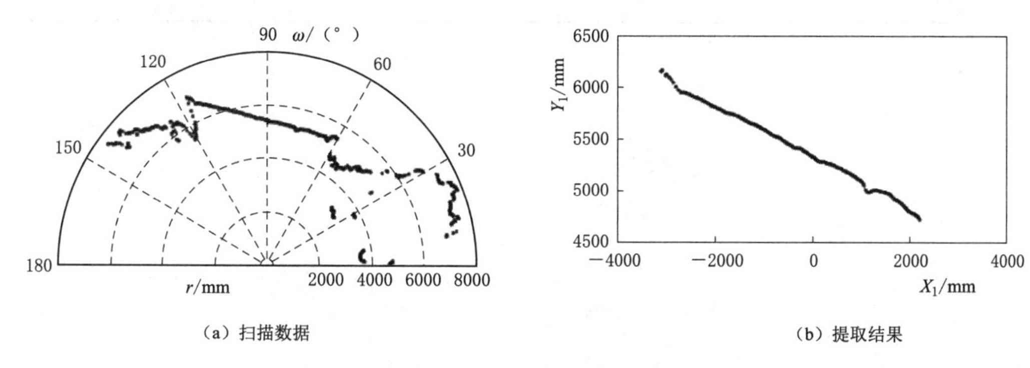

图 4.13 激光雷达原始扫描数据及提取结果

为实现无人驾驶碾压机械车载的三维激光雷达提取坝面可通行区域，提出了一种基于小波变换结合模糊线段拟合的道路分割提取方法。利用探测倾角聚类的方法分割激光雷达扫描线在地面上的投影，通过小波变换初步确定边界和障碍物位置，再使用模糊线段的方法精确定位边界和障碍物。试验结果表明（图 4.14）该方法具有较高的精度与实时性。

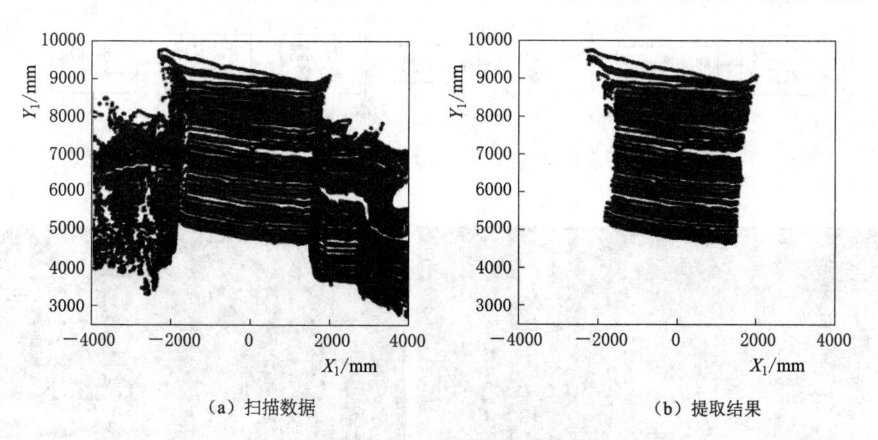

图 4.14 多线激光雷达原始扫描数据及提取结果

为最大限度感知碾压设备周围环境信息，根据激光雷达的参数，将激光雷达倾斜一定角度安装在固定支座上（图 4.15)。经计算，若采取激光雷达向下倾斜约 30°放置，激光雷达的检测区域在碾压设备前面 3～12m 处，选用 VLP-16，可达到 0.5m/线，有效减少检测盲区，可满足压路机避障任务。激光雷达参数信息见表 4.1。

三维激光雷达的作用是获取激光雷达相对碾压设备的空间位置关系，主要包含三个平移量和三个旋转量。其中，横向和纵向平移量由测量得出，而三维激光雷达与地面的高度、俯仰角和侧倾角由相应算法实现（图 4.15～图 4.17）。

表 4.1　　激光雷达参数

属　性	参　数	属　性	参　数
激光束	16	扫描角度（垂直/水平）	30°/360°
扫描范围	100m	数据频率	300000 像素/秒
精度	±2cm		

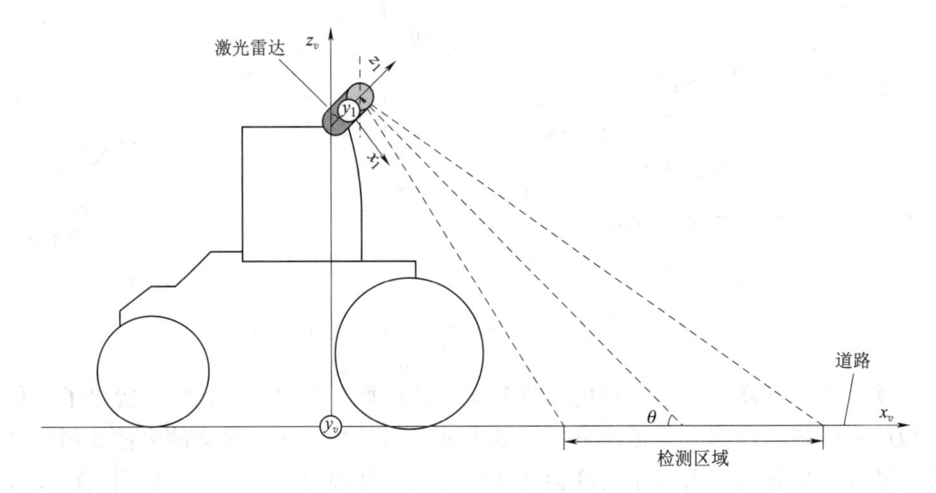

图 4.15　碾压施工机械上安装的激光雷达及其坐标系

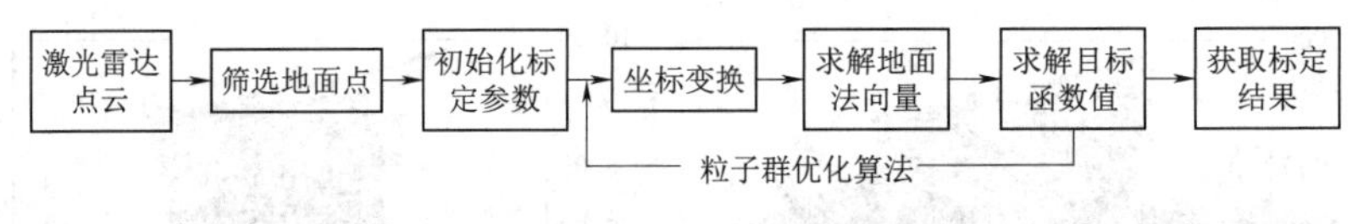

图 4.16　标定算法流程

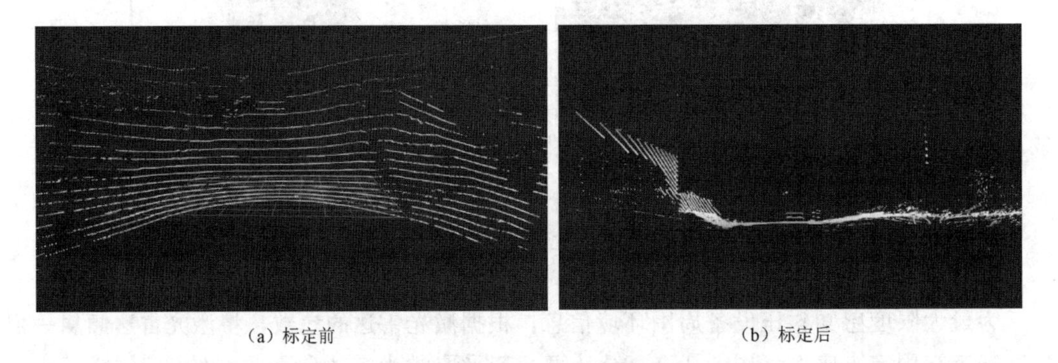

图 4.17　标定结果示意图

(2) 障碍栅格图生成算法。局部环境采用栅格地图方法进行表示。考虑到碾压设备的碾压坝面较为粗糙，且起伏较大，采用栅格中点的高度差来判别栅格属性。与一般用绝对高度进行栅格属性判定的方法相比，该方法能适应碾压设备工作时有较大和较频繁的俯仰和侧倾特点，故能减少障碍误判率，对施工环境下正障碍（其他工作人员与作业车辆等）的检测具有高精度、高适应性的效果（图4.18和图4.19）。另外，针对负障碍（坝面边缘等），提出一种基于单线激光束的障碍识别方法，形成栅格地图。将两个栅格地图结合，最终得到完整的局部环境栅格地图。如图4.19所示，灰色点为激光点云，黑色栅格表示该栅格为障碍栅格。

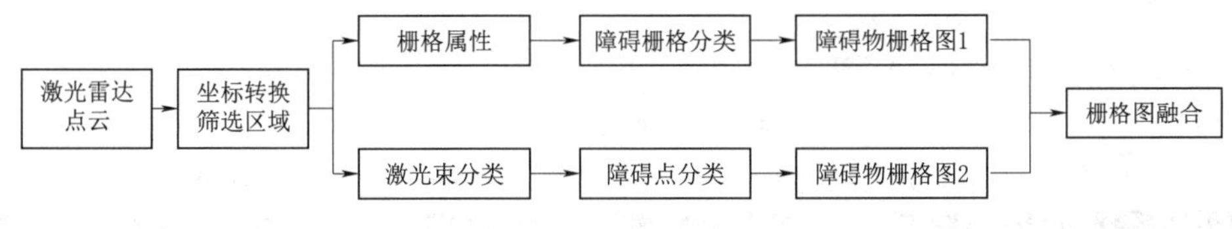

图4.18 栅格图生成算法流程

（3）三维激光雷达点云地面分割方法。坝面点云分割主要是根据激光雷达坝面点和障碍点的不同，采用面分割方法对坝面点和非坝面点进行分类。实现基于RANSAC和GPR-INSAC的地面分割。通过测试对比可知，RANSAC和GPR-INSAC算法的分割结果较为接近，都可以分割出坝面点和非坝面点。RANSAC算法会将区域外的点分到非坝面点中，而GPR-INSAC算法可以很好地识别出区域外的坝面点，并将区域内的障碍物与坝面点分割（图4.20）。

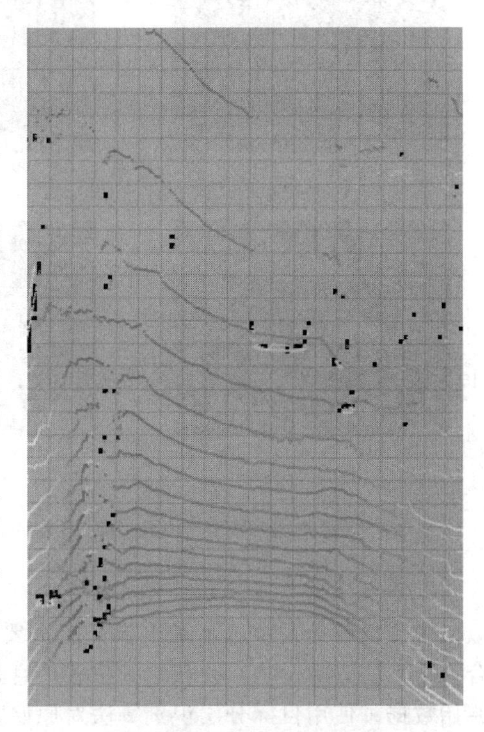

图4.19 激光点云及栅格图

（4）基于栅格图的动态障碍物检测。建立局部障碍物栅格图，一部分为静态障碍物占用栅格，另一部分为动态障碍物占用栅格，栅格的动态属性具有不确定性，故需要结合历史状态对栅格的状态进行估计。对任意一个全局栅格而言，如果该栅格在连续几帧中的属性都为占有状态，则该栅格很有可能为静态障碍物。通过对原始的贝叶斯理论过程进行修正，克服了状态转变中出现的延迟时间较长的问题，修正后无论局部栅格前一状态持续多长时间，当其状态发生改变后，全局栅格的状态都可以很快跟着改变。对栅格图中的每一个栅格分别计算，得到全局栅格中的静态障碍物栅格，每一次局部栅格输入，都会对栅格更新一次。当前局部栅格图，包含了静态障碍物栅格和动态障碍物栅格，将局部和全局栅格图做差分，可以得到动态障碍物栅格（图4.21）。差分后除了运动车辆占有的障碍物栅格外，还是有较多杂乱分布的点。采用分组的方法聚类，获取障碍物的点。先根据x坐标将点分组，X轴方向距离小于1m的属于同一组，然后对每一组内部再用同样的方法，根据y坐标分组，分完后的每一组作为一类。采用最小包络矩形的方法确定分类后目标的质心。

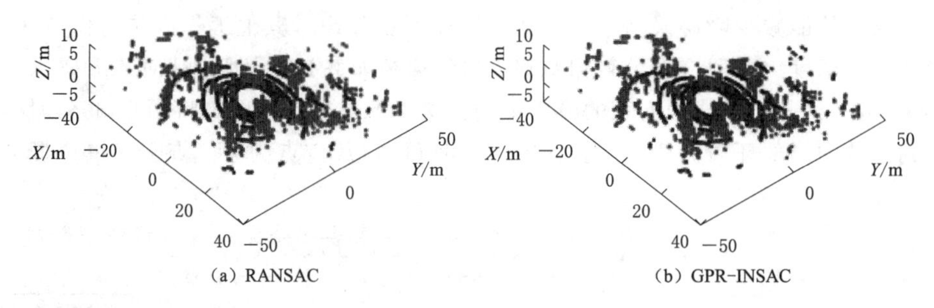

（a）RANSAC （b）GPR-INSAC

图 4.20 地面分割结果

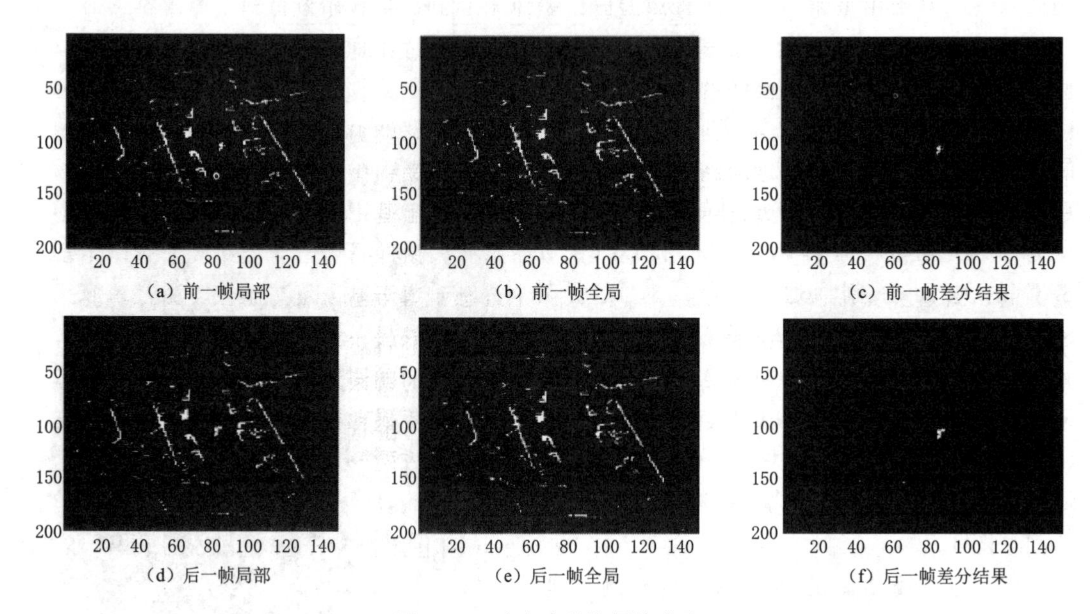
（a）前一帧局部 （b）前一帧全局 （c）前一帧差分结果

（d）后一帧局部 （e）后一帧全局 （f）后一帧差分结果

图 4.21 动态障碍物栅格获取

2. 高清影像和毫米波雷达融合

碾压设备是大坝填筑碾压施工的重要要素。将毫米波雷达和高清影像两种传感器融合，识别前方障碍物，并获取其位置信息是行之有效的手段。首先分析毫米波雷达采集的原始数据，使用目标分层识别算法对原始数据分类，并基于卡尔曼滤波算法对障碍物目标进行筛选识别；然后，基于深度学习算法，对机器视觉采集的图像信息同时进行障碍物识别与碾压区域分割；最后，通过对传感器的位置和参数进行标定，确立毫米波雷达与机器视觉在空间上的坐标映射关系，将毫米波雷达获得的信息映射到图像上，融合深度学习的碾压设备识别结果，获取障碍物的位置和状态信息。

为了确定前方目标的有效性，首先对毫米波雷达采集的原始数据进行初步筛选，基于分层目标识别算法提取有效目标的数据，确定碾压区域前方有效目标的空间距离与状态信息。根据毫米波雷达的通信协议与数据格式，对毫米波雷达原始数据进行解析和预处理。为了分析前方目标的有效性，采用分层目标识别算法筛选有效目标数据，根据目标有效生命周期与一致性检验，确定目标的形成、持续、跟踪与消亡，为融合图像提供前方目标有效的空间距离与状态信息。

根据机器视觉传感器采集的前方道路信息，结合碾压设备检测识别和图像语义分割的碾压区域提取，设计了基于深度学习的并行任务碾压设备检测方法，该方法的主要技术流程如图 4.22 所示，结果表明该方法具有较好的识别效果。针对前方车辆图像识别问题，提出并行任务卷积神经网络识别方法，将两个任务纳入一个统一的编码-解码结构，可以同时执行碾压设备检测和碾压区域的语义分割。首先，通过 VGG16 网络中的卷积层和池化层实现编码，编码后的特征图在两个任务中共享。然后在任务中解码特征图，并输出特定的结果，包括碾压设备检测和碾压区域的语意分割。深度学习的方法需要大量人工标注的训练与验证样本以及大量未标注的测试样本供卷积神经网络训练与测试，在 KITTI 数据集上训练网络参数并验证并行网络性能，并行任务卷积神经网络的碾压设备检测和碾压区域识别准确率在简单、中等以及困难三种测试模式下分别为 92.80%、83.35%、67.59%，碾压区域分割准确率在 MaxF1 以及 AP 两种测试模式下分别为 95.83% 与 92.29%。测试数据表明，算法具有较高的准确率。

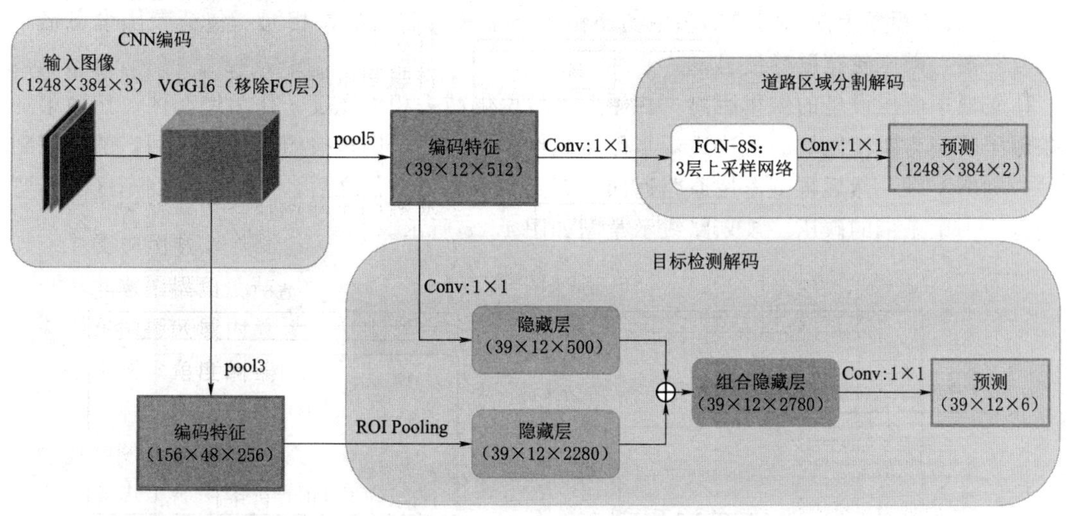

图 4.22　碾压设备和碾压区域识别检测算法结构

4.5.2.2　控制系统

大坝填筑施工过程中，碾压路径规划是大坝填筑智能碾压核心工作之一。在云服务器中，根据碾压作业需求和碾压设备状态，进行统一调度、合理分配，实现有序、安全、高效的无人驾驶碾压。然后将所规划的路径，经无线网络传输至车载无人驾驶工控机，监控碾压设备按照规划的路径行驶。系统原理图如图 4.23 所示。

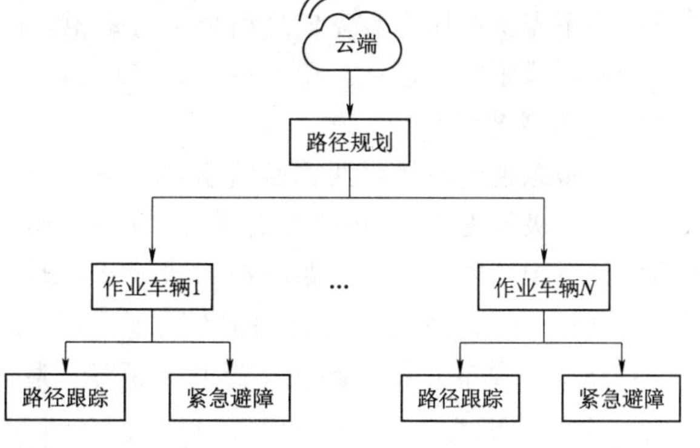

图 4.23　云服务器-车辆无人作业系统原理图

1. 路径规划模块

根据大坝填筑施工相关技术要求，目前主要包含两种路径规划方法：环形碾压路径规划和折线形碾压路径规划。

（1）环形碾压路径规划。包括大错距条带法和小错距条带法。

1）大错距条带法。需要的参数包括碾压设备最小转弯半径、碾压轮宽度、碾压遍数、搭接宽度、碾压区域坐标以及设定的碾压速度与碾压过程中的振动频率。

先计算碾压的转弯半径，在碾压区域两侧减去相关宽度，作为转弯区，然后第一条碾压轨迹的上边线为碾压区域的上边线，其下边线为碾压区域宽度的中线，当椭圆形碾压遍数满足要求的碾压遍数之后，按照一定的距离向下错距，然后依次完成碾压，直到完成该区域内的碾压作业，其碾压路线也随之规划出来（图4.24）。

2）小错距条带法。小错距条带法路径规划与大错距条带法路径规划，所不同的是小错距条带法不需要碾压遍数完成之后再进行错距，而是根据碾压遍数，完成每个环形之后就进行错距。

（2）折线形碾压路径规划。包括大错距条带法和小错距条带法。

1）大错距条带法。需要的参数与小错距条带法所需的参数相同，包括碾压设备最小倒车距离、碾压轮宽度等信息。

先根据碾压设备的倒车距离，在碾压区域两侧减去相关宽度，作为倒车区，然后第一条碾压轨迹为碾压区域的上边边，当碾压到倒车区之后，倒车按照原线路返回，然后回到另一侧倒车区，然后再倒车按原路返回，直到完成碾压遍数之后，回到起点倒车区，转弯进行下一个条带的碾压。规划路线示意图如图4.25所示。

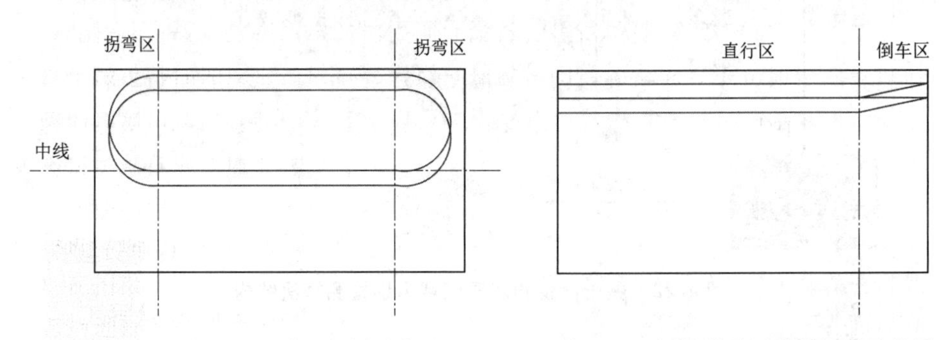

图4.24 环形碾压路径规划示意图　　图4.25 折线形碾压路径规划示意图

2）小错距条带法。小错距条带法路径规划与大错距条带法路径规划所不同的是小错距条带法不需要碾压遍数完成之后再进行错距，而是根据碾压遍数，在每一个来回之后就进行错距，错距距离远远小于大错距条带法。

2. 路径跟踪模块

路径跟踪控制器接收两方面的输入信号，一是路径规划模块的期望路径坐标点序列；二是由厘米级精度GPS和双天线测向设备共同输出的实时精确位置与航向信息。两路输入相比较得到偏差信息，经跟踪控制器运算处理后得到方向盘转角，最终控制碾压设备按照期望路径行驶。路径跟踪模块系统原理图如图4.26所示，路径跟踪控制器实物如图4.27所示，内部软件模块集成了感知、跟踪、避障算法。

3. 紧急避障模块

紧急避障模块接收感知系统输出沿行驶方向20m×30m的障碍物栅格占据图（图

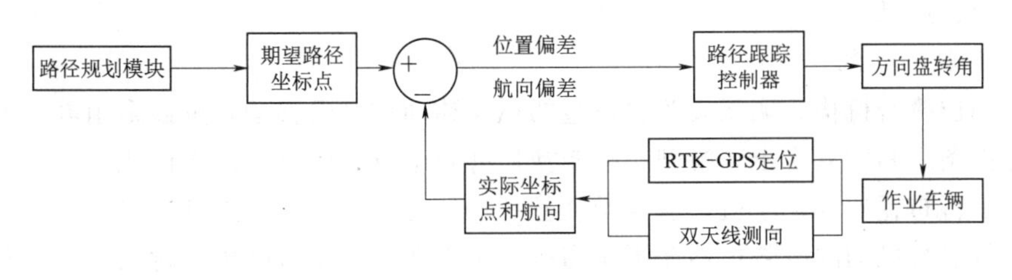

图 4.26 路径跟踪模块系统原理图

4.28)，再根据碾压设备预期行驶的路径计算和判断碾压设备行驶路径周围是否存在障碍物，若存在则继续判断障碍物是否在停车识别区，若是则判断为前方因障碍物不可通行，并进行停车或绕行处理。系统原理同图 4.26 所示。碾压设备紧急避障系统可根据前方障碍物的不同，包含两种避障模式：避障停车和避障绕行。

图 4.27 路径跟踪控制器示意图

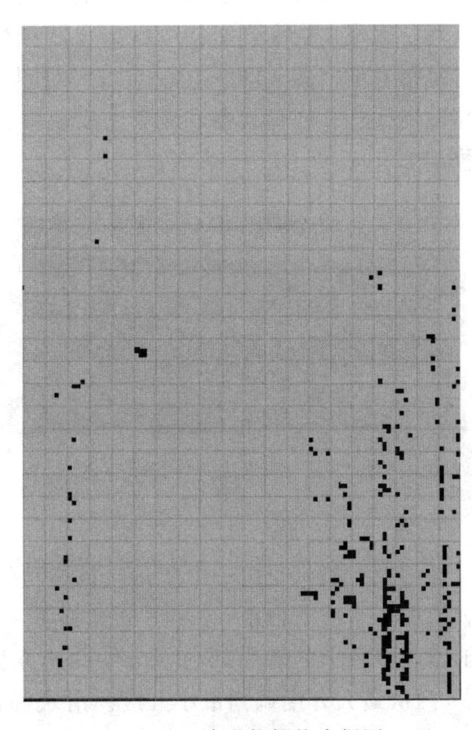

图 4.28 障碍物栅格占据图

(1) 避障停车。避障停车模式是紧急避障模块的主要功能，这里的目标障碍物是除了下述避障绕行模式中固定点以外的所有物体，包括施工人员、车辆设备、临时建筑物等其他任何物体。保证在碾压设备制动距离范围以外，进行停车处理，保护人员、设备的安全，实现安全作业的目的。

(2) 避障绕行。碾压施工工作区域在一些固定坐标点会预埋一些测量设备，针对这些特定障碍物，除了可以在云端全局路径规划时将其排除在作业路线之外，也可通过碾压设备车载端增加局部路径规划模块，对其进行绕行处理。

4.5.2.3 执行系统

1. 执行机构改装

(1) 挡位执行机构。碾压设备挡位包括纵向移动和横向移动，可以采用电机驱动，通过齿轮与齿条之间的双自由度模型来控制换挡杆两个方向的移动。挡位执行机构改装，主要是通过平行布置的两个电机，各自带动丝杆进行运动，将丝杆连接上碾压设备的挡位手柄，且挡位执行机构的改装也不能影响司机的正常驾驶。左右电机同时工作以及左右电机交替运动，可以控制挡位手柄前后、左右运动，实现车辆的换挡要求。丝杆机构上的位置传感器可以将信息传回控制器形成闭环控制，如图4.29所示。

(2) 离合、刹车执行机构。离合踏板和刹车踏板的运动均为圆周运动，其运动的阻力和方向都可以变化，且离合和刹车执行机构的改装也不能影响司机的正常驾驶，因此无法使用直线运动机构进行驱动。故采用类似油门拉线的结构进行设计，以步进电机为动力源驱动同步齿轮旋转，通过同步齿形皮带拉动拉线运动，进而拉动离合器踏板和刹车踏板向下运动，完成离合和刹车指令。离合器和刹车在运行方式上大致相同，故可以使用相同的执行机构方案（图4.30)。固定支架以座椅底座为支撑，推动离合器和刹车所需的直流电机与电动推杆。在离合器和刹车上安装位置、压力传感器等，将信号传回控制端，形成闭环控制。

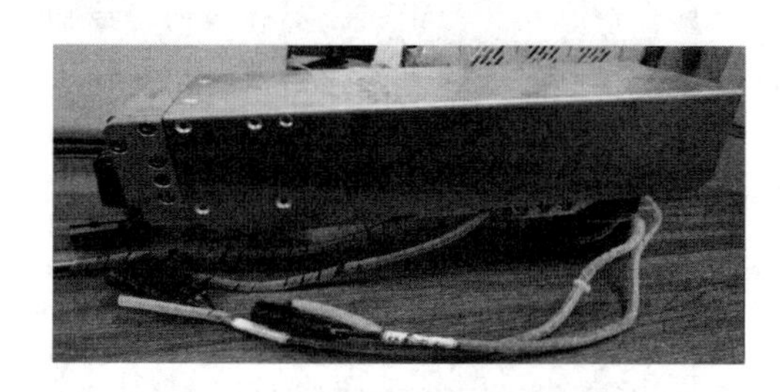

图4.29 挡位执行机构示意图

图4.30 离合、刹车执行机构示意图

2. 油门执行机构

油门执行机构是由一个步进电机驱动的直线滑台模组、一个固定底座和一个快速解锁装置组成。直线滑台由57步进电机驱动，电机工作转速600r/min，工作扭矩1.5N·m，能够驱动滑台上的滑块以50mm/s的速度做水平运动，保证了此执行机构能控制油门杆在2s内从最大开度调到最小开度。滑块和油门杆手柄通过连接件相连，因连接机构设计中采用了万向轴连接，所以由滑块传递到油门杆的力的作用方向始终与油门杆垂直，从而保证了此执行机构拉动油门杆的力始终大于100N，高于拉动油门杆所需的50N的力。底座与操纵箱固连，能够保证此执行机构在工作过程中保持稳定。快速解锁装置能够保证在紧急情况下，驾驶员能够在1s内脱开执行机构与油门杆的连接，并将油门调到最小开度。自动驾驶时，电磁装置上电磁阀保持自锁装置常开，在齿盘旁固定一个直流电机用联轴器与油门把手上设计的机构相连，使直流电机转动时能够带动齿盘旋转达到自动控制油门大小的作用（图4.31)。油门位置离座椅较近，固定支架的安装位置可与刹车执行机构的固定支架相连来固定直流电机的位置。

3. 方向盘执行机构

方向盘通过直流电机带动夹具中的齿轮多次传递，齿轮与方向盘轴刚性连接，从而准确使方向盘产生旋转（图 4.32）。方向盘固定支架通过从车辆底部竖立的铝型材支架来固定。方向盘上装有角度传感器将角度信息传回控制器，从而形成闭环控制。在选择动力源时，根据现场不同压路机的调研与调试，可知方向盘转动所需的最大拉力是 35N 左右，所以在选择动力源时，根据市场定型产品，选择主要功率参数为 24V、60W 直流减速电机。

图 4.31　油门执行机构示意图

图 4.32　方向盘执行机构示意图

4.5.2.4　执行机构的闭环控制

在施工机械中安装的控制系统主要分为上位机与下位机两个部分，上位机主要通过定位设备、各种环境感知传感器实时感知施工环境信息，进行施工机械动作决策，按照相关规则将动作进行分析，并且将分解后的动作指令发送给下位机；下位机接收上位机传输来的启动、前进、倒车、转向、加速、停车指令，从而对执行机构发出相应的指令，执行机构完成这些指令，并通过传感器实时监测反馈信息到下位机，从而实现对车辆行驶的闭环控制。

1. 方向盘执行机构的闭环控制

当方向盘执行机构接收到下位机发来的转向指令时，通过编码器实时监测方向盘转角和位置，从而使该执行机构驱动方向盘转过目标角度。编码器采集方向盘的位置反馈到下位机，下位机判断是否到达预定转向角度，然后再执行相应的转向命令，从而实现方向盘闭环控制。

2. 离合器与换挡执行机构的闭环控制

下位机接收到上位机的换挡命令时，首先，离合器执行机构产生动作。此时，离合器位移传感器实时反馈离合器位置信息，使离合器运动到相应位置。这时，下位机接收到了离合器的就位信号，便可以进行换挡操作。换挡机构通过两个编码器实时采集挡位位置数据，通过差分法闭环控制来确定挡位是否准确挂上。

3. 油门和刹车执行机构的闭环控制

当碾压设备启动或者需要加速时，下位机会给油门执行机构发出相应的指令。油门位移传感器实时监测油门挡杆的位置，从而间接确定油门开度。油门执行机构推动油门挡杆运动，通过油门位移传感器来确定油门是否运动到位。当碾压设备需要停车或者减速时，下位机向刹车机构发送相应指令，驱动刹车产生动作，通过刹车位移传感器来实时监测刹车的位置，并将刹车位置反馈到上位机，从而实现闭环控制。

4.5.3　无人驾驶智能碾压施工的实现

运用大坝填筑智能碾压施工机械的无人驾驶功能，结合实际工程施工中的施工组织设计，以及工程施工环境中的施工信息实时感知与传输，通过图 4.33 的运行过程进行基于智能碾压施工机械无人驾驶模式的填筑施工。

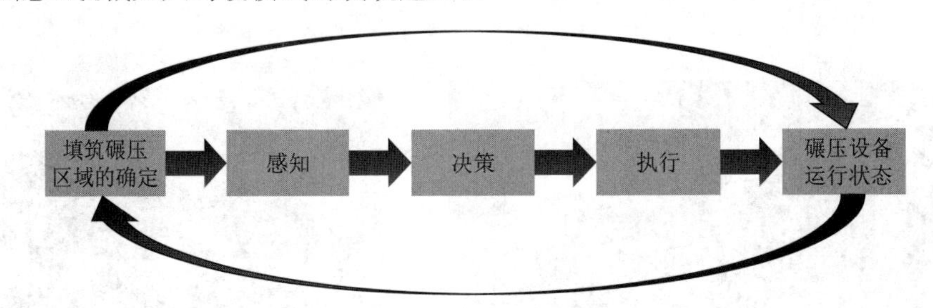

图 4.33　无人驾驶智能碾压施工机械的运行过程

1. 填筑碾压区域的确定

在土石坝填筑施工之前，根据相关大坝填筑组织设计，以及大坝坝面填筑仓面安排，确定填筑碾压施工范围，主要是碾压单元（仓）的角点坐标（X、Y、Z），碾压区域可能存在的障碍物（如大坝沉降观测传感器）等，如图 4.34 所示。

2. 施工环境的感知

在碾压施工机械上，安装三维激光雷达、毫米波雷达、高清影像等感知设备（图 4.35）。三维激光雷达主要用于发射激光束来探测目标位置、速度等特征量，获得碾压设备的有关信息，如目标距离、方位、高度、速度、姿态、形状等参数；毫米波雷达导引头的穿透雾、烟、灰尘能力强，主要用于全天候（大雨天除外）的探测周围环境；高清摄像主要用于采集周围道路环境信息，模拟人眼在驾驶中的功能。

图 4.34　大坝填筑碾压区域

图 4.35　碾压施工机械上安装的感知设备

3. 施工碾压行为控制

基于无人驾驶技术的大坝填筑智能碾压施工机械系统的控制系统的最终目标是像熟练的驾驶员一样驾驶碾压设备。人类的驾驶决策行为是以“环境信息、本车状态、碾压情景”为输入，以“驾驶行为”为输出的一种映射关系。该控制系统主要实现路径规划、路径跟踪和紧急避障等功能。

其控制是一个复杂过程，可表述为：驾驶员在行车过程中，通过其眼睛、耳朵等感知器官实时地获取道路交通流、本车状态、行车标线等多源信息，并将其传入中枢神经系统，提取行车过程中的关键信息，通过与大脑中存储的经过训练的驾驶模式作对比，在交通规则的约束下，推理出最优的驾驶行为。不同的驾驶模式对应于不同的操控行为，最终通过手、脚等器官实现方向和速度的改变。

在出山店水库大坝填筑施工过程精细化智能监控系统界面中，结合自动驾驶功能模块，实现路线规划、路径跟踪和紧急避障等功能。具体实现过程，如图 4.36～图 4.45 所示。

(1) 添加自动驾驶功能。如图 4.36 所示。

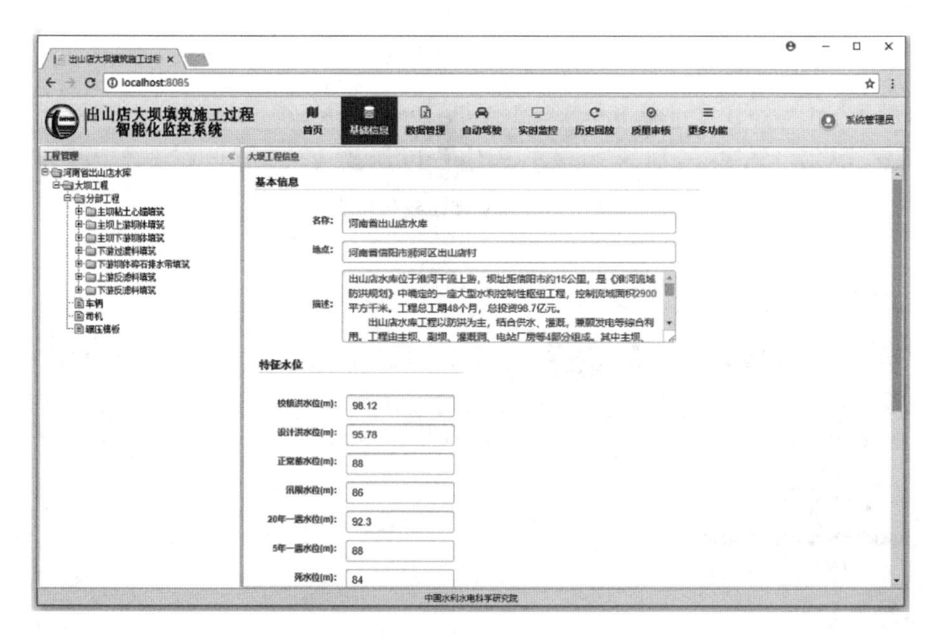

图 4.36 添加自动驾驶功能

(2) 添加碾压模板功能。另外，还需要在填筑施工管理界面将大坝填筑碾压施工过程的主要控制参数进行录入，如碾压方法、路径类型，碾压遍次、搭边宽度等，形成不同的碾压模板，然后可以通过系统将这些模板发送给相关的具有无人驾驶功能的碾压设备，按照设定的模板进行大坝填筑碾压的自动施工，如图 4.37 所示。

(3) 扩展车辆信息。根据车辆信息，以及不同碾压施工工法，确定不同型号施工机械的车辆转弯半径、倒车最小距离等重要的施工参数，用于合理规划在一定区域内的施工路径。设置界面如图 4.38 所示。

(4) 碾压施工单元工程或仓面信息设置。结合土石方工程填筑施工项目划分，以及土石方碾压施工现状，设置需要进行无人驾驶碾压施工的单元工程，或者仓面的信息，主要包括单元工程或者仓面的编号、角点坐标、碾压遍数、碾压速度、搭接宽度、碾压振动频率、碾压施工方法等参数，设置界面如图 4.39 所示。

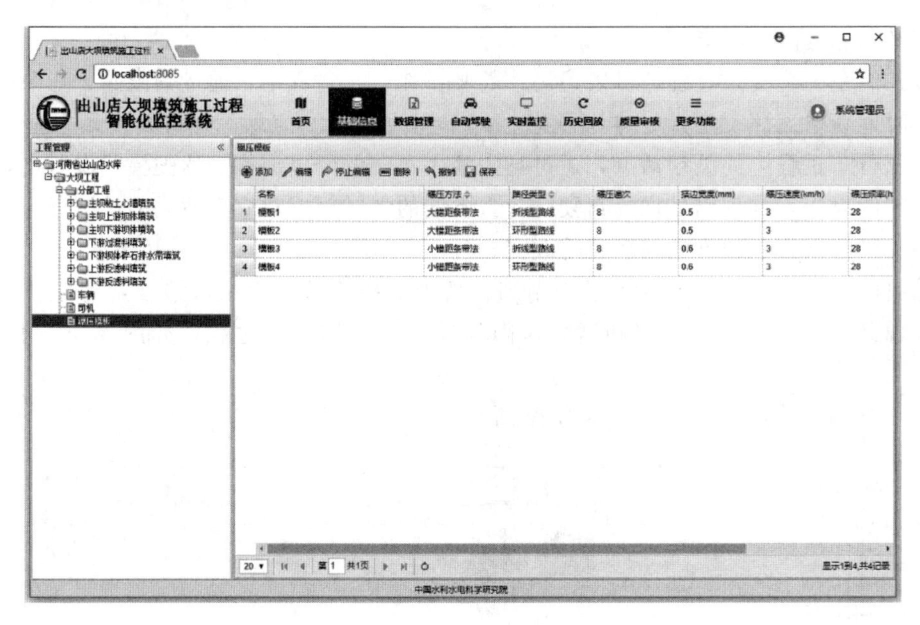

图 4.37 添加碾压模板功能

图 4.38 扩展车辆信息

(5) 碾压无人驾驶任务生成与模拟。根据以上设置的信息，在服务器端自动生成设置的施工区域内动态规划无人驾驶碾压施工机械的碾压路径，包括小错距折线形碾压方法、大错距环形碾压方法等，展现在相关界面中，如图 4.40 和图 4.41 所示；并且可以对规划好的施工路径进行模拟施工，检验规划的施工路径是否合理可行。

(6) 自动驾驶任务发布。在对自动规划的施工区域大坝填筑碾压施工路径检验无误后，可以对规划的碾压任务在网上实时发布，如图 4.42 所示。

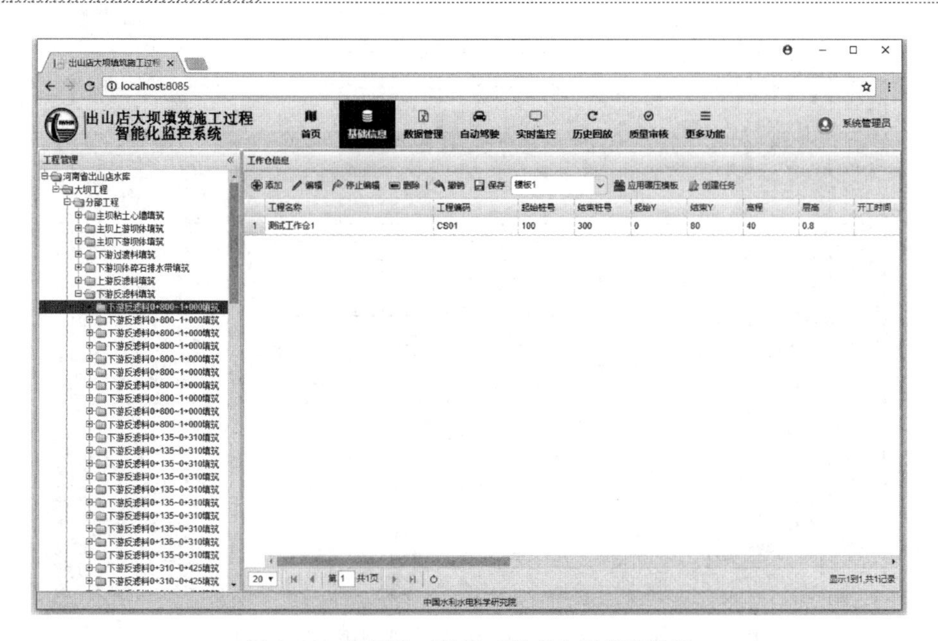

图 4.39　碾压施工单元工程或仓面信息设置

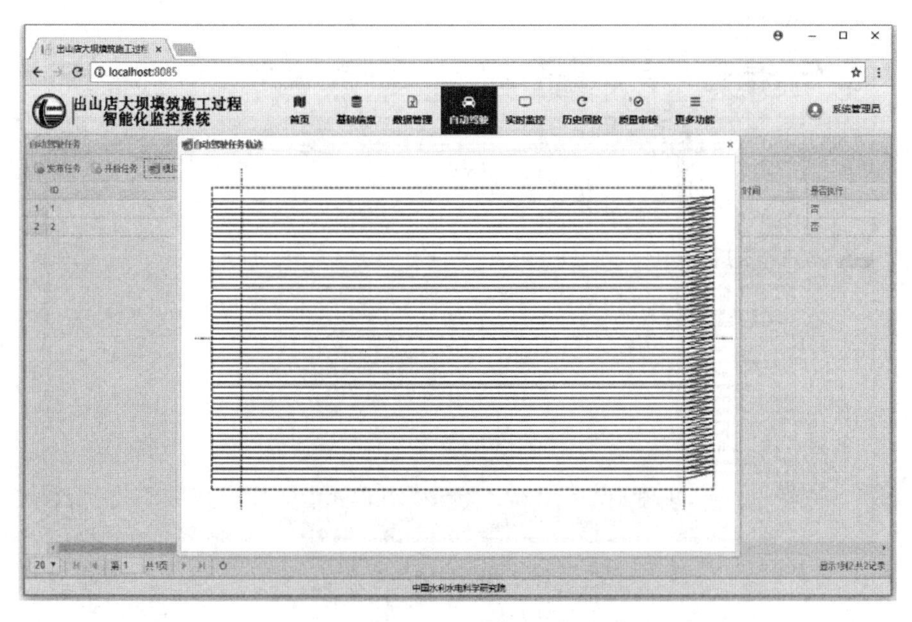

图 4.40　自动规划的单元工程无人驾驶施工路径（折线形）

4. 施工机械自主执行

在大坝填筑碾压施工任务中，人工操作施工机械开至指定的起点，然后施工机械驾驶员下车，按下人工驾驶与无人驾驶的切换按钮，向现场施工管理人员汇报后，施工现场管理人员在系统中点击自动驾驶任务启动按钮，则施工机械自动发动引擎，按照制定的施工路径进行自动化施工（图 4.43 和图 4.44），在施工过程中，可以利用建立的大坝填筑施工过程精细化智能监控系统对无人驾驶施工机械的施工过程进行全程实时追踪，如图

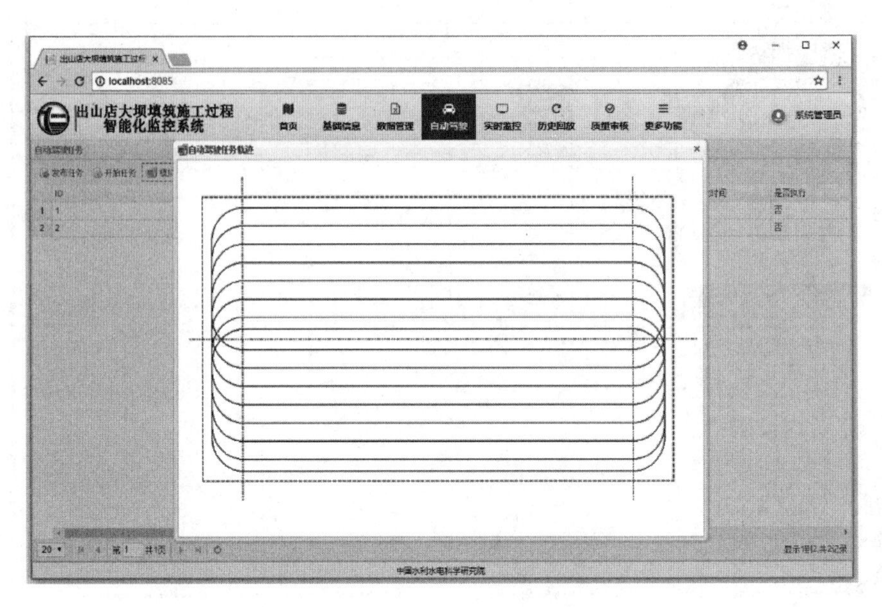

图 4.41　自动规划的单元工程无人驾驶施工路径（环形）

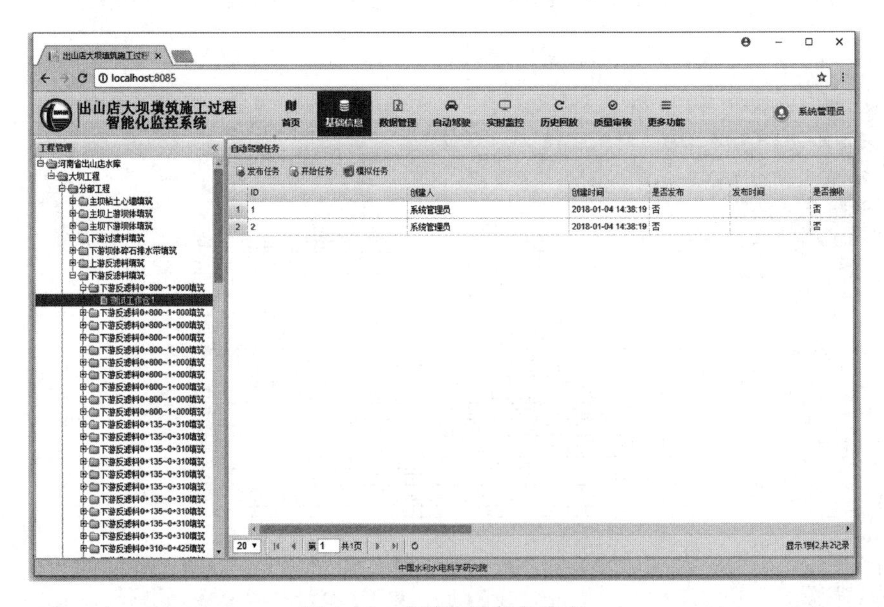

图 4.42　自动驾驶任务发布

4.45 所示。在实时监控界面中，可以实时显示施工机械碾压的第几遍、当前碾压速度、施工振动情况等信息。

当通过精细化智能监控系统对无人驾驶施工机械的施工过程进行实时监控时，如果出现某些施工实时状态参数与设置值有持续较大偏差时，施工机械能够自动进行停车报警；当出现极端情况时，即施工机械重要传感器发生故障，且停车报警设备也发生故障时，现场施工管理人员可以通过遥控装置，使施工机械及时制动停车，然后人工检查车辆出现的故障，保证整个土石方施工过程的安全、可靠、可控。

图 4.43　施工机械无人驾驶室内部示意图

图 4.44　施工机械无人驾驶施工中的档位执行机构（实物）

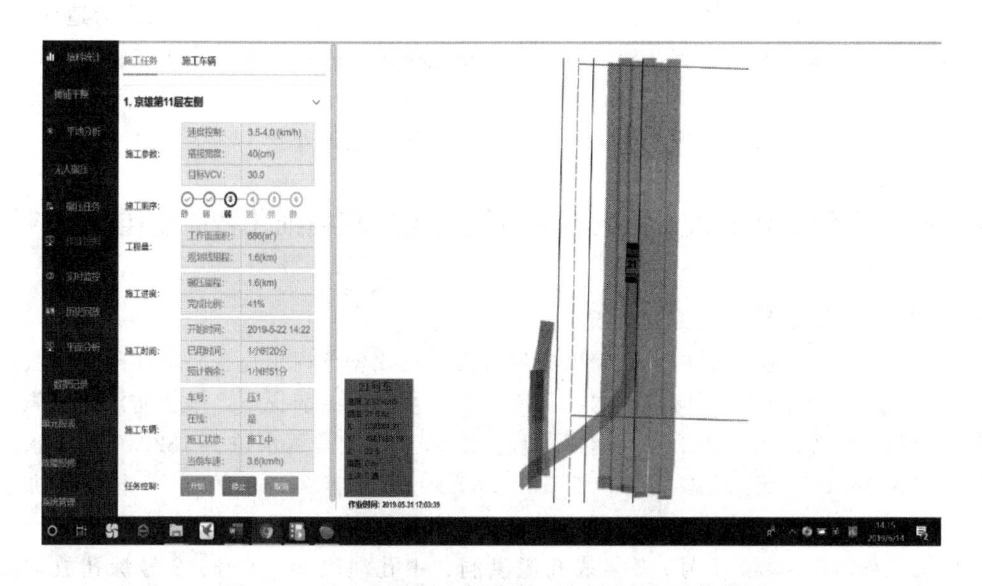

图 4.45　施工机械无人驾驶施工的实时运行监控界面

4.5.4　无人驾驶智能碾压施工机械系统的关键技术

根据现场实际碾压情况，结合车辆当前状态（即规划初始状态）、人为确定的期望目标状态、车辆运动学特性、动力学特性、横/纵向最大加速度指标、安全距离指标、时效性等标准，实现大坝填筑智能碾压施工的闭合循环。该系统具有强大的适应性与移植性。不论机械型号与状态，只要通过简单的机械测量与调整、软件调试分析，就能够实现施工机械的无人驾驶功能，并且能够根据制定的线路规划文件，严格按照规定的施工参数进行施工，保证工程施工质量。该系统包含以下三个方面的关键技术：

（1）施工机械的智能规划技术。施工机械无人驾驶技术在实际工程中能够推广应用，就需要施工机械按照人为规划的施工方式进行，保证施工效率与施工质量。对于大坝碾压施工来说，碾压路线的自动规划，是无人驾驶技术应用的基础。根据碾压之前规划的施工仓位，在单台车或者多台车条件下，按照环形或者折线形的施工方式，考虑大错距或者小错距进行施工路线规划，规划中需要根据要求的碾压速度与振动频率，输出施工机械的下一个追踪点信息，包括平面坐标、机械振动频率等，为施工机械的无人驾驶提供高效科学的施工模式，保证施工质量与施工效率。

（2）人机和谐的机械智能控制技术。根据目前水利工程建设中施工机械特有现状，利用简单高效的智能机械控制机构与工控系统，实现了快速便捷的无人驾驶。主要的自动控制机构有：方向盘自动操控机构、挡位自动操控机构、油门自动操控机构、离合自动操控机构、刹车自动操控机构、振动挡位自动操控机构等部分，通过工控系统的智能协调控制，实现施工机械的自动施工。另外，本关键技术的另一个特点在于人机和谐，即加装无人驾驶控制机构后，并不影响人工操作功能，无须拆除相关部位控制机构，就能实现人工驾驶，这样能够使施工机械无人驾驶技术真正在实际工程中得到推广应用。

（3）施工机械的环境识别与避让技术。实际水利大坝碾压施工中，施工环境十分复杂，运料车、施工人员、摊铺设备等的来回移动，都会对无人驾驶的施工机械造成影响，或者造成安全事故。通过安装在施工机械上的视频系统与三维激光及毫米波雷达系统，对施工机械周围的环境进行自动识别，目前识别精度为0.3m，当存在尺寸大于0.3m的物体存在时，施工机械会自动采取相关的避让措施，保证施工安全。

4.6 阿尔塔什水利枢纽工程土石坝填筑施工过程精细化智能监控系统应用

4.6.1 阿尔塔什水利枢纽工程概况

阿尔塔什水利枢纽工程位于新疆维吾尔自治区克孜勒苏柯尔克孜自治州阿克陶县库斯拉甫乡境内，是一座在保证向塔里木河干流生态供水目标的前提下，承担防洪、灌溉、发电等综合利用任务的大型骨干水利枢纽工程。水库工程正常蓄水位为1820.00m，水库设计洪水位为1821.62m，校核洪水位为1823.69m，总库容22.49亿m^3；电站装机容量755MW。阿尔塔什水利枢纽工程为大（1）型Ⅰ等工程。

枢纽工程由拦河坝、1号、2号表孔溢洪洞、中孔泄洪洞、1号、2号深孔放空排沙洞、发电引水系统、电站厂房、生态基流引水洞及其厂房、过鱼建筑物等主要建筑物组成。阿尔塔什水库混凝土面板砂砾石堆石坝，坝轴线全长795.0m，坝顶高程1825.80m，坝顶宽度为12m，最大坝高164.8m，上游坝坡采用1∶1.7，下游坝坡坡度为1∶1.6。面板坝直接建造于河床深厚覆盖层上，覆盖层最大厚度94m。大坝抗震设计烈度为9度，100年超越概率2%的设计地震动峰值加速度为320.6g。

阿尔塔什水库大坝最大坝高164.8m，大坝加上可压缩覆盖层深度，总高度达258.8m，超过世界上已建成最高233m的水布垭面板坝，以及目前可研准备收口的坝高244m古水面板坝及坝高254m茨哈峡面板坝，为300m级高面板堆石坝，其坝基、大坝及各部位变形协调和控制问题更为突出。

阿尔塔什水利枢纽大坝施工坝体分区较多，各区坝料级配不一，碾压质量控制与碾压施工工艺也不同。采用高精度的北斗卫星定位技术、压实度传感器以及无线传输网络，建立和开发阿尔塔什水利枢纽大坝碾压施工质量监控系统。

1. 大坝碾压施工控制参数确定

大坝设计资料中，大坝坝体填筑压实度为90%，因此，在这样的施工质量目标基础上，需要在碾压试验过程中，结合高精度北斗卫星定位系统以及挖坑检测确定实际施工过程中的施工控制指标，作为施工过程中利用高精度卫星定位系统与新型压实度传感器进行施工过程实时监控的标准，确保工程建设过程可控，施工质量真实可靠。

2. 大坝碾压质量GNSS施工过程控制关键技术

阿尔塔什水利枢纽大坝为混凝土面板堆石坝，是整个工程中最重要的水工建筑物。碾压质量控制严格执行《混凝土面板堆石坝施工规范》（SL 49—2015）中的有关规定，施工中严格按设计图纸、设计文件施工。利用目前先进的北斗大坝施工过程控制系统，保证工程施工质量，为阿尔塔什水利枢纽创优质工程提供重要的技术手段与支撑。

利用实时动态定位（RTK）系统（要求由一台基准站和至少一台流动站及相配套的数据通信链组成），建立无线数据通讯以保证实时动态测量，通过无线电传输设备接收基准站上的观测数据，随机计算机根据相对定位的原理实时计算并显示出流动站的三维坐标和测量精度。

4.6.2 大坝填筑施工过程精细化智能监控系统的建立与应用

基于大坝碾压试验确定的大坝填筑碾压施工技术要求，采用北斗高精度导航技术、激振传感器以及无线传输网络，建立大坝填筑施工过程实时智能化监控系统，实时监控大坝施工过程中的重要施工控制参数，如铺料厚度、碾压设备振动参数、碾压遍数、大坝坝料压实状态以及大坝碾压遍数。

阿尔塔什水利枢纽工程大坝填筑施工过程实时监控系统建设中，为保证施工机械施工坐标定位精确，需要建设相应的RTK基站，为整个大坝填筑施工区域碾压机械设备的高精度定位提供差分信号，如图4.46所示。

图4.46 RTK差分基站示意图

结合阿尔塔什水利枢纽砂砾石堆石坝填筑方量，在绝大部分大坝填筑碾压机械上安装高精度定位设备，保证能够实时掌握碾压机械施工状态。根据大坝碾压强度要求，为已有的12台常用的大坝碾压机械安装高精度定位设备。安装设备情况见表4.2。

表 4.2　　大坝填筑碾压设备安装情况简表

编号	吨位 /t	主要安装硬件				使用部位
		M30 接收机	工业平板电脑	振动传感器	方向传感器	
3	3.5	√	√			垫层料
51	26	√	√	√		过渡料
6	32	√	√	√	√	爆破料、砂砾料
7	32	√	√	√	√	爆破料、砂砾料
58	32	√	√	√	√	爆破料、砂砾料
59	32	√	√	√	√	爆破料、砂砾料
60	32	√	√	√	√	爆破料、砂砾料
61	32	√	√	√	√	爆破料、砂砾料
62	32	√	√	√	√	爆破料、砂砾料
64	32	√	√	√	√	爆破料、砂砾料
65	32	√	√	√	√	爆破料、砂砾料
69	32	√	√	√	√	爆破料、砂砾料

碾压设备上安装的定位设备及相关附件如图 4.47～图 4.50 所示。

图 4.47　碾压设备定位系统安装及接收机（细部）

图 4.48　碾压机械振动轮上安装的方向传感器及振动传感器

目前，暂时采用联通 4G 网络进行数据传输，该网络目前能够满足施工信息化管理需要，但是一旦断电或其他原因，信号传输将会存在很大的风险。因此，在项目实施过程中，利用超大功率的无线传输设备，从大坝坝址左右坝肩，将大坝填筑施工区实时覆盖，并通过建立的三级大功率网桥实现数据实时传输，并且实时进行网上服务器的入库，保证现场施工的实时智能化监控。

大坝填筑施工精细化智能监控系统的编制与开发主要包括两个系统，一套是安装在每台

图 4.49 碾压机械振动轮上安装的方向传感器及振动传感器（局部放大）

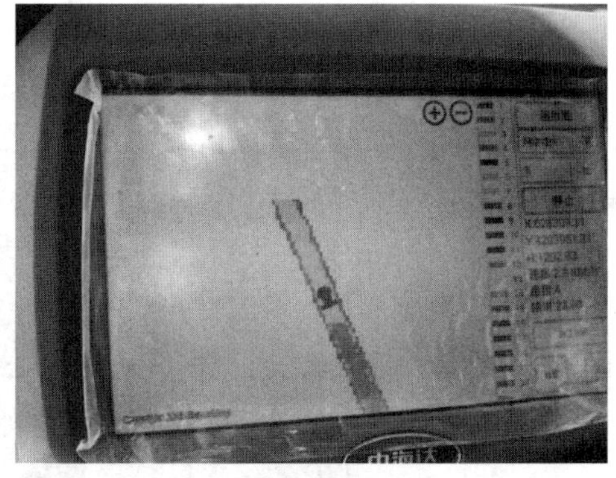

图 4.50 碾压机械驾驶室内安装数据平板电脑及其碾压轨迹展示（局部放大）

碾压机械驾驶室内平板电脑上供驾驶员使用的系统，主要为碾压机械驾驶员的操作提供参考和引导；另外一套是供施工管理人员使用的系统，可以实时了解大坝施工区域内每台碾压设备的实时施工状态，包括碾压设备的碾压遍数，行走速度、机械振动状态等情况。另外也提供对已施工结束的碾压数据查询与分析功能，并且支持施工报表的打印。

大坝碾压施工中，大坝坝料的碾压是控制大坝施工质量的关键。本项目采用专用设备对碾压施工过程进行严格的施工过程控制，保证坝料碾压施工过程中碾压起振力、振动激振力、碾压设备行走速度、碾压遍数、碾压轨迹等信息满足相关规程规范要求。

主要的研究与控制方法：在施工区域附近设定基准站，在平仓机械及碾压机械上安装北斗高精度定位接收机作为流动站，另设立一个中央处理系统实时处理基准站和流动站接收的数据，实时精确定位碾压机具的行进轨迹，分析碾压机具在坝体不同区域的碾压遍数和行车速度，及时发现是否存在漏碾或少压现象，实现对施工过程的实时控制。另外，在施工过程数据处理的基础上，对于发现漏碾或少压的区域，可以进行针对性检测和加大检测量，及时发现碾压质量问题并及时处理。

通过该部分内容的研究，最终实现坝料碾压轨迹、行车速度、压后高程、压实厚度和激振力以及施工时间等重要施工信息的自动监控，并根据分析成果进行施工过程的实时控制。

4.6.3　大坝施工过程质量控制管理系统

阿尔塔什水利枢纽工程，在大坝填筑施工碾压机械上都安装了一个高精度定位接收机，以及相关的压实度、振动状态、行进方向传感器，这些传感器采集到的信息都通过碾压机械上的信息传输模块进行信息传输，信息通过自建的无线传输局域网上传自工程现场本地服务器中，然后本地服务器再通过公网将施工过程信息传输至云服务器，系统各用户通过访问布置在云上系统服务器进行数据查询、分析和处理。管理系统主要功能如下。

1. 工程基本信息整理与展示

在阿尔塔什水利枢纽工程建设中，应用建立的大坝填筑碾压施工过程实时智能化监控系统，在基础信息模块中，进行了基础信息的维护与录入，不仅包括工程基本信息，还包括按照大坝分区、大坝分段、大坝分层以及大坝中不同单元工程信息进行整理与维护，该部分相关示例界面如图4.51所示，并且将建立的阿尔塔什水利枢纽大坝三维图形显示在该页中。

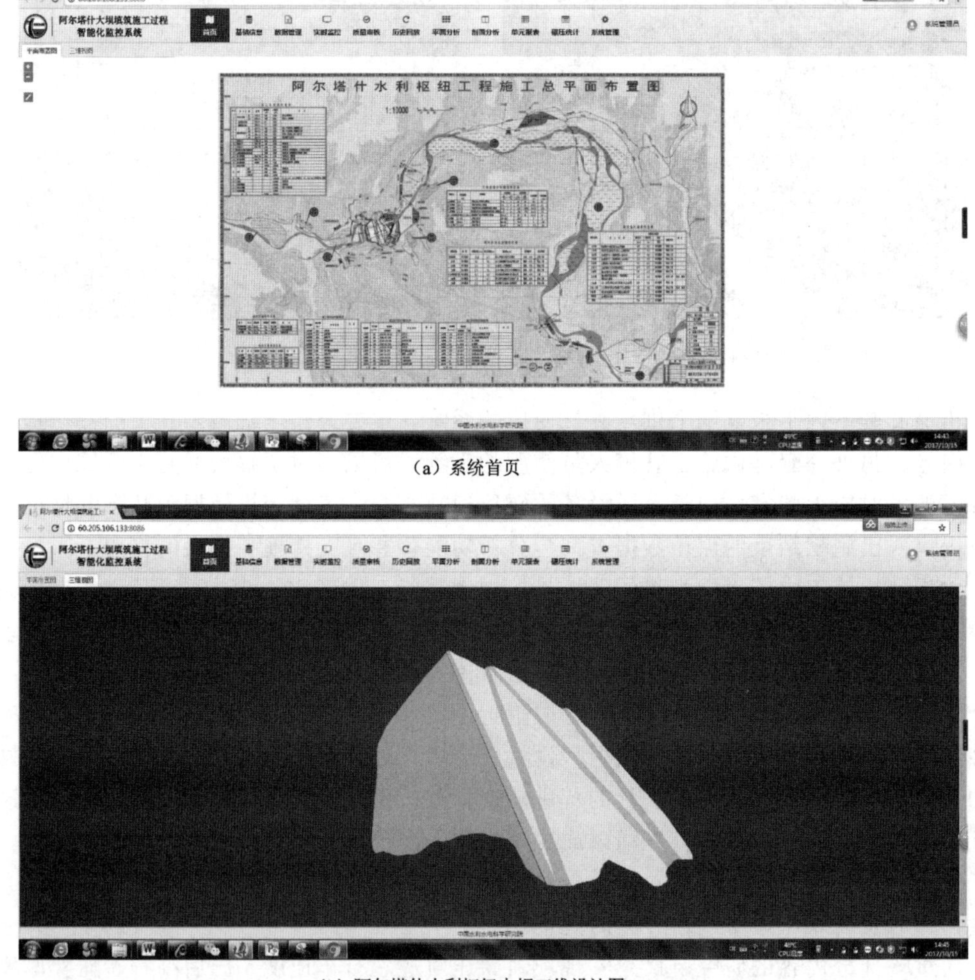

(a) 系统首页

(b) 阿尔塔什水利枢纽大坝三维设计图

图4.51　大坝填筑施工过程控制系统中基础信息相关页面

利用该模块，结合实际施工过程，逐步建立大坝填筑施工单元工程模型，并且在大坝填筑施工过程实时监控过程中将采集到的施工信息进行在模型上的实时展示。通常在单元工程中还进一步划分不同施工仓来控制施工过程。其中，单位工程—分部工程—单元工程（阿尔塔什水利枢纽中按照层进行划分）—施工仓位的信息结构如图 4.52 所示。

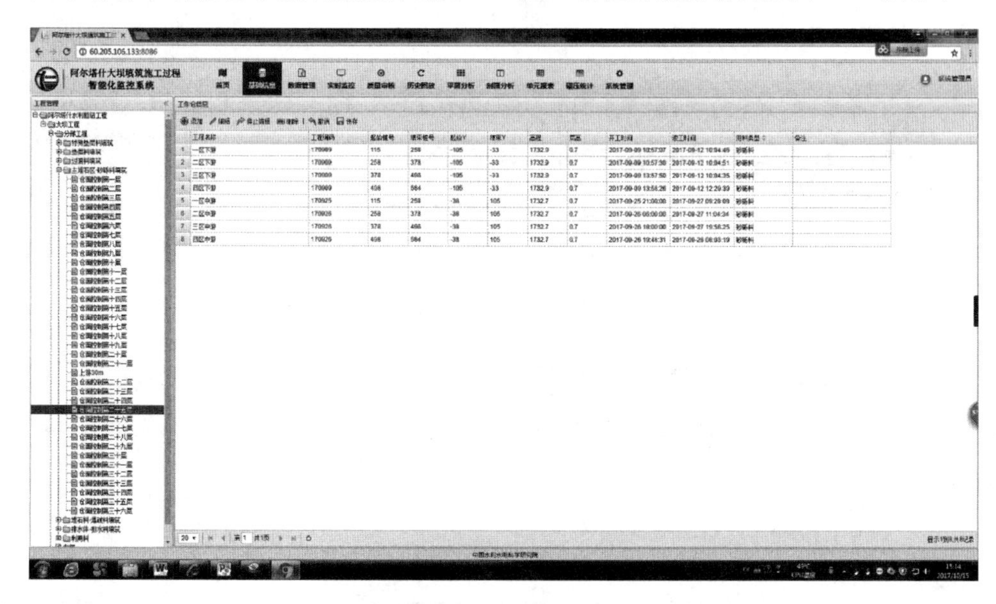

图 4.52　大坝填筑施工过程中施工单元的设置界面

另外，在本模块中，还可以将工程建设过程中所采用的施工机械与操作人员信息进行录入，实现对大坝施工机械施工运行的精细化管理，如图 4.53 所示。

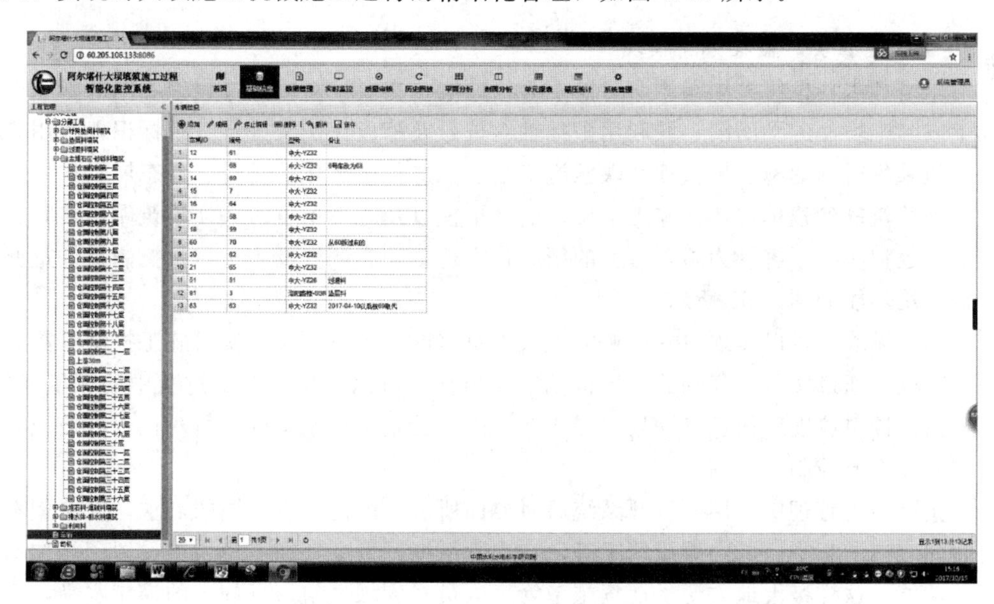

图 4.53　大坝填碾压施工过程实时智能化监控系统中碾压机械管理界面

2. 文件上传与数据管理模块

该模块中，主要按照确定的单元工程或者施工仓位对采集到的碾压施工过程数据进行系统管理与列表展示，并且能够按照不同分区进行数据查找与浏览。利用该模块的数据整理与查询功能，可为施工现场管理人员进行施工精细化管理与动态调度提供了重要工具，如图 4.54 所示。

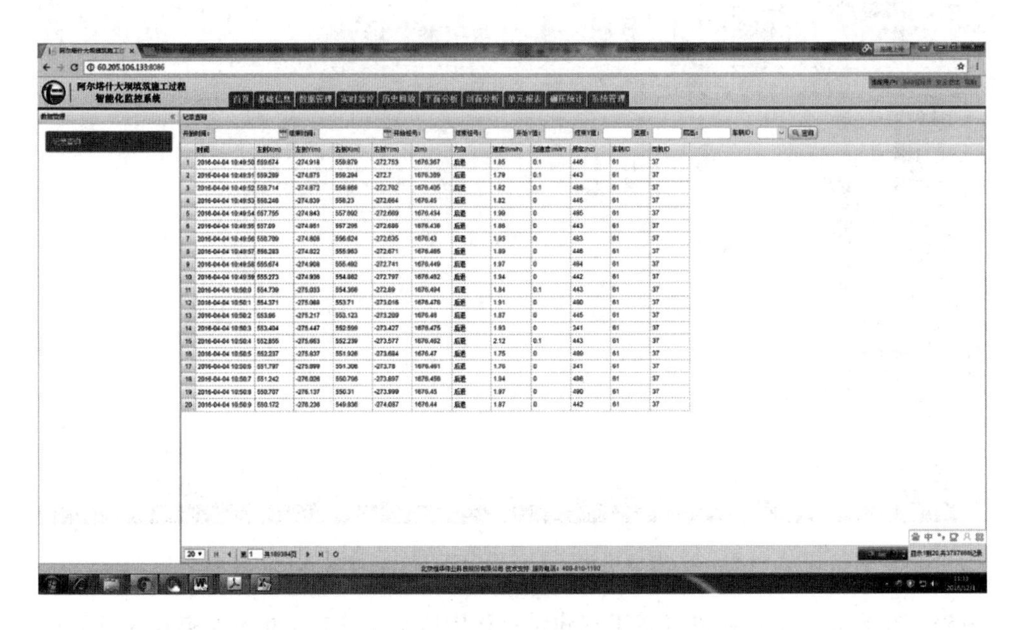

图 4.54　大坝碾压施工过程中系统数据管理界面

3. 施工过程实时监控分析模块

阿尔塔什水利枢纽大坝碾压实时监控分析模块，主要针对施工过程中不同的施工高程自动生成施工坝面的平面图，并利用坐标轴对桩号及缩放比例尺进行直观标识，利用施工过程实施采集得到的施工机械坝料碾压施工信息，进行图像化的实时、动态展示，为该工程中大坝填筑的参建单位，如施工单位、监理单位以及管理单位对大坝填筑碾压实时施工过程进行远程实时了解，为施工过程的精细化管理、动态调度及施工质量控制提供重要工具。该模块功能如图 4.55 所示。

利用该模块，可以实现对施工机械大坝填筑碾压施工过程中的实时施工控制参数的控制提供手段，通过实时采集到的施工机械空间坐标，可以转换为施工过程中的碾压速度、碾压遍数、铺料厚度等信息，并且与碾压施工确定的施工技术指标进行对比，方便现场施工管理人员进行控制与管理。

在实际施工管理中，用户打开系统后对界面所展示的内容有不同的需求，如希望看到一定时间之前的某个区域内碾压情况等，在实际系统开发中，在本模块中设置了添加历史数据的功能，这样极大地方便了现场施工管理人员对大坝填筑碾压施工的控制水平，为基于 Web 段的施工过程控制系统的云上施工组织、施工指挥以及动态调度车辆等管理工作的实现提供智能化平台。

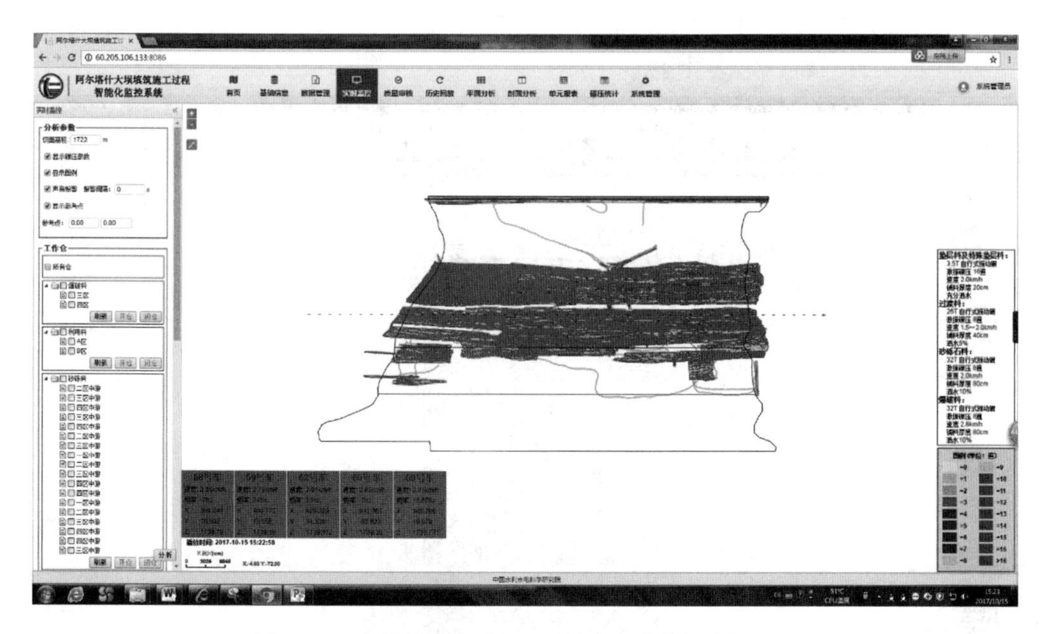

图 4.55 大坝碾压施工过程系统中实时数据分析界面

4. 质量检测分析模块

质量检测分析模块主要对施工结束后，在选定的时间范围以及施工区域中的碾压数据进行综合分析，可以包括碾压遍数（总数、静碾以及振动碾）、速度超限次数、碾压速度、碾压设备激振力以及碾压轨迹等几个方面，另外可以通过施工回放进行大坝施工过程重演。典型的施工质量分析界面如图 4.56～图 4.63。平面分析结果将在右侧中部的白色框中进行显示。

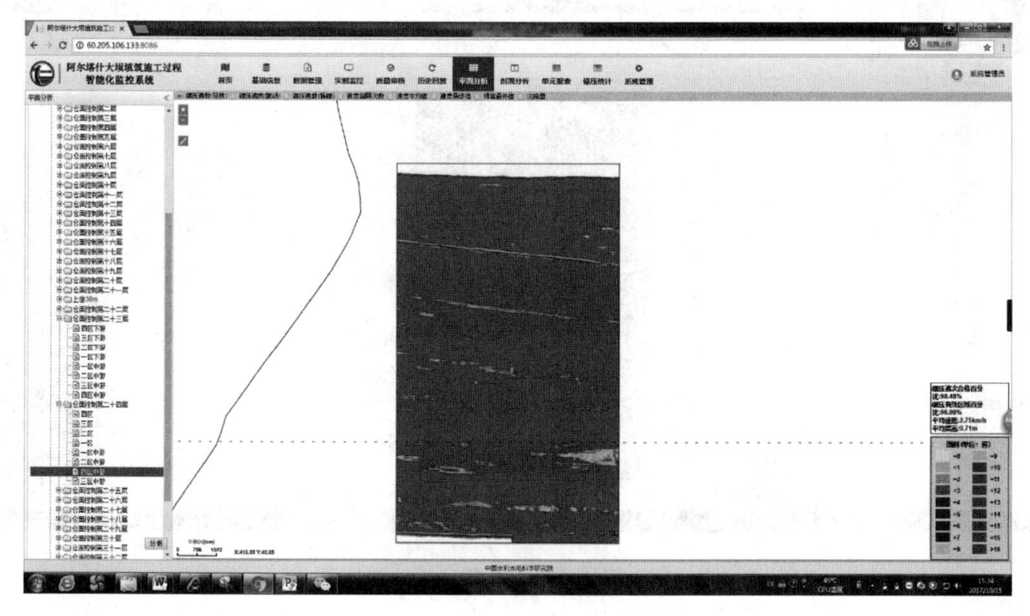

图 4.56 碾压遍数分析云图界面

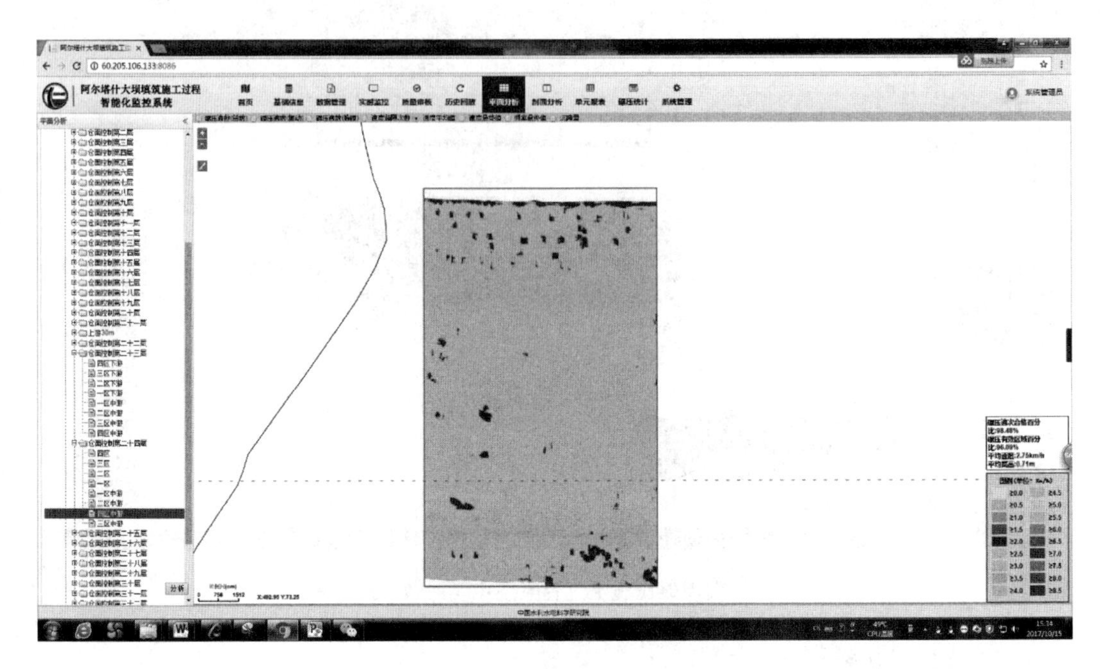

图 4.57　碾压速度分析云图界面

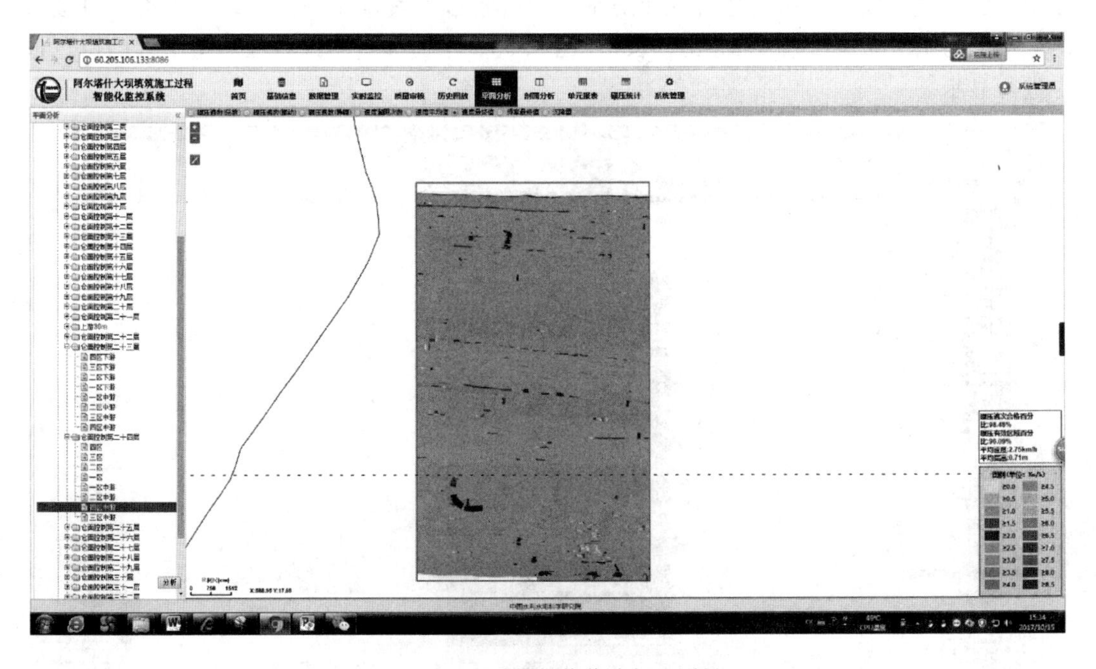

图 4.58　碾压速度最终值分析云图界面

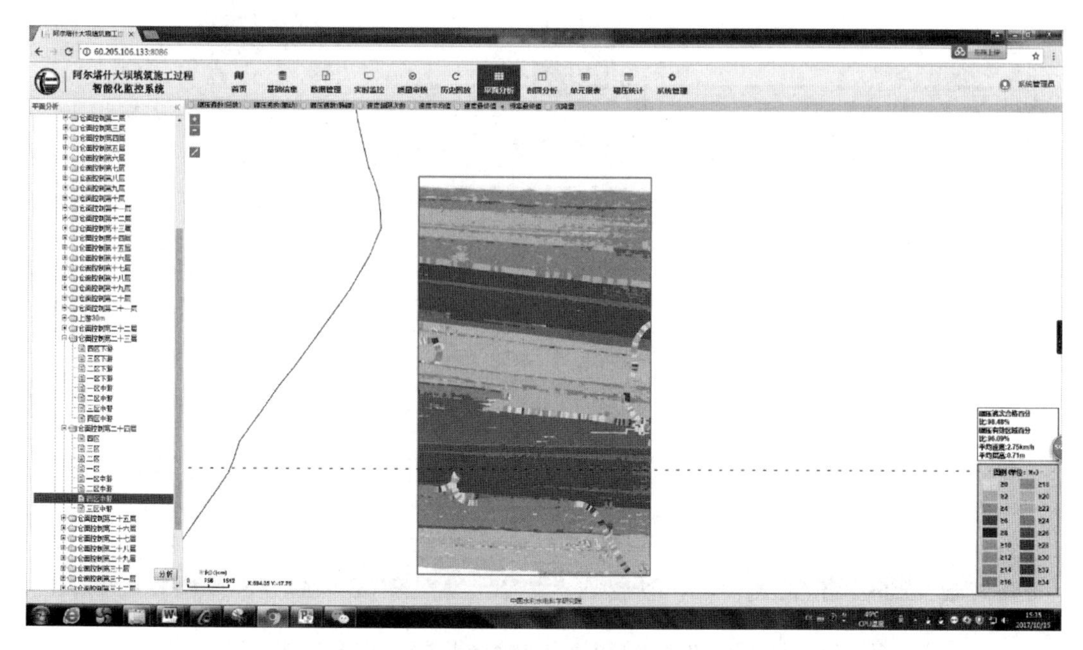

图 4.59 碾压施工过程振动状态为无振动碾压分析云图界面

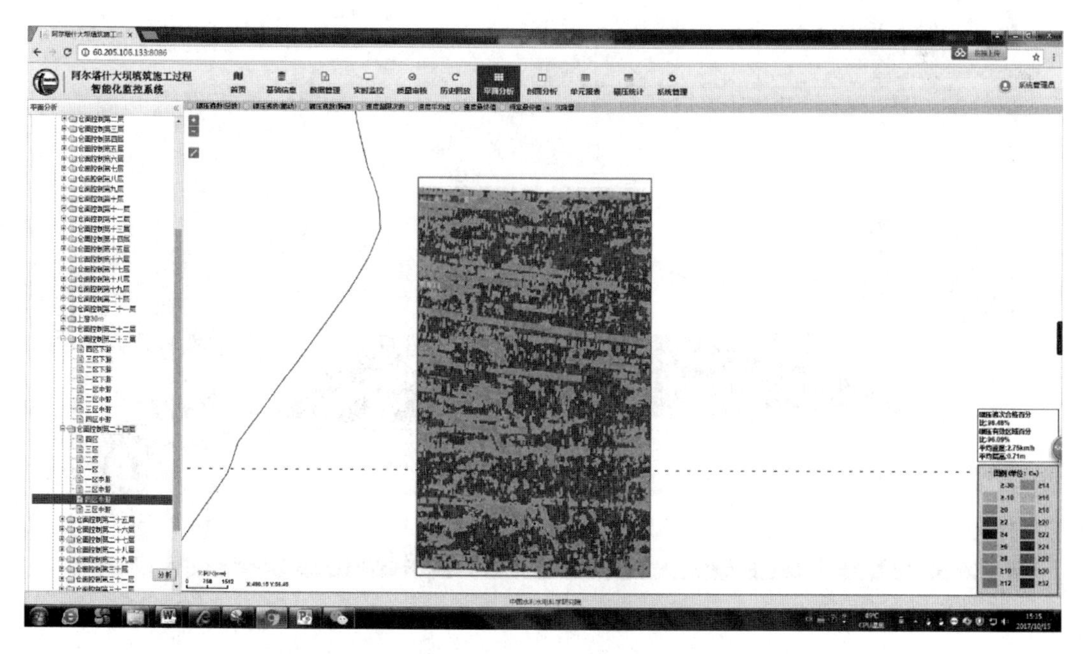

图 4.60 碾压施工过程施工层的碾压沉降分析云图界面

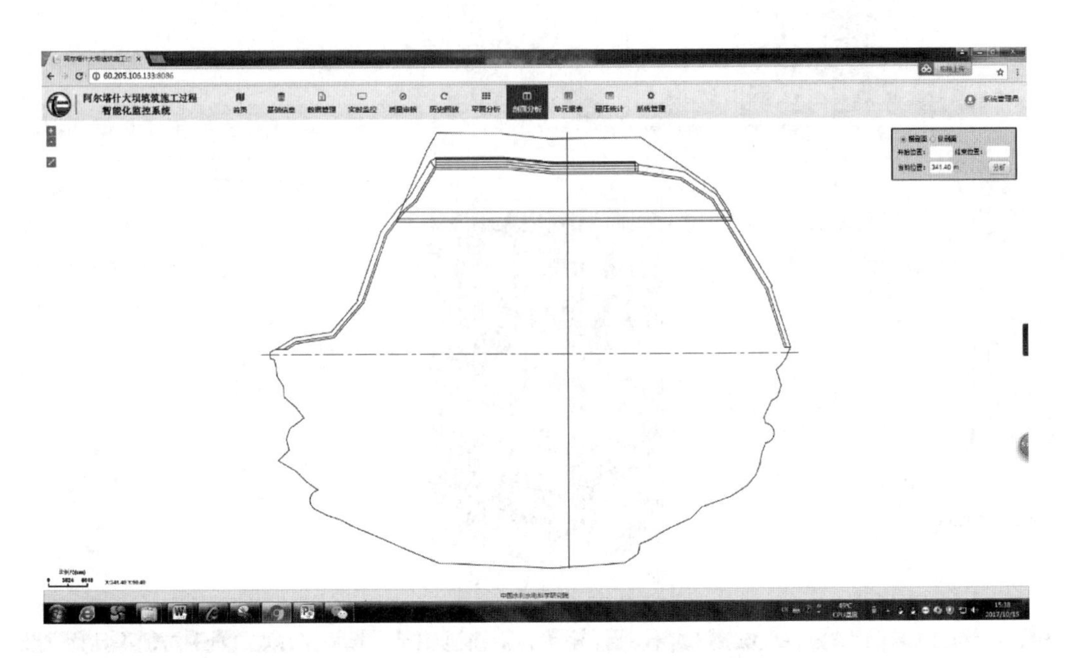

图 4.61　大坝碾压施工过程中系统剖面分析界面（竖线为剖面位置）

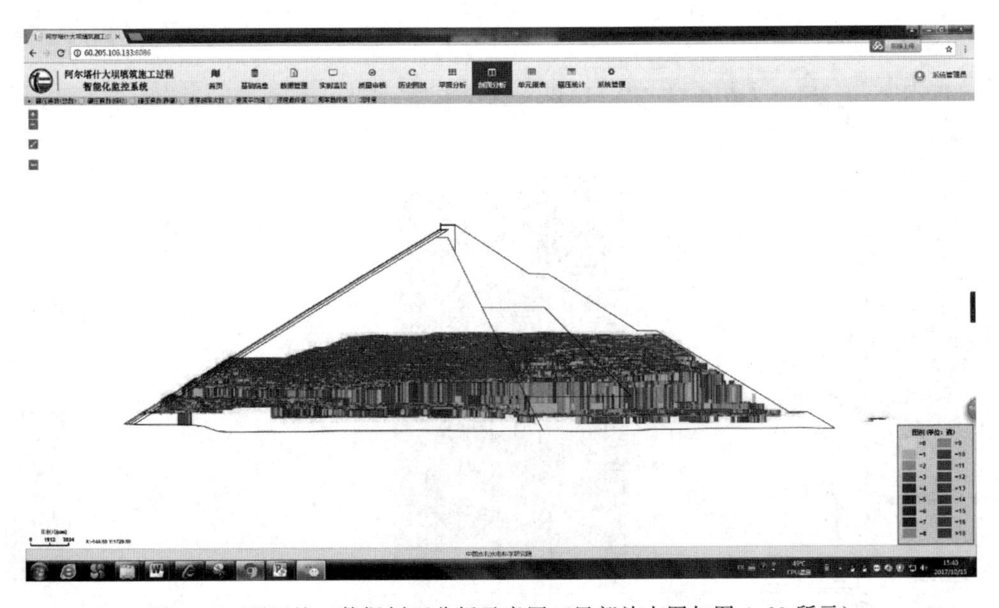

图 4.62　碾压施工数据剖面分析示意图（局部放大图如图 4.63 所示）

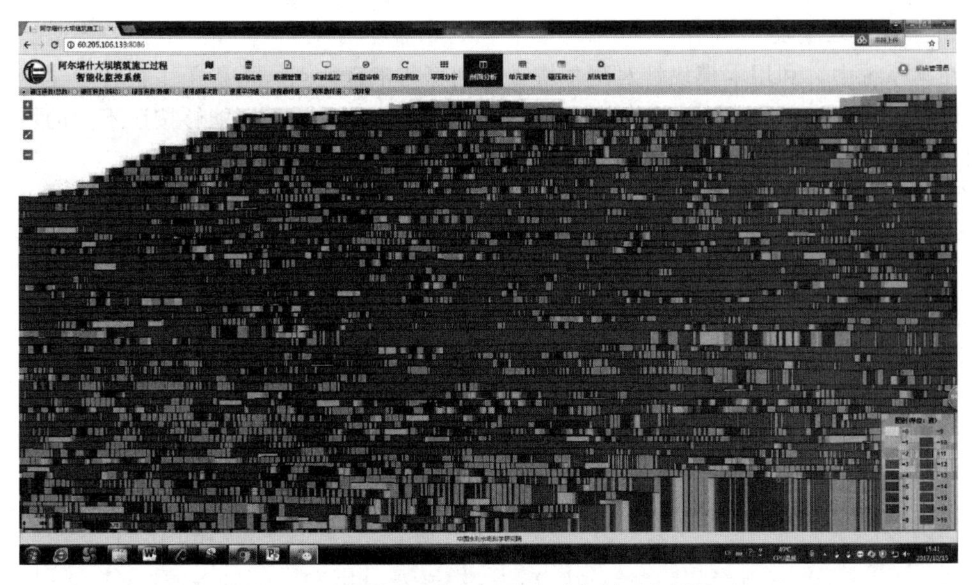

图 4.63 大坝碾压施工过程中系统剖面分析界面

另外，在模块中，还提供了任意的沿着坝轴线或者垂直坝轴线碾压数据剖面分析功能，以便不同的坝料区、层间结合及层厚的信息结果的展示。

5. 施工报表生成模块

在每一个施工区域的大坝填筑碾压施工结束之后，可以按照单元工程或施工仓位分区自动生成该施工区域的施工报表，报表涵盖了由施工过程实施监控系统自动生成的报表信息、单元工程信息等内容，并将相关的质量评价结果与典型的施工信息分析示意图进行自动在报表中生成，并且可以按照实际工程需求进行报表格式定制，目前该模块在阿尔塔什水利枢纽中得到了较好应用。该模块示意图如图 4.64 所示。

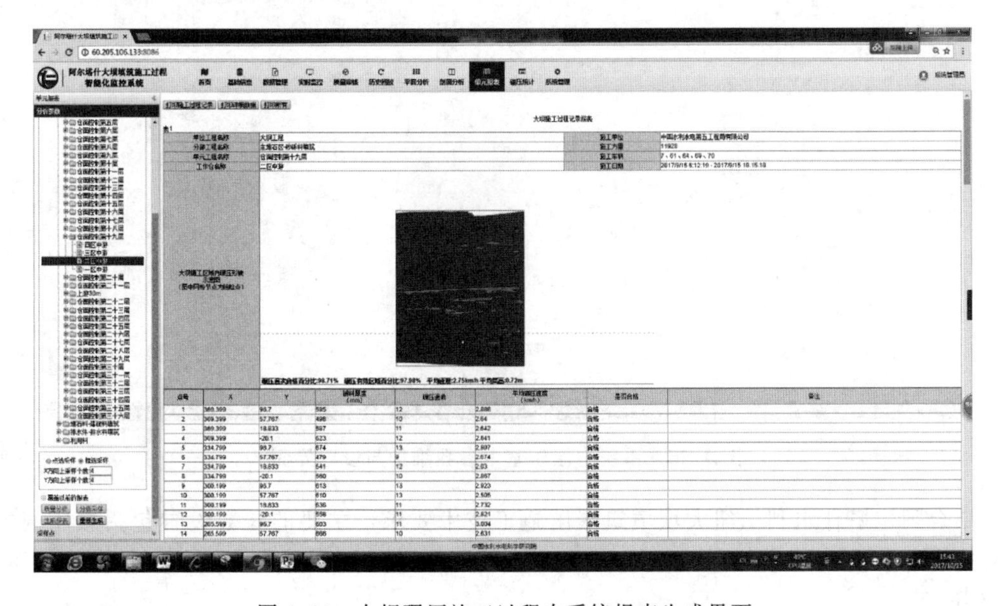

图 4.64 大坝碾压施工过程中系统报表生成界面

6. 系统管理模块

在本系统中，利用本模块针对阿尔塔什水利枢纽工程特点，进行了工程各参建单位的用户信息，并根据用户不同身份与角色进行了用户功能划分，保证能够按照不同的用户身份识别进行分层次与分角色系统应用，该管理模块见图4.65所示。

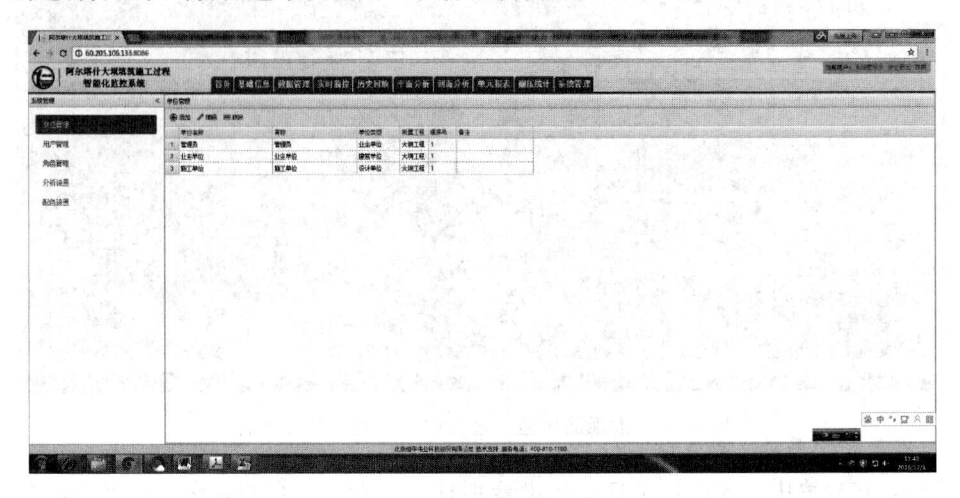

图4.65　系统管理操作界面

另外，根据实际阿尔塔什水利枢纽工程中的大坝填筑施工过程控制技术参数，进行施工过程实时信息展示的设置，可以作为大坝施工质量分析中重要的展示格式与模式，如图4.66所示。

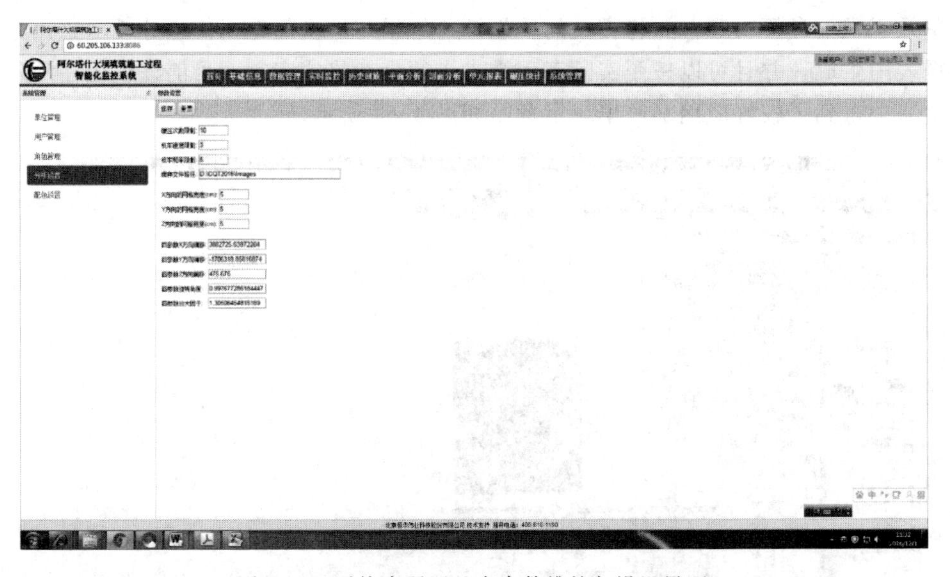

图4.66　系统中碾压基本参数维护与设置界面

结合阿尔塔什水利枢纽大坝填筑碾压施工技术要求，主要的参数设置包括碾压遍数、碾压速度等，需要兼顾展示层次分级效果与施工工程控制习惯，保证应用效果，如图4.67所示。

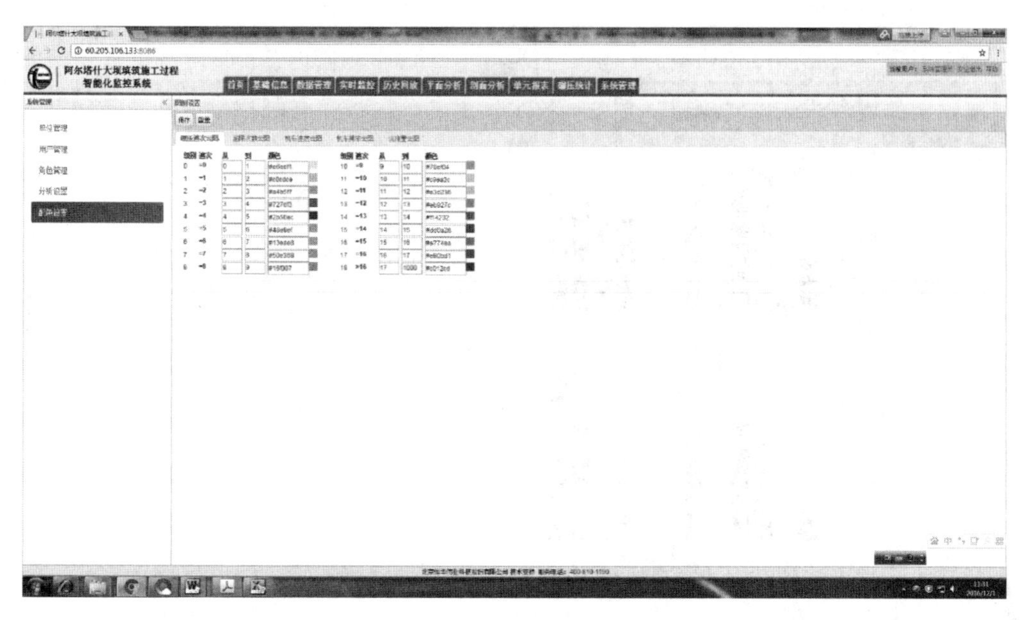

图 4.67 系统中碾压遍次云图相关信息设置界面

7. 施工机械碾压统计分析模块

阿尔塔什水利枢纽工程中大坝填筑施工过程经历了 4 年，其中共有 12 台设备参与了施工，现场管理人员利用本模块进行了施工机械施工效率分析，并且利用该模块实现了施工机械及施工机械操作人员的绩效管理，并且大大提高了施工机械管理水平，也大大提高了填筑施工管理效率，在阿尔塔什水利枢纽工程应用期间，创造了月填筑强度 172 万 m^2 的新的纪录。该模块应用示意图如图 4.68 和图 4.69 所示。

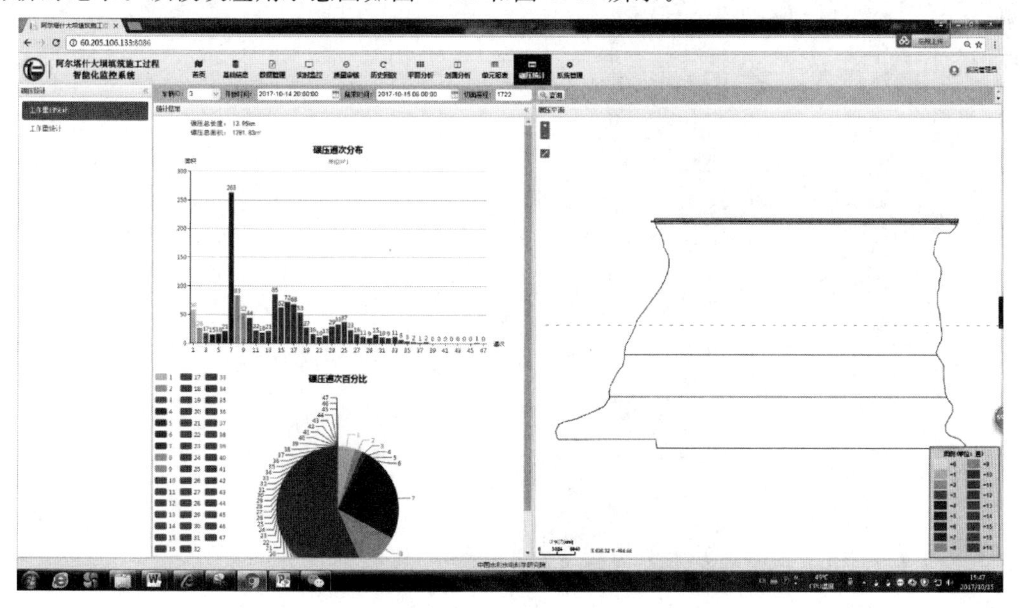

图 4.68 某段时间内单台碾压机械使用效率分析界面

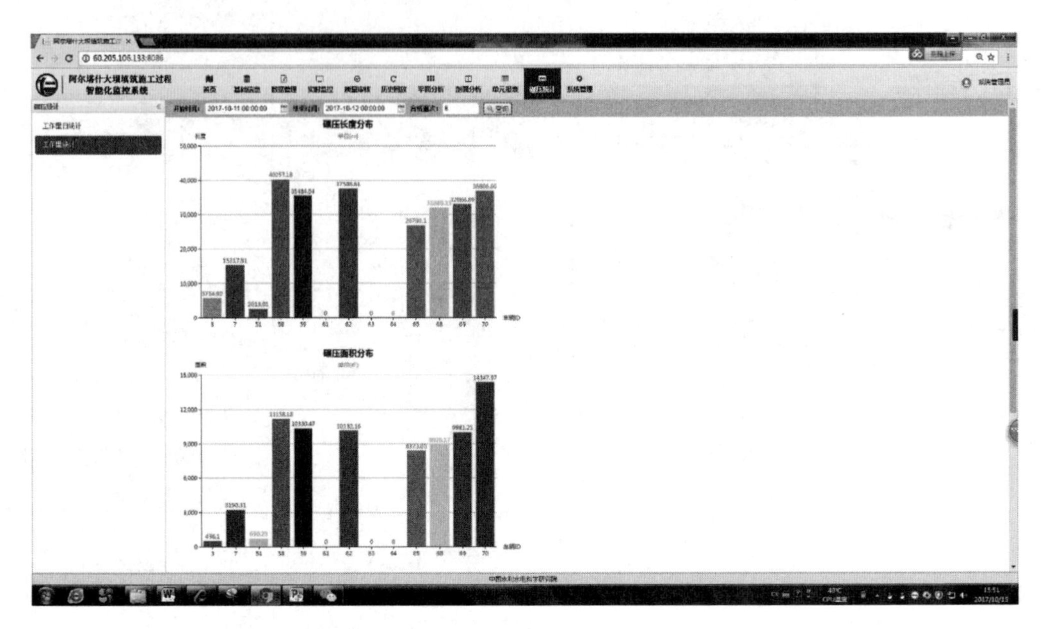

图 4.69　某段时间内所有大坝填筑碾压机械施工功效统计分析界面

在这一模块中对施工机械的主要分析内容包括同一时间区间的同一施工机械碾压里程与碾压合格面积统计分析，也可进行同一时间阶段中的不同施工机械的碾压里程与碾压合格面积统计分析。

第5章　大石门水利枢纽工程大坝填筑施工过程精细化智能监控系统

5.1　大石门水利枢纽BIM技术应用

5.1.1　大石门水利枢纽大坝设计及模型建立

大石门水利枢纽工程位于新疆巴州且末县境内的车尔臣河干流上，坝址位于车尔臣河出山口与支流托其里萨依河交汇口下游约300m处，是一项以灌溉、防洪为主，兼有发电等综合利用的水利水电工程，属大（2）型Ⅱ等工程，大坝属1级挡水建筑物，总库容1.27亿m^3，调节库容0.99亿m^3。

1. 大坝枢纽区地形、地质条件

枢纽区位于阿尔金山与冲积洪积扇和冲洪积平原地貌单元交汇部位。地形为V形峡谷，河流纵坡约12.5‰。坝址出露岩性为下元古界蚀变辉绿岩，右岸基岩出露，坝轴线上下游有少量残留阶地。左岸为Ⅷ～Ⅸ级基座阶地，基岩基座的顶面在阶地前缘陡坎上出露位置呈山包状。坝址区附近现代河床宽10～20m，坝址区附近两岸岸坡陡峻，岸坡坡度多在50°～80°，局部近直立。岸坡段发育一断层f17，断层产状300°～340°SW∠40°～45°，破碎带宽度一般1～3m，以角砾岩、碎裂岩为主，是岩性分界线，其下为侏罗系泥岩、砂岩夹煤层，断层倾向上游。库区左岸为车尔臣河与托其里萨依河古河道，古河道较宽，宽2.6km，两岸基岩出露，河道赋存深厚层砂卵砾石，上部岩性为第四系上更新统Q_3砂卵砾石层，厚34～40m，分布高程为2342.00～2364.00m，且全部位于正常高水位以上；下部岩性为巨厚层Q_2砂卵砾石层，泥质半胶结，根据钻探资料，该层厚度达295m。库区古河道底部低于正常高水位最深205m。

本工程坝址区50年超越概率2%的场地基岩动峰值加速度为0.52g；场地地震基本烈度为Ⅷ度，大坝设计抗震设计烈度为Ⅸ度。

2. 大坝坝壳材料

坝址区勘查有C2和C4两个砂砾石料场。C2料场位于坝址下游0.3～0.9km的车尔臣河左岸Ⅸ级阶地上。料场有用存储量85.0万m^3。C4料场位于坝址上游托其里萨依河左岸Ⅷ～Ⅸ级阶地上，距离坝址0.4～2.3km。料场有用存储量700万m^3。两个料场岩性均为第四系上更新统冲积含漂石砂卵砾石层，作为坝壳填筑料使用，各项试验指标均满足规范技术要求。沥青骨料场P1石料场（灰岩）位于坝址区西侧山前冲洪积倾斜平原上部，距离坝址区运输距离15km，直线距离8.4km，料场岩性为微晶-细晶灰岩，主要由粒度细小的微晶、细晶方解石所构成，岩体完整性好，强风化层3m左右，弱风化层岩石和新鲜岩石质量满足沥青混凝土骨料要求。

3. 大坝设计

(1) 坝体轮廓设计。大石门水利枢纽工程大坝为碾压式沥青混凝土心墙砂砾石坝，最大坝高128.8m，坝顶高程2304.50m，坝顶宽12m，坝顶长205m，防浪墙顶高程2305.70m，上游坝坡高程2265.00m以上采用1∶2.75、高程2265.00m以下上游坝坡采用1∶2.5，变坡处设2m宽马道，上游围堰与坝体结合，上游围堰坝坡（高程2229.00m以下）采用1∶2.25，下游坝坡1∶(1.6～1.8)，在下游坡设10m宽、纵坡为8%的之字形上坝公路，下游坝坡平均为1∶2.32。上游坝坡采用C30素混凝土护坡，护坡厚0.3m，护坡范围由高程2240.00m至坝顶，即自死水位以下5m护至坝顶，围堰上游面采用厚1.0m抛石护坡。下游坝坡在高程2270.00m以上设200mm厚钢筋混凝土板，在高程2270.00m以下采用厚0.4m干砌石护坡。

(2) 坝体分区设计。根据料源和高坝结构功能、坝坡稳定要求，以及对坝料强度、坝体渗透性、压缩性等方面要求，结合施工情况，对坝体进行分区和坝料设计。在保证高坝安全的情况下，尽量利用开挖料，解决狭窄河谷弃渣难问题，节省工程投资。

坝体填筑分区从上游至下游分为：上游砂砾料区、上游过渡料区、沥青混凝土心墙、下游过渡料区、下游砂砾料区、下游利用料区、下游贴坡排水区。

1) 沥青混凝土心墙设计。沥青混凝土防渗体采用直立的碾压式沥青混凝土结构，墙体轴线在坝轴线上游4.0m处。心墙采用上窄下宽布置，顶宽0.6m，底宽1.4m，厚度采用台阶式渐变；底部设高2.4m的放大脚，放大脚厚度由1.4m渐变至2.6m。沥青混凝土心墙基座采用混凝土结构，厚1.0m，宽6.0～8.0m。心墙顶部与坝顶防浪墙紧密结合。沥青采用克拉玛依90号A级沥青，粗骨料采用P1灰岩加工制备，细骨料采用混凝土细骨料，填料从附近水泥厂购买。心墙与混凝土底座的接触面上设1.2mm厚止水铜片和20mm厚砂质沥青玛蹄脂。沥青混凝土心墙、混凝土底座连同基岩防渗帷幕，形成整体防渗屏障。

沥青混凝土作为坝体的防渗结构，应具有足够的防渗性能，且力学指标等应满足设计要求。为了满足冬季碾压式沥青混凝土心墙施工要求，骨料最大粒径19mm，矿料级配指数为0.4，初选油石比为8%，填料质量分数选择为1.8。试验表明，在苛刻的室内试验条件和−25℃气温下，沥青混凝土试块的结合面上下层结合良好，结合面和非结合面的密度（孔隙率）均匀，防渗性满足要求，劈裂变形能力大。夏季沥青含量为6.8%左右。

2) 过渡料设计。为了确保过渡层为沥青混凝土心墙两边提供均匀的支撑，过渡料区上、下游水平宽度均为4m，过渡料区从底部弱风化基岩建基面填筑至心墙顶部。过渡料采用C4砂砾料场粒径小于80mm的全料，最大粒径为80mm，小于5mm粒径含量为25%～40%，小于0.075mm粒径含量小于5%，渗透系数不应小于10^{-3}cm/s，相对密度$D_r \geq 0.85$。

3) 坝壳料设计。由于坝址区河谷狭窄，岸坡陡峭，堆石料场开挖难度大，取料困难，且堆石料填筑存在二次倒运等问题。通过坝料试验及大坝有限元分析计算论证，大坝采用坝址区储量丰富的天然砂砾料填筑。上游围堰作为坝体的一部分，填筑料及标准与大坝一致。坝体填筑料采用C2、C4砂砾料场粒径小于600mm的全料填筑。碾压指标相对密度$D_r \geq 0.85$，压实后渗透系数为10^{-3}～10^{-2}cm/s。由于C2、C4料场砂砾料渗透系数均在

1.6×10^{-2}cm/s 左右，坝料渗透性良好；并且在坝料设计分区并在料场开采坝料使用时，尽可能地将渗透系数大的坝料用于心墙下游局部部位，使其坝体内部起到自然排水作用。

4）下游利用料设计。根据坝体分区要求及可利用料方量，下游利用料采用坝基及各建筑物爆破或开挖的石料（砂岩泥岩等除外）。大坝填筑施工中所使用的利用料粒径小于600mm，粒径小于 5mm 的含量小于等于 20%，小于 0.1mm 的含量小于 5%，设计孔隙不大于 22%。

5）贴坡排水料设计。贴坡位于坝下游坡脚处，顶部高程为 2195.00m，底部坐落于河床基岩上，顶宽 5m，坡度与坝坡相同，为 1：1.6。在河床段贴坡排水体后设 1 层 4m 厚水平排水体与之相接，水平排水体以 0.5%的纵坡向下游延伸至厂房尾水渠。排水料粒径为 5.0～80.00mm。在坝体填筑料与贴坡排水料之间设 2m 厚过渡料作为混合反滤，过渡料要求与心墙两侧过渡料相同，碾压标准相对密度 $D_r\geqslant0.85$。

4. 大坝设计资料及模型建立

大石门水利枢纽设计单位为新疆水利水电勘测设计研究院，其对坝址区整个水利枢纽的重要构筑物进行设计，并进行了初步的 BIM 模型建立。大石门水利枢纽沥青混凝土心墙砂砾石坝总平面布置图及典型剖面图如图 5.1 所示。

根据相关设计资料，建立大石门水利枢纽大坝 BIM 模型，该 BIM 模型可以作为整个大坝填筑施工设计以及进度管理、大坝填筑施工过程精细化智能监控系统的模型基础。图 5.2 为建立的模型外轮廓与地形相互关系。

所建立的 BIM 模型也可作为施工单位进行大坝填筑施工进度安排的基础，如图 5.3～图 5.7 所示。

5.1.2 基于 Web 端的 BIM 轻量化技术

目前，BIM 技术已经成为各个水利水电工程设计以及施工单位的工具，利用 BIM 技术形成的构筑物模型是以 3D 几何模型为基础的多维信息模型，是继 CAD 技术之后行业信息化重要的新技术。通过 BIM 技术，在提高生产效率、降低施工风险、减少施工失误、准确组织调配人员、有效控制施工进度与工期等方面都可以做到超前预判，真正做到施工生产的安全、有序、高效、可靠。

由于 BIM 模型是集成多重信息的综合技术模型，因此，BIM 模型的建立、运行以及成果展示，需要耗费大量的 CPU 计算资源，并且水利水电工程设计的 BIM 模型牵涉领域众多、场景对象种类繁多、空间关系复杂多变、多专业应用场景复杂，致使基于 BIM 技术在水利水电工程应用中普遍存在建模专业强、建模精度高、模型体量大、模型格式不统一的问题。为 BIM 模型在水利工程设计、施工及运行阶段的全过程管理应用造成极大障碍。随着计算机技术、互联网技术的发展，需要大力研究基于互联网技术的多个工程建设单位信息共享与协同管理的 BIM 模型，真正实现 BIM 技术在工程建设领域的广泛应用。

随着互联网发展，其应用由桌面端逐渐转移到 Web 端，模型的数据组织、传输加载和展现效果必须做出相应调整，以此来解决基于 Web 端 BIM 模型应用传输时间较长、客户端计算能力不足、显示资源有限等问题。如果能实现在不影响应用效果前提下，对模型几何和语义进行轻量化、模型“压缩”传输以及客户端对模型进行动态加载，那么将大大提高 BIM 模型在 Web 端的展现效果和用户体验，达到模型更广泛的应用。

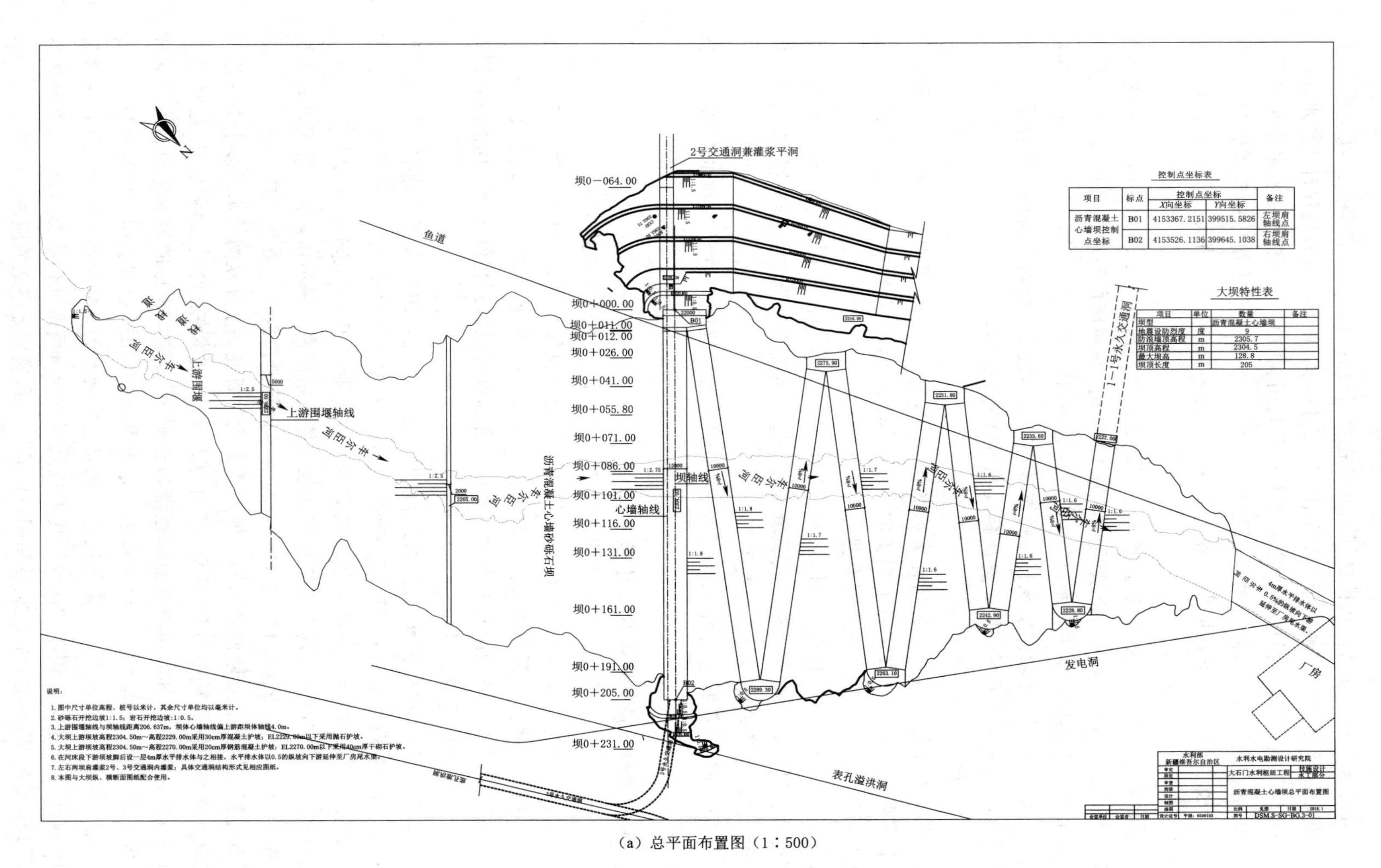

控制点坐标表

项目	标点	控制点坐标		备注
		X向坐标	Y向坐标	
沥青混凝土心墙坝控制点坐标	B01	4153367.2151	399515.5826	左坝肩轴线点
	B02	4153526.1136	399645.1038	右坝肩轴线点

大坝特性表

项目	单位	数量	备注
坝型		沥青混凝土心墙坝	
地震设防烈度	度	9	
防浪墙顶高程	m	2305.7	
坝顶高程	m	2304.5	
最大坝高	m	128.8	
坝顶长度	m	205	

（a）总平面布置图（1：500）

图 5.1（一）　大石门水利枢纽沥青混凝土心墙砂砾石坝总平面布置图及典型剖面图

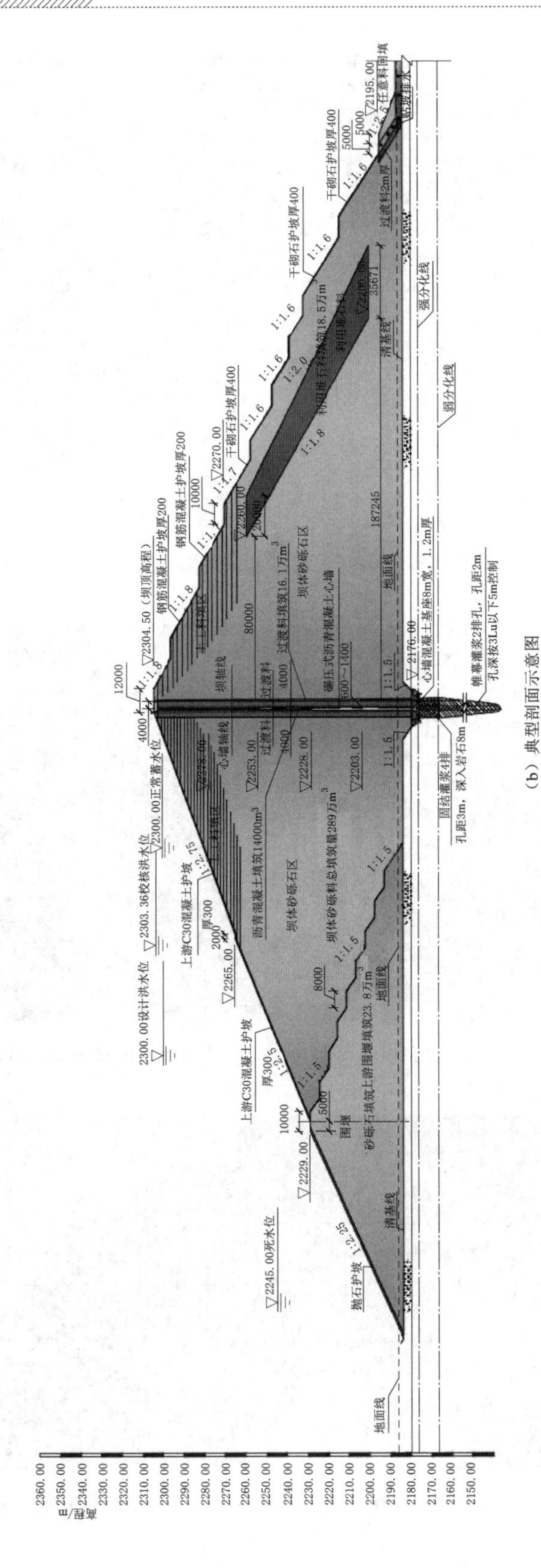

（b）典型剖面示意图

图 5.1（二） 大石门水利枢纽沥青混凝土心墙砂砾石坝总平面布置图及典型剖面图

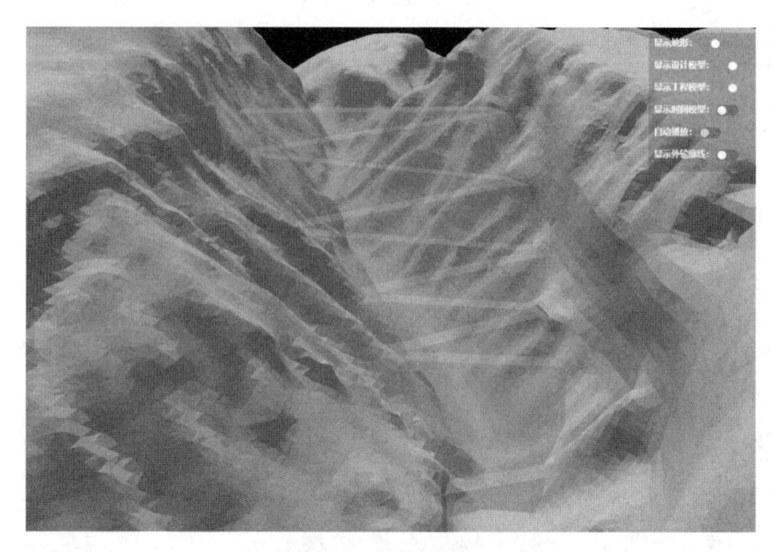

图 5.2　大石门水利枢纽大坝 BIM 模型外轮廓与地形相互关系示意图

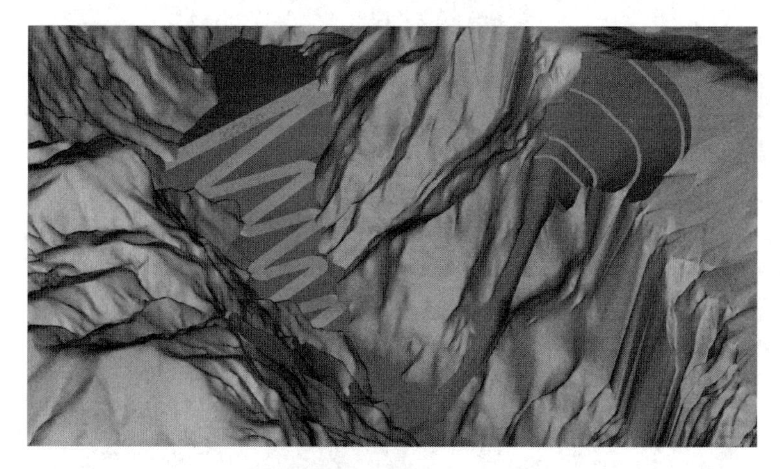

图 5.3　大石门水利枢纽大坝一期（上游围堰）填筑形象示意图

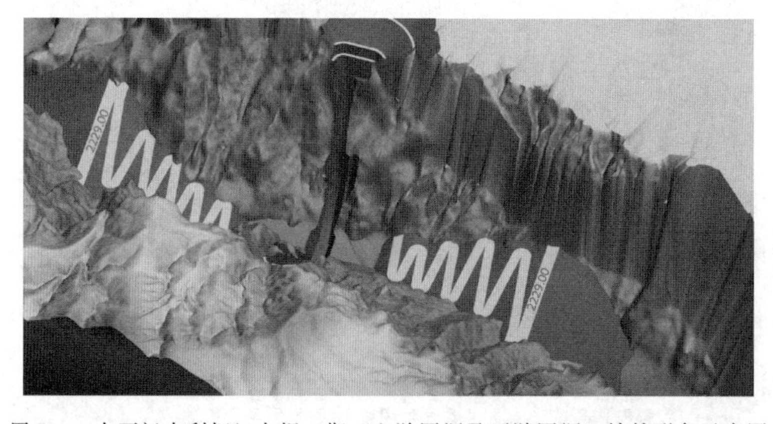

图 5.4　大石门水利枢纽大坝二期（上游围堰及下游围堰）填筑形象示意图

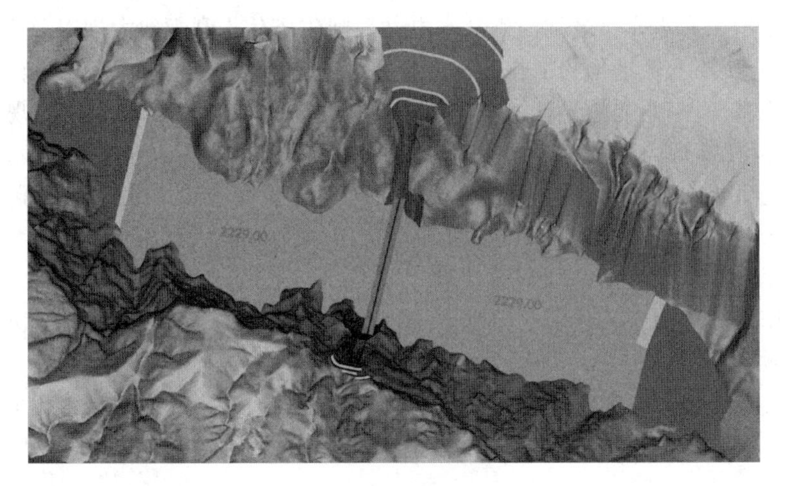

图 5.5　大石门水利枢纽大坝二期（高程 2229.00m）填筑形象示意图

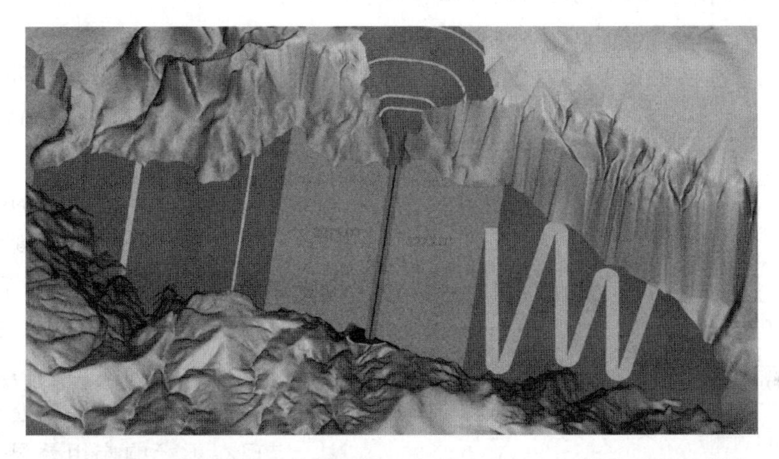

图 5.6　大石门水利枢纽大坝三期（高程 2275.00m）填筑形象示意图

图 5.7　大石门水利枢纽大坝四期（高程 2303.00m）填筑形象示意图

通过河南出山店水库、老挝南俄3水电站、阿尔塔什水利枢纽大坝以及京雄铁路路基填筑工程中BIM技术轻量化的工作经验，开展了传统BIM模型的Web端轻量化技术研究，从而实现基于Web端的设计模型与施工实施过程的交互渲染技术，实现土石坝建设管理应用对BIM模型的轻量化、人机交互和实时渲染展示要求。主要的技术包括以下三个方面：首先，提出基于构件合并和边叠法结合的轻量化方法，实现在不影响应用效果下，去除冗余重复信息，保留必要的模型属性及几何图形信息，达到模型轻量化的应用需求。其次，提出基于模型动态加载方法和WebGL、ActiveX与云技术融合的三维模型展示和交互引擎（简称混合云引擎）技术，实现铁路工程信息模型基于Web访问的模型动态加载和高效交互渲染。最后，构建大坝填筑施工过程精细化智能管理平台，研发基于主流建模软件轻量化插件，实现模型构件一次性轻量化转换和属性数据高效提取和存储；并结合研发基于Web应用的WebGL和ActiveX图形平台，实现工程信息模型轻量化及交互展示。

主要的BIM模型Web端轻量化技术有以下几个方面。

1. 基于构件合并和边叠法结合的轻量化方法

土石坝三维模型十分复杂，模型数据的压缩和轻量化简化是三维模型处理的重要内容，一直在被广泛而深入的研究。在信息三维模型的复杂应用领域中，对模型虚拟真实感和模型精细度的要求也越来越高。所以需要研究高精度的土石坝工程信息模型轻量化简化算法和实现技术。在模型轻量化转换过程中，提出了对原设计模型的语义提取、几何对象过滤和三角面片简化等各种优化处理的综合方法，实现在不影响应用效果下，去除冗余重复信息，保留必要的模型属性及几何图形信息，达到模型轻量化应用需求，并能够在各种终端之间高效的传输和加载，其流程如图5.8所示。

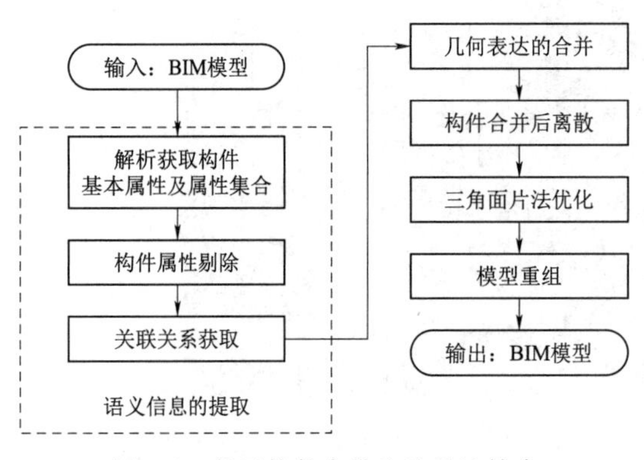

图5.8 基于构件合并和边叠法结合的轻量化方法流程图

2. 模型层次化动态加载与混合云引擎技术

在水利工程建设领域中，选用何种技术实现三维场景人机交互功能取决于水利工程建设过程中对BIM模型的应用需求以及所要求的精细化程度。选择合适的三维场景人机交互技术，既可以降低用户应用BIM技术的门槛，也可以实现灵活三维场景人机交互控制，同时可以达到不同建设单位远程实时模拟真实环境的施工过程管理，也使Web端的施工管理三维场景更加真实化。采用云技术实现跨平台、跨浏览器展示大体量模型、流畅的交互操作技术以及多平台和移动设备的加载速度流畅。

在实际施工过程中，基于Web端的BIM模型渲染速度和逼真性主要取决模型的精细度和模型文件，因此，进行Web端BIM模型快速加载，以及将施工过程中采集到的信息作为相关图层并进行渲染的快速化与精细化研究，是整个施工过程中BIM模型应用的重要目的。针对水利水电工程土石坝模型应用特征，需要实现支持主流模型格式、保持数据完整性、模型几何信息和非几何信息的结构化存储、数据驱动版本管理、支持模型动态更新、分布式加载和差异化更新，真正实现针对土石坝填筑施工过程中的远程实时 BIM 模型快速渲染和动态展示，为土石坝填筑施工过程中快速、仿真施工过程管理提供重要平台。

基于用户交互层次化的动态加载显示技术，即通过 BIM 模型空间索引建立数据高效压缩、自适应网络传输及动态加载显示等技术，实现对水利水电工程土石坝信息模型基于 Web 访问的动态加载；同时提出了一种 WebGL、ActiveX 与云技术融合的三维模型展示和交互引擎（简称混合云引擎）技术，解决水利水电工程土石坝填筑施工过程中实时信息模型的高精度、大模型和应用场景复杂的问题；并且实现了结合 WebGL 标准的渲染方法。基于典型的八叉树技术，实现了 BIM 模型的云端渲染。

八叉树技术是一种高效的三维空间数据组织方式，可以快速剔除不可见图元，减少进入渲染区域的绘制对象。八叉树是基于给定域的空间分解，将模型整个域沿着三个轴方向进行划分，创建覆盖整个域的所有 IFC 对象的存储信息和边界框的八叉树根立方体以及八个子立方体。对于每个子立方体进行重复递归分解，进一步细化到单个边界框，进而分布到多个立方体，直至达到树的最大深度，其云端三维渲染原理如图 5.9 所示。

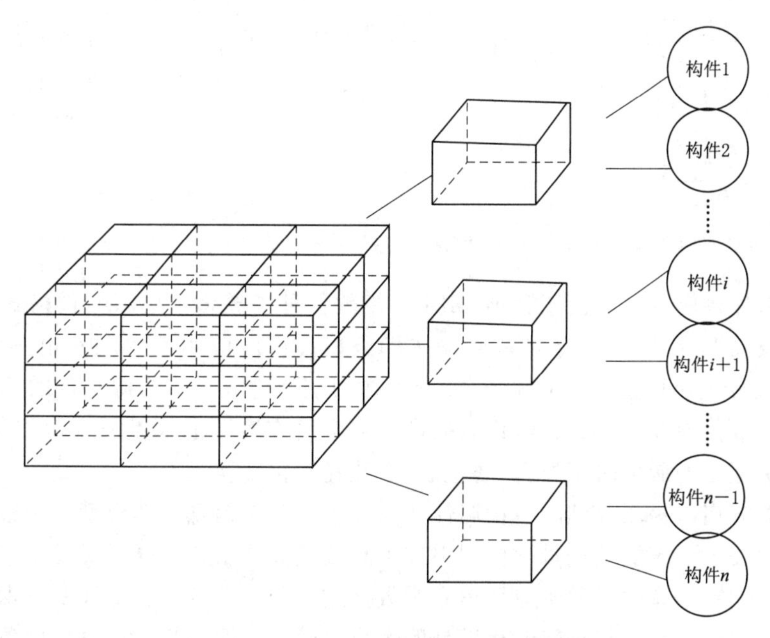

图 5.9　八叉树技术云端三维渲染原理图

3. 工程信息模型轻量化及交互展示的实现

基于 BIM 技术以及 WebGL 等技术发展现状，利用主流建模软件轻量化插件和基于 WebGL 和 ActiveX 两种图形平台，实现对模型轻量化处理、模型和数据分离提取及混合交互渲染展示应用。

针对水利水电工程土石坝填筑施工过程管理需求，基于 Web 端的 BIM 模型轻量化人机交互图层渲染的主要实现流程包括以下三个部分，分别为模型插件轻量化，模数分离、提取存储和模型渲染展示，其结构示意图如5.10所示。

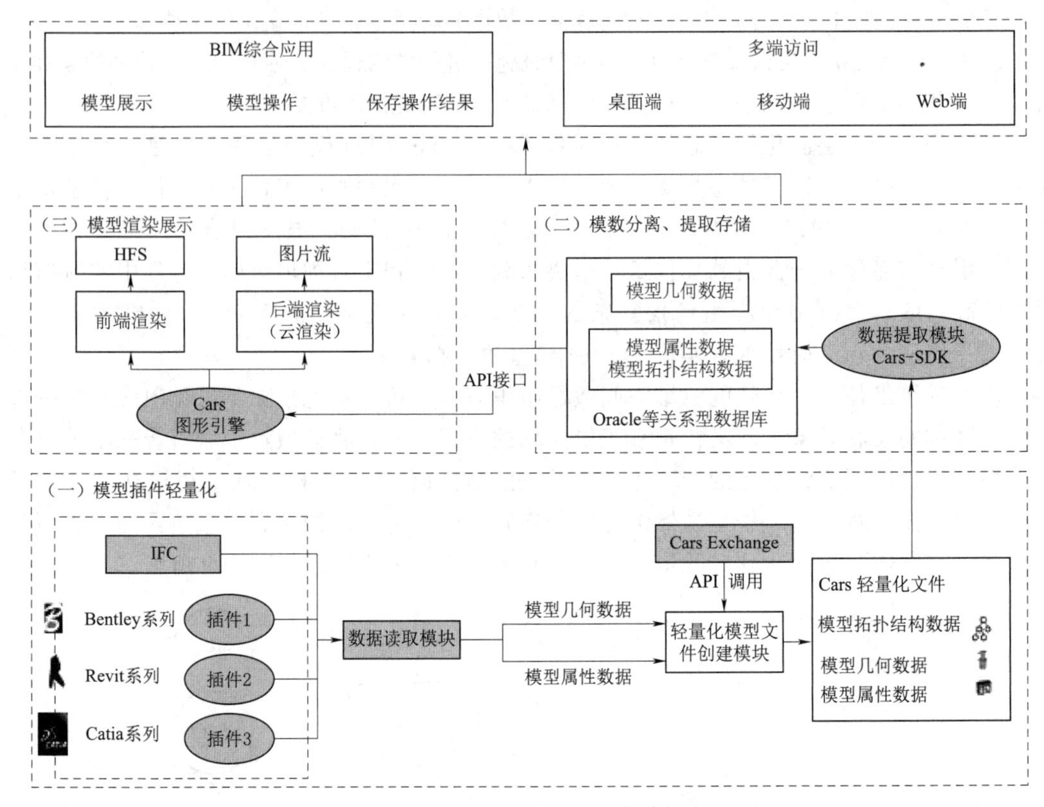

图5.10　水利水电工程土石坝基于Web端的BIM模型轻量化人机交互图层渲染的结构示意图

（1）模型插件轻量化。由于目前BIM建模软件种类繁多，模型文件格式多样，模型轻量化需要支持目前所有主流的模型源文件类型；目前应用于水利水电工程建设中的BIM模型源文件大小可达十几GB，轻量化后的模型文件大小应为源文件的几十分之一以支持模型的高效传递及展示；轻量化后的模型包含所有需要的模型属性数据及几何信息，几何信息应保证模型展示时不失真，实现一次性轻量化转换。

（2）模数分离、提取存储。模型属性数据及模型关系信息（即模型、子模型、构件及零件间的包含关系）应能从轻量化模型中准确高效地提取出来；同时提取出来的数据应能够方便地存储到数据库中以便于应用程序对数据进行展示、分析、统计及搜索。

（3）模型渲染展示。根据轻量化模型的大小、业务应用场景、网络环境条件和终端系统性能等综合选择模型操作交互模式和动态渲染机制，实现对多种应用场景和使用环境的兼容性和适应性。轻量化后的模型应能够在主流用户终端流畅展示，支持单个构件或零件的放大展示，角度变换及属性列表展示。展示时应保证模型不失真并尽量缩短模型的加载时间；需要支持对模型审批、标注、测量、剖切、爆炸等各种复杂的应用操作。

5.1.3　施工过程的BIM模型精细化分解与重构

大石门水利枢纽工程的沥青混凝土心墙砂砾石坝，是整个大石门水利枢纽工程建设的重点，也是整个工程建设的关键。结合整个大石门水利枢纽工程建设进度安排，以及大石门水利枢纽工程项目划分，整个大坝坝体填筑总工程量为349.2万m^3。每期坝体填筑分序安排见表5.1。

表5.1 沥青混凝土心墙坝体填筑分序安排表

分期（序）名称		填筑数量/万m^3	填筑最大高程/区间升高/m	施工时段	施工历时/月	施工强度/(万m^3/月)	分期原因分析
Ⅰ期		23.8	2229.00/39	2017年9月10日—2018年4月30日	7.6	3.6	坝体Ⅰ期围堰填筑考虑满足10年一遇导流标准，在2018年4月底上游围堰段填筑至2229.00m高程；
Ⅱ期	1序	20.4	2229.00/39	2018年1月16日—4月30日	3.5	5.83	Ⅱ期1序进行下游小断面回填，从1-1号交通洞回填至高程2229m，并和基坑形成之字路，确保可以提前进行发电洞2号施工支洞施工；Ⅱ期2序进行沥青混凝土心墙、过渡料、砂砾料回填施工至上游围堰2229m高程。
	2序	106.8	2229.00/53	2018年6月1日—10月31日	5	21.36	
Ⅲ期		156	2275.00/46	2018年11月1日—2019年5月31日	7	22.29	2019年5月底坝顶高程达到50年一遇导流标准2275.00m，满足2019年度汛目标要求。
Ⅳ期		42.2	2303.00/28	2019年6月1日—10月5日	4.17	10.15	全断面填筑至防浪墙底高程2303m

根据大坝项目划分，坝体可作为一个单位工程，并且按照这个大坝坝料分区，可以将其分为沥青混凝土心墙分部工程；上游、下游过渡料分部工程；上游、下游砂砾石坝壳料分部工程以及岸坡过渡料分部工程等。

其中，根据不同的坝料以及相关编号划分，进行大石门水利枢纽沥青混凝土心墙砂砾石坝基于Web端的BIM精细化划分，其划分依据为：

(1) 针对沥青混凝土心墙部分，按照其单元工程划分标准，进行整个设计BIM中心墙部分的精细化划分，按照30cm标准作为填筑层的划分标准，其中填筑范围根据实际模型进行切取。

(2) 针对上游、下游过渡料部分，按照其单元工程划分标准，进行整个BIM上、下游过渡料部分的精细化划分，按照30cm标准作为填筑层的划分标准，其中填筑范围根据实际模型进行切取。

(3) 针对上游、下游砂砾石坝壳料部分，按照其单元工程划分标准，进行整个BIM砂砾石坝壳料部分的精细化划分，按照80cm标准作为填筑层的划分标准，其中填筑范围根据实际模型进行切取。

(4) 针对岸坡过渡料填筑部分，按照其单元工程划分标准，进行整个BIM岸坡过渡料填筑部分的精细化划分，按照30cm标准作为填筑层的划分标准，其中填筑范围根据实际模型进行切取。

根据以上不同坝体分区的单元工程划分标准，结合工程建设过程基础开挖与控制标准，首先按照设计确定的坝基高程、坝体填筑划分等设计依据，可以对设计的大坝BIM

模型进行精细化划分，确定每一个坝区的单元工程方量、单元工程范围、不同时间阶段的大坝坝体填筑量、整个大坝填筑施工过程进度确定与分解，以及针对不同大坝填筑阶段的施工机械、人员合理调配与优化，为整个施工过程施工单位的合理化施工组织设计与演示提供重要的平台。

另外，对工程建设管理单位与监理单位而言，也可以通过 Web 端的云上大坝 BIM 模型精细化分解，对整个大坝填筑施工过程的重点施工阶段、重点施工工期进行有针对性的做好项目管理计划与实时监控，保证整个项目能够有条不紊地进行。

图 5.11～图 5.17 是针对整个大石门水利枢纽工程中沥青混凝土心墙砂砾石坝的分解与展示。

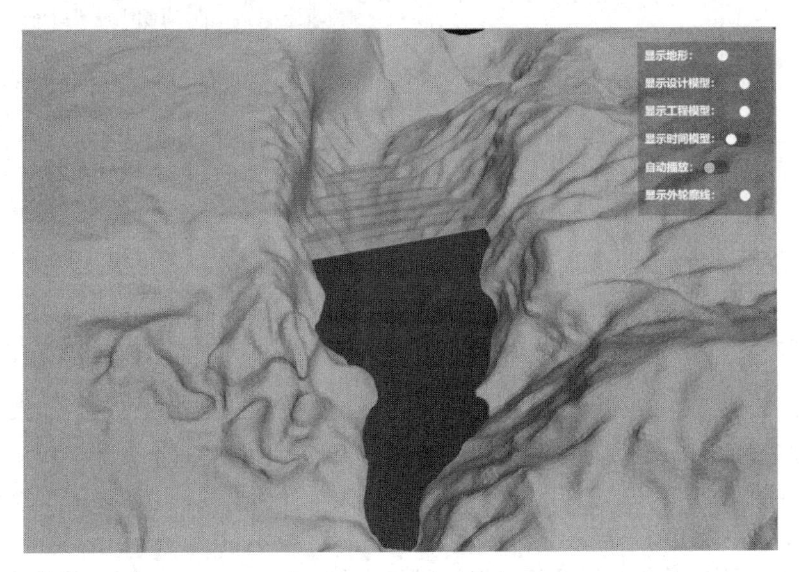

图 5.11　大石门水利枢纽工程大坝上游砂砾石坝壳部分的单元工程划分示意图

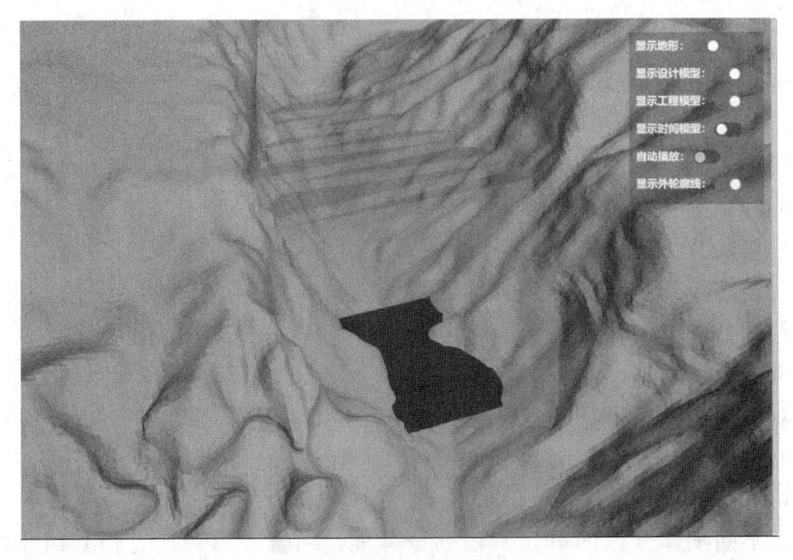

图 5.12　大石门水利枢纽工程大坝某一个上游砂砾石坝壳单元工程的位置及大小

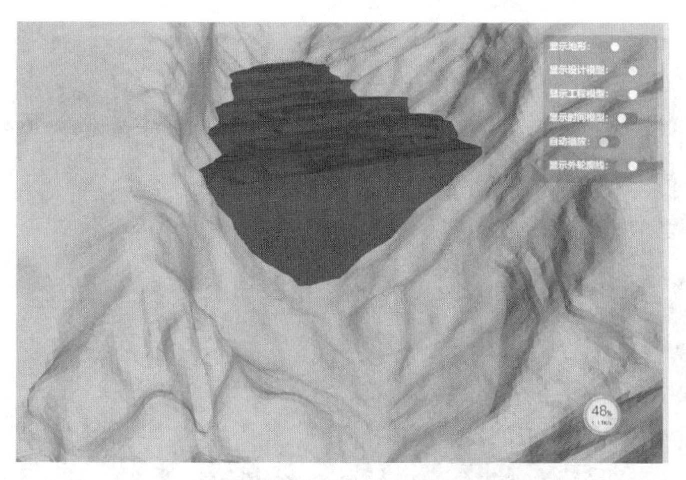

图 5.13 大石门水利枢纽工程大坝下游砂砾石坝壳部分的单元工程划分示意图

图 5.14 大石门水利枢纽工程大坝某一个下游砂砾石坝壳单元工程的位置及大小

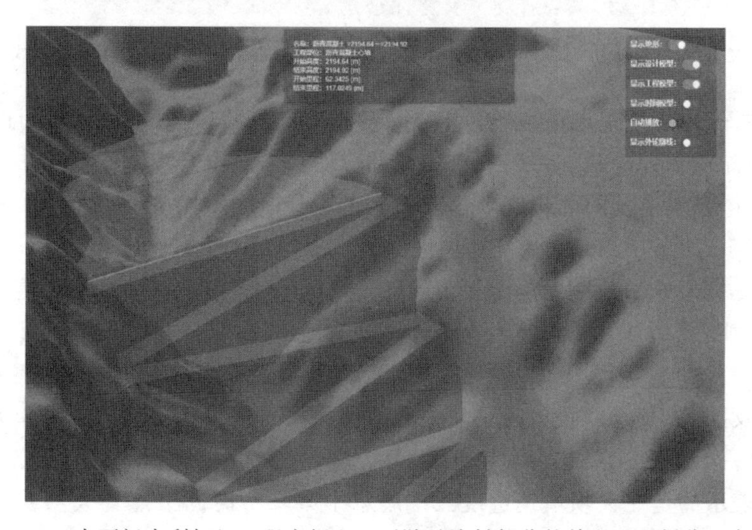

图 5.15 大石门水利枢纽工程大坝上、下游过渡料部分的单元工程划分示意图

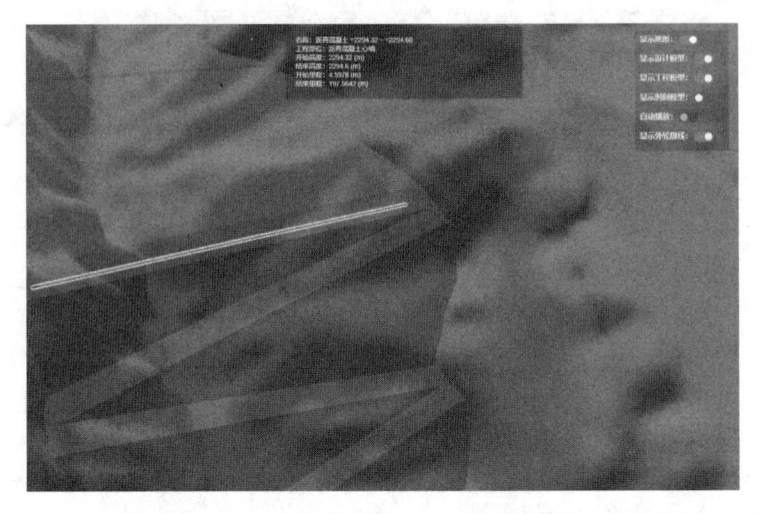

图 5.16　大石门水利枢纽工程大坝某一个上、下游过渡料单元工程的位置及大小

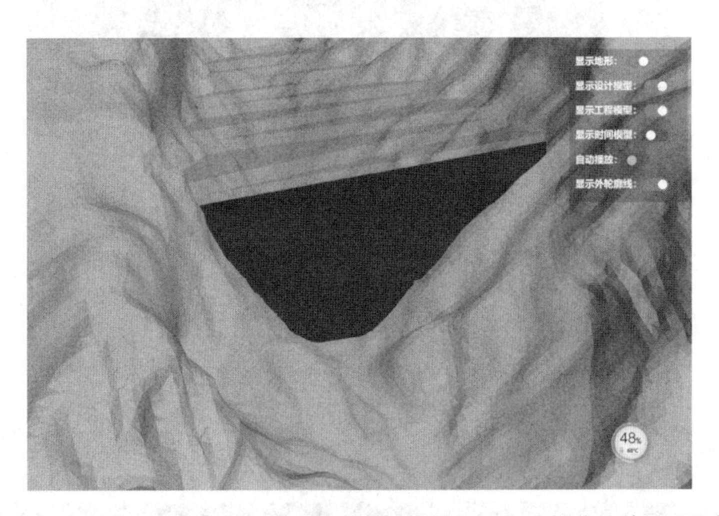

图 5.17　大石门水利枢纽工程大坝坝中心部位的沥青混凝土心墙部分的单元工程划分示意图

图 5.11 所表示的是集成设计单位 BIM 模型，进行轻量化处理之后进行的单元工程划分，其中中间深色部分，是上游砂砾石坝壳部分所包含的全部单元工程，中间浅色半透明部分是整个坝体设计模型的外轮廓，这样的颜色区分便于对比某一个单元工程的位置以及大小，如图 5.12 所示。

图 5.13 及图 5.14 分别表示的是下游砂砾石坝壳部分的单元工程划分示意图，以及某一个下游砂砾石坝壳单元工程的位置及大小；图 5.15 及图 5.16 分别表示的是上游、下游过渡料部分的单元工程划分示意图，以及某一个上游、下游过渡料单元工程的位置及大小。

图 5.17 及图 5.18 分别表示的是坝中心部位的沥青混凝土心墙部分的单元工程划分示意图，以及某一个沥青混凝土心墙单元工程的位置及大小。

图 5.19 表示的是在大坝填筑进度三维展示中某一个时间节点，大坝所对应的填筑状态示意图。

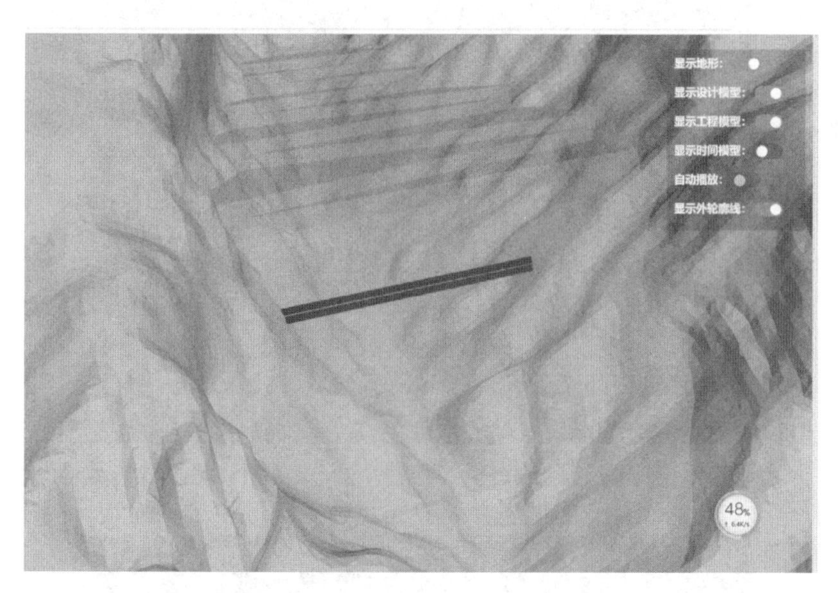

图 5.18 大石门水利枢纽工程大坝某一个坝中心部位的沥青混凝土心墙单元工程位置及大小

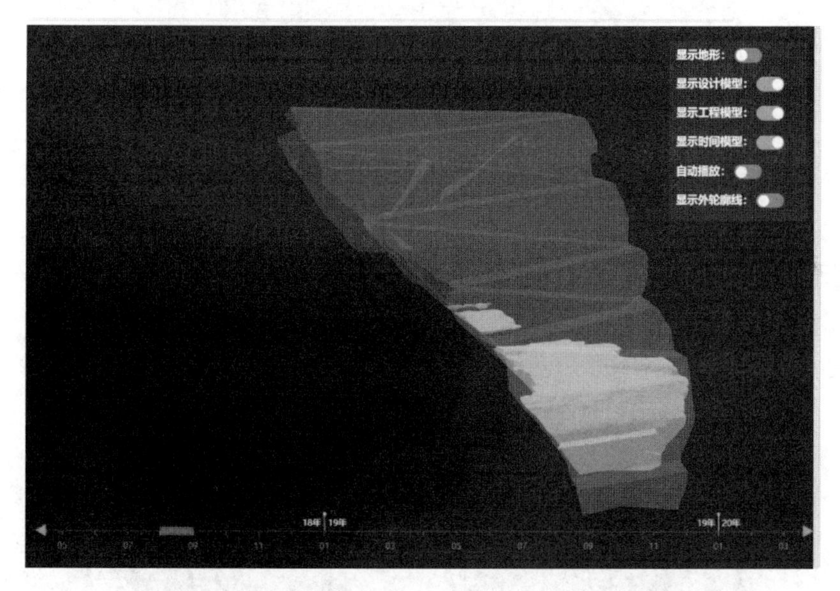

图 5.19 大石门水利枢纽工程大坝填筑进度三维示意图

在大坝实际填筑过程中，可以针对实际施工状态，利用实时大坝填筑施工过程参数，构建某一个大坝实际施工单元工程外轮廓，并且该单元工程外轮廓与所建立的大坝设计模型进行布尔运算，实现精细化切割，生成实际施工过程的单元工程或者大坝填筑施工仓面，大坝碾压过程所采集到的相关施工信息都会在该模型展示，如图 5.20 所示的实际填筑下游砂砾石坝层的展示。

也可利用实际填筑数据按照填筑时间轴的概念进行大坝填筑施工过程的重演与展示，并且可以选择某一时间段进行填筑结果的查看与展示，如图 5.21～图 5.24 所示。

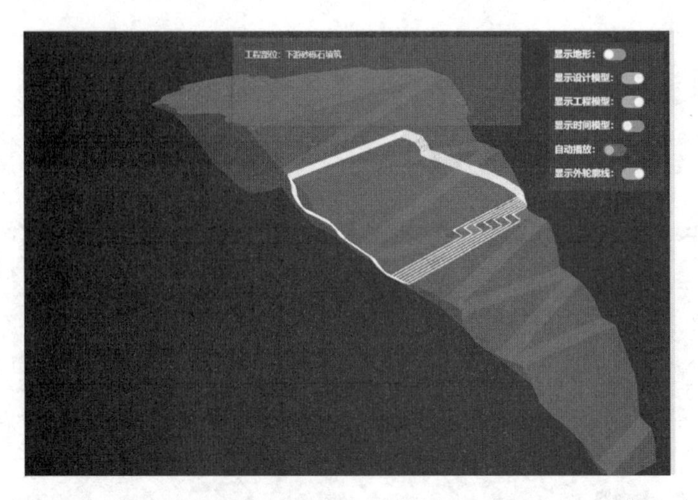

图 5.20　大石门水利枢纽工程大坝实际填筑下游砂砾石坝层的展示

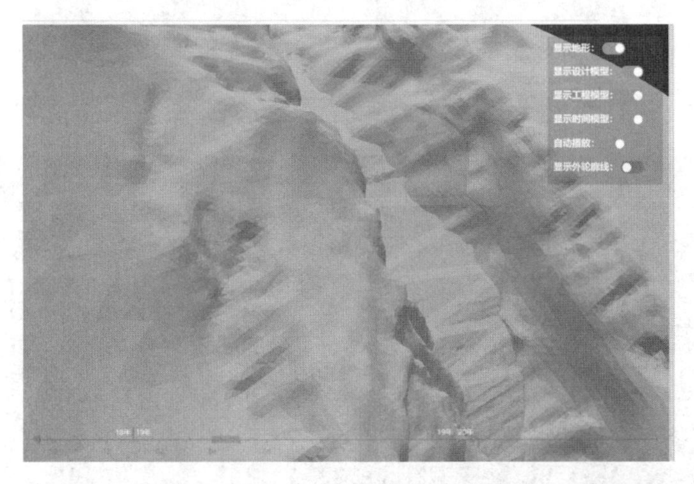

图 5.21　大石门水利枢纽工程大坝 2019 年 4 月填筑结果展示（包含坝址区域地形）

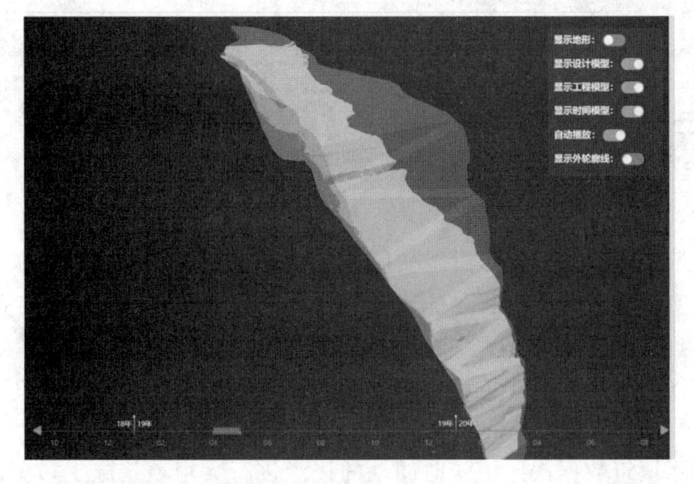

图 5.22　大石门水利枢纽工程大坝 2019 年 4 月填筑结果展示（不包含坝址区域地形）

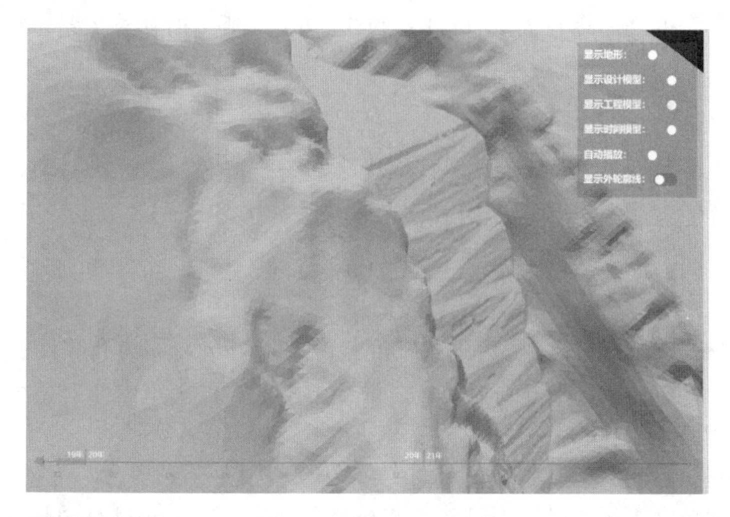

图 5.23　大石门水利枢纽工程大坝 2019 年 11 月完建结果展示（包含坝址区域地形）

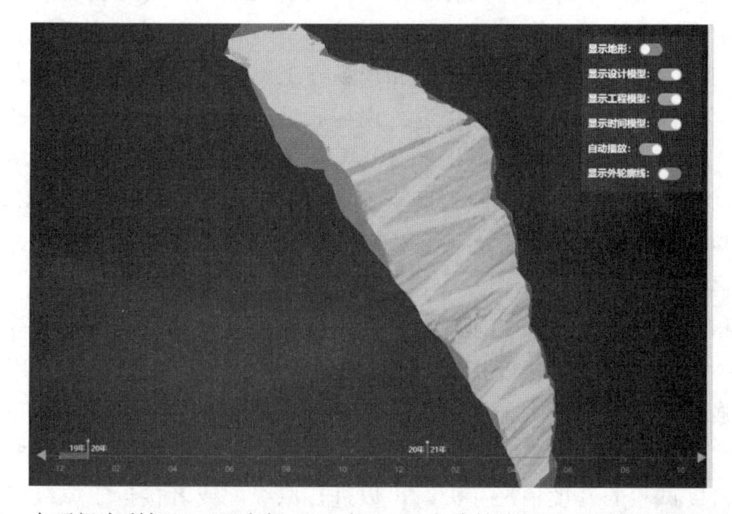

图 5.24　大石门水利枢纽工程大坝 2019 年 11 月完建结果展示（不包含坝址区域地形）

5.2　大石门水利枢纽工程填筑施工质量控制标准

5.2.1　相对密度试验

5.2.1.1　相对密度表示方法

相对密度是无黏性土处于最松状态的孔隙比与天然状态孔隙比之差和最松状态孔隙比与最紧密状态的孔隙比之差的比值。相对密度（D_r）按式（5.1）计算。

$$D_r=\frac{e_{max}-e_0}{e_{max}-e_{min}} \tag{5.1}$$

式中：e_{max}为最大孔隙比；e_{min}为最小孔隙比；e_0 为填筑砂砾石设计干密度对应的孔隙比。

孔隙比与干密度之间存在如式（5.2）和式（5.3）所示的换算关系，相应地，相对密度也可以用式（5.4）的形式表示。

$$e_{max}=\frac{G_s\rho_w}{\rho_{d_{min}}}-1 \tag{5.2}$$

$$e_{min}=\frac{G_s\rho_w}{\rho_{max}}-1 \tag{5.3}$$

$$D_r=\frac{(\rho_d-\rho_{d_{min}})\rho_{d_{max}}}{(\rho_{d_{max}}-\rho_{d_{min}})\rho_d} \tag{5.4}$$

式中：G_s 为颗粒密度；ρ_w 为4℃时水的密度，为 1.0g/cm^3；e 为孔隙比；ρ_d 为填筑砂砾石的设计干密度；$\rho_{d_{max}}$、$\rho_{d_{min}}$ 分别为最大、最小干密度，可用室内相对密度试验或现场原级配相对密度试验求得。

5.2.1.2 原级配现场大型相对密度试验

随着现代碾压施工机械的普遍使用，坝体填筑施工中，上坝砂砾料摊铺厚度较以往有较大幅度增加，相应的上坝砂砾料的粒径也有较大增大。试验研究表明，砂砾料的尺寸对最大最小干密度有明显影响。由于尺寸效应影响，室内相对密度试验不能很好地反映现场全级配砂砾料的实际情况，使得碾压试验和现场施工检测中出现相对密度大于1的不合理现象，说明采用室内相对密度试验结果进行现场质量控制难以适应较大粒径上坝砂砾料质量控制的要求。尤其是对于强震区高坝，有必要在现场对原级配砂砾料筑坝材料进行大型相对密度试验（包括最大干密度试验和最小干密度试验），校核和论证设计填筑标准的合理性，根据试验结果，优化设计方案，复核和确定设计参数和施工参数，为强震区砂砾石坝设计和施工提供科学依据。

现场大型相对密度试验是在工地现场，采用大型相对密度桶，用松填等方法确定不同含砾量原级配砂砾料的最小干密度指标，再在最小干密度测试完成后，采用大坝实际施工碾压机械进行强振碾压确定最大干密度指标。最小干密度的测试方法和室内试验相比较，除了密度桶的尺寸更大外，其他基本一致，最大干密度由压实施工机械强振碾压确定。

现场相对密度试验的密度桶尺寸大，可以进行原级配或者接近于原级配的原型砂砾料试验，基本可以消除室内缩尺试验中尺寸效应对试验结果的影响。最大干密度试验，采用实际施工碾压机械进行强振碾压，这些施工机械的击实功能大，压实机理也和现场施工实际情况基本一致。现场大型相对密度试验用料为原型筑坝砂砾料，最大、最小干密度确定过程和实际施工条件基本一致，试验确定的砂砾料最大、最小干密度可以基本反映实际情况，能够直接应用于与确定设计填筑标准对应的施工质量控制检测干密度，进而对大坝压实质量进行评价。

《土石筑坝材料碾压试验规程》（NB/T 35016—2013）规定了砂砾料原级配现场相对密度试验方法，该法适用于最大粒径不大于600mm的砂砾料，基本上能够涵盖目前工程实际上坝砂砾料的最大粒径。

1. 主要试验设备

主要试验设备包括密度桶和振动碾，以及反铲、装载机、推土机、自卸汽车、试验筛、台秤、天平和直尺等，其中最重要的是密度桶以及与实际施工条件一样的振动碾。

2. 场地要求与密度桶布置

选择的场地应坚实平整，密度桶宜挖槽布置，并在槽底用拟用的碾压设备中最大工作质量的振动碾按 2～3km/h 的速度碾压，直到每碾压两遍后全场平均沉降量不大于 2mm，保证沟槽底部坚实平整。按试验组合的具体情况布置试验场地，每场试验宜布置不少于两个密度桶。在筒底碾压体表面均匀铺一层厚度为 5cm 左右的细砂，静碾两遍。在试验场内预定位置安放密度桶，将其中心点位置对应标识在试验场外，密度桶布置如图 5.25 所示。

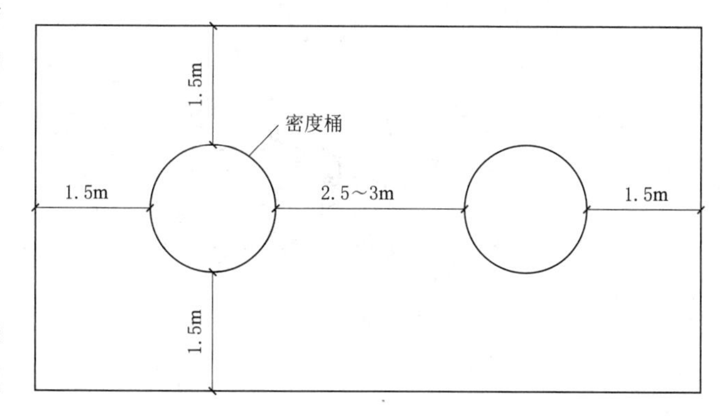

图 5.25 密度桶布置示意图

3. 试验料选择

试验采用料场风干的砂砾料，按试验要求的级配人工配料。宜采用平均线级配、上包线级配、下包线级配、上平均线级配、下平均线级配的 5 个不同砾石含量配料。

4. 最小干密度试验

（1）用量测法或灌水法测定密度桶的体积 V_t，精确至 1cm^3。

（2）按照选定料的级配要求，根据密度桶体积计算试验用料质量 m_0，试验用料宜按计算质量的 1.2 倍制备。

（3）采用人工松填法进行测定。按级配要求将砂砾料均匀松填于密度桶中。装填时将试样轻轻放入桶内，防止冲击和振动。装填的砂砾石低于桶顶 10cm 左右。用灌砂法测量顶面到桶口的体积 V_1，灌砂法应符合《水电水利工程粗粒土试验规程》（DL/T 5356—2006）的相关规定。

（4）称取剩余的试验料质量 m_1，计算装入桶内砂砾料的质量。

（5）最小干密度应进行平行试验，两次试验差值不大于 0.03g/cm^3，取其算术平均值作为该试验级配的最小干密度。

（6）计算最小干密度：

$$\rho_{d_{min}}=\frac{m_0-m_1}{V_t-V_1} \tag{5.5}$$

式中：$\rho_{d_{min}}$ 为砂砾料最小干密度，g/cm^3；V_t 为密度桶体积，cm^3；V_1 为桶内砂砾料顶到桶口的体积，cm^3；m_0 为配制的砂砾料质量，g；m_1 为剩余砂砾料的质量，g。

5. 最大干密度试验

（1）在最小干密度测试结束后，均匀地将制备料装入密度桶内，高出桶顶 20cm 左右，用类型和级配大致相同的砂砾料铺填密度桶四周，高度与试验料平齐，如图 5.26 所示。

（2）将选定的振动碾在场外按预定速度、振幅与频率起动，行驶速度 2～3km/h，振动碾压 26 遍后，在每个密度桶范围内微动进退振动碾压 15min。在碾压过程中，应根据

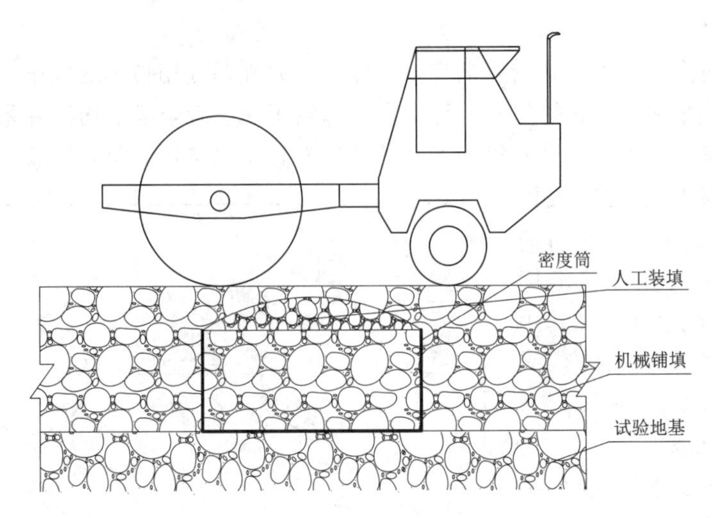

图5.26　最大干密度试验示意图

试验料及周边料的沉降情况，及时补充料源，使振动碾的碾磙不与密度桶直接接触。

(3) 碾压完成后，超出密度桶顶的砂砾石料试样高度应小于10cm，不小于10cm时试验作废，需重做。

(4) 测定试样体积。人工挖除桶上和桶周围的砂砾石至低于桶口10cm左右为止，并防止扰动下部试样，用灌砂法测料顶面到桶口的体积V_k。

(5) 将桶内试料全部挖出，称量密度桶内试料质量m_2，并进行级配测定。

(6) 两次平行试验的干密度差值不大于$0.03g/cm^3$，取其算术平均值作为该试验级配的最大干密度。

(7) 按式(5.6)计算最大干密度：

$$\rho_{d_{max}}=\frac{m_2}{V_t-V_k} \tag{5.6}$$

式中：$\rho_{d_{max}}$为砂砾料最大干密度，g/cm^3；V_t为密度桶体积，cm^3；V_k为桶内砂砾料顶到桶口的体积，cm^3；m_2为桶内砂砾料的质量，g。

5.2.1.3　质量标准的建立

(1) 采用前述方法同时测定其他级配料的最大、最小干密度。

(2) 根据不同砾石含量对应的最大、最小干密度数值，计算设计要求的相对密度D_r下的干密度值，按式(5.7)进行计算：

$$\rho_d=\frac{\rho_{d_{max}}\times\rho_{d_{min}}}{\rho_{d_{max}}-D_r(\rho_{d_{max}}-\rho_{d_{min}})} \tag{5.7}$$

式中：D_r为相对密度；ρ_d为砂砾料干密度值，g/cm^3。

(3) 以干密度ρ_d为左侧纵坐标，砾石含量P_5为横坐标，相对密度D_r为右侧纵坐标，绘制$D_r-\rho_d-P_5$三因素相关图，如图5.27所示。如果曲线未出现峰值点，应进行补点试验。

(4) 曲线上峰值点的纵、横坐标分别代表砂砾料的最大干密度和最优砾石含量。

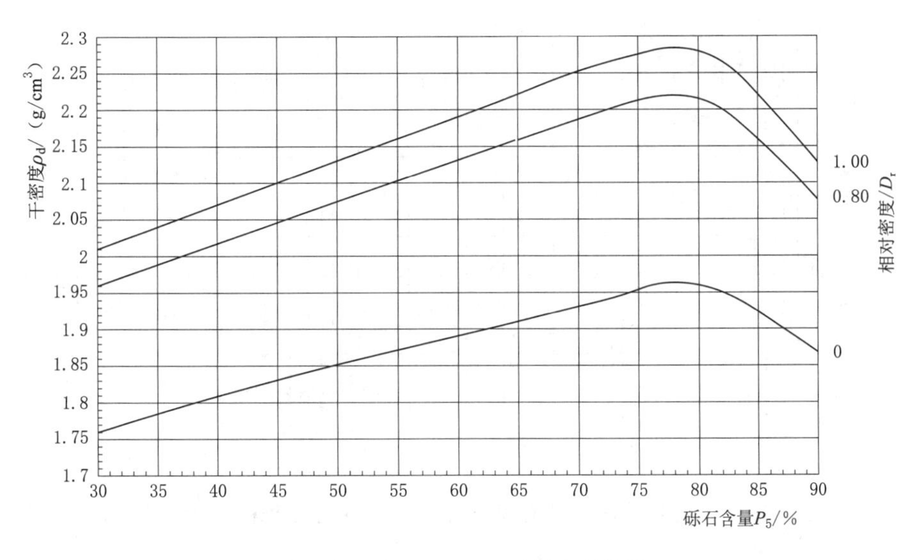

图 5.27 $D_r - \rho_d - P_5$ 三因素相关图

（5）根据绘制的三因素相关图确定试验料的最优砾石含量，按照试验料的级配对最优砾石含量料的最大、最小干密度进行复核试验。

5.2.2 真实施工条件下坝料相对密度试验（大石门水利枢纽工程）

5.2.2.1 试验目的、内容和方案

1. 试验目的和内容

根据“新疆车尔臣河大石门水利枢纽工程专家咨询意见（2018 年 1 月）”针对筑坝砂砾料相对密度试验成果的咨询意见，大石门水库管理处委托中国水利水电科学研究院（以下简称水科院）开展筑坝砂砾料相对密度特性试验研究，目的在于补充校核中国水电建设集团十五工程局有限公司（以下简称十五局）之前针对本工程进行的相对密度试验结果，深入研究密度桶尺寸效应及坝料级配曲线形状等对试验结果的影响规律，提升对筑坝砂砾料压实特性的认识，进一步校核大坝填筑设计标准，并作为坝料碾压试验和大坝碾压施工质量检测的最终依据。

大型相对密度桶（直径 120cm）法校核试验。按照规范标准方法，采用大型相对密度桶（直径 120cm）法对中国水电十五局前期依据规范流程获得的相对密度试验成果进行校核，进一步校核大坝填筑设计标准，为坝料碾压试验和大坝碾压施工质量检测提供坚实依据。

2. 试验方案

针对施工单位十五局试验成果的校核，采用与之相同的试验方案。试验采用 C4 料场风干砂砾料，首先采用 5mm、10mm、20mm、40mm、60mm、80mm、100mm 的圆孔筛对砂砾料进行分级筛分，按级配人工配料，分别对平均线级配、上包线级配、下包线级配、上平均线级配、下平均线级配的 5 个不同砾石含量进行相对密度校核试验，并对试验确定的最优砂砾料含量进行校核试验。校核试验采用的原型级配曲线与中国水电建设集团十五工程局有限公司一致，如图 5.28 和表 5.2 所示。

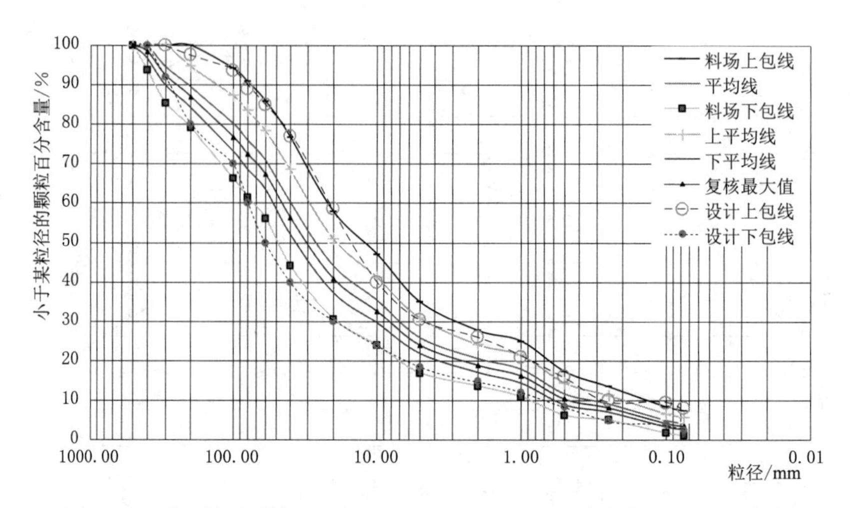

图5.28 大石门水利枢纽工程现场原型级配相对密度校核试验级配曲线

表5.2 大石门水利枢纽工程现场原型级配相对密度校核试验级配曲线表

粒径/mm	小于某粒径之土总重百分数/%							
	料场上包线	上平均线	平均线	下平均线	料场下包线	复核最大值	设计上包线	设计下包线
500	100.00	100.00	100.00	100.00	100.00	100.00		
400	100.00	100.00	100.00	96.85	93.70	98.43		100.00
300	100.00	100.00	94.70	90.00	85.30	92.35	100.00	92.00
200	100.00	94.80	89.60	84.35	79.10	86.98	97.50	80.00
100	94.20	87.25	80.30	73.30	66.30	76.80	93.50	70.00
80	90.90	83.55	76.20	68.85	61.50	72.53	89.00	60.00
60	85.90	78.50	71.10	63.65	56.20	67.38	85.00	50.00
40	76.80	68.65	60.50	52.35	44.20	56.43	77.00	40.00
20	57.90	51.10	44.30	37.50	30.70	40.90	58.50	30.00
10	47.10	41.35	35.60	29.80	24.00	32.70	40.00	24.00
5	35.00	31.00	26.00	22.00	17.00	24.00	30.50	18.50
2	27.70	24.20	20.70	17.20	13.70	18.95	26.00	15.00
1	25.00	21.50	18.00	14.50	11.00	16.25	21.00	12.00
0.5	17.30	14.55	11.80	9.05	6.30	10.43	16.00	8.50
0.25	13.50	11.40	9.30	7.20	5.10	8.25	10.00	5.00
0.1	8.40	6.75	5.10	3.45	1.80	4.28	9.50	4.00
0.075	7.40	5.85	4.30	2.75	1.20	3.53	8.00	2.50
d_{max}/mm	<200	<300	<400	<500	<500	<500	<300	<400
砾石含量/%	65	69	74	78	83	76	69.5	81.5

5.2.2.2 试验设备

试验主要依据《土石坝筑坝材料碾压试验规程》(NB/T 35016—2013)进行。

密度桶法相对密度试验施工设备包括全液自行式振动碾、装载机、推土机（反铲）、自卸汽车。振动碾宜采用20～26t。本次试验采用的施工设备见表5.3。振动碾主要技术性能见表5.4。

表5.3　　试验采用的施工设备一览表

设备名称	规格型号	数量	单位	用　途
装载机	ZL-50	1	台	相对密度试验配合
全液压自行式振动碾	SSR260	1	台	最大干密度碾压
自卸汽车	20t	2	台	试验用料的拉运
推土机（反铲）	日立200	1	台	试验用料的平整、摊铺上料

表5.4　　振动碾主要技术性能表

机械类别/型号		全液压自行式振动碾SSR260
厂家		三一重工股份有限公司
行进速度/(km/h)	高	0～8.0～11.0
	低	0～6.0～7.5
静线压力/(N/cm)		2000
爬坡度/(°)		30
振动频率/Hz	高	23～28无级可调
	低	
振幅/mm	低	1.03
	高	2.5
激振力/kN	高	416
	低	275
操作质量/kg		26700
总作用力/kN		587
钢轮宽度×直径/(mm×mm)		2170×1700
驱动轮分配质量/kg		16400

主要检测设备汇总见表5.5。

(1) 密度桶：为带底无盖钢桶。钢桶直径为砂砾石料最大粒径3～5倍，且不大于2000mm；桶高不宜小于最大粒径2倍且不大于1000mm，桶壁厚不小于12mm。

(2) 电子台秤：称量100kg、最小分度值50g。

(3) 电子天平：称量2000g、最小分度值0.1g。

(4) 分级直径环：600mm、400mm、200mm。

(5) 粗筛：圆孔，孔径100mm、80mm、60mm、40mm、20mm、10mm、5mm。

(6) 细筛：圆孔，孔径5mm、2mm、1mm、0.5mm、0.25mm、0.1mm、0.075mm。

(7) 其他：烘箱、瓷盘等。

表 5.5　　主要检测设备汇总表

检测设备名称	规格型号	数量	单位	用　途
相对密度试验设备	120×80cm	5	套	粗粒料相对密度试验 级配曲线形状影响试验
级配试验设备	0.075～100mm	2	套	试验用
电子台秤	100kg	2	台	用于取样称量
干密度测试设备	附属仪器	5	套	取样用
电子天平	5kg (0.01)	1	台	试验用
其他配套仪器设备	—	1	套	试验用

5.2.2.3　现场试验流程

1. 筛分备料

首先进行筛分备料，如图 5.29 和图 5.30 所示。

(a) 粒径20mm以下的砂砾料筛分

(b) 粒径100mm以下的砂砾料筛分

图 5.29（一）　备料筛分过程示意图

(c) 细料风干

图 5.29 (二) 备料筛分过程示意图

(a) 40mm以下粒组的筛分料

(b) 40mm以上粒组的筛分料

图 5.30 不同粒组的筛分料示意图

2. 试验场地布置

试验场地布置在拌和站下游交通路右侧C4料场附近，即原十五局碾压试验场布置现场的最大干密度试验场地，试验场地的地基处理与碾压试验场地要求相同。

根据试验方案，在选定的试验场地用挖掘机挖一个宽约2.6m，长约15m，深0.8m的沟槽。在桶底碾压体表面均匀铺一层厚度为5cm左右的细砂，静碾2遍，沟槽底部找平并采用26t振动碾压实。在槽内一次布置5个密度桶。密度桶布置好后再用砂砾料将沟槽填平，将其中心点位置对应标识在试验场外。

相对密度校核试验和级配特征影响试验均采用直径为120cm，高度为80cm的密度桶。场地布置如图5.31～图5.33所示。

图5.31 放线定位示意图

图5.32 密度桶中心线定位示意图

图 5.33 密度桶埋置和试验区标识密度桶中心位置示意图

3. 最小干密度试验

在现场相对密度试验中，首先按照最松散状态进行装料，先进行最小干密度试验，然后将料堆出桶外一定高度，进行振动碾压，直至桶内坝料达到最密实状态，得到其最大干密度。最小干密度试验采用人工松填法。按照选定的级配计算出各级料的百分含量和拟制备试验料的质量，分级称取试验料。再将制备好的各级试验料搅拌均匀后，四分法分开，装入密度桶内。装填时将试样轻轻放入桶内，沿桶底部，从四周到中间均匀地放入，确保试样保持自然松散状态，装填过程中严禁将试料洒落在桶外。

（1）按试验级配和用料总量称量出各粒组的土，将称量出的各粒组的土摊铺在试验场地旁的彩条布上，采用四分法搅拌均匀。

（2）将拌均匀的砂砾料称重后均匀地松填于密度桶中，装填时将试样轻轻放入桶内，防止冲击和振动，试验过程中禁止场地附近振动碾和卡车活动。

（3）填至桶顶后，采用平直工具将桶的顶面找平。

根据装填的总土重和密度桶的体积计算出最小干密度，最小干密度试验过程如图 5.34 和图 5.35 所示。

4. 最大干密度试验

最大干密度试验在最小干密度试验完成后进行，步骤如下：

（1）先将其中心点位置对应标识在试验密度桶外。再将剩余土料进行装填，并高出桶顶 20cm 左右，用类型和级配大致相同的砂砾料铺填密度桶四周，高度与试验料平齐。

（2）将选定的振动碾在场外按预定转速、振幅与频率起动，行驶速度小于 3km/h，振动碾压 26 遍后，在每个密度桶范围内微动进退振动碾压 15min。

（3）将桶顶以上多余的土料去除，桶顶找平。

（4）将桶内试料全部挖出，称砂砾料质量并进行颗粒分析。根据装填的总土重和密度桶的体积计算最小干密度。

（5）对桶内测定最大干密度的砂砾石料再进行颗粒分析，检测碾压后的级配破碎情况。

试验过程如图 5.36 和图 5.37 所示。

（a）筛分料准备　　（b）筛分料拌和

（c）人工装料　　（d）桶内土样装样完成

图 5.34　最小干密度试验过程示意图

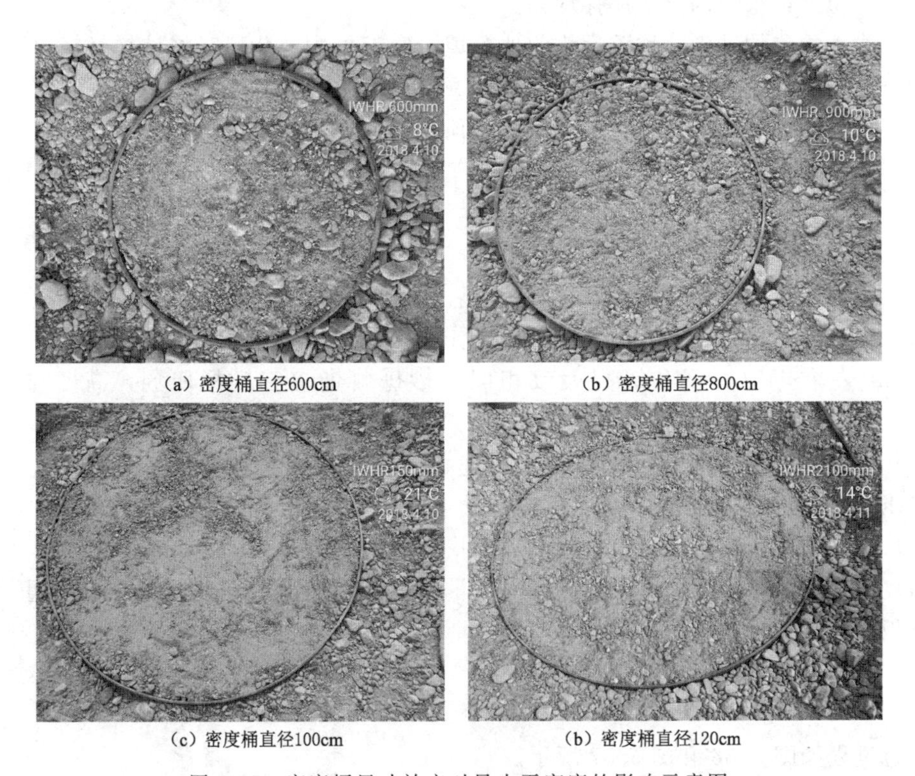

（a）密度桶直径600cm　　（b）密度桶直径800cm

（c）密度桶直径100cm　　（b）密度桶直径120cm

图 5.35　密度桶尺寸效应对最小干密度的影响示意图

(a) 试验场地

(b) 密度桶上部振动碾压

图 5.36 用 26t 振动碾碾压与相对密度校核试验

(a) 取料并称重

(b) 筛分

图 5.37 将密度桶内的土料取出并称重和筛分

5.2.2.4 试验结果

1. 相对密度校核试验结果

相对密度校核试验结果见表 5.6，由表可知，料场级配砾石含量在 65%～83%（细料含量 17%～35%）范围内，对应级配的最大干密度在 2.340～2.424g/cm³ 变化，砾石含量在 76%时，其干密度达到最大值 2.424g/cm³。

表 5.6 相对密度校核试验结果

级配		上包线	上平均线	平均线	峰值复核	下平均线	下包线
砾石含量/%		65.0	69.0	74.0	76.0	78.0	83.0
最大干密度/(g/cm³)		2.340	2.365	2.410	2.424	2.409	2.365
相对密度	0.95	2.320	2.345	2.390	2.404	2.389	2.344
	0.9	2.301	2.326	2.370	2.384	2.369	2.324
	0.85	2.282	2.307	2.351	2.364	2.349	2.304
	0.8	2.263	2.288	2.332	2.345	2.330	2.284
最小干密度/(g/cm³)		2.000	2.025	2.063	2.074	2.060	2.010
0.85 对应压实度/%		0.975	0.975	0.975	0.975	0.975	0.974

（1）试验峰值复核级配在砾石含量76%时，本次校核试验最大、最小干密度分别为2.424g/cm³和2.074g/cm³，试验值在新疆地区砂砾料最大、最小干密度经验范围内。试验平均级配在砾石含量74%时，本次校核试验最大、最小干密度分别为2.410g/cm³和2.063g/cm³。试验下平均线级配在砾石含量76%时，校核试验最大、最小干密度分别为2.409g/cm³和2.060g/cm³。

（2）试验上包线级配在砾石含量65%时，本次校核试验最大、最小干密度分别为2.340g/cm³和2.000g/cm³。试验上平均线级配在砾石含量69%时，本次校核试验最大、最小干密度分别为2.365g/cm³和2.025g/cm³。试验下包线级配在砾石含量83%时，本次校核试验最大、最小干密度分别为2.365g/cm³和2.010g/cm³。

表5.7给出了十五局相对密度试验结果，由表可知，料场级配砾石含量在65%～83%（细料含量17%～35%）范围内，对应级配的最大干密度在2.272～2.417g/cm³变化，砾石含量在76%时其干密度达到最大值2.417g/cm³。

表5.7 十五局相对密度试验结果

级配		上包线	上平均线	平均线	峰值复核	下平均线	下包线
砾石含量/%		65.0	69.0	74.0	76.0	78.0	83.0
最大干密度		2.272	2.327	2.394	2.417	2.390	2.317
相对密度	0.95	2.254	2.309	2.376	2.399	2.372	2.298
	0.9	2.268	2.323	2.390	2.413	2.386	2.313
	0.85	2.219	2.274	2.341	2.363	2.336	2.260
	0.8	2.201	2.256	2.324	2.346	2.318	2.241
最小干密度/(g/cm³)		1.920	1.976	2.046	2.063	2.032	1.937
0.85对应压实度/%		0.98	0.98	0.98	0.98	0.98	0.98

2. 试验结果对比

将本次相对密度校核试验结果与施工单位十五局原试验结果对比可知，本次校核试验结果要总体上高于十五局的试验值。从总体上看，本次校核试验结果和十五局试验结果具有可比性。十五局试验结果基本上反映了C4料场砂砾料相对密度指标的真实情况。

（1）《土石坝筑坝材料碾压试验规程》（NB/T 35016—2013）对试验误差控制的要求是将试验误差控制在±0.03范围内。在平均线级配到下平均线级配之间（砾石含量在74%～78%范围内）时，校核试验结果与十五局试验结果基本一致，校核试验值略高于十五局试验值，但在规范要求的误差范围之内。

（2）除在平均线级配和下平均线级配之间的最优含砾量附近之外，本次校核试验获得的最大、最小干密度值要高于十五局获得的试验值。依据校核试验确定的对应级配下填筑标准为0.85的相对密度对应的施工质量检测干密度值，比依照十五局试验值确定的相应干密度值高0.04～0.08。

（3）现场试验影响因素多，容易产生较大的离散性。如试验采用的是风干砂砾料，不同天气影响下，砂砾料的含水状态会有差异，对试验结果会有一定影响。除此之外，试验采用振动碾压机械的不同和碾压轨迹的差异也会对试验结果有所影响。

试验振动碾压后级配变化情况见表5.8和如图5.38～图5.40所示，与碾压前级配相比，碾压后细料含量增多，级配曲线抬升1%～2%。

表5.8　　大石门水利枢纽砂砾石料现场相对密度校核试验结果

级配曲线	小于某粒径之土总重百分数/%												最大粒径/mm	砾石含量/%
	粒径	500.00	400.00	300.00	200.00	100.00	80.00	60.00	40.00	20.00	10.00	5.00		
料场上包线	原级配	100.00	100.00	100.00	100.00	94.20	90.90	85.90	76.80	57.90	47.10	35.00	＜200	65.00
	第一次筛分	100.00	100.00	100.00	100.00	94.12	90.95	86.34	77.58	59.57	48.50	36.81		63.19
	第二次筛分	100.00	100.00	100.00	100.00	93.67	90.71	86.33	76.83	58.59	47.21	36.26		63.74
	第三次筛分	100.00	100.00	100.00	100.00	94.43	91.51	87.55	79.64	60.21	48.87	36.23		63.77
上平均线	原级配	100.00	100.00	100.00	94.80	87.25	83.55	78.50	68.65	51.10	41.35	31.00	＜300	69.00
	第一次筛分	100.00	100.00	100.00	94.40	86.58	84.07	78.90	70.15	53.30	42.70	32.10		67.90
	第二次筛分	100.00	100.00	100.00	94.40	86.70	83.10	78.09	68.25	51.79	41.09	31.69		68.31
	第三次筛分	100.00	100.00	100.00	96.58	85.83	82.94	78.67	69.60	52.02	41.19	31.69		68.31
平均线	原级配	100.00	100.00	94.70	89.60	80.30	76.20	71.10	60.50	44.30	35.60	26.00	＜400	74.00
	第一次筛分	100.00	100.00	97.67	92.01	81.44	77.99	72.35	62.83	47.08	37.70	29.01		70.99
	第二次筛分	100.00	100.00	93.14	90.68	81.52	77.95	72.44	62.23	46.34	36.80	27.31		72.69
下平均线	原级配	100.00	96.85	90.00	84.35	73.30	68.85	63.65	52.35	37.50	29.80	22.00	＜500	78.00
	第一次筛分	100.00	97.06	92.20	85.83	73.63	70.04	64.32	54.33	39.23	30.41	22.97		77.03
	第二次筛分	100.00	96.21	89.11	83.58	74.02	70.11	66.19	56.50	41.49	33.10	23.84		76.16
料场下包线	原级配	100.00	93.70	85.30	79.10	66.30	61.50	56.20	44.20	30.70	24.00	17.00	＜500	83.00
	第一次筛分	100.00	93.46	83.72	72.12	65.92	62.08	58.60	48.14	33.65	25.91	18.80		81.20
	第二次筛分	100.00	93.09	86.32	76.44	70.79	65.69	60.68	49.89	35.26	27.02	20.07		79.93
最优含量级配线	原级配	100.00	98.43	92.35	86.98	76.80	72.53	67.38	56.43	40.90	32.70	24.00	＜500	76.00
	第一次筛分	100.00	98.49	91.71	87.63	78.01	75.07	69.61	59.69	43.23	34.17	24.87		75.13
	第二次筛分	100.00	98.21	91.23	83.35	75.62	72.56	65.97	56.14	40.50	32.41	23.18		76.82

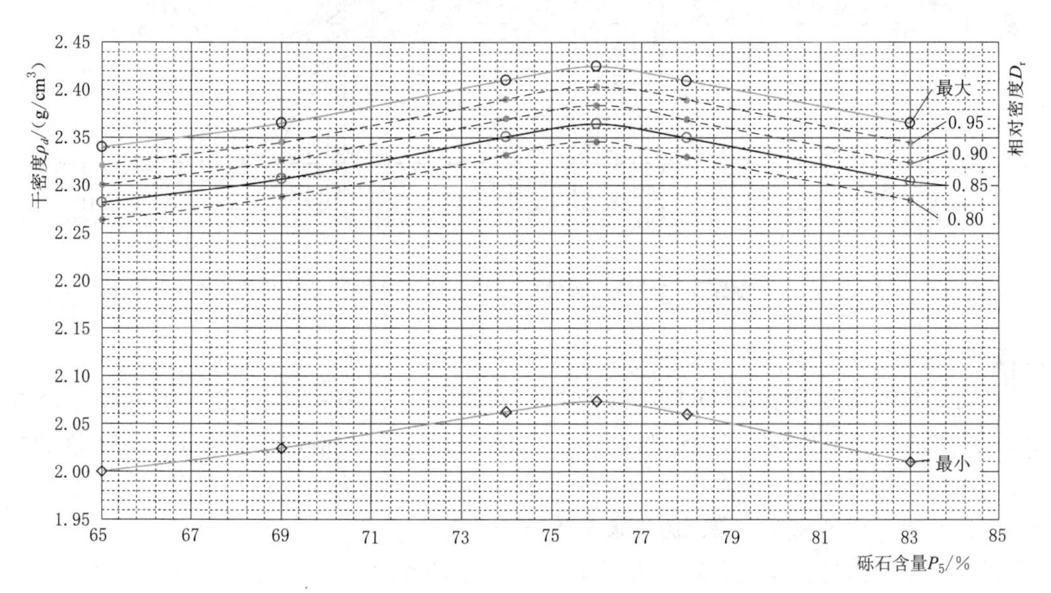

图5.38　大石门水利枢纽工程砂砾石料$\rho_d-P_5-D_r$三因素相关图

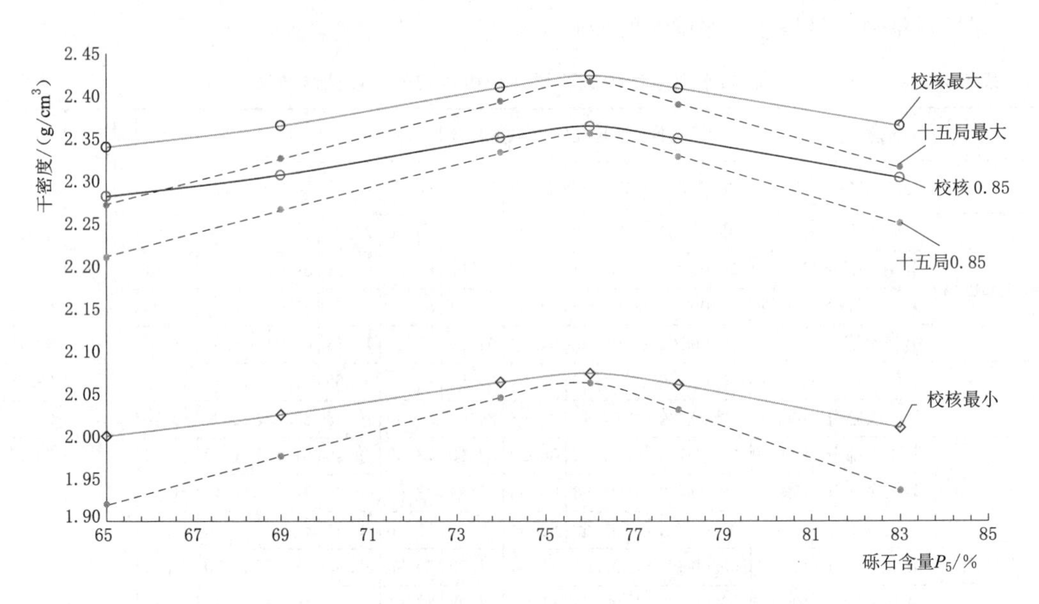

图 5.39 大石门水利枢纽工程砂砾石料校核试验结果与十五局试验结果对比

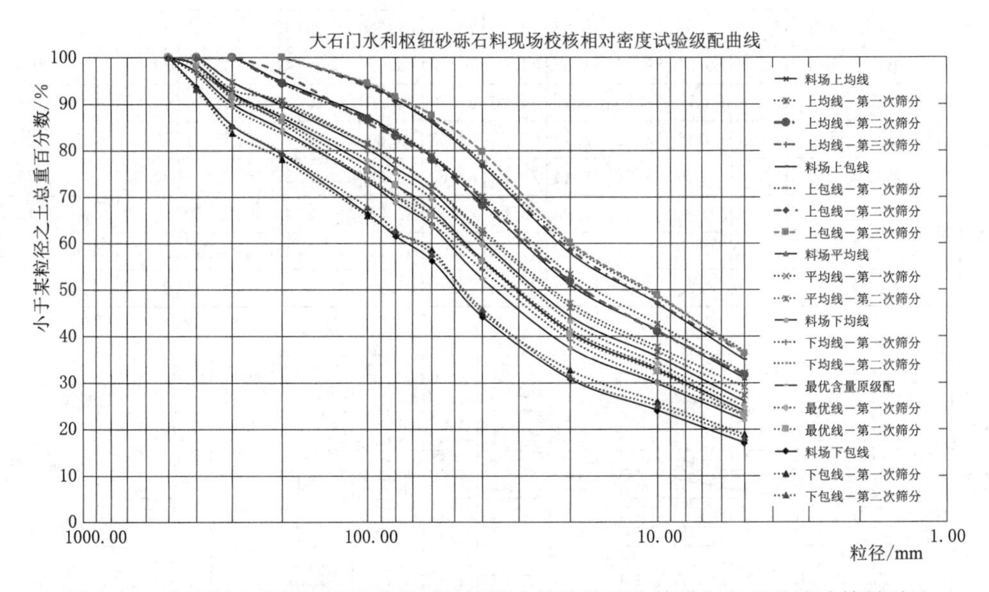

图 5.40 大石门水利枢纽工程砂砾石料极配曲线校核试验结果与十五局试验结果对比

5.2.2.5 小结

针对C4料场原级配砂砾料，按照规范标准方法，采用大型相对密度桶（直径120cm）法进行了相对密度校核试验。给出了不同含砾量下相应的最大、最小干密度和干密度-含砾量-相对密度三因素图（表5.6和图5.27），可作为相应级配情况下，上坝砂砾料碾压试验成果评价和大坝碾压施工质量检测的依据。

（1）试验峰值复核级配在砾石含量76%时，本次校核试验最大、最小干密度分别为2.424g/cm³ 和2.074g/cm³，试验值在新疆地区砂砾料最大、最小干密度经验值范围内。

试验平均级配在砾石含量74%时，本次校核试验最大、最小干密度分别为2.410g/cm³和2.063g/cm³。试验下平均线级配在砾石含量78%时，校核试验最大、最小干密度分别为2.409g/cm³和2.060g/cm³。

（2）试验上包线级配在砾石含量65%时，本次校核试验最大、最小干密度分别为2.340g/cm³和2.000g/cm³。试验上平均线级配在砾石含量69%时，本次校核试验最大、最小干密度分别为2.365g/cm³和2.025g/cm³。试验下包线级配在砾石含量83%时，本次校核试验最大、最小干密度分别为2.365g/cm³和2.010g/cm³。

（3）现场试验影响因素较复杂、难控，试验结果容易表现出离散性。从总体上看，本次校核试验结果要高于十五局的试验结果。在平均线级配到下平均线级配之间（砾石含量在74%～78%范围内）时，校核试验结果与十五局试验结果基本一致，除在平均线级配和下平均线级配之间的最优含砾量附近之外，本次校核试验获得的最大、最小干密度值要高于十五局获得的试验值。

（4）料场和围堰碾压层含水率检测表明，10mm以下的砂砾料的含水率为1.5%～3%。已往的研究和工程经验表明，砂砾料的含水率对其压实特性有明显影响，从干燥状态到湿润状态，随着含水率的增大，压实干密度先减小后增大，料场和围堰碾压层含水率正处在最难压实的含水区间。因此，建议进一步论证含水率对砂砾料压实特性的影响，进而结合生产性施工碾压试验，确定合适的大坝碾压施工参数和碾压施工工艺。

5.2.3 大坝砂砾料填筑碾压试验

5.2.3.1 大坝砂砾料填筑碾压试验概述

在大坝正式填筑之前，需要确定达到设计的大坝填筑质量控制标准中规定的施工过程控制参数，主要包括坝料摊铺厚度、坝料含水率、碾压遍数、碾压速度等，为大坝填筑施工过程参数化施工及控制提供重要的参数与指标。

因此，大坝砂砾石坝料碾压试验，就是为了验证设计指标、施工设备性能以及施工工艺方法。更重要的是根据填筑区坝料在坝体内分区的不同，进行坝体砂砾料铺料方式、铺料厚度、振动碾性能、碾压遍数、碾压速度、压实层的相对密度（干密度）等试验，另外需要室内进行坝料岩性物理性能试验，配合现场试验共同对以上施工过程控制指标进行验证。根据现场碾压试验条件选择经济合理、科学可靠的施工碾压质量控制指标及参数。并且根据实际工程施工工艺等内容，制定填筑施工的实施细则。

碾压工艺试验开展的依据主要包括《土工试验规程》（SL 237—1999）、《碾压式土石坝施工规范》（DL 5129—2013）、《水利水电工程注水试验规程》（SL 345—2007）等标准规范以及工程建设阶段设计图纸、设计文件、技术文件等工程设计资料。

（1）试验方案的确定。通过对不同厚度、不同遍数的试验组合，经过试验结果分析，确定施工过程中在保证设计指标条件下的最经济碾压施工过程参数，以及每个试验单元碾压后检测的沉降量、干密度、相对密度、最大粒径（D_{max}）、<5mm颗粒含量、<0.075mm颗粒含量等试验指标。

根据设计图纸及施工规范要求，考虑到砂砾料与沥青混凝土心墙摊铺及过渡料摊铺厚度的匹配，初选砂砾料虚铺厚度64cm、85cm、105cm。根据以往工程经验，砂砾料采用

26t 自行式振动碾，选择虚铺厚度 64cm、85cm，碾压 6 遍、8 遍、10 遍。并采用虚铺厚度 105cm，碾压 8 遍、10 遍、12 遍三个碾压遍数的对比试验。在虚铺 85cm 厚的试验区域内，进行碾压前后砂砾石破碎后级配变化检测。

（2）大坝填筑碾压试验工艺流程如图 5.41 所示。

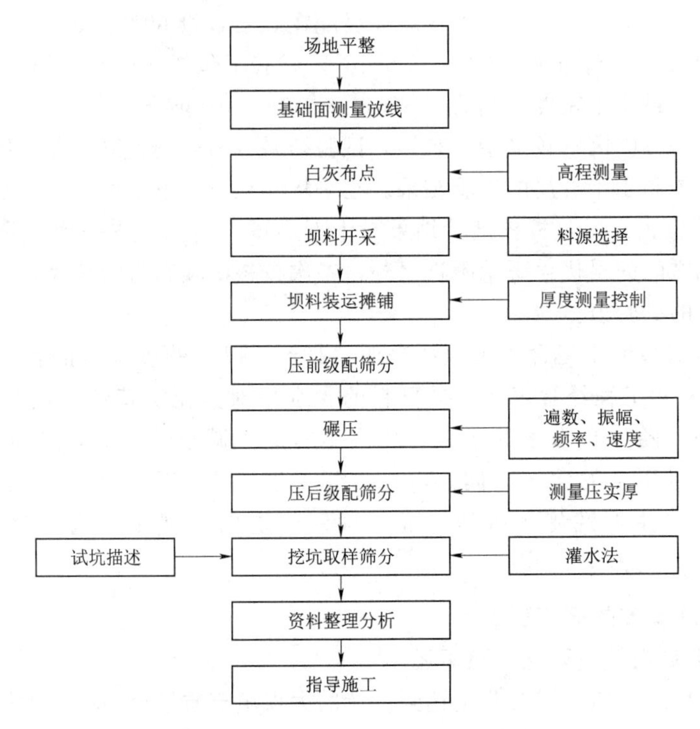

图 5.41　大石门水利枢纽大坝填筑
碾压试验工艺流程图

（3）在砂砾料碾压工艺试验场地中选择一个场地，规划 9 个单元，将砂砾料碾压工艺试验场地布置在拌和站下游交通路左侧 C4 料场内。求得满足设计技术要求的最佳施工参数和机具组合，以指导坝体填筑施工。砂砾料碾压工艺试验参数选择见表 5.9，大坝砂砾料碾压试验过程中典型的照片如图 5.42 所示。

表 5.9　　砂砾料碾压工艺试验确定的各项工艺参数表

坝料名称	虚铺厚度/cm	碾压厚度/cm	碾压遍数	碾压机具	进料方式	说　明
C4 料场砂砾料	64	60	6、8、10	26t 自行式振动碾	进占法	参数选择
	85	80				
	105	100	8、10、12		进占法	
	85	80	6、8、10		进占法	复核试验

注　振动碾行进速度 3.0km，砂砾料为自然湿润状态，自行式振动碾重量 26t。

5.2.3.2　碾压工艺试验及成果分析

碾压试验结束之后，对碾压试验过程中的试验数据进行细致分析，评价不同施工参数条件下的碾压质量。试验结果分析主要包括压实后干密度（相对密度）、颗粒级配、含泥

（a）碾压试验场地准备

（b）试验分区及进料

（c）试验碾压过程

（d）灌水法进行碾压质量分析

（e）碾压后坝料筛分

（f）碾压后渗透试验

图 5.42 大坝砂砾料碾压试验过程中典型的照片

量、含水量、渗透系数。干密度测定采用灌水法，含水量测定采用烘干法，颗粒级配筛分是将试坑内测定干密度用的全料分级筛分，渗透系数采用注水试验检测。根据试验测定成果，绘制颗粒级配曲线，对碾压前后的全料颗粒级配进行对比，并分析级配变化情况。以不同铺料厚度为参数，绘制碾压遍数与干密度（相对密度）关系曲线、碾压遍数与沉降量关系曲线。通过铺料 85cm 厚度碾压前后的现场目测，砂砾料基本无棱角，粒形较规整，级配均匀，基本不含针片状骨料，碾压后也无明显破碎，另外，通过碾压前后砂砾料挖坑筛分试验结果，碾压前后小于 5mm 含量增加 0.6%～0.7%，小于 0.075mm 含量增加 0.6%～1.0%，说明 C4 砂砾料质地坚硬，碾压后对原级配颗粒组成没有造成影响。

5.2.4 沥青心墙施工质量控制标准

5.2.4.1 沥青心墙材料选择

根据《土石坝沥青混凝土面板和心墙设计规范》(SL 501—2010)规定，并参考国内一些沥青混凝土心墙坝工程的经验，且末县大石门水利枢纽大坝碾压式沥青混凝土心墙对沥青混凝土主要技术性能指标见表5.10。

表5.10 碾压式沥青混凝土的主要技术指标

序号	项目	单位	指标	备注
1	孔隙率	%	≤2.0	马歇尔试件
			≤3.0	芯样
2	渗透系数	cm/s	$\leqslant 1\times10^{-8}$	20℃
3	马歇尔稳定度	kN	≥7.0	40℃
			≥5.0	60℃
4	马歇尔流值	0.1mm	30～80	40℃
			40～100	60℃
5	水稳定系数	/	≥0.90	60℃
6	弯曲强度	kPa	≥400	10.5℃
7	弯曲应变	%	≥1.0	10.5℃
8	内摩擦角	(°)	≥25.0	10.5℃
9	黏结力	kPa	≥300	10.5℃

本次试验中使用的沥青混凝土原材料包括：沥青为天山环保库车石化公司生产的90号(A级)道路石油沥青和中国石油克拉玛依石化公司生产的90号(A级)道路石油沥青，由施工单位委托送至实验室；粗骨料为破碎石灰石，由施工单位送至实验室，粒径分别为2.36～4.75mm、4.75～9.5mm、9.5～19mm，各粒级经实验室筛分，剔除超径及大部分逊径供试验使用；细骨料为人工砂，由施工单位送至实验室，粒径为0.075～2.36mm。经实验室筛分剔除超径及大部分逊径供试验使用；填料为石灰石粉，由施工单位送至实验室，粒径<0.075mm，经完全剔除超径后供试验使用。

1. 沥青材料选择

根据建设单位的建议，以及大石门水库工程的特点，对中国石油克拉玛依石化公司生产的90号(A级)道路石油沥青及天山环保库车石化有限公司生产的90号(A级)道路石油沥青进行黏附性能的对比研究，分析大坝心墙沥青混凝土采用库车沥青可行性，进而进行库车沥青进行心墙沥青混凝土配合比的试验研究。

我国沥青品种和质量近20多年已有很大的提高和发展，原道路沥青质量标准已不再使用。《公路沥青路面施工技术规范》(JTG F40—2004)中废除了“重交通道路沥青”和“中、轻交通道路沥青”这两个名称，修改后都称为“道路石油沥青”，并制定了相应的道路沥青技术要求，这是当前技术水平较高的沥青质量标准，被生产厂家和公路工程建设单位普遍采用，并取得良好的效果。

《土石坝沥青混凝土面板和心墙设计规范》(SL 501—2010)提出了水工沥青混凝土的

沥青技术要求，该标准是依据已建工程经验和参考《公路沥青路面施工技术规范》（JTG F40—2004）中提出的“道路石油沥青技术要求”中A级道路石油沥青（50～100号）技术指标制定的，该标准取消了《土石坝沥青混凝土面板和心墙设计规范》（SL 501—2010）中对水工沥青4℃延度的技术要求，这对心墙沥青混凝土是不必要的。这里需要注意的是，延度指标提得太高有可能会影响其他指标。众所周知，A级道路石油沥青技术要求全面，其高低温综合性能优良，可以用于各种等级的道路修建，适用于任何场合和层次，也易于与国外沥青标准接轨。实践也证明，其用于心墙沥青混凝土很适应。《水工沥青混凝土施工规范》（SL 514—2013）标准也采用了这个技术标准，而且对90号、70号沥青的软化点指标、延度指标采用了高值。同时由于水工用沥青标准的修改与沥青常规生产一致，使得供货便利，价格适宜。

各个石化生产厂家生产的沥青质量有差异，其中主要原因之一源于原料，即原油矿产不一样，石化公司以优质的低蜡环烷基稠油为原料生产道路石油沥青，其产品性能优越，能够很好地满足规范要求。新疆已建成的碾压式沥青混凝土心墙坝多采用70号（A级）和90号（A级）道路石油沥青，且工程获得到成功，质量得到保证。

综上所述，选用90号（A级）道路石油沥青是适宜的。以下将中国石油克拉玛依石化公司生产的90号（A级）道路石油沥青缩写成克石化，将天山环保库车石化有限公司生产的90号（A级）道路石油沥青缩写成库石化。

对选定的两种沥青技术性能进行了对比，其中包括沥青的针入度（25℃，100g，5s）、延度（5cm/min，10℃）、软化点（环球法）、溶解度、闪点与薄膜加热后的质量变化、残留针入度比（25℃）、残留延度（10℃）的对比；并且同时还做了沥青与骨料黏附性、沥青混凝土水稳性等方面的试验。

经过综合对比分析，天山环保库车石化有限公司生产的90号（A级）道路石油沥青在大石门水库沥青混凝土心墙砂砾石坝中的应用是合适的。

2. 粗骨料的选择

粗骨料采用工地制备2.36～19mm粒径的破碎石灰石，但其各项技术性能必须满足《土石坝沥青混凝土面板和心墙设计规范》（SL 501—2010）规定的水工沥青混凝土用粗骨料的技术要求，才可用来配制本工程心墙的沥青混凝土，否则应采取增强骨料与沥青黏附性的工程措施。

（1）粗骨料黏附性检测。沥青和骨料的粘附性本质是两种材料的界面亲和力，这种亲和力是指表面张力、范德华力、机械附着力及化学反应引力。沥青和骨料的黏附性产生问题的根源是水分吸附在骨料表面，由于水的极性很强，骨料表面的沥青能被水置换。对于石英类材料，硅的含量很高，表面带有弱的负电荷，它与水分子的氢离子能以氢键的方式结合，由于它与沥青的结合主要依靠相对较弱的范德华力，此种结合力比水分子与硅的极性吸引力小得多，水更容易穿透沥青达到骨料表面将骨料与沥青分开；对于石灰岩材料，它与沥青的吸附作用主要是化学吸附力，而这种力远远大于骨料与水分子的亲和力。因此，碱性骨料更适合于拌制沥青混凝土。当需用酸性或中性岩石时，必须有充分的试验论证。如四川冶勒水电站沥青混凝土骨料就使用当地的石英闪长岩（酸性骨料）。

为了便于确定黏附性等级，减少人为的随意性因素，故参照西安公路交通大学制作的评定标准图片，如图5.43所示。大石门水利枢纽沥青混凝土心墙砂砾石坝的粗骨料与沥青的黏附性通过水煮法测定其为5级。

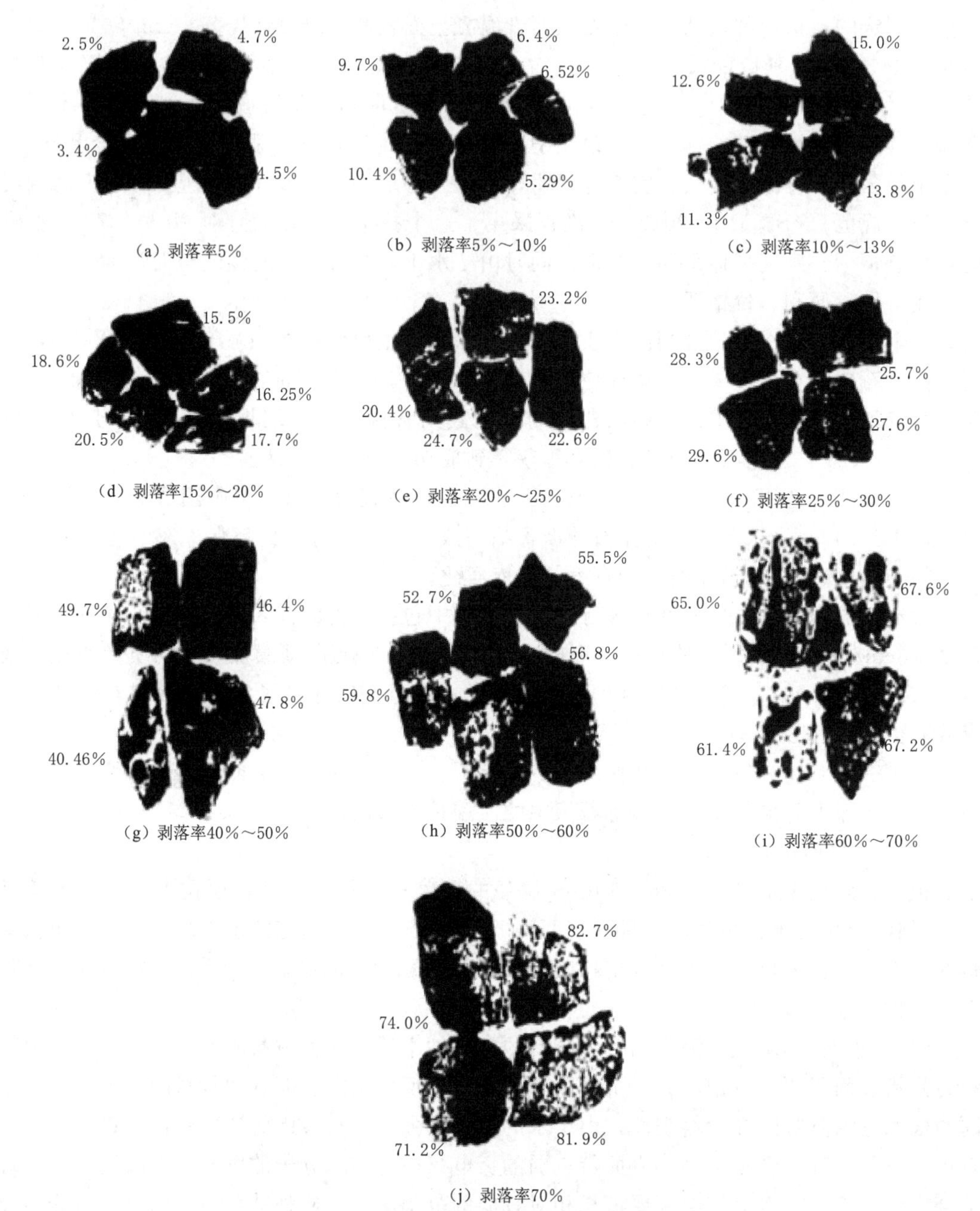

图5.43　粗骨料与沥青黏附性评定标准图片

(2) 粗骨料技术性能检测。根据《土石坝沥青混凝土面板和心墙设计规范》(SL 501—2010) 规定，大石门水利枢纽工程心墙沥青混凝土的骨料最大粒径 D_{max} 取19mm。通过对其一定级配条件下的粗骨料的表观密度、沥青粘附性、针片状颗粒含量、压碎值、吸水率、含泥量及耐久性等各项指标的试验检测，可知大石门水利枢纽工程中的粗骨料质地坚硬、新鲜，加热过程中未出现开裂、分解等不良现象；骨料为酸性骨料，沥青粘附性较好；各项性能指标均满足规范要求。

3. 细骨料的选择

在大石门水利枢纽工程的沥青混凝土心墙中，初步选用的细骨料粒径为0.075～2.36mm的人工砂，其级配见表5.11。

表5.11　　细骨料的颗粒级配

细骨料总类	筛孔尺寸/mm						
	4.75	2.36	1.18	0.60	0.30	0.15	0.075
人工砂	通过量百分率/%						
	100.0	100.0	60.5	38.9	14.3	7.0	1.5

通过对细骨料的表观密度、吸水率、水稳定等级、耐久性、有机质含量、含泥量等各项指标的试验检测，可以看出，本次试验用的细骨料级配良好，各项技术指标均满足沥青混凝土细骨料的技术要求，可以作为心墙沥青混凝土的细骨料。在进行施工配合比调整时需根据现场细骨料实际级配及0.075～2.36mm粒级中的石粉含量进行适当调整。

4. 填料的选择

大石门水利枢纽工程的沥青混凝土心墙所选用的填料为石灰石粉，通过对其表观密度、亲水系数、含水率以及细度进行的实验室检测，可知所选用的填料质量满足规范要求，能够满足工程中心墙用沥青混凝土填料的质量各项指标要求。

5.2.4.2 沥青心墙施工配合比确定

5.2.4.2.1 沥青混凝土配合比参数确定

沥青混凝土配合比设计与试验旨在确定矿料标准级配，即确定各级矿料、填料和沥青用量。

1. 矿料标准级配的选择

良好的矿料级配，应该使矿料的孔隙率最小，又能充分裹覆骨料的表面，以保证矿料颗粒之间处于最紧密状态，并为矿料与沥青之间交互作用创造良好条件，从而依此配制的沥青混凝土能最大限度地发挥其结构强度高的效能，综合技术性能优良。

根据以往开展的新疆南疆区域沥青混凝土心墙坝中沥青混凝土的理论计算及大量工程实践，沥青混凝土的骨料最大粒径D_{max}取19mm较适宜，也为目前所通用。《土石坝沥青混凝土面板和心墙设计规范》（SL 501—2010）规定碾压式沥青混凝土粗骨料最大粒径不宜大于19mm。新疆近期建成的阿拉沟水库工程、下板地水库工程、石门水库工程等的心墙沥青混凝土骨料最大粒径均为19mm。结合大石门水利枢纽工程实际情况，粗骨料最大粒径确定为19mm。

《土石坝沥青混凝土面板和心墙设计规范》（SL 501—2010）和《水工沥青混凝土施工规范》（SL 514—2013）都推荐水工沥青混凝土的矿料级配设计可采用丁朴荣教授提出的公式计算获得。由丁氏公式可知，当矿料的最大粒径和填料用量已定的前提下，矿料的级配是由级配指数n决定的。此时选择矿料标准级配就成为选定级配指数，矿料级配指数是沥青混凝土配合比参数之一。

级配指数可确定矿料的颗粒级配，其值的大小决定沥青矿料中粗、细骨料含量的比例。级配指数数值越小矿料中细颗粒的含量越多，反之则越少。

近年来，国内碾压式沥青混凝土心墙材料的矿料级配指数多在0.38～0.42之间，《土石坝沥青混凝土面板和心墙设计规范》（SL 501—2010）推荐级配指数的范围为0.35～0.44，根据本工程的实际，决定初拟级配指数为0.36、0.39、0.42三个水平值。

2. 填料用料的选择

填料不仅可以在矿料中起到填充密实作用，而且对沥青混凝土的力学性能、流变性能以及感温性等方面产生重要的影响作用。填料的细度及颗粒级配决定填料的比表面积的大小和填充孔隙率的大小，进而影响到所配制的沥青混凝土性能，应予以控制。

国内外工程经验认为，为了使沥青混凝土获得较低的孔隙率和较好的技术性能，填料用量和沥青用量应进行互补调整，即沥青用量改变时，也相应改变填料用量，二者之间存在一定的最佳比例关系，一般认为填料浓度（填料用量 F 与沥青用量 B 之比）即 $m=F/B$ 在1.9左右，沥青混凝土的孔隙率可达到1%以下。

《土石坝沥青混凝土面板和心墙设计规范》（SL 501—2010）推荐的碾压式沥青混凝土心墙材料的填料用量范围为10%～16%；根据本工程的实际情况，借鉴近年来新疆多个工程碾压式沥青混凝土配合比使用的经验，决定拟使用的填料用量初定11%、13%、15%作为试验初选水平值。

3. 沥青用量确定

心墙沥青混凝土材料不仅有强度要求，而且有适应变形性能（即在一定温度和荷载作用下不易开裂的塑性）的要求。因此，在水工沥青混凝土结构中还应保持一定“自由沥青”的数量。沥青用量的问题，确切讲是自由沥青量最合适的问题。沥青混凝土配合比设计的重要内容之一就是确定最适宜的沥青用量，使沥青既能充分裹覆矿料颗粒，又不致有过多的自由沥青。

由于使用沥青用量这个参数在计算和实用上比较方便，故应用较广泛。实际上，在沥青混凝土配合比设计试验时，是先根据经验拟定几个沥青用量来试配沥青混凝土，继而对其进行相关的试验测定技术性能，分析试验结果，优选确定最佳沥青用量。《土石坝沥青混凝土面板和心墙设计规范》（SL 501—2010）推荐，碾压式沥青混凝土心墙中的沥青占沥青混凝土总重（沥青含量）的6%～7.5%。根据新疆南疆地区碾压式沥青混凝土心墙大坝的沥青用量，结合大石门水利枢纽工程实际，沥青混凝土初拟的沥青用量分别为6.4%、6.7%、7.0%、7.3%四个水平值。

4. 试验方案的确定

大石门水利枢纽工程的沥青配合比试验采用正交的设计试验方案，选择沥青混凝土配合比的三个参数：即矿料级配指数、填料用量和油石比（即沥青用量）为影响因素，每个因素取3～4个水平，见表5.12。在沥青混凝土初步配合比选定试验中，以试件密度、试件孔隙率、劈裂抗拉强度、稳定度和流值为考核指标。按 $L_9(3^4)+3$ 正交表安排试验方案，12个试验组的沥青混凝土配合比参数详列于表5.13中。沥青混凝土配合比试验中，粗骨料分成三级，即2.36～4.75mm、4.75～9.5mm、9.5～19mm，根据试验使用的矿质材料级配情况进行级配设计计算，确定各试验组中各料的质量配合比，详见表5.14～5.25以及如图5.44～图5.55所示。按各试验组配合比试配沥青混凝土进行相关试验。

表5.12　　正交试验因素水平表

编号	因素水平		
	A油石比（沥青用量）/%	B填料用量/%	C矿料级配指数
1	6.4	11	0.36
2	6.7	13	0.39
3	7.0	15	0.42
4	7.3	—	—

表5.13　　沥青混凝土试验配合比

编号	最大粒径/mm	油石比/%	填料用量/%	级配指数	空列
1	19	6.40	11	0.36	2
2	19	6.40	13	0.42	1
3	19	6.40	15	0.39	3
4	19	6.70	11	0.42	3
5	19	6.70	13	0.39	2
6	19	6.70	15	0.36	1
7	19	7.00	11	0.39	1
8	19	7.00	13	0.36	3
9	19	7.00	15	0.42	2
10	19	7.30	11	0.36	2
11	19	7.30	13	0.42	1
12	19	7.30	15	0.39	3

表5.14　　1号沥青配合比的矿料级配（$n=0.36$，填料用量11%，油石比6.4%）

矿质材料种类			小石	细石		砂	矿粉	矿料级配	
粒级/mm			9.5～19	4.75～9.5	2.36～4.75	0.075～2.36	<0.075	合成值	设计值
合成百分比/%			25.4	15.1	11.6	37.4	10.5		
通过量百分率/%	筛孔尺寸/mm	19	100.00	100.00	100.00	100.00	100.00	100.00	100.00
		16	92.10	100.00	100.00	100.00	100.00	97.99	93.82
		13.2	60.40	100.00	100.00	100.00	100.00	89.94	87.34
		9.5	4.82	100.00	100.00	100.00	100.00	75.82	77.24
		4.75	0.00	0.00	100.00	100.00	100.00	59.50	59.51
		2.36	0.02	0.00	0.00	100.00	100.00	47.91	45.58
		1.18	0.00	0.00	0.00	60.54	100.00	33.14	34.84
		0.6	0.00	0.00	0.00	38.85	100.00	25.03	26.65
		0.3	0.00	0.00	0.00	14.30	100.00	15.85	20.09
		0.15	0.00	0.00	0.00	7.01	100.00	13.12	14.98
		0.075	0.00	0.00	0.00	1.52	100.00	11.07	11.00

表5.15　2号沥青配合比的矿料级配（n=0.42，填料用量13%，油石比6.4%）

矿质材料种类			小石	细　石		砂	矿粉	矿料级配	
粒级/mm			9.5～19	4.75～9.5	2.36～4.75	0.075～4.75	<0.075	合成值	设计值
合成百分比/%			27.7	15.3	12.3	32.2	12.5		
通过量百分率/%	筛孔尺寸/mm	19	100.00	100.00	100.00	100.00	100.00	100.00	100.00
		16	92.10	100.00	100.00	100.00	100.00	97.81	93.28
		13.2	60.40	100.00	100.00	100.00	100.00	89.03	86.32
		9.5	4.82	100.00	100.00	100.00	100.00	73.64	75.64
		4.75	0.00	0.00	100.00	100.00	100.00	57.00	57.44
		2.36	0.02	0.00	0.00	100.00	100.00	44.71	43.72
		1.18	0.00	0.00	0.00	60.54	100.00	32.00	33.58
		0.6	0.00	0.00	0.00	38.85	100.00	25.01	26.16
		0.3	0.00	0.00	0.00	14.30	100.00	17.10	20.45
		0.15	0.00	0.00	0.00	7.01	100.00	14.76	16.19
		0.075	0.00	0.00	0.00	1.52	100.00	12.99	13.00

表5.16　3号沥青配合比的矿料级配（n=0.39，填料用量15%，油石比6.4%）

矿质材料种类			小石	细　石		砂	矿粉	矿料级配	
粒级/mm			9.5～19	4.75～9.5	2.36～4.75	0.075～2.36	<0.07	合成值	设计值
合成百分比/%			25.5	14.7	11.4	33.9	14.5		
通过量百分率/%	筛孔尺寸/mm	19	100.00	100.00	100.00	100.00	100.00	100.00	100.00
		16	92.10	100.00	100.00	100.00	100.00	97.99	93.77
		13.2	60.40	100.00	100.00	100.00	100.00	89.90	87.27
		9.5	4.82	100.00	100.00	100.00	100.00	75.73	77.24
		4.75	0.00	0.00	100.00	100.00	100.00	59.80	59.87
		2.36	0.02	0.00	0.00	100.00	100.00	48.41	46.50
		1.18	0.00	0.00	0.00	60.54	100.00	35.02	36.41
		0.6	0.00	0.00	0.00	38.85	100.00	27.67	28.87
		0.3	0.00	0.00	0.00	14.30	100.00	19.35	22.96
		0.15	0.00	0.00	0.00	7.01	100.00	16.88	18.45
		0.075	0.00	0.00	0.00	1.52	100.00	15.02	15.00

表5.17　4号沥青配合比的矿料级配（n=0.42，填料用量11%，油石比6.7%）

矿质材料种类			小石	细　石		砂	矿粉	矿料级配	
粒级/mm			9.5～19	4.75～9.5	2.36～4.75	0.075～2.36	<0.075	合成值	设计值
合成百分比/%			28	16	12	34	11		
通过量百分率/%	筛孔尺寸/mm	19	100.00	100.00	100.00	100.00	100.00	100.00	100.00
		16	92.10	100.00	100.00	100.00	100.00	97.80	93.13
		13.2	60.40	100.00	100.00	100.00	100.00	88.95	86.01
		9.5	4.82	100.00	100.00	100.00	100.00	73.44	75.08
		4.75	0.00	0.00	100.00	100.00	100.00	56.40	56.46

续表

矿质材料种类			小石	细 石		砂	矿粉	矿料级配	
粒级/mm			9.5~19	4.75~9.5	2.36~4.75	0.075~2.36	<0.075	合成值	设计值
合成百分比/%			28	16	12	34	11		
通过量百分率/%	筛孔尺寸/mm	2.36	0.02	0.00	0.00	100.00	100.00	44.01	42.43
		1.18	0.00	0.00	0.00	60.54	100.00	30.78	32.05
		0.6	0.00	0.00	0.00	38.85	100.00	23.51	24.46
		0.3	0.00	0.00	0.00	14.30	100.00	15.29	18.62
		0.15	0.00	0.00	0.00	7.01	100.00	12.85	14.26
		0.075	0.00	0.00	0.00	1.52	100.00	11.01	11.00

表 5.18　5 号沥青配合比的矿料级配（n=0.39，填料用量 13%，油石比 6.7%）

矿质材料种类			小石	细 石		砂	矿粉	矿料级配	
粒级/mm			9.5~19	4.75~9.5	2.36~4.75	0.075~2.36	<0.075	合成值	设计值
合成百分比/%			28	16	12	34	11		
通过量百分率/%	筛孔尺寸/mm	19	100.00	100.00	100.00	100.00	100.00	100.00	100.00
		16	92.10	100.00	100.00	100.00	100.00	97.94	93.62
		13.2	60.40	100.00	100.00	100.00	100.00	89.66	86.98
		9.5	4.82	100.00	100.00	100.00	100.00	75.16	76.70
		4.75	0.00	0.00	100.00	100.00	100.00	58.90	58.92
		2.36	0.02	0.00	0.00	100.00	100.00	47.21	45.25
		1.18	0.00	0.00	0.00	60.54	100.00	33.51	34.92
		0.6	0.00	0.00	0.00	38.85	100.00	25.98	27.20
		0.3	0.00	0.00	0.00	14.30	100.00	17.46	21.15
		0.15	0.00	0.00	0.00	7.01	100.00	14.93	16.53
		0.075	0.00	0.00	0.00	1.52	100.00	13.03	13.00

表 5.19　6 号沥青配合比的矿料级配（n=0.36，填料用量 15%，油石比 6.7%）

矿质材料种类			小石	细 石		砂	矿粉	矿料级配	
粒级/mm			9.5~19	4.75~9.5	2.36~4.75	0.075~2.36	<0.075	合成值	设计值
合成百分比/%			24.3	14.4	11	35.8	14.5		
通过量百分率/%	筛孔尺寸/mm	19	100.00	100.00	100.00	100.00	100.00	100.00	100.00
		16	92.10	100.00	100.00	100.00	100.00	98.08	94.10
		13.2	60.40	100.00	100.00	100.00	100.00	90.38	87.91
		9.5	4.82	100.00	100.00	100.00	100.00	76.87	78.27
		4.75	0.00	0.00	100.00	100.00	100.00	61.30	61.33
		2.36	0.02	0.00	0.00	100.00	100.00	50.31	48.03
		1.18	0.00	0.00	0.00	60.54	100.00	36.17	37.77
		0.6	0.00	0.00	0.00	38.85	100.00	28.41	29.95
		0.3	0.00	0.00	0.00	14.30	100.00	19.62	23.69
		0.15	0.00	0.00	0.00	7.01	100.00	17.01	18.80
		0.075	0.00	0.00	0.00	1.52	100.00	15.04	15.00

表 5.20 7号沥青配合比的矿料级配（$n=0.39$，填料用量11%，油石比7.0%）

矿质材料种类			小石	细石		砂	矿粉	矿料级配	
粒级/mm			9.5～19	4.75～9.5	2.36～4.75	0.075～2.36	<0.075	合成值	设计值
合成百分比/%			26.6	15.4	12	35.5	10.5		
通过量百分率/%	筛孔尺寸/mm	19	100.00	100.00	100.00	100.00	100.00	100.00	100.00
		16	92.10	100.00	100.00	100.00	100.00	97.90	93.48
		13.2	60.40	100.00	100.00	100.00	100.00	89.47	86.68
		9.5	4.82	100.00	100.00	100.00	100.00	74.68	76.17
		4.75	0.00	0.00	100.00	100.00	100.00	58.00	57.98
		2.36	0.02	0.00	0.00	100.00	100.00	46.01	43.99
		1.18	0.00	0.00	0.00	60.54	100.00	31.99	33.42
		0.6	0.00	0.00	0.00	38.85	100.00	24.29	25.53
		0.3	0.00	0.00	0.00	14.30	100.00	15.58	19.33
		0.15	0.00	0.00	0.00	7.01	100.00	12.99	14.61
		0.075	0.00	0.00	0.00	1.52	100.00	11.04	11.00

表 5.21 8号沥青配合比的矿料级配（$n=0.36$，填料用量13%，油石比7.0%）

矿质材料种类			小石	细石		砂	矿粉	矿料级配	
粒级/mm			9.5～19	4.75～9.5	2.36～4.75	0.075～2.36	<0.075	合成值	设计值
合成百分比/%			24.9	14.7	11.3	36.6	12.5		
通过量百分率/%	筛孔尺寸/mm	19	100.00	100.00	100.00	100.00	100.00	100.00	100.00
		16	92.10	100.00	100.00	100.00	100.00	98.03	93.96
		13.2	60.40	100.00	100.00	100.00	100.00	90.14	87.62
		9.5	4.82	100.00	100.00	100.00	100.00	76.30	77.75
		4.75	0.00	0.00	100.00	100.00	100.00	60.40	60.42
		2.36	0.02	0.00	0.00	100.00	100.00	49.11	46.81
		1.18	0.00	0.00	0.00	60.54	100.00	34.66	36.31
		0.6	0.00	0.00	0.00	38.85	100.00	26.72	28.30
		0.3	0.00	0.00	0.00	14.30	100.00	17.73	21.89
		0.15	0.00	0.00	0.00	7.01	100.00	15.07	16.89
		0.075	0.00	0.00	0.00	1.52	100.00	13.06	13.00

表 5.22 9号沥青配合比的矿料级配（$n=0.42$，填料用量15%，油石比7.0%）

矿质材料种类			小石	细石		砂	矿粉	矿料级配	
粒级/mm			9.5～19	4.75～9.5	2.36～4.75	0.075～2.36	<0.075	合成值	设计值
合成百分比/%			26.6	15	11.8	32.1	14.5		
通过量百分率/%	筛孔尺寸/mm	19	100.00	100.00	100.00	100.00	100.00	100.00	100.00
		16	92.10	100.00	100.00	100.00	100.00	97.90	93.44
		13.2	60.40	100.00	100.00	100.00	100.00	89.47	86.64
		9.5	4.82	100.00	100.00	100.00	100.00	74.68	76.20
		4.75	0.00	0.00	100.00	100.00	100.00	58.40	58.42

续表

矿质材料种类			小石	细石		砂	矿粉	矿料级配	
粒级/mm			9.5～19	4.75～9.5	2.36～4.75	0.075～2.36	<0.075	合成值	设计值
合成百分比/%			26.6	15	11.8	32.1	14.5		
通过量百分率/%	筛孔尺寸/mm	2.36	0.02	0.00	0.00	100.00	100.00	46.61	45.02
		1.18	0.00	0.00	0.00	60.54	100.00	33.93	35.11
		0.6	0.00	0.00	0.00	38.85	100.00	26.97	27.86
		0.3	0.00	0.00	0.00	14.30	100.00	19.09	22.28
		0.15	0.00	0.00	0.00	7.01	100.00	16.75	18.11
		0.075	0.00	0.00	0.00	1.52	100.00	14.99	15.00

表 5.23　10 号沥青配合比的矿料级配（$n=0.36$，填料用量 11%，油石比 7.3%）

矿质材料种类			小石	细石		砂	矿粉	矿料级配	
粒级/mm			9.5～19	4.75～9.5	2.36～4.75	0.075～2.36	<0.075	合成值	设计值
合成百分比/%			25.4	15.1	11.5	37.5	10.5		
通过量百分率/%	筛孔尺寸/mm	19	100.00	100.00	100.00	100.00	100.00	100.00	100.00
		16	92.10	100.00	100.00	100.00	100.00	97.99	93.82
		13.2	60.40	100.00	100.00	100.00	100.00	89.94	87.34
		9.5	4.82	100.00	100.00	100.00	100.00	75.82	77.24
		4.75	0.00	0.00	100.00	100.00	100.00	59.50	59.51
		2.36	0.02	0.00	0.00	100.00	100.00	48.01	45.58
		1.18	0.00	0.00	0.00	60.54	100.00	33.20	34.84
		0.6	0.00	0.00	0.00	38.85	100.00	25.07	26.65
		0.3	0.00	0.00	0.00	14.30	100.00	15.86	20.09
		0.15	0.00	0.00	0.00	7.01	100.00	13.13	14.98
		0.075	0.00	0.00	0.00	1.52	100.00	11.07	11.00

表 5.24　11 号沥青配合比的矿料级配（$n=0.42$，填料用量 13%，油石比 7.3%）

矿质材料种类			小石	细石		砂	矿粉	矿料级配	
粒级/mm			9.5～19	4.75～9.5	2.36～4.75	0.075～2.36	<0.075	合成值	设计值
合成百分比/%			27.3	15.3	12.1	32.8	12.5		
通过量百分率/%	筛孔尺寸/mm	19	100.00	100.00	100.00	100.00	100.00	100.00	100.00
		16	92.10	100.00	100.00	100.00	100.00	97.84	93.28
		13.2	60.40	100.00	100.00	100.00	100.00	89.19	86.32
		9.5	4.82	100.00	100.00	100.00	100.00	74.02	75.64
		4.75	0.00	0.00	100.00	100.00	100.00	57.40	57.44
		2.36	0.00	0.00	0.00	100.00	100.00	45.30	43.72
		1.18	0.00	0.00	0.00	60.54	100.00	32.36	33.58
		0.6	0.00	0.00	0.00	38.85	100.00	25.24	26.16
		0.3	0.00	0.00	0.00	14.30	100.00	17.19	20.45
		0.15	0.00	0.00	0.00	7.01	100.00	14.80	16.19
		0.075	0.00	0.00	0.00	1.52	100.00	13.00	13.00

表 5.25　12 号沥青配合比的矿料级配（n=0.39，填料用量 15%，油石比 7.3%）

矿质材料种类			小石	细　石		砂	矿粉	矿料级配	
粒级/mm			9.5～19	4.75～9.5	2.36～4.75	0.075～2.36	<0.075	合成值	设计值
合成百分比/%			25.6	14.6	11.4	33.9	14.5		
通过量百分率/%	筛孔尺寸/mm	19	100.00	100.00	100.00	100.00	100.00	100.00	100.00
		16	92.10	100.00	100.00	100.00	100.00	97.98	93.77
		13.2	60.40	100.00	100.00	100.00	100.00	89.86	87.27
		9.5	4.82	100.00	100.00	100.00	100.00	75.63	77.24
		4.75	0.00	0.00	100.00	100.00	100.00	59.80	59.87
		2.36	0.00	0.00	0.00	100.00	100.00	48.41	46.50
		1.18	0.00	0.00	0.00	60.54	100.00	35.02	36.41
		0.6	0.00	0.00	0.00	38.85	100.00	27.67	28.87
		0.3	0.00	0.00	0.00	14.30	100.00	19.35	22.96
		0.15	0.00	0.00	0.00	7.01	100.00	16.88	18.45
		0.075	0.00	0.00	0.00	1.52	100.00	15.02	15.00

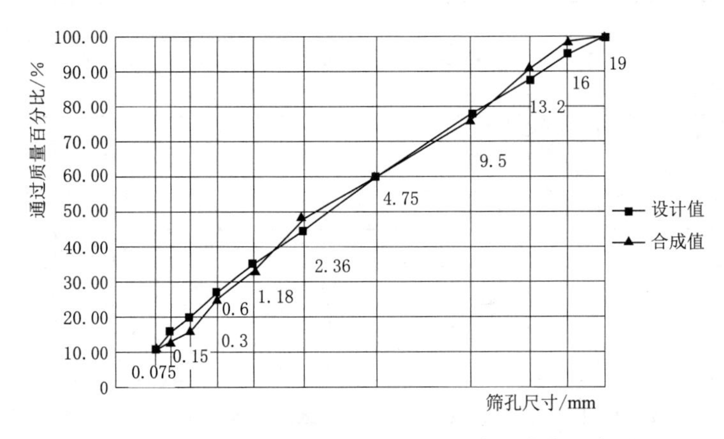

图 5.44　1 号沥青配合比的矿料级配合成曲线示意图

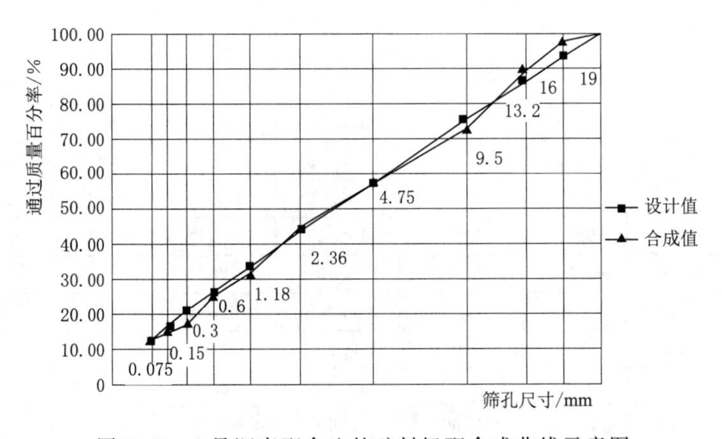

图 5.45　2 号沥青配合比的矿料级配合成曲线示意图

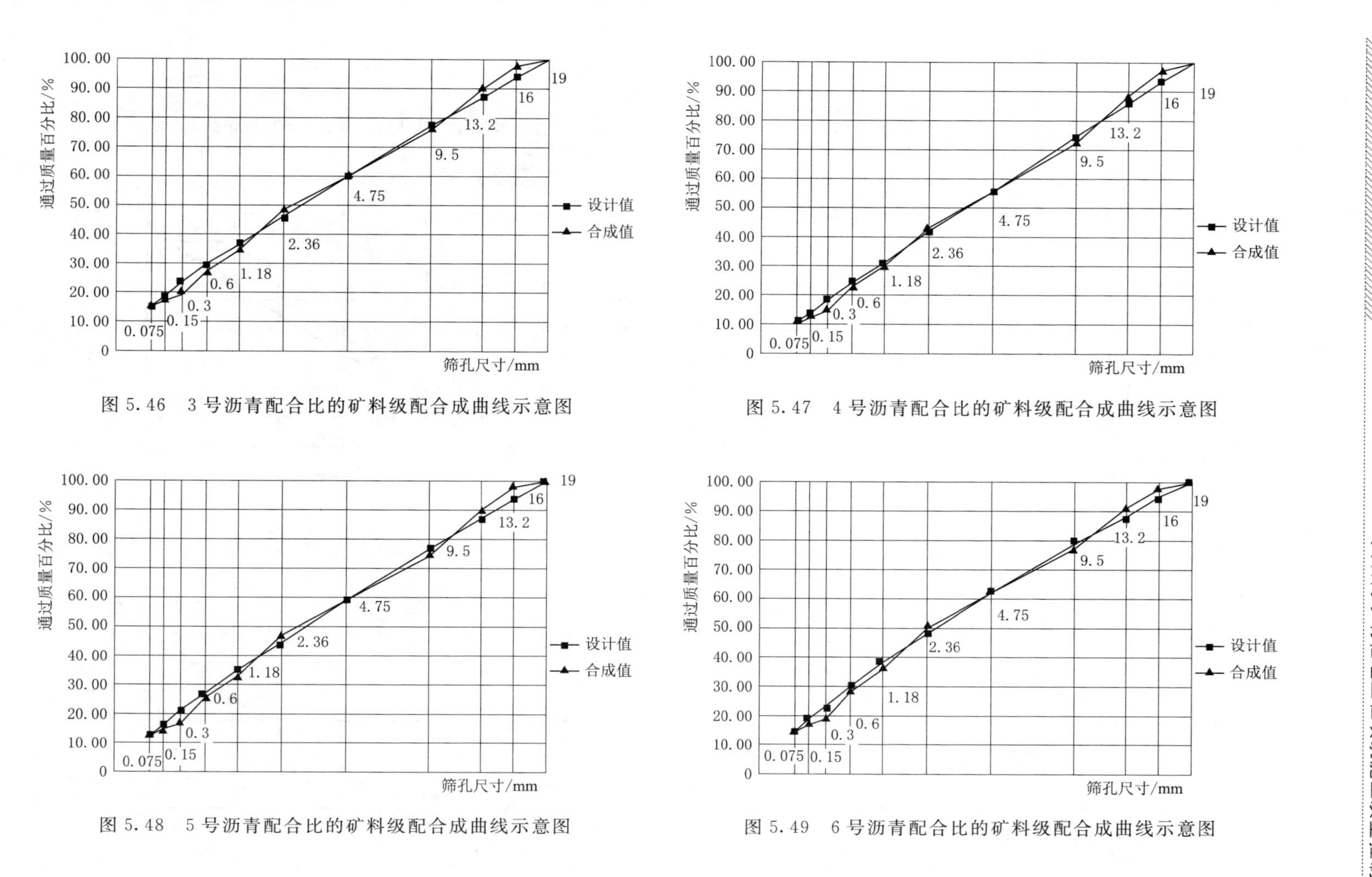

图 5.46　3 号沥青配合比的矿料级配合成曲线示意图

图 5.47　4 号沥青配合比的矿料级配合成曲线示意图

图 5.48　5 号沥青配合比的矿料级配合成曲线示意图

图 5.49　6 号沥青配合比的矿料级配合成曲线示意图

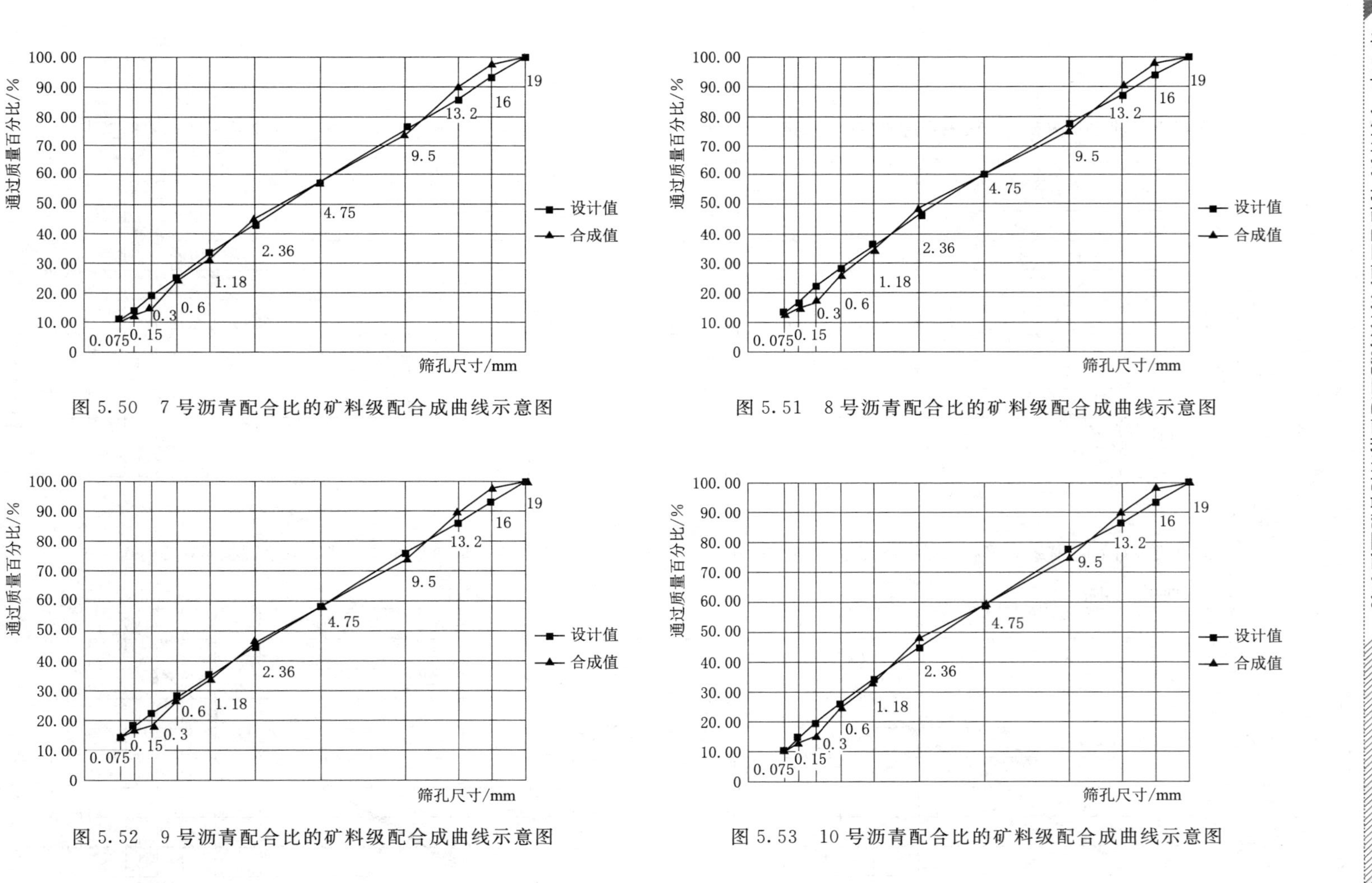

图 5.50　7 号沥青配合比的矿料级配合成曲线示意图

图 5.51　8 号沥青配合比的矿料级配合成曲线示意图

图 5.52　9 号沥青配合比的矿料级配合成曲线示意图

图 5.53　10 号沥青配合比的矿料级配合成曲线示意图

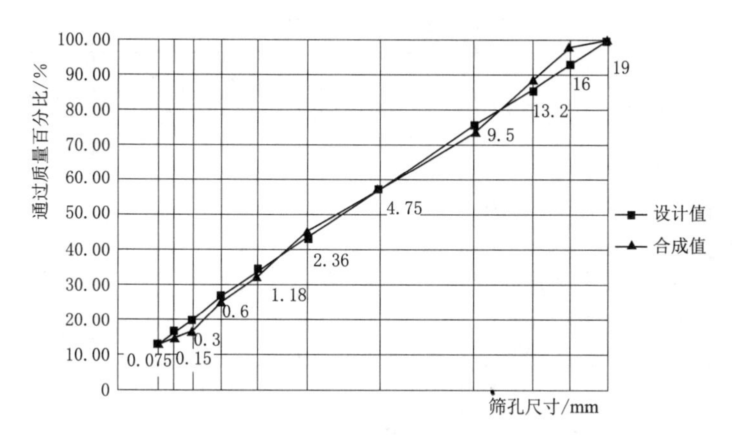

图 5.54 11 号沥青配合比的矿料级配合成曲线示意图

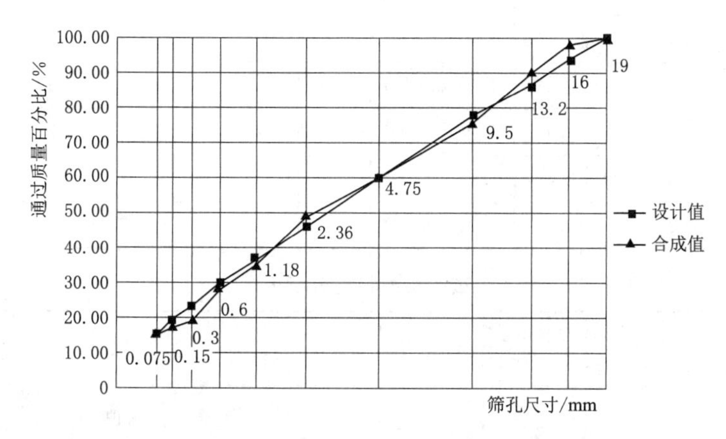

图 5.55 12 号沥青配合比的矿料级配合成曲线示意图

5.2.4.2.2 沥青混凝土物理力学试验

利用正交试验，系统开展了沥青混凝土的物理力学试验，开展的试验主要包括：沥青混凝土马歇尔稳定度、流值及劈裂抗拉试验；配合比复演试验；沥青混凝土单轴压缩试验；沥青混凝土水稳定性试验；沥青混凝土小梁弯曲试验；沥青混凝土渗透试验；沥青混凝土拉伸试验；沥青混凝土静三轴试验；沥青混凝土动三轴试验。通过正交试验结果的对比，对大石门水利枢纽工程中沥青混凝土心墙配合比进行了优选确定，保证工程建设、运行阶段的心墙变形稳定。

1. 沥青混凝土马歇尔稳定度、流值及劈裂抗拉试验

马歇尔试验是沥青混凝土配合比设计及沥青混凝土施工质量控制中最重要的试验项目，该指标为沥青混凝土的最重要物性指标，并影响到沥青混凝土其他的力学性能指标，尤其受沥青混凝土配合比影响的敏感性很强。因此，在水工沥青混凝土配合比设计和施工日常控制中基本上都采用马歇尔试验方法。

根据初选的配合比，按照马歇尔试件成型方法制成马歇尔试件，测定试件的密度、孔隙率、劈裂抗拉强度、马歇尔稳定度和流值，每个配合比有六组共 12 个试件，试验结果见表 5.26。

表5.26　　沥青混凝土配合比试验结果

配合比编号	级配指数	填料用量/%	沥青用量/%	实测密度值	最大理论密度值	孔隙率/%	流值/mm	马歇尔稳定度/kN	劈裂抗拉强度/MPa	沥青体积百分率/%	料粒间隙率/%	饱和度/%	备注
1	0.36	11	6.4	2.42	2.458	1.36	44.17	8.21	0.42	14.35	15.81	90.83	40℃
2	0.42	13	6.4	2.42	2.462	1.46	45.30	8.10	0.39	14.26	15.97	89.27	40℃
3	0.39	15	6.4	2.42	2.459	1.29	50.40	7.99	0.39	14.32	15.77	90.81	40℃
4	0.42	11	6.7	2.42	2.453	1.31	55.77	8.63	0.39	14.92	16.28	91.69	40℃
5	0.39	13	6.7	2.41	2.451	1.29	55.33	7.86	0.38	14.92	16.51	90.35	40℃
6	0.36	15	6.7	2.41	2.444	1.25	61.27	6.98	0.38	14.96	16.25	92.12	40℃
7	0.39	11	7.0	2.41	2.440	1.26	57.76	8.18	0.36	15.55	16.92	91.89	40℃
8	0.36	13	7.0	2.41	2.437	1.15	56.00	7.30	0.34	15.59	16.87	92.44	40℃
9	0.42	15	7.0	2.41	2.439	1.22	60.97	6.86	0.34	15.52	16.79	92.45	40℃
10	0.36	11	7.3	2.40	2.428	1.06	58.53	7.58	0.33	17.30	17.11	93.21	40℃
11	0.42	13	7.3	2.39	2.424	1.09	61.97	6.83	0.31	16.08	17.36	92.65	40℃
12	0.39	15	7.3	2.39	2.422	1.22	66.00	6.77	0.32	16.07	17.25	93.25	40℃

表5.27　　试验结果极差分析表

试验因素 / 列号 / 试验编号	油石比/%	填料用量/%	级配指数	空列	试验结果			
	1	2	3	4	孔隙率/%	流值/0.1mm	马歇尔稳定度/kN	劈裂抗拉强度/MPa
1	6.4	11.00	0.36	2	1.36	44.17	8.21	0.42
2	6.4	13.00	0.42	1	1.46	45.30	8.10	0.39
3	6.4	15.00	0.39	3	1.29	50.40	7.99	0.39
4	6.7	11.00	0.42	3	1.31	55.77	8.63	0.39
5	6.7	13.00	0.39	2	1.29	55.33	7.86	0.38
6	6.7	15.00	0.36	1	1.25	61.27	6.98	0.38
7	7.0	11.00	0.39	1	1.26	57.76	8.18	0.36
8	7.0	13.00	0.36	3	1.15	56.00	7.30	0.34
9	7.0	15.00	0.42	2	1.22	60.97	6.86	0.34
10	7.3	11.00	0.36	2	1.06	58.53	7.58	0.33
11	7.3	13.00	0.42	1	1.09	61.97	6.83	0.31
12	7.3	15.00	0.39	3	1.22	66.00	6.77	0.32
				Σ	14.94	673.46	91.30	4.35
				x	1.25	56.12	7.61	0.36

续表

试验编号 \ 试验因素 / 列号		油石比/%	填料用量/%	级配指数	空列	试验结果			
		1	2	3	4	孔隙率/%	流值/0.1mm	马歇尔稳定度/kN	劈裂抗拉强度/MPa
孔隙率/%	K1	4.11	4.99	4.81	5.05	试验误差估计值为/% 0.03			
	K2	3.84	4.98	5.04	4.93				
	K3	3.62	4.97	5.09	4.96				
	K4	3.37	—	—	—				
	K1	1.37	1.25	1.20	1.26				
	K2	1.28	1.25	1.26	1.23				
	K3	1.21	1.24	1.27	1.24				
	K4	1.12	—	—	—				
	R	0.16	0.00	0.06	0.03				
流值/0.1mm	K1	139.87	216.23	219.97	226.30	试验误差估计值为/mm 2.29			
	K2	172.37	218.60	229.50	219.00				
	K3	174.73	238.63	224.00	228.17				
	K4	186.50	—	—	—				
	K1	46.62	54.06	54.99	56.57				
	K2	57.46	54.65	57.37	54.75				
	K3	58.24	59.66	56.00	57.04				
	K4	62.17	—	—	—				
	R	11.62	5.60	2.38	2.29				
马歇尔稳定度/kN	K1	24.30	32.60	30.07	30.09	试验误差估计值为/kN 0.15			
	K2	23.47	30.10	30.81	30.52				
	K3	22.35	28.61	30.42	30.70				
	K4	21.19	—	—	—				
	K1	8.10	8.15	7.52	7.52				
	K2	7.82	7.53	7.70	7.63				
	K3	7.45	7.15	7.61	7.67				
	K4	7.06	—	—	—				
	R	1.04	1.00	0.18	0.15				
劈裂抗拉强度/MPa	K1	1.20	1.50	1.46	1.44	试验误差估计值为/kN 0.01			
	K2	1.15	1.41	1.46	1.47				
	K3	1.04	1.44	1.43	1.45				
	K4	0.96	—	—	—				
	K1	0.40	0.375	0.37	0.36				
	K2	0.38	0.35	0.37	0.37				
	K3	0.35	0.360	0.36	0.36				
	K4	0.32	—	—	—				
	R	0.08	0.02	0.00	0.01				

根据沥青混凝土正交设计试验的马歇尔试验结果，以孔隙率、稳定度、流值、劈裂抗拉强度为考核指标分别进行级差和方差分析。

极差分析见表5.27，由表可知，以孔隙率为考核指标，油石比对孔隙率的影响程度最大，级配指数对孔隙率的影响次之，填料用量对孔隙率影响不显著；以流值为考核指标，油石比对流值的影响程度最大，填料用量对流值影响次之，级配指数对流值影响不显著。以稳定度为考核指标，油石比对稳定度的影响程度最大，填料用量对稳定度影响次之，级配指数对稳定度影响不显著；以劈裂抗拉强度为考核指标，油石比对劈裂抗拉强度的影响程度最大，填料用量级配指数对劈裂抗拉强度影响次之，级配指数对劈裂抗拉强度影响不显著。

方差分析结果见表5.28，由表可知，填料用量因素对孔隙率、流值、马歇尔稳定度三个考核指标无较大影响。

表5.28　　试验结果方差分析表

	方差来源	变动平方和 S	自由度 v	方差 V	F	显著性	临界值
流值	油石比	399.187	2	199.593	34.03	有一定影响	$F_{0.01}(2,2)=99.0$
	填料用量	75.738	2	37.869	6.46	不显著	$F_{0.05}(2,2)=19.0$
	级配指数	11.442	2	5.721	0.98	不显著	$F_{0.10}(2,2)=9.0$
	误差	11.731	2	5.865			
	总和	498.10	8				
	试验误差=		2.42	0.1mm			
	试验成果的离差系数=		4.32	%			
马歇尔稳定度	方差来源	变动平方和 S	自由度 v	方差 V	F	显著性	临界值
	油石比	1.837	2	0.918	37.80	有一定影响	$F_{0.01}(2,2)=99.0$
	填料用量	2.032	2	1.016	41.82	有一定影响	$F_{0.05}(2,2)=19.0$
	级配指数	0.068	2	0.034	1.41	不显著	$F_{0.10}(2,2)=9.0$
	误差	0.049	2	0.024			
	总和	3.99	8				
	试验误差=		0.16	kN			
	试验成果的离差系数=		2.0	%			
孔隙率	方差来源	变动平方和 S	自由度 v	方差 V	F	显著性	临界值
	油石比	0.099	2	0.049	45.80	有一定影响	$F_{0.01}(2,2)=99.0$
	填料用量	0.000	2	0.000	0.02	不显著	$F_{0.05}(2,2)=19.0$
	级配指数	0.011	2	0.005	5.04	不显著	$F_{0.10}(2,2)=9.0$
	误差	0.002	2	0.001			
	总和	0.11	8				
	试验误差=		0.03	%			
	试验成果的离差系数=		2.64	%			

续表

	方差来源	变动平方和 S	自由度 v	方差 V	F	显著性	临界值
劈裂抗拉强度	油石比	0.012	2	0.006	124.81	影响显著	$F_{0.01}(2,2)=99.0$
	填料用量	0.001	2	0.000	10.23	有一定影响	$F_{0.05}(2,2)=19.0$
	级配指数	0.000	2	0.0001	1.23	不显著	$F_{0.10}(2,2)=9.0$
	误差	0.00010	2	0.0000			
	总和	0.01	8				
		试验误差＝	0.01	MPa			
		试验成果的离差系数＝	1.91	%			

2. 配合比复演试验

综合以上试验分析，初步选择级配指数为0.42、沥青用量为6.7%、填料用量为11%的配合比，为心墙下部偏硬的沥青混凝土配合比；考虑心墙的抗震要求，结合配合比设计的极差及方差分析，补充了13号配合比：级配指数0.39、沥青用量7.0%、填料用量13%，为心墙上部30～40m范围内的沥青混凝土配合比。在最终确定优选配合比之前，要进行配合比的复演。复演的沥青混凝土试验结果见表5.29。

表5.29　　沥青混凝土复演试验结果汇总

配合比编号	级配指数	填料用量/%	沥青用量/%	实测密度平均值/(g/cm³)	实测密度最大值/(g/cm³)	马歇尔稳定度/kN	流值/0.1mm	备注
4	0.42	11	6.7	2.42	2.453	8.88	47.4	40℃
				2.42	2.453	7.18	64.9	60℃
13	0.39	13	7.0	2.41	2.439	8.12	52.8	40℃
				2.41	2.439	6.79	69.3	60℃

3. 沥青混凝土单轴压缩试验

沥青混凝土单轴压缩试验在自动控温万能材料试验机上进行，试验采用的加载速率为1mm/min。将制备好的试件在10.5℃恒温室中恒温放置4h，然后进行单轴压缩试验。沥青混凝土试验结果见表5.30，典型的沥青混凝土单轴抗压应力-应变关系曲线如图5.56所示。

表5.30　　沥青混凝土单轴压缩试验成果表

配合比编号	试件编号	密度/(g/cm³)	孔隙率/%	最大抗压强度 σ_{max}/MPa	最大抗压强度时的应变 $\varepsilon_{\sigma max}$/%	受压变形模量/MPa
4号	YS1	2.42	1.24	2.76	4.73	104.67
	YS2	2.42	1.28	2.75	4.76	93.32
	YS3	2.42	1.23	2.86	4.73	90.60
平均值		2.42	1.25	2.79	4.74	96.20

续表

配合比编号	试件编号	密度 /(g/cm³)	孔隙率 /%	最大抗压强度 σ_{max}/MPa	最大抗压强度时的应变 $\varepsilon_{\sigma max}$/%	受压变形模量 /MPa
13号	YS1	2.41	1.12	2.56	5.89	67.12
	YS2	2.41	1.13	2.50	5.92	53.12
	YS3	2.41	1.14	2.62	5.88	58.29
平均值		2.41	1.13	2.56	5.90	59.51

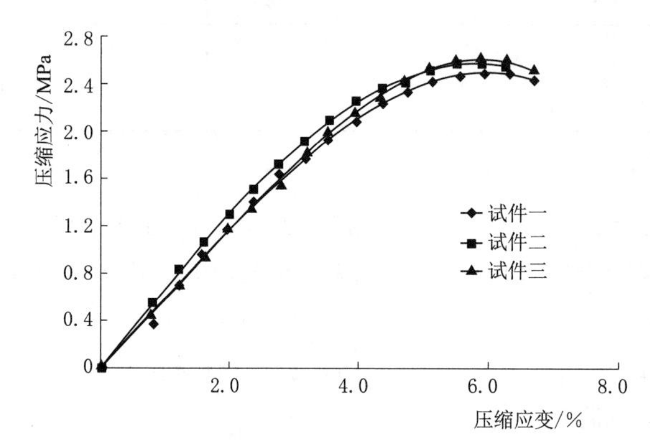

图5.56 典型的沥青混凝土单轴抗压应力-应变关系曲线（13号配合比）

4. 沥青混凝土水稳定性试验

沥青混凝土的水稳定性系数定义为：在60℃的水中浸泡48h试件的抗压强度与另一组试件在20℃的空气中恒温48h直接进行压缩试验的试件抗压强度之比。《土石坝沥青混凝土面板和心墙设计规程》（SL 501—2010）中规定沥青混凝土的水稳定系数应大于0.90。

沥青混凝土水稳定性试验利用自动控温万能材料试验机进行。水稳定性试验是将相同条件下制备好的6个试件分成两组，每组3个试件，分别测定其密度和孔隙率。将其中一组试件（3个）置于60℃的水中浸泡48h后，再在20℃的水中恒温2h，然后进行压缩试验。另一组试件（3个）置于20℃的空气中恒温48h后，直接进行压缩试验。沥青混凝土水稳定性试验结果见表5.31和表5.32，典型的应力应变曲线如图5.57和图5.58所示。

表5.31 沥青混凝土水稳定试验成果表（4号配合比）

试件编号		密度 /(g/cm³)	孔隙率 /%	最大抗压强度 σ_{max}/MPa	σ_{max}平均值 /MPa	水稳定系数 K_w
浸水	SZ1	2.42	1.20	1.63	1.62	0.96
	SZ2	2.42	1.18	1.61		
	SZ3	2.42	1.24	1.62		
未浸水	KQ1	2.42	1.16	1.69	1.69	
	KQ2	2.42	1.24	1.70		
	KQ3	2.42	1.23	1.67		

5. 沥青混凝土小梁弯曲试验

依据《水工沥青混凝土试验规程》（DL/T 5362—2018）方法进行沥青混凝土小梁弯曲试验。将沥青混合料制备成板状试件，用马歇尔标准锤击实，待板式大试件自然冷却后切割成弯曲试件，试件尺寸：250mm×40mm×35mm，测定试件密度，计算孔隙率，将切割好的试件放入恒温箱等待试验。

表 5.32　　沥青混凝土水稳定试验成果表（13 号配合比）

试件编号		密度 /(g/cm³)	孔隙率 /%	最大抗压强度 σ_{max}/MPa	σ_{max}平均值 /MPa	水稳定系数 K_w
浸水	SZ1	2.41	1.20	1.34	1.33	0.93
	SZ2	2.41	1.18	1.33		
	SZ3	2.41	1.18	1.32		
未浸水	KQ1	2.41	1.16	1.43	1.43	
	KQ2	2.41	1.22	1.42		
	KQ3	2.41	1.21	1.44		

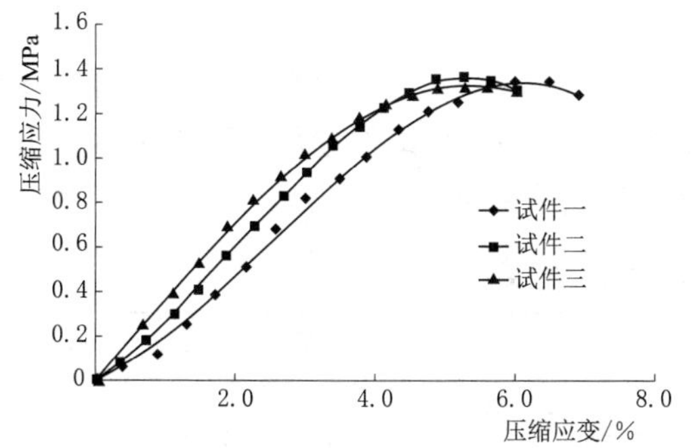

图 5.57　13 号配合比沥青混凝土水稳定试验压缩应力应变曲线（浸水）

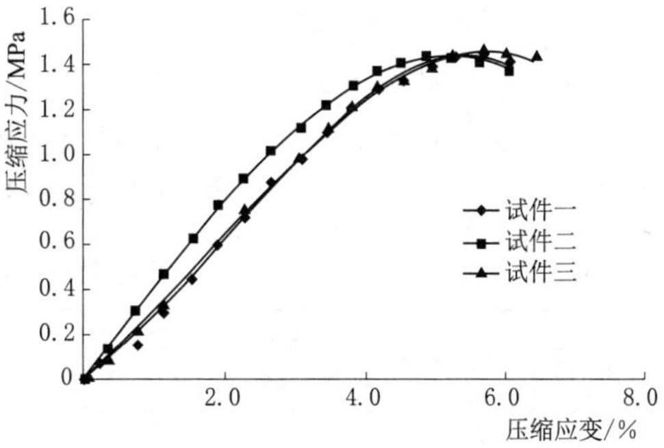

图 5.58　13 号配合比沥青混凝土水稳定试验压缩应力应变曲线（未浸水）

将制备好的试件放在 10.5℃恒温室中，恒温时间不少于 3h，然后进行弯曲试验。试验结果见表 5.33，典型的小梁弯曲试验应力-应变关系曲线如图 5.59 和图 5.60 所示。

表 5.33　　沥青混凝土小梁弯曲试验成果表

配合比编号	试件编号	密度 /(g/cm³)	最大荷载 /N	抗弯强度 /MPa	最大荷载时挠度/mm	最大弯拉应变/%	挠跨比 /%
4 号	WQ1	2.42	269.00	1.441	4.63	2.772	2.32
	WQ1	2.42	272.00	1.469	4.16	4.487	2.08
	WQ1	2.42	284.00	1.515	4.18	2.511	2.09
	平均值	2.42	275.00	1.475	4.32	2.590	2.16
13 号	WQ1	2.41	251.00	1.338	5.09	3.043	2.55
	WQ1	2.41	249.00	1.374	4.62	2.733	2.31
	WQ1	2.41	244.00	1.299	4.69	2.815	2.35
	平均值	2.41	248.00	1.337	4.80	2.864	2.40

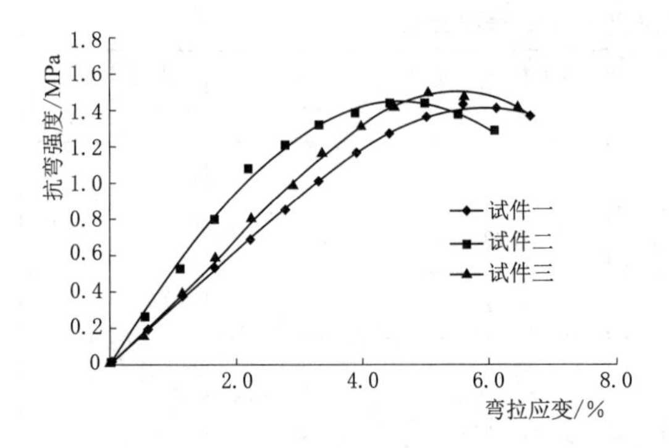

图5.59 4号配合比沥青混凝土小梁弯曲试验应力-应变曲线

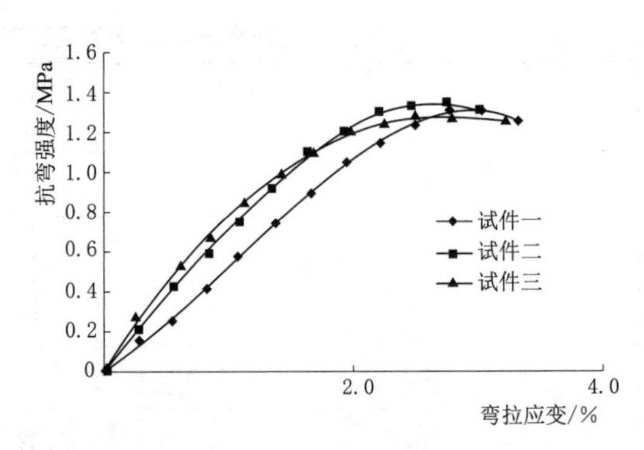

图5.60 13号配合比沥青混凝土小梁弯曲试验应力-应变曲线

6. 沥青混凝土渗透试验

依据《水工沥青混凝土试验规程》(DL/T 5362—2018)，沥青混凝土渗透试验试件采用马歇尔击实仪成型，标准尺寸为Φ101.6mm×63.5mm。将试件进行真孔饱和，采用侧封式变水头渗透仪进行试验。沥青混凝土渗透试验成果见表5.34。

表5.34 沥青混凝土渗透试验成果表

配合比编号	试件编号	密度/(g/cm³)	试验温度/℃	渗透系数/(cm/s)	温度校正系数	标温渗透系数/(cm/s)
4号	ST-1	2.42	20.0	7.92×10^{-9}	1.0	7.92×10^{-9}
	ST-2	2.42	20.0	7.61×10^{-9}	1.0	7.61×10^{-9}
	ST-3	2.42	20.0	8.03×10^{-9}	1.0	8.03×10^{-9}
	平均	2.42	20.0	$(7.61\sim8.03)\times10^{-9}$	1.0	$(7.61\sim8.03)\times10^{-9}$
13号	ST-1	2.41	20.0	7.50×10^{-9}	1.0	7.50×10^{-9}
	ST-2	2.41	20.0	7.19×10^{-9}	1.0	7.19×10^{-9}
	ST-3	2.41	20.0	7.66×10^{-9}	1.0	7.66×10^{-9}
	平均	2.41	20.0	$(7.19\sim7.66)\times10^{-9}$	1.0	$(7.19\sim7.66)\times10^{-9}$

7. 沥青混凝土拉伸试验

按照4号及13号配合比制备尺寸为40mm×40mm×220mm的沥青混凝土板式试件，将试件置于10℃的环境中恒温4小时。然后在10.5℃条件下进行拉伸试验，变形速度按应变的1%(2.2mm/min)速率控制，通过采集试验过程中试件的受力和变形，由试件面积和长度计算出试件的抗拉强度和拉应变。拉伸试验成果见表5.35。

8. 沥青混凝土静三轴试验

依据《水工沥青混凝土试验规程》(DL/T 5362—2018)，利用沥青混凝土三轴试模成型试样，试模尺寸Φ100mm×250mm，对试样进行三轴压缩试验。整个试验过程保持室温恒定在10.5℃±0.5℃。轴向力采用荷载传感器量测、轴向变形采用伺服电机控制，体积变形由体变缸量测。

表 5.35　　　　沥青混凝土拉伸试验成果表

配合比编号	试件编号	密度 /(g/cm³)	孔隙率 /%	抗拉强度 /MPa	抗拉强度对应的拉应变 /%
4号	LS-1	2.42	1.29	0.48	1.60
	LS-2	2.42	1.37	0.46	1.55
	LS-3	2.42	1.23	0.47	1.35
	平均	2.42	1.30	0.47	1.50
13号	LS-1	2.41	1.18	0.42	1.77
	LS-2	2.41	1.26	0.42	1.81
	LS-3	2.41	1.16	0.42	1.79
	平均	2.41	1.20	0.42	1.79

将制备好的试件在10.5℃下恒温4h以上，然后进行试验。每种配比的沥青混凝土分别进行0.4MPa、0.8MPa、1.2MPa、1.6MPa四个围压的三轴试验，每个围压做三个试件，试验结果取其平均值，沥青混凝土静三轴试验成果见表5.36。沥青混凝土材料的主应力差（$\sigma_1-\sigma_3$）与体应变ε_v与ε_1之间关系试验结果分别如图5.61和图5.62所示。

表 5.36　　　　沥青混凝土静三轴试验成果表

配合比编号	围压 σ_3 /MPa	密度 /(g/cm³)	最大偏应力 $(\sigma_1-\sigma_3)f$ /MPa	最大偏应力时对应的轴向应变 ε_{1max}/%	最大压缩体应变 ε_v /%	最大压缩体应变时的应力 $(\sigma_1-\sigma_3)$ /MPa	最大压缩体应变时的轴应变 ε_1/%
4号	0.4	2.41	2.168	7.513	−0.0683	1.121	2.628
	0.8	2.42	2.810	8.998	−0.0904	1.540	2.959
	1.2	2.42	3.444	10.034	−0.1105	1.839	3.390
	1.6	2.42	4.148	12.369	−0.1244	1.999	3.562
13号	0.4	2.41	1.882	8.466	−0.0715	0.729	2.692
	0.8	2.41	2.550	10.747	−0.0892	1.027	3.016
	1.2	2.41	3.230	12.989	−0.1048	1.432	3.733
	1.6	2.41	3.890	14.879	−0.1262	2.031	4.483

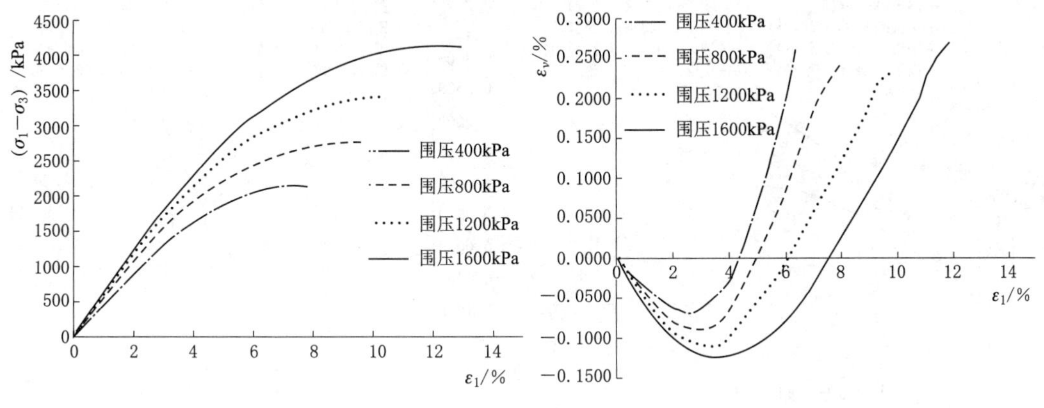

（a）主应力差与轴向应变关系曲线　　（b）体应变与轴向应变关系曲线

图 5.61　4号配合比沥青混凝土静三轴试验结果

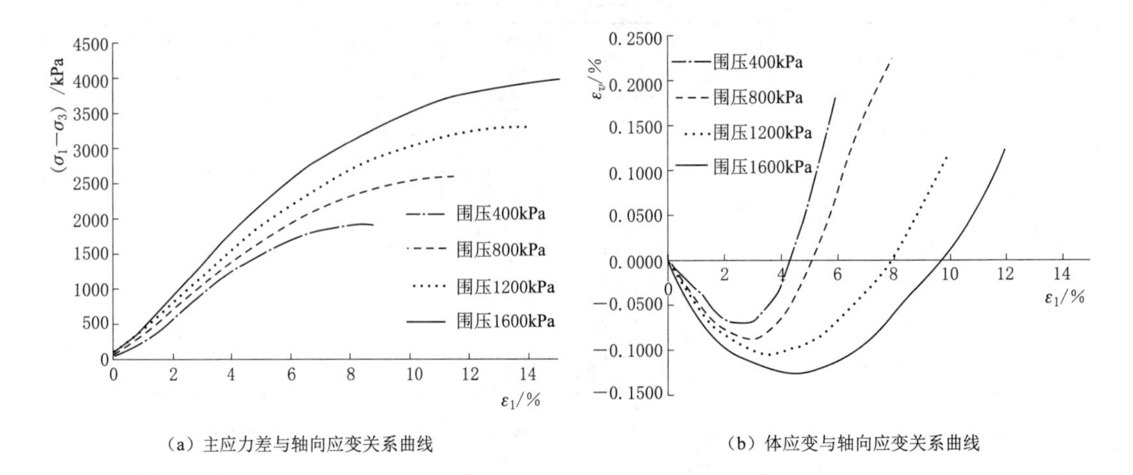

（a）主应力差与轴向应变关系曲线　（b）体应变与轴向应变关系曲线

图 5.62　13 号配合比沥青混凝土静三轴试验结果

将试验整理出的模型参数 K、n、R_f、C、Φ 代入 $E-\mu$ 双曲线模型中，可得到理论主应力差（$\sigma_1-\sigma_3$）与轴向应变 ε_1 关系曲线，同时将参数中 G、F、D 代入理论公式计算出相应的体应变 ε_v。经过对模型参数进行必要修正，以试验曲线为真值，将理论曲线与试验曲线进行对比，拟合较好时对应的参数为试验修正参数，得到修正后 $E-\mu$ 模型参数，见表 5.37。修正后的 $E-\mu$ 模型主应力差与轴向应变关系曲线及修正后 $E-\mu$ 模型体应变与轴向应变关系曲线，如图 5.63 和图 5.64 所示。

表 5.37　修正后 $E-\mu$ 模型参数表

配比编号	密度 /(g/cm³)	模量指数 n	模量系数 K	破坏比 R_f	凝聚力 C/MPa	摩擦角 Φ/(°)	非线性系数		
							G	F	D
4 号	2.42	0.21	427	0.44	0.469	26.7	0.51	0.04	0.43
13 号	2.41	0.18	339	0.44	0.374	27.0	0.51	0.04	0.44

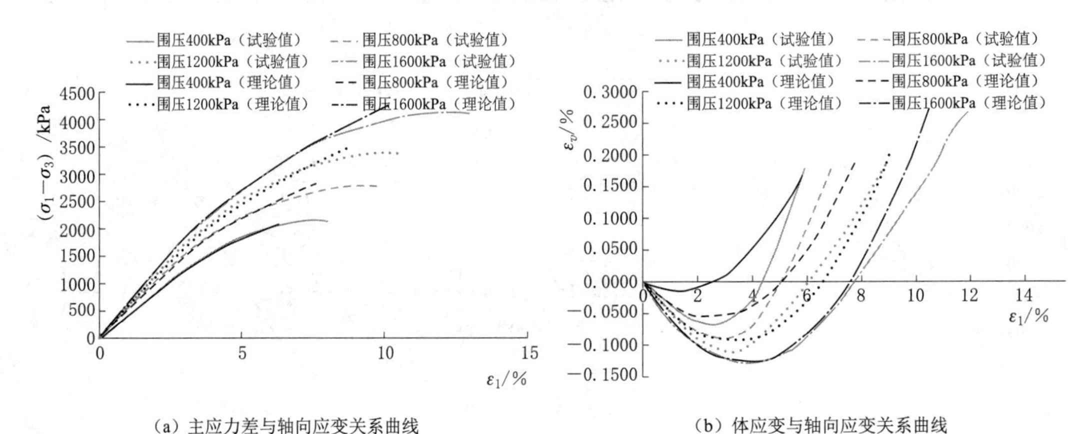

（a）主应力差与轴向应变关系曲线　（b）体应变与轴向应变关系曲线

图 5.63　4 号配合比沥青混凝土修正后 $E-\mu$ 模型应力应变曲线图

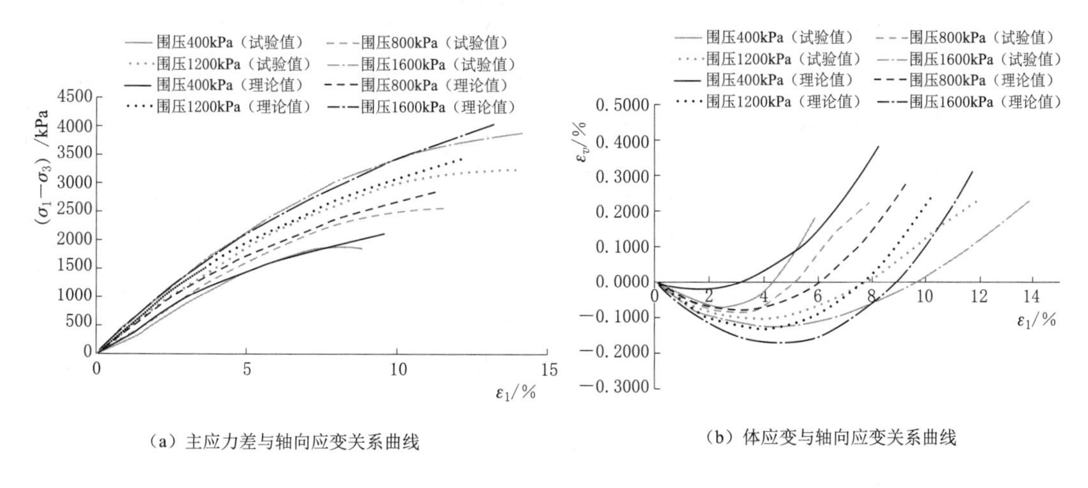

图 5.64 13 号配合比沥青混凝土修正后 $E-\mu$ 模型应力应变曲线图

9. 沥青混凝土动三轴试验

对推荐的配合比进行动模量和阻尼比试验，提供动模量及阻尼比随动应变的变化规律。试件成型方法与静三轴试件成型方法相同，试件尺寸为 ϕ80mm×160mm，试验温度为 10.5℃。

动模量与阻尼比试验在大型动三轴仪上进行，应力、应变由传感器经电子量测-控制系统测量，通过计算机采集数据。先施加静荷，即在试件的侧向和轴向施加一定的侧向压力 σ_3 和轴向压力 σ_1。施加的压力 σ_3 和 σ_1 由选取的固结比确定，用标准压力表读数控制。试件在偏压固结 1 个小时后，对每个试件分级施加逐级增长的动应力，每级振动 10 次，振动频率为 1Hz。为了测试不同固结比、不同围压条件下的动模量、阻尼比的变化规律，根据新疆南部地区相关水利工程经验，分别对 4 号配合比和 13 号配合比进行了 3 个固结比（K_c=1.5、1.8、2.1）、3 个围压（σ_3=0.2MPa、0.6MPa、1.0MPa）条件下的动力试验。

（1）动模量。根据试验数据作出动应力、动应变过程曲线。按弹性应变和动应力作出 $\sigma_d-\varepsilon_d$ 关系曲线。继而根据试验结果整理出不同动应变 ε_d 时的动模量 E_d，作出 $E_d-\varepsilon_d$ 和 $1/E_d-\varepsilon_d$ 关系曲线。对试验结果进行数据统计分析与拟合回归，得到不同配合比及固结比条件下的最大剪切模量 $G_{d_{\max}}$ 和参考应变 r，见表 5.38 中相关内容，典型的试验曲线如图 5.65、图 5.66 所示。

另外通过将不同围压条件下的剪切模量 G 和剪切应变 d 按其相应的最大剪切模量 $G_{d_{\max}}$ 和参考应变 r 进行归一化处理，得到沥青混凝土的 $G_d/G_{d_{\max}}-d/r$ 关系，可计算得到动剪应变 d 和最大动剪切模量 $G_{d_{\max}}$，以及不同动剪应变 d 对应的动剪切模量 G_d。

（2）阻尼比。从动应力、动应变过程曲线中选择具有代表性的波形周期，可作动应力-动应变滞回曲线，通过滞回圈的面积 A 及骨干曲线（$\sigma_{dm}-\varepsilon_{dm}$ 曲线）和 x 轴所围成的三角形面积 A_s，可算得阻尼比 l_d。

表 5.38　　　　沥青混凝土动三轴试验结果表

配合比编号	固结比 K	围压 σ_3 /MPa	试验常数 a /10^{-4}MPa	试验常数 b /MPa	最大动模量 $E_{d_{max}}$ /MPa	最大动应力 $\sigma_{d_{max}}$ /MPa	模量数 K	模量指数 n	最大动剪模量 $G_{d_{max}}$ /MPa	参考应变 γ_r /10^{-3}
4号	1.5	0.2	6.74	0.0368	1484	27.17	10351	0.56	522.1169	26.02
		0.6	4.45	0.0471	2247	21.23			761.7771	13.94
		1.0	3.09	0.0622	3236	16.08			1247.474	6.44
	1.8	0.2	6.24	0.0445	1603	22.47	10936	0.54	469.9712	23.91
		0.6	4.29	0.0568	2331	17.61			597.6643	14.73
		1.0	2.98	0.0589	3356	16.98			1308.922	6.49
	2.1	0.2	6.84	0.0308	1462	32.47	8035	0.73	473.5633	34.28
		0.6	4.97	0.0331	2012	30.21			604.467	24.99
		1.0	2.49	0.0415	4016	24.10			1007.445	11.96
13号	1.5	0.2	7.12	0.0850	1404	11.76	929	0.31	522.1169	11.27
		0.6	4.88	0.0738	2049	13.55			761.7771	8.89
		1.0	2.98	0.0600	3356	16.67			1247.474	6.68
	1.8	0.2	7.91	0.0684	1264	14.62	8147	0.55	469.9712	15.55
		0.6	6.22	0.0431	1608	23.20			597.6643	19.41
		1.0	2.84	0.0446	3521	22.42			1308.969	8.56
	2.1	0.2	7.85	0.0407	1274	24.57	7194	0.71	473.5633	25.94
		0.6	6.15	0.0336	1626	29.76			604.467	24.62
		1.0	3.69	0.0376	2710	26.60			1007.445	13.20

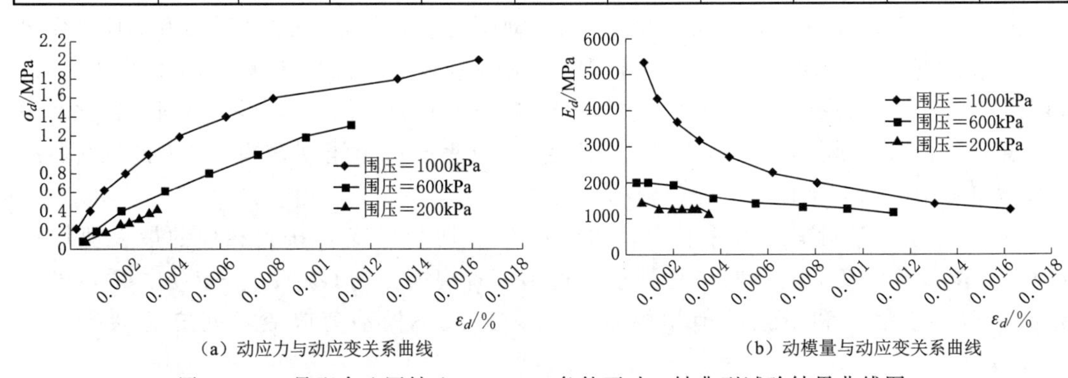

图 5.65　4号配合比固结比 $K_c=2.1$ 条件下动三轴典型试验结果曲线图

滞回圈面积的大小反映了加载、卸载过程中试件能量损失的大小，也反映了阻尼比 λ 的大小；滞回圈的平均斜率反映了动弹性模量 E_d 的大小。计算得出的不同固结比不同围

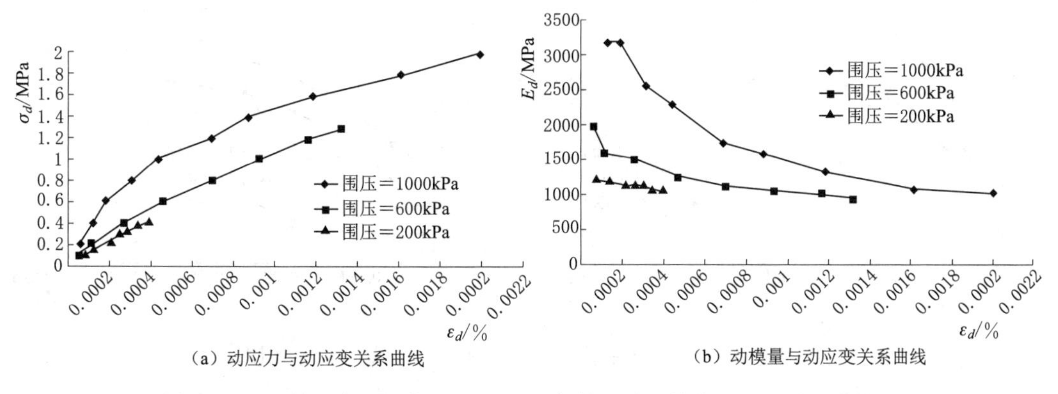

（a）动应力与动应变关系曲线　　（b）动模量与动应变关系曲线

图 5.66　13 号配合比固结比 $K_c=2.1$ 条件下动三轴典型试验结果曲线图

压条件下的阻尼比及平均值见表 5.39，阻尼比与动应变关系曲线如图 5.67、图 5.68 所示。

表 5.39　　不同条件下的阻尼比及平均值

配合比编号	固结比 K_c	围压 σ_3/MPa	阻尼比 l_d	平均阻尼比 l_d
4 号	1.5	0.2	0.1341	0.1337
		0.6	0.1278	
		1.0	0.1221	
	1.8	0.2	0.1389	
		0.6	0.1348	
		1.0	0.1296	
	2.1	0.2	0.1392	
		0.6	0.1399	
		1.0	0.1366	
13 号	1.5	0.2	0.1424	0.1549
		0.6	0.1452	
		1.0	0.1354	
	1.8	0.2	0.1696	
		0.6	0.1666	
		1.0	0.1578	
	2.1	0.2	0.1567	
		0.6	0.1654	
		1.0	0.1546	

由试验结果可看出，阻尼比随着动应力振幅的增大呈减小趋势，13 号配合比的阻尼比普遍大于 4 号配合比的阻尼比。

5.2.4.3　大石门水利枢纽工程的沥青混凝土心墙配合比应用范围

对于大石门水利枢纽工程的沥青混凝土心墙，从防渗、变形、抗震、强度、施工、耐

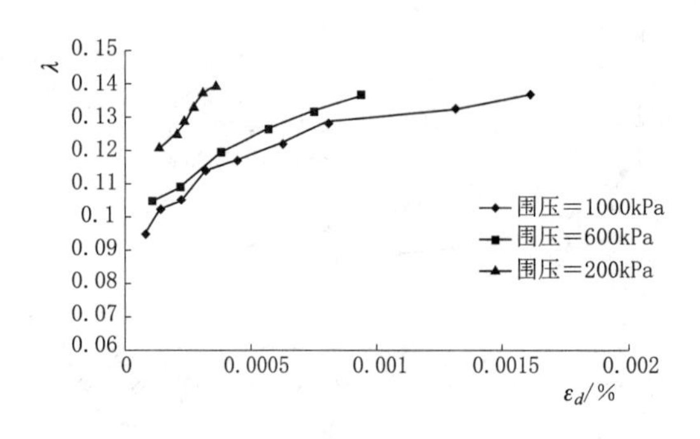

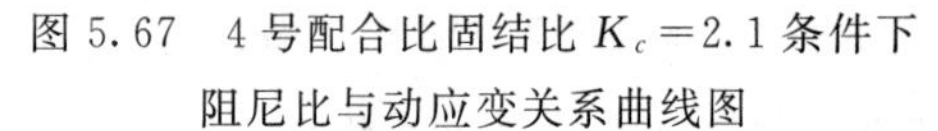
图5.67　4号配合比固结比 $K_c=2.1$ 条件下阻尼比与动应变关系曲线图

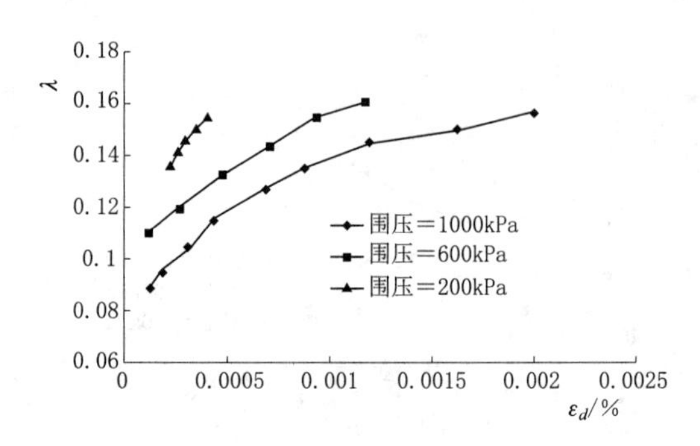

图5.68　13号配合比固结比 $K_c=2.1$ 条件下阻尼比与动应变关系曲线图

久性和经济性等方面考虑，推荐的沥青混凝土标准配合比是：4号配合比（骨料最大粒径19mm、级配指数为0.42、沥青用量为6.7%、填料用量为11%）和13号配合比（级配指数为0.39、沥青用量为7.0%、填料用量为13%），推荐配合比为碾压沥青混凝土心墙基础配合比，见表5.40。

表5.40　　　　实验室推荐的沥青混凝土配合比

配合比种类	矿料级配筛孔尺寸/mm											沥青用量（油石）/%
	19	16	13.2	9.5	4.75	2.36	1.18	0.6	0.3	0.15	0.075	
	通过量百分率/%											
设计配合比	100.00	93.13	86.01	75.08	56.46	42.43	32.05	24.46	18.62	14.26	11.00	6.7
4号配合比	100.00	97.80	88.95	73.44	56.40	44.01	30.78	23.51	15.29	12.85	11.01	6.7
设计配合比	100.00	93.62	86.98	76.70	58.92	45.25	34.92	27.20	21.15	16.53	13.00	7.0
13号配合比	100.00	97.94	89.66	75.16	58.90	47.21	33.51	25.98	17.46	14.93	13.03	7.0

沥青混凝土心墙正式施工前，施工单位应根据现场各级矿料的级配情况和碾压试验确定施工配合比。结合新疆大石门水利枢纽工程施工环境及施工条件，在实际沥青混凝土填筑施工过程中，还需要着重控制：

（1）施工中各种原材料不得随意变动，加强各种矿质材料（热料）级配的检测，及时进行矿料合成级配的调整，严格准确的执行确定的施工配合比。

（2）原材料（冷料）中粗、细骨料必须严格按照规范中2.36mm为界限的要求进行分级。现场实验室应对矿料中细骨料（0.075～2.36mm）中的石粉含量控制在施工规范允许范围内，预防原材料（冷料）的级配发生较大变化。

（3）沥青混合料的每层摊铺厚度不得超过30cm，入仓温度宜控制在160℃±5℃，碾压温度宜控制在120～140℃。

（4）加强施工过程中沥青三大指标稳定性检验，严格执行沥青用量允许偏差为±0.3%的规定。

（5）注意沥青混凝土碾压后仓面的质量检测，按施工规范进行密度、孔隙率、渗气性现场试验，若发现问题需及时处理。

（6）施工单位需对碾压后的沥青混凝土心墙钻芯取样，及时按规定进行抽提试验，包括孔隙率、密度、渗透、马歇尔、水稳定性、小梁弯曲、三轴等试验，严格控制沥青混凝土填筑碾压施工质量。

5.3 大坝填筑施工过程精细化智能监控系统

5.3.1 大坝坝壳填筑施工过程控制要点

质量控制工作需要依据相关的规范、规程进行，需要质量控制工作人员熟悉坝料选择、坝体分区设计和施工等国家和行业相关规范，包括《水利水电工程天然建筑材料勘察规程》（SL 251—2015）、《碾压式土石坝设计规范》（SL 274—2020）、《碾压式土石坝施工技术规范》（DL/T 5129—2013）等。质量控制技术工作者也需要对工程建设项目设计文件等有良好的认识和把握，包括设计级配包线，设计压实指标和推荐的施工碾压参数以及施工工艺等，这是进行施工过程控制应关注的关键要点。总的来说，进行大坝坝壳填筑施工过程控制主要包括料场开采质量控制、施工工艺质量控制及干密度检测质量控制等几个关键点。

5.3.1.1 料场开采质量控制

砂砾料的压实特性具有级配相关性，要获得较好的压实效果，通常要求上坝填筑级配较好。对于上坝砂砾料，可以结合设计级配包线进行控制。具体实施上，可以从料场到上坝两个环节进行双重质量控制，保证上坝砂砾料级配在设计级配包线范围之内。

在开采坝料时，首先要确保开采区域在勘察单位提供的料场复核及开采区域内。开采时可以按照两种情况进行开采，即台地开采和水下部位开采。对于已提交的开采区域，在开采施工前要求施工单位按照勘察单位提供的复勘报告进行料场级配复核，做好现场开采规划。开采过程中现场质量控制人员要加强对料场的动态控制，开采时首先清除料场表层的杂物，如生活垃圾、树根、草皮等。可以使用推土机及挖掘机清除表面覆盖层的杂物，对于清除的杂物，要按照施工单位的料场规划要求统一堆放在规定的位置，这样才能真正地保证料场的质量控制措施落实到位。

此外，要按照相关的设计文件、规范的要求，做好开采过程相应的质量控制工作。如应在开采过程目测或手动触感砂砾料的含泥量、颗粒的级配、粒径的大小，若怀疑含泥量过大时应立即从现场取样送到实验室进行含泥量试验。根据勘察单位提供的复勘结果，部分开采区域存在泥土夹层，现场质量控制人员如发现此情形应立即停止开挖，进行清理后再开挖，并记录好夹层的深度及厚度。

在采取开采方式方面，最好采用立面混合方式，这样可以使砂砾料实现较合理的级配，以保证不同粒组砂砾料含量的比例合理，确保其能一次性达到较好的级配，进而实现好的碾压效果，提高施工质量。部分开采过程的细颗粒含量过少，可以采用把粗、细不同的砂砾料进行混合装车的方式，同时要求现场卸料过后进行混掺，以保证砂砾料级配合理。开采过程很难避免砂砾料粒径过大或超径块石过于集中的问题，可在装运过程利用挖掘机把超径块石进行排除。

总的来说，在料场的开采过程中，现场质量控制人员对施工单位料场开采进行全过程监控，严格控制砂砾料开采的质量，从料源控制的角度保证上坝砂砾料不超出设计级配包线，满足设计级配要求，如确保小于0.075mm颗粒含量不能超过5%，砂砾料含泥量宜小于5%，如发现施工单位开采的砂砾料不符合设计、规范的相关要求，现场质量控制人员及时采取有效的措施对施工单位开采的不合理砂砾料进行处理，确保符合设计、规范相关的要求才能继续进行开采。

5.3.1.2　施工工艺质量控制

施工工艺质量控制主要涉及两个方面的内容：一是要保证上坝砂砾料的级配满足设计包线的要求，通过上坝坝料的检测，避免由于上坝料不满足设计级配要求而造成碾压不合格的情况出现；二是要确保碾压参数能够完全达标，包括铺料厚度、充分洒水，振动碾吨位、行驶速度、振动强度，碾压遍数和搭接宽度等。

(1) 测量放线。填筑过程中，质量控制人员严格按照填筑料单元测量放线，各单元采用白灰画线标识，使用GPS控制“贴饼”的厚度及定点测量，以便现场质量控制人员和质检人员进行层厚控制。参照建议的碾压施工参数铺厚80cm，控制砂卵（砾）石料分层填筑厚度70cm。

(2) 卸料。运输卸料时，上坝料采用进占法的卸料方式，符合施工规范和设计要求。但是由于砂砾料具有无黏聚性，在卸料过程中，容易发生粗、细料分离，形成粗颗粒聚集或细颗料聚集的情况。卸料时如果有砂砾料的颗粒分离，应采用挖掘机拌匀之后才能摊铺。

(3) 摊铺。砂砾料的摊铺过程中，由于大坝填筑面积大，每个作业队配备两台推土机以满足摊铺要求。摊铺中，现场质量控制人员按照已批复试验成果，合理控制铺料的厚度和摊铺边线。在填筑坝面时，现场质量控制人员联合质检人员检查填筑层的质量，同时派专人利用GPS随时测量填筑料厚度与平整度，最大厚度偏差为层厚±10%。摊铺使用推土机平料，从料堆一侧沿平行于坝轴线方向推料。如果摊铺过程中发现超厚、骨料集中、超径石块等问题，采用挖掘机把骨料集中部分进行掺合，把超径石块清除，将超厚部分推薄。达到相关的要求时，才能进行后续的工序，否则应采取相应的处理措施，直到达到要求为止。

(4) 洒水。砂砾料压实性受含水状态影响很大。按照碾压试验的成果，洒水与不洒水相比，洒水的效果是非常明显的，说明控制好洒水质量很重要。在施工中一定要控制好洒水质量，保证洒水量和洒水的均匀性。按照建议的碾压施工参数，砂砾料碾压之前要按体积含水率10%的比例进行洒水。开采过程分台地开采和水下开采。采取的加水措施为在坝体上游设置两处加水点，按照自卸汽车的拉运方量控制加水量，用于上坝前进行加水量控制。在进行碾压之前，填筑表层先洒一次水，在后面碾压的同时还要进行洒水，在施工过程的现场质量控制应对洒水质量予以高度重视，否则就会影响整个工程的质量。对于加水设备的灵活度，也要进行良好的控制，要控制好整个碾压的工作面。

(5) 碾压。填筑碾压时分段分层，上下层的分段接缝位置要错开。分段碾压时，相邻作业面的搭接碾压宽度，平行坝轴线方向不应小于0.5m；垂直坝轴线方向为1～1.5m。振动碾压作业采用进退错距法，碾迹搭压宽度不小于20cm。砂砾料填筑区碾压主要采用26t振动碾，机械碾压时控制行车速度在3km/h以内。山体、检测管部位填料因大型振动碾不便作业，应采用小型设备夯实。现场碾压时，现场质量控制要做到对每层进行相应的检查，确保没有因骨料集中、含泥量过大而出现橡皮土等不符合要求的现象出现。同时应对所有的结合面进行检查，确保碾压质量符合相关标准。对碾压机具应进行合理的控制，确保碾压边线到位，如反滤料与砂砾料相邻的两个工作面，按照试验成果要求进行骑缝碾压，要对大型设备碾压不到位的地方进行旁站夯实处理。

5.3.1.3 干密度检测质量控制

现场干密度检测采用的钢环直径为150m、高度为20cm。取样坑深度为碾压层厚度。在选择取样点时，应选择相对平整的区域作为取样坑开挖点。放置钢环时，对重量较轻的钢环需要用沙袋等重物将其固定，以防在取样试验过程中造成钢环移位。采用的塑料薄膜应有较好的柔韧度，在将塑料布放置钢环中时，要求塑料薄膜与钢环内壁贴合紧密，然后将经过称量的水倒入环内，待水位稳定后在钢环标记好的位置用角尺测记环内水位高度，完毕后将水和塑料布移除。之后，在环内开始开挖取样。试坑开挖应从环内中心开始，逐步扩挖至要求的直径大小，试坑内所有开挖料均应进行称量。试坑开挖基本完成后，尤其要注意须将四壁及坑底已经松动的取样料清除并称量。挖坑过程中需对土料进行取样，并测量其含水率。在开挖好的取样试坑内重新放入塑料布，然后将称量后的水倒入试验坑中，应尽可能使塑料布与取样试坑四壁贴合紧密。等水位稳定后测量环内水位高度，调整加水量使其水位与挖坑前标记处量测的水位高度一致。

试坑开挖时，要求试坑直径为设计级配最大粒径的3～5倍，试坑开挖深度与碾压层厚度相当。大石门枢纽工程设计平均级配最大粒径为400mm，试坑开挖直径不能小于1.2m，开挖深度为70cm。此外，试坑坑底及坑壁浮土可能导致测量的试坑体积小于实际值，采用的塑料薄膜过厚或柔韧度不够也会导致测量的试坑体积小于实际值，造成测量干密度比实际干密度大，偏于不安全。在试验过程中，应注意试坑开挖深度和开挖直径是否满足要求，注意坑壁和坑底浮土的清理和压实平整，选择较薄、柔韧度满足要求的塑料薄膜。此外，灌水法测量水位时，应保证前后两次测水位点在同一个位置。

试坑内挖出砂砾料要全部进行称量，并进行筛分。对试坑开挖砂砾料进行筛分时，注意要筛分干净，避免小粒径粒组料混入上一级相邻大粒组中。筛分过后对不同粒组进行称重，称重的同时取样进行含水率检测，进而确定不同粒组含水率值，确定相应粒组料的重量。

5.3.1.4 检测结果的评估

根据试坑开挖确定的干密度及相应的级配，将试坑检测干密度与相应级配含砾量点绘于设计压实干密度与含砾量关系图上。若点分布在图中曲线的上方，则说明压实质量满足设计填筑指标要求。反之，则说明压实质量不满足要求，应查找原因并进行相应的补救措施，确保坝体压实质量满足设计填筑指标控制要求。

5.3.2 沥青混凝土心墙施工过程质量控制要点

5.3.2.1 骨料的储存

沥青混凝土粗细骨料经下库砂石生产系统破碎加工，经品质检验合格后，运输至上库拌和楼灰岩骨料仓内进行堆存。上库现有两个灰岩料仓，一个现用，另一个备用，总堆存量为1000m³。不同粒径组的骨料在灰岩骨料仓内分别堆存，并用隔墙分开，防止混杂。防雨、排水设置布置良好，可有效控制骨料加热前的含水率。

过渡料经下库砂石生产系统进行加工掺配，自卸汽车运输至上库主坝坝前或进出水口左侧坝体填筑料中转堆存料场进行堆存备用。严格控制过渡料生产质量，经加工掺配合格后方可使用，过渡料堆存、转运过程中应注意产生分离，如发生分离，可用反铲挖掘机适当拌和均匀。

5.3.2.2 沥青熔化、加热及恒温

沥青采用克拉玛依SG70号水工沥青，采用专用沥青散装运输罐车运输至工地，经罐车自身加热后泵送至拌和楼沥青储罐内储存。

熔化：通过液压自动翻转装置送进沥青熔化、脱水、加热联合装置，以导热油为介质来加热熔化，确保加热均匀和温度控制，防止沥青过热老化。

脱水：沥青脱水温度控制在110～130℃，配有打泡和脱水装置，使水分汽化溢出，防止热沥青溢沸。经脱水后，沥青含水率应低于2‰。

加热：沥青熔化、脱水一定时间后，继续加热，储存待用的沥青，恒温温度控制在140℃以内，沥青在使用前加热至150～165℃，低温季节取上限值，高温季节取下限值。

沥青恒温控制：沥青恒温温度必须控制在140℃以内，加热上限温度要严格控制。沥青加热至规定温度后，持续恒温储存待用。恒温时间不宜超过72h，以防沥青老化。

沥青输送：沥青从恒温罐至拌和楼采用外部保温的双层管道输送，内管与外管间通导热油保温，避免沥青在输送过程中凝固堵塞管道。

5.3.2.3 沥青混合料制备

沥青混合料拌制采用LQY-40型间歇式强制搅拌系统进行制备，其制备工艺流程如图5.69所示。

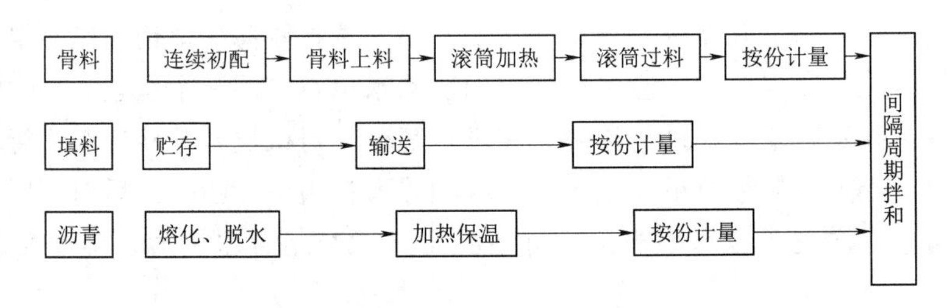

图5.69 沥青混合料制备工艺流程图

沥青混合料配料：现场沥青实验室根据设计的配合比，结合沥青混合料矿料的级配、超逊径进行施工配料计算，确定每一盘沥青混合料的各种材料用量，并签发“沥青混合料施工配料单”。骨料及沥青应按重量计算配料，各种材料均以干燥为基准。“沥青混合料施工配料单”经监理工程师审核，签字认可后，方可实施。

拌和楼配料称量误差必须控制在设计允许范围内，沥青混合料的配合比配料误差控制指标为：粗骨料±5%；细骨料±3%；沥青±0.3%；填料±1%。

结合类似工程施工经验、规范要求并经现场铺筑试验验证，最终确定沥青混合料投料顺序及拌和时间如下：

粗骨料/细骨料→填料$\xrightarrow{\text{干拌 15s}}$沥青$\xrightarrow{\text{湿拌 70s}}$沥青混合料

拌出的沥青混合料要求拌和均匀，沥青裹覆骨料良好，确保色泽均匀，稀稠一致，无花白料、黄烟及其他异常现象，卸料时不产生离析。

混合料温度控制在150～170℃，确保其经过运输、摊铺等热量损失后的温度能满足沥青混凝土施工温度要求。

5.3.2.4 沥青混合料及过渡料运输

1. 沥青混合料运输

沥青混合料使用8t保温汽车水平运输至施工部位后，通过ZL50装载机改装后的上料机，由上料机转运至摊铺机料斗内或直接卸入仓面。沥青混合料出口处自由下落高度严格控制在1.5m以内。

由于拌和楼与沥青混凝土心墙距离较近，运输过程仅需5min左右，能保证沥青混合料运输过程中温度损失控制在允许范围内。在装料、运输、卸料过程中，沥青混合料性能状态必须保持稳定良好，不得发生漏料、分层与离析现象。运输设备必须保证沥青混合料的运输质量，保证沥青混合料连续、均匀、快速及时地从拌和楼运至铺筑部位。

在任何时候、任何情况下，沥青混凝土心墙都不允许承受横跨心墙的荷载作用。若有车辆、人员或其他设备要横跨沥青混凝土心墙时，设置横跨心墙的可移动式栈桥。

2. 过渡料运输

采用20t自卸汽车进行过渡料运输，反铲挖掘机配合装运，过渡料卸运在心墙两侧过渡料铺筑范围以外、均匀堆置。由反铲挖掘机挖装转运至摊铺机料斗内或直接挖装至过渡料铺筑范围内，人工配合反铲挖掘机进行摊铺、平整。过渡料装运、卸料过程应注意防止过渡料分离。

5.3.2.5 沥青混合料及过渡料铺筑

沥青混凝土心墙采用水平分层，全轴线不分段一次摊铺碾压的施工方法。

碾压式沥青混凝土心墙分层施工厚度为：摊铺厚度控制为28cm，碾压压实后的厚度为24cm左右。过渡料摊铺厚度层面低于心墙2cm。心墙和过渡料碾压后，沥青混凝土心墙高出两侧过渡料2～3cm。

沥青混合料及过渡料铺筑分人工铺筑和机械铺筑两种方式。其中沥青混凝土心墙第一层及岸坡结合部位、摊铺机作业范围以外的部位采用人工铺筑，其余均采用机械铺筑。

1. 人工铺筑

人工铺筑作业流程：施工准备→测量放线→立模→两侧过渡料同步摊铺→层面处理→沥青混合料的摊铺→拆模→过渡层的初碾→沥青混合料的初碾→沥青混合料和过渡层材料的同步碾压→终碾。

2. 机械铺筑

机械摊铺采用沥青混凝土心墙专用联合摊铺机，该设备可同时摊铺沥青混合料和沥青混凝土心墙两侧过渡料。

机械铺筑作业流程与人工铺筑作业流程相同。

5.3.2.6 沥青混合料及过渡料碾压

沥青混凝土心墙碾压设备目前一般采用振动碾进行，在碾压施工中需要对沥青混凝土碾压工艺进行严格控制，包括碾压遍数，每遍的碾压振动频率、碾压速度等，保证碾压施工质量。

碾压顺序为先静碾过渡料2遍→静碾沥青混合料2遍→再同时对沥青混合料和过渡料动碾8遍、10遍→再静碾沥青混合料及过渡料2遍，动碾时3台振动碾呈“品”字形进行，过渡料振动碾在前，心墙振动碾在后。振动碾行走速度均控制为20～30m/min，前后两段交接处应重叠碾压30～50cm。碾压时振动碾不得急刹车或横跨心墙行走。

5.3.3　大坝填筑施工过程精细化智能监控系统

5.3.3.1　大坝填筑施工过程精细化智能监控系统的主要内容

针对大石门水利枢纽大坝设计及建设方案，利用先进的北斗高精度导航定位技术及实时信息化数据处理技术，建立新疆大石门水利枢纽工程大坝填筑施工过程精细化智能监控系统，对大坝填筑施工进行实时智能化的控制。

利用大坝填筑施工过程精细化智能监控系统，能够从根本上保证大坝填筑质量，提高工程建设施工过程中大坝填筑管理水平，为工程健康可靠运行提供重要的技术保障；另外，结合大坝填筑施工过程精细化智能监控系统的应用，实现大坝填筑分层分仓的精细化施工管理，大大提高土石坝填筑施工效率，同时取得明显的经济效益；第三个方面，利用大坝填筑施工过程精细化智能监控系统，有效地加强监理、管理单位对工程施工过程的监管力度，保证大坝填筑施工过程严格按照制定的施工参数进行，实现大坝填筑施工的过程随时、远程、智能监控，大大提高水利工程建设科技含量与信息化水平。

根据碾压试验阶段确定大坝填筑碾压施工过程控制参数，在大坝碾压施工机械上安装高精度北斗定位系统以及振动传感器等，对大坝碾压施工过程实现实时监控，主要监控的指标为碾压遍数、碾压速度、碾压轨迹、碾压机械振动状态，并且对已经施工结束的区域进行质量分析、碾压施工过程进行施工回放，再现施工过程，以及对已经建立的大坝模型进行任意平行于坝轴线与垂直于坝轴线的施工质量剖面分析，实时了解大坝填筑形象。

待构建的大坝填筑施工过程精细化智能监控系统主要有硬件、软件以及数据交互与传输网络系统三个部分，根据目前大石门水利枢纽工程的硬件设备、网络条件等现状，主要的实施内容有以下几个部分：

（1）大坝碾压填筑施工机械的硬件维护、安装及调试。本项目中，所采用的施工机械上安装的定位接收机等硬件，是从新疆奴尔水利枢纽工程中拆回的旧设备，对旧设备保养维护后进行安装调试。

（2）针对大石门水利枢纽工程坝址区GPRS信号情况，采用经济合理的数据传输模式。通过大坝施工区域局域网的建设，保证土石坝施工过程中施工信息的实时采集与传输，保证大坝施工过程能够实现实时监控。

（3）编制开发大石门水利枢纽大坝填筑施工过程精细化智能监控系统，为工程实际施工过程中的现场管理与质量控制提供重要的管理平台与技术手段。主要的工作包括施工单位、监理单位以及管理单位后方实时显示系统的建立，本系统需要进行历史数据的总结、分析（平面分析与剖面分析）以及碾压施工过程的回顾与展示，并且实现单元工程或者分区施工过程的报表自动生成。从而为大坝碾压施工质量控制和检验提供重要参考与指导，保证大坝施工质量能够满足设计要求。在大坝碾压机械驾驶室内的操作机手可以实时引导系统实现碾压施工的自动预警与报警，并能够实现大坝施工的引导与及时修正，保证大坝施工质量。

(4) 对大石门水利枢纽工程的软硬件系统进行现场调试，保证系统能够在实际工程中得到真正应用，保证大坝碾压施工严格按照确定的施工参数进行。

(5) 定制大石门水利枢纽工程的数字控制中心，能够在工程管理中心远程实时地展示大坝填筑碾压施工机械的施工状态。

(6) 开展现场服务工作，保障智能监控系统能够有效实施。

5.3.3.2 大坝填筑施工过程精细化智能监控系统的建立

对于大坝填筑施工过程精细化智能监控系统，主要由三个部分组成，分别是硬件系统，主要包括安装在大坝碾压施工机械上的高精度定位设备，另外还包括安装在碾压设备驾驶室里的平板终端、各种传感器等；数据交互与传输网络系统，包括差分系统，以及在大坝施工现场需要架设的无线传输网络；软件系统，它是整个系统的关键，是大坝碾压施工过程重要信息展示的窗口和平台，是大坝施工管理人员进行施工过程有效管控与动态调整的窗口和平台，也是系统建设中的重点。

5.3.3.2.1 硬件系统

结合大石门水利枢纽工程建设，以及大坝填筑施工组织设计中对碾压机械的要求，主要对大坝砂砾石坝壳部分的平板振动碾安装北斗高精度定位接收系统，硬件系统按照 4 台预算。

另外，大坝填筑施工单位中国水利水电工程第十五局在奴尔水利枢纽工程的设备就能够满足系统建设需要，仅需对其设备进行必要的维修保养与零部件更换，就能够满足实际施工实时管理的要求。

主要的硬件维护修配包括 M30 接收机的补配、车载平板电脑设备的维修以及相关线缆的更换。修配后的硬件性能与相关情况如下所述。

硬件采用我国自主研发的北斗高精度导航系统及国产高精度定位设备、激振传感器，对大坝施工过程中的重要施工控制参数及控制方法进行确定，如铺料厚度、碾压设备振动参数、碾压遍数、大坝坝料压实状态以及大坝碾压遍数控制等施工参数。

系统建设所需硬件内容主要有以下几个方面：

(1) 建立一套基站，为整个大坝填筑施工区域碾压机械设备的高精度定位提供差分信号。

目前，根据大石门水利枢纽工程条件，一台基站就能够满足现场定位要求，基站安装后示意图如图 5.70 所示。

图 5.70 基站安装后示意图

(2) 在大坝填筑碾压机械上安装高精度定位设备，保证能够实时掌握碾压机械施工状态。根据大坝碾压强度要求，需要为 4 台常用的大坝碾压机械安装高精度定位设备。

碾压设备上安装的定位设备及相关附件如图 5.71～图 5.72 所示。

图5.71 碾压设备定位系统安装以及接收机细部示意图

图5.72 碾压机械振动轮上安装的方向传感器及振动传感器示意图

5.3.3.2.2 数据交互与传输网络系统

1. RTK差分系统

为了保证车载高精度卫星定位设备能够准确地采集碾压机械设备的精确位置，进而对基于精确大坝碾压设备坐标下的施工过程控制因素进行分析。RTK差分系统的数据交互主要是通过无线电频道进行通信。

本项目的RTK系统的基站设备是从奴尔水库中拆回的，通过硬件的维修之后，安装调试。基站布置位置是在十五局的测量队进行了现场调查之后，合理避让高压线等可能存在较大影响的物体，安装在坝址左岸边坡靠上游侧，基本能够全面覆盖整个大坝填筑施工区域。

通过RTK差分系统，大坝填筑碾压机械上的接收机获得的坐标数据能够达到大坝碾压施工过程控制指标的精度要求。

2. 无线传输网络

建立大坝碾压信息实时传输的无线网络，保证大坝施工过程的信息能够实时传输至服务器。在工地手机网络条件较好的情况下，可以采用联通或者移动4G网络进行数据传输，如果网络状态不稳定，为保证对大坝施工质量的有效监控，则需建立专用的无线传输系统。

通过对大坝填筑施工现场的手机信号测试，可知现场移动及电信的GPRS信号较好，能够满足大坝填筑施工过程中的施工数据实时传输需求。因此在本项目中，利用移动的GPRS网络进行施工数据的实时传输，将采集到的施工过程精确定位信息实时传输至建立的云平台服务器，以备后续的数据分析及现场施工动态管理。

5.3.3.2.3 软件系统

1. 系统架构设计原则

根据目前大石门水利枢纽工程的大坝填筑碾压施工系统开发的主要任务，以及以往在河南出山店水库、新疆阿尔塔什水利枢纽等工程的大坝碾压施工系统主要开发与应用经验，本项目系统的架构设计需基于以下原则：

(1) 可重用性，是节省项目开发时间和项目成本的关键方法之一。

（2）强内聚，低耦合，是面向对象方法论的基础，即通过 J2EE 所提供的组件化方法，最大化业务逻辑在一个对象内的实现，对象或组件之间尽量减少依赖关系来实现业务的可重用性。

（3）使用设计模式，是对经过实践证明的对某一个特定问题的解决方案，也是重用的一种体现。通过引入成熟的经过实践证明的设计方法来缩短开发时间，减少技术风险。

（4）隐藏复杂性，通过 J2EE 架构所提供的分层方式，采用网络协议类似的封装技术来最小化下层服务对上层服务的复杂性。

（5）提高软件性能，如通过缓存技术来减轻昂贵的远程调用开销和网络通信。

2. 系统安全性设计

应用系统的安全性主要通过权限的控制来实现，通过系统身份验证的用户，在系统使用过程中，由于其自身角色、岗位的不同，用户能够访问的系统功能不同，看到的系统信息也不同，用户认证支持 LDAP，并且支持 CA 数字证书认证。采用基于角色权限控制的思路来达到系统安全权限控制的目的，在同一个应用中，每个角色对应一定的权限，每个人会被赋予一个或者多个角色。

（1）系统级角色，主要为系统管理员。整个系统中有一个系统管理员角色，负责系统的实施和配置以及初始化设置等工作，并且可以分配应用管理员，应用管理员可以进一步授权给其他人相应的角色。系统管理员具有最高的系统部署方面的权限，但并不意味着他具有访问系统全部资源的权限，比如，某些安全级别较高的数据，仅仅授权给了某几个领导访问，而其他人（包括系统管理员）不能访问，那么，系统管理员就无法访问该数据。

（2）应用管理员，是由系统管理员直接授权，负责为其他人授权，并且具有较高的该应用管理权限。

（3）角色的划分，需要根据应用的业务需求来制定，因需求而定，没有统一标准。

（4）权限的控制。用户被授予一定的角色后，系统会根据该角色对应的权限控制用户对系统资源的访问能力。

另外对于系统来说，网络安全性也是保证系统安全可靠的一个重要方面，结合目前阿里云、百度云等推广应用现状，以及目前在河南出山店水库、新疆阿尔塔什水利枢纽、安徽江巷水库以及老挝南俄 3 水电站中云服务器租用情况，从安全可靠以及经济节约的角度，选择了租用云服务器的方式确定大石门水利枢纽工程的大坝填筑施工过程精细化智能系统的服务器布置方式，这样可以保证大石门水库大坝填筑碾压施工过程实时监控运行的安全、可靠，并且还能够节省一大笔工程现场服务器架设、存储介质以及安全防火墙等硬件的投入费用。

3. 系统功能模块设计

目前利用国产高精度定位设备，主要通过我国北斗导航定位系统，结合大石门水利枢纽工程大坝施工组织设计情况，进行大坝填筑施工过程精细化智能监控系统的初始化，为工程建设单位、监理单位以及管理单位不同用户实现实时对大坝填筑状态的监控；另外还可以对碾压机械操作手提供一套相对简单的实时碾压施工展示与报警系统，提供工程施工过程的引导与纠偏，保证工程施工过程的相关施工参数能够满足施工组织设计要求。为工程建设管理人员进行施工质量评价以及施工优化等方面提供重要支撑。

面向工程建设管理者的大坝填筑施工过程精细化智能监控软件系统，主要是结合工程建设管理者对大坝碾压施工过程实时监控的需求，开展系统开发与编制工作，主要的需求有以下几个方面：工程特征数据的多维展示；大坝填筑施工过程实时展示；大坝碾压数据分析（实时与结果）；单元工程碾压施工过程报表生成；不同管理者分权限、分层次及分标段进行数据查询与工程管理。

大坝填筑碾压施工过程智能化监控系统综合了微电子技术、无线通信技术、GNSS厘米级高精度定位等现代化技术。较传统作业模式，该系统可实现实时全程连续可视化跟踪碾压过程，向工程建设管理单位、施工单位、监理单位提供及时、精确的大坝碾压设备的压实信息，实现大坝碾压过程实时管理。

实际工程中，在每个碾压机械上都安装了一个高精度定位接收机，以及相关的压实度、振动状态以及行进方向传感器，这些传感器采集到的信息都通过碾压机械上的信息传输模块进行信息传输，信息可以通过多种模式上传，包括利用移动或者联通的无线传输网络、自建的无线局域网等方式。系统各用户通过访问系统服务器进行数据查询、分析和处理。并且结合数据查询、分析展示，利用无线通信手段与前方沟通，达到工程建设施工过程实时控制的目的。

结合大石门水利枢纽中大坝施工管理程序，以及目前在碾压机械上安装的相关硬件设备，利用目前已有的相关软件，进行大坝填筑施工过程的实时智能化管理。

5.3.3.3　大坝填筑监控系统中的数据分析技术

在采集到的大坝填筑施工过程数据基础上，要实现远程数据访问与整理分析，应该结合相关的工程建设管理流程与规范规程，在此基础上进行数据分析技术的研究与开发。在系统开发中，主要的数据分析技术有以下几个方面。

1. 数据稀疏技术与实现

在实际工程中，GPS系统所采集到的施工过程的坐标点非常多，这样可能使数据库中的数据异常巨大，如果网络环境不是特别好的情况下，在这种情况下开发的在线系统可能导致数据查询或者相关质量分析会非常慢，因此，在此基础上，要对数据库中采集到的施工数据进行抽稀处理，也就是在进行数据分析时，在给定的区域内平均抽取一定数目的数据进行分析。另外抽稀操作也是将采集的数据中冗余、无效的数据去除，在同样整体效果下对有效的数据按定比例抽取，存储在数据库中的新表中，与原始数据分开，并将其显示在云图上，示意图如图5.73所示。

2. 坝料摊铺厚度的分析

根据记录的定位坐标数据，确定该层每个网格填筑的最后碾压高程（即定位坐标数据库中每个网格上最后一个点的高程），记为 $z(m, n, k)$，其中，m、n 为平面坐标矩阵中的坐标，而 k 为层序。

根据 (m, n) 寻找该网格的下面一层碾压高程 $z(m, n, k-1)$，若 $z(m, n, k)$ 中无下一层碾压，则 $z(m, n, k-1)$ 不存在，则此网格不压实计算厚度。

可以计算得到已有的每一层的压实厚度：

$$\Delta z = z(m, n, k) - z(m, n, k-1)$$

以上是压实厚度计算的数学算法。

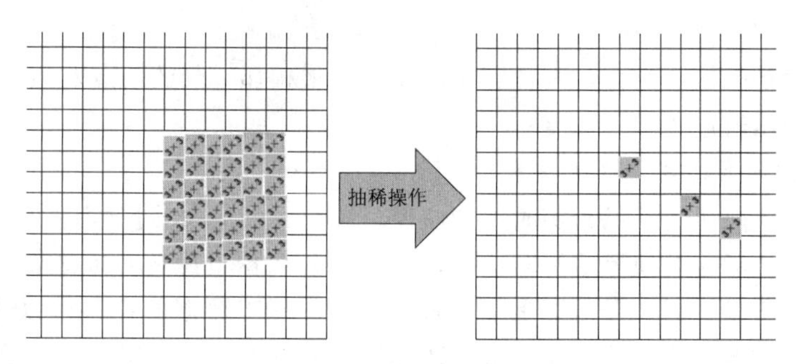

图 5.73 抽稀操作处理示意图

3. 碾压遍数的统计与分析

将 GPS 定位天线安装于车顶中心位置（即碾压滚轮中心位置）；碾压区域数字化，为进行碾压遍数计算，需将仓面网格化，网格越小则计算精度越高。

网格剖分方法：采用一足够大且能包含大坝各分区形体的长方体，按高程从上到下剖分网格，然后与大坝分区相交，并确定各填筑分区的网格编号及其坐标。碾压遍数计算示意图如图 5.74 所示。

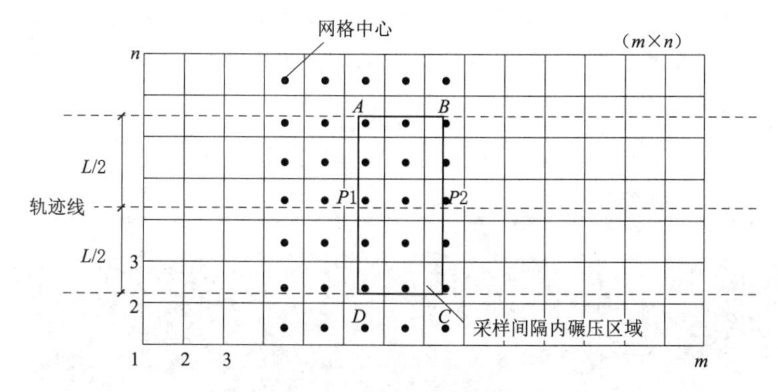

图 5.74 碾压遍数计算示意图

在对数据库抽稀处理之后，图 5.74 中所示小方格的各焦点坐标都可以计算出来，根据小方格中不同时间落入的坐标点时间与数值，可以分析大坝填筑过程中某一点的碾压遍数。

4. 碾压设备行进速度的计算分析

根据处理之后的坐标数据及其时间信息，可求出碾压机某个时刻的行走速度。设某碾压设备相邻时刻 t_1 与 t_2 的点位坐标分别为 $p_1(x_1, y_2, z_3)$ 和 $p_2(x_2, y_2, z_2)$，则两点间的距离为

$$p_1p_2=\sqrt{(x_1-x_2)^2+(y_1-y_2)^2+(z_1-z_2)^2}$$

数据采集间隔为 Δt，则

碾压设备的行走速度为

$$v=p_1p_2/\Delta t=\sqrt{(x_1-x_2)^2+(y_1-y_2)^2+(z_1-z_2)^2}/(t_2-t_1)$$

5. 碾压轨迹的分析

对于碾压设备的轨迹而言，则计算比较简单，将相邻时刻的两点左边连起来就可以形成碾压设备的碾压轨迹。

6. 海量数据高效处理与分析技术研究

对于大坝填筑碾压施工过程实时智能监控系统而言，最大的技术问题是对施工数据的实时展示与分析。随着大坝填筑不断增高，施工过程数据也源源不断地传入云数据库中，施工数据每 1 秒 1 条，每一个月下来每台施工设备的施工数据的积累可以达到上百万条，因此，使用常规的数据分析算法，常常会造成远程分析卡死、数据分析展示响应时间长等问题，严重影响工程施工动态管理。

在项目研究中，针对系统内数据扩展较快、在线数据分析展示效率低等问题，项目研究中针对海量数据高效分析、实时展示等方面，应用了大数据深入挖掘与分析技术进行系统开发。主要包括的技术有分库分表、动态缓存、结果优先以及数据拆分等方法，对于网络数据传输方面，主要应用了动态压缩等技术。

5.3.3.4　大石门水利枢纽大坝碾压施工过程实时监控系统

1. 工程基本信息整理与展示

该模块可以对大坝所进行的不同施工单元划分与确定，可以利用确定的工程基本信息对大坝施工过程实时采集传输的重要信息进行不同区域与部位的高效整合与分析。该部分信息展示模块的相关示例界面如图 5.75 所示。

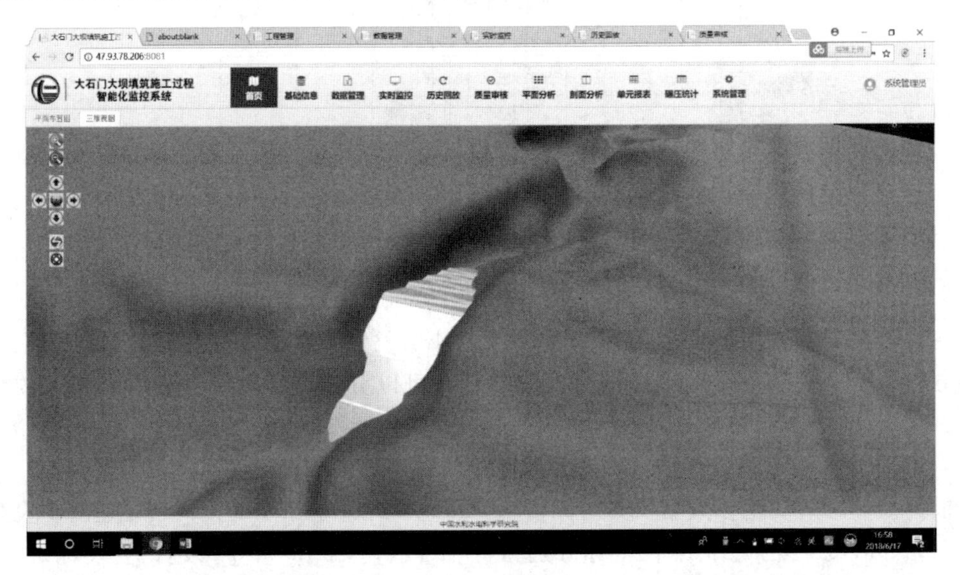

图 5.75　大坝填筑施工过程控制系统中基础信息大坝模型面

利用该模块，可以将大坝单元工程划分与实际工程中大坝填筑施工过程结合起来，在工程基础信息模块中设置大坝单位工程下不同分部工程，然后在不同的分部工程下划分单元工程，工程中单元工程是质量评定的最小工程单元，但并不是最小的施工控制单元（图 5.76）。通常在单元工程中还进一步划分不同施工仓来控制施工过程。顺序如下：单位工程→分部工程→单元工程（一般大坝填筑中按照层进行划分）；施工仓位的信息结构如图

5.77 所示。

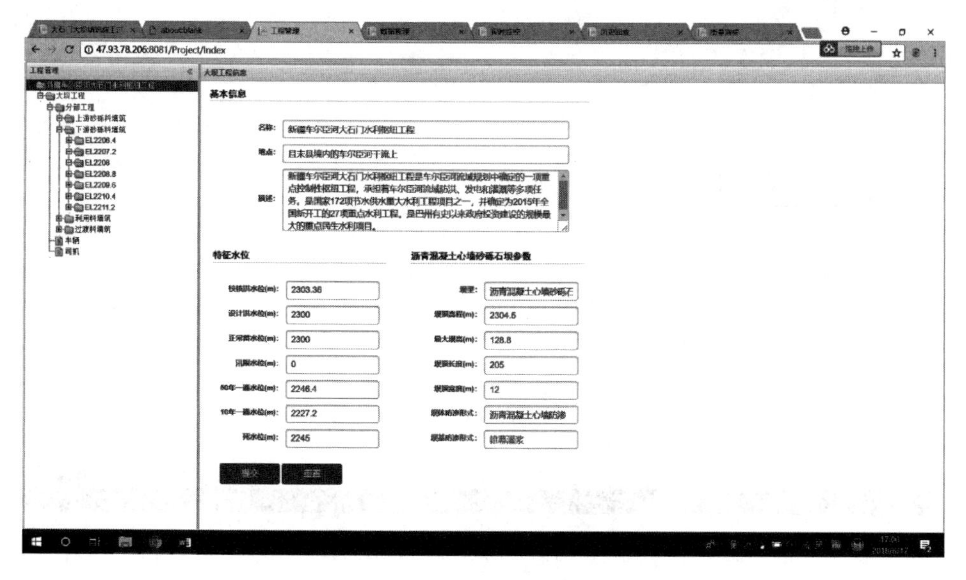

图 5.76 大石门水利枢纽工程主要信息展示界面

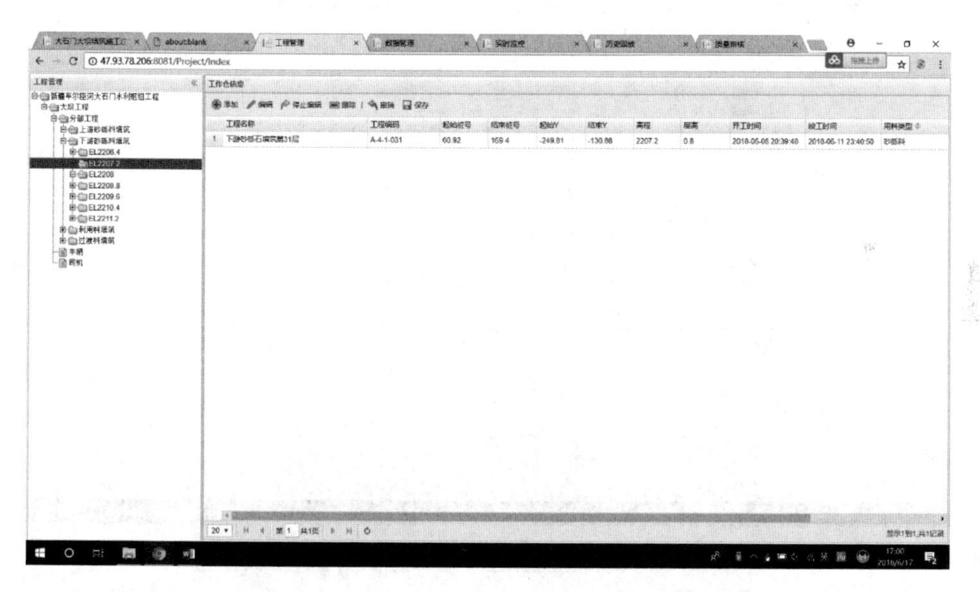

图 5.77 大坝填筑施工过程中施工单元的设置界面

利用该模块可以实现对大坝施工机械与驾驶员的管理，如图 5.78 所示。

2. 文件上传与数据管理模块

主要利用该模块，进行实时采集到的大石门水利枢纽工程中大坝填筑施工过程数据进行实时入库管理，保证所建立的相关系统模块能够在统一的数据基础上开展数据处理与分析，并且进行不同模块功能的展示，如图 5.79 所示。

3. 施工过程实时监控分析模块

结合大石门水利枢纽工程中项目划分以及大坝填筑碾压施工过程控制参数，在系统

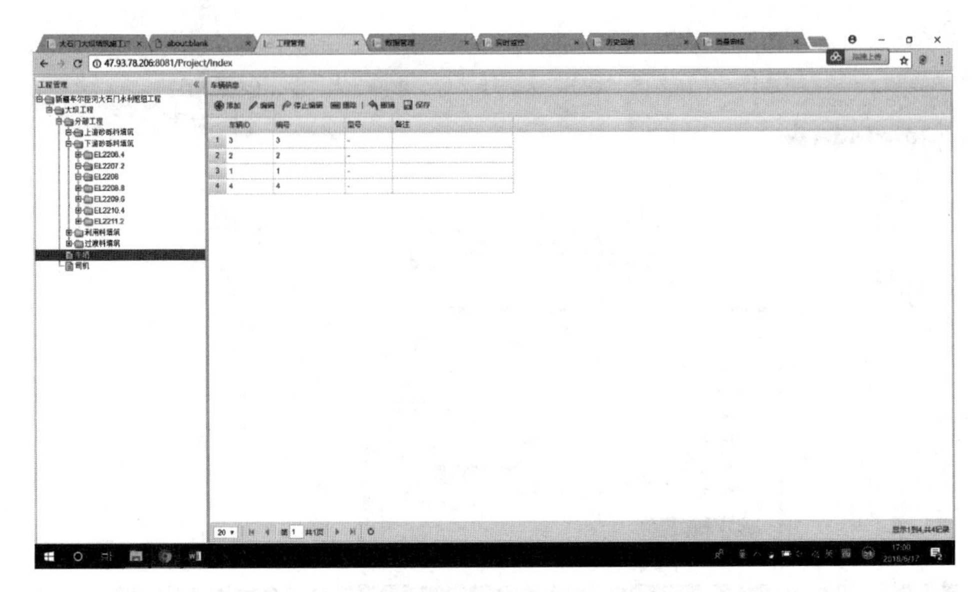

图 5.78　实时智能化监控系统中碾压机械管理界面

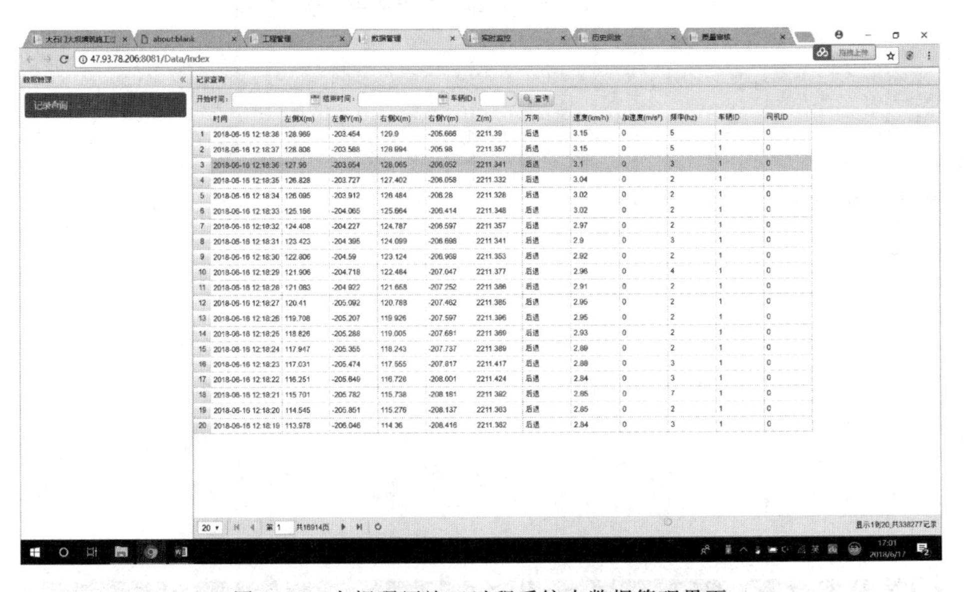

图 5.79　大坝碾压施工过程系统中数据管理界面

中，利用实时监控分析模块，实现真实施工平面（根据实际施工高程利用大坝设计三维模型自动生成），进行施工过程中采集到的施工机械大坝坝料碾压遍数、碾压速度、搭接宽度、铺料厚度、振动频率及激振力等重要的施工过程控制参数的三维形象化可视化，还可在施工过程中不同高程坝面自动生成平面图，并且在平面图上对不同部位的桩号及比例尺进行展示，然后再加载该平面上的碾压设备及相应驾驶员实时施工过程信息，以便施工单位、监理单位以及工程建设管理单位对大坝碾压实时施工过程进行控制与实时调度，保证大坝碾压施工过程有序、高效进行。该模块功能如图 5.80 所示。

利用该模块，可以实现对大坝碾压施工过程中施工设备的碾压速度、碾压设备振动状

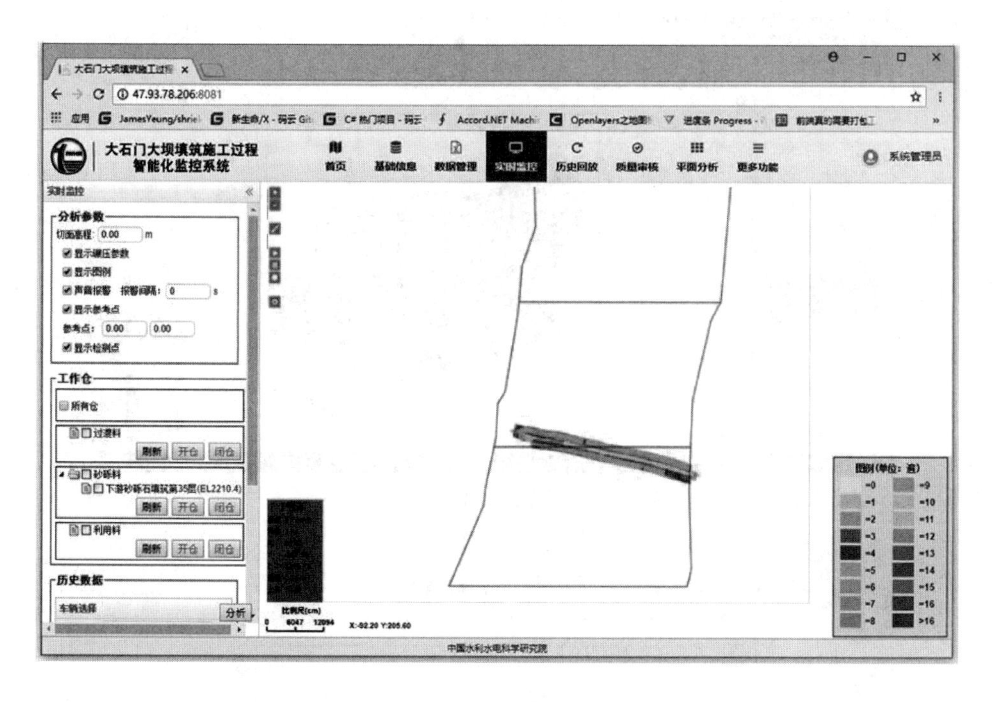

图 5.80 大坝碾压施工过程系统中实时数据分析界面

态、施工区域碾压遍数等的实时监控。其中，该界面右侧上方的白框内所标示的是大坝碾压施工过程控制参数，实际工程中可按照该参数对施工机械的碾压状态进行控制。

由于实际施工过程管理中，某用户打开系统可能希望看到一定时间之前的某个区域内的碾压情况，因此该模块中设置了添加历史数据的功能，历史数据的添加，可以按照某时间节点以后的某几台车的施工信息添加进来，也可以按照某个制定区域进行历史数据的添加，这样极大地方便了施工管理人员对现场的施工组织、施工指挥以及动态调度车辆等管理工作。

4. 质量检测分析模块

质量检测分析主要为大石门水利枢纽工程大坝填筑施工质量快速评价与分析进行开发编制，主要为施工结束后，按照施工前确定的质量检测与评价指标进行施工质量检测与评定。结合实际施工区域中的挖坑检测结果，可以实现大坝填筑施工质量的施工过程质量评定与施工挖坑检测结果的双控，更好地为合理评价大坝填筑施工质量提供工具。典型的施工质量分析界面如图 5.81～图 5.84。另外，任意的平行与垂直坝轴线的施工数据剖面分析结果如图 5.85～图 5.89 所示。

5. 施工报表生成模块

在大石门水利枢纽施工中，当每一个单元工程或每一个分区施工完成之后，可以按照大石门水利枢纽工程建设管理部门、监理部分及施工部门共同确定的施工报表格式生成施工报表，作为土石坝单元工程施工质量评定的重要支撑材料，并与大坝填筑单元工程其他相关资料共同存档，该模块示意图如图 5.90 和图 5.91 所示。

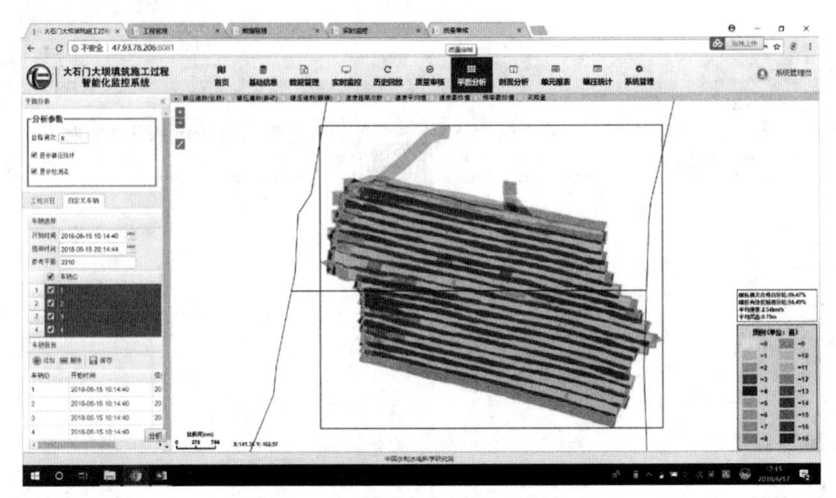

图 5.81　碾压遍数分析云图界面

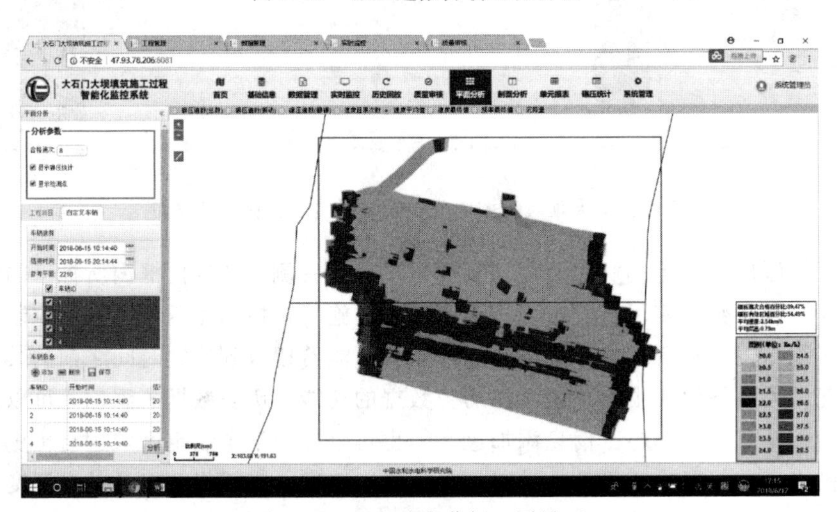

图 5.82　碾压速度分析云图界面

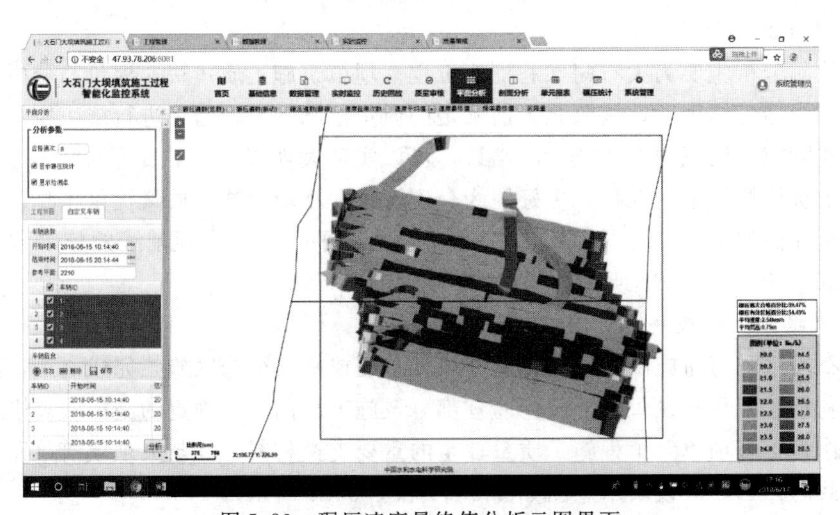

图 5.83　碾压速度最终值分析云图界面

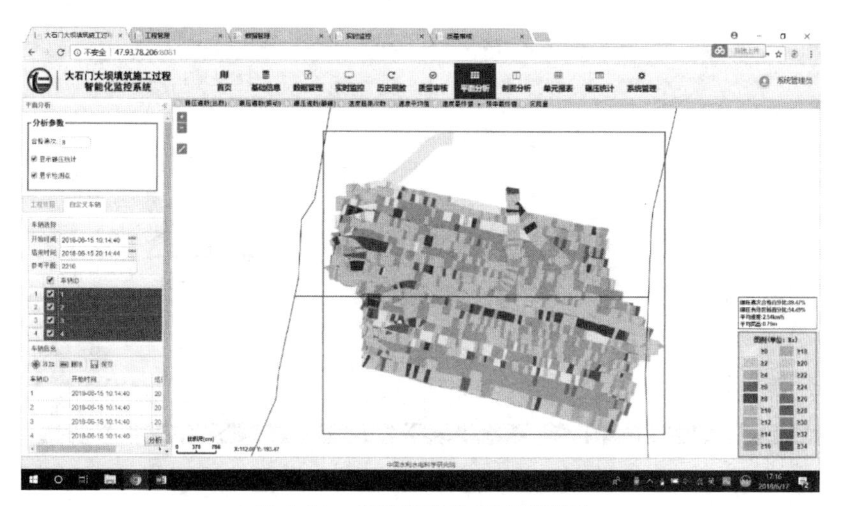

图 5.84 振动碾压分析云图界面

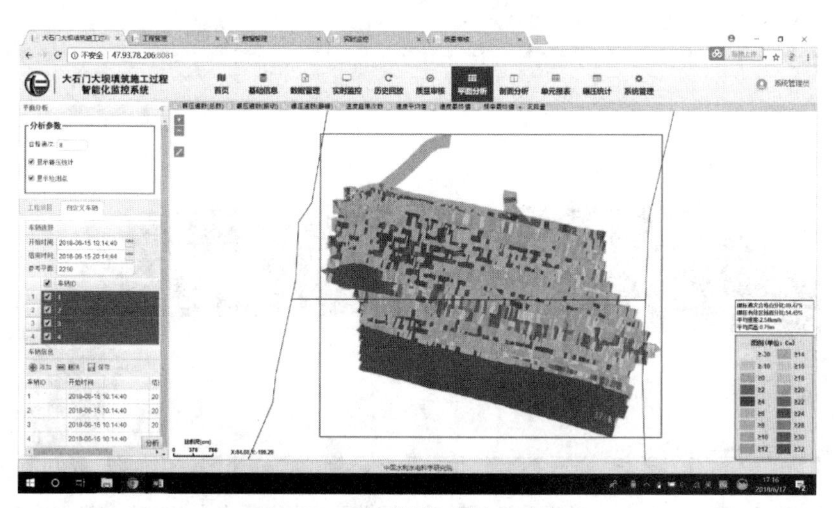

图 5.85 碾压沉降分析云图界面

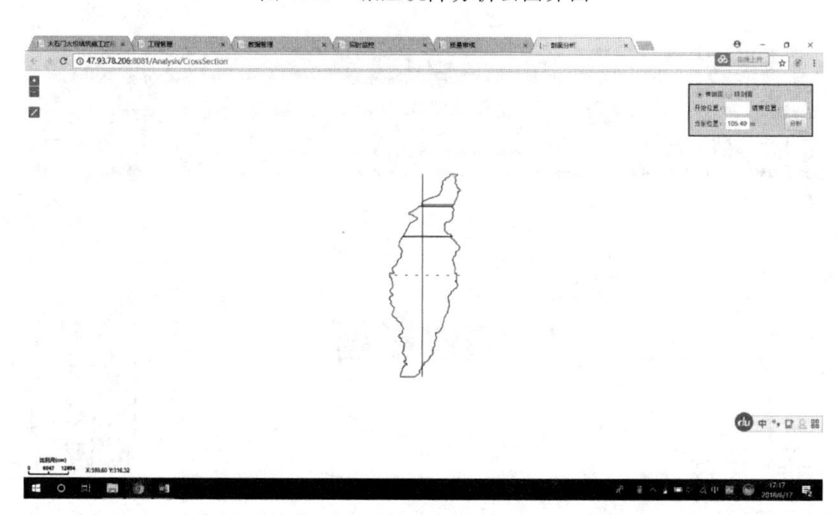

图 5.86 大坝碾压施工过程系统中剖面分析界面（竖线为剖面位置）

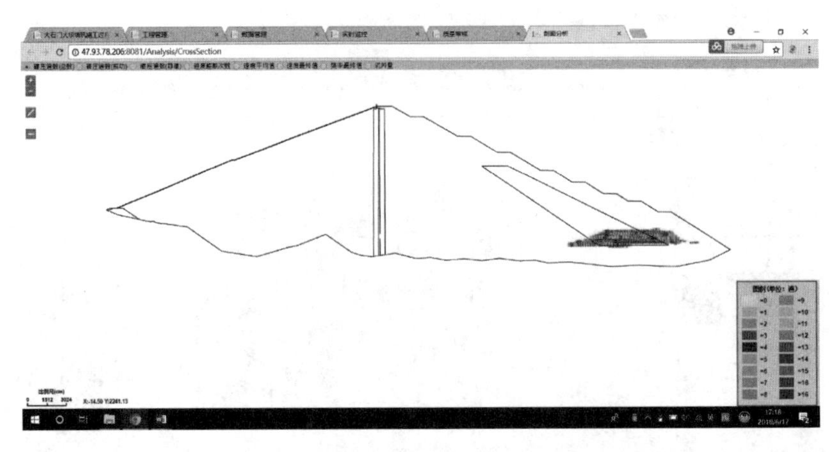

图 5.87　碾压施工数据剖面分析示意图

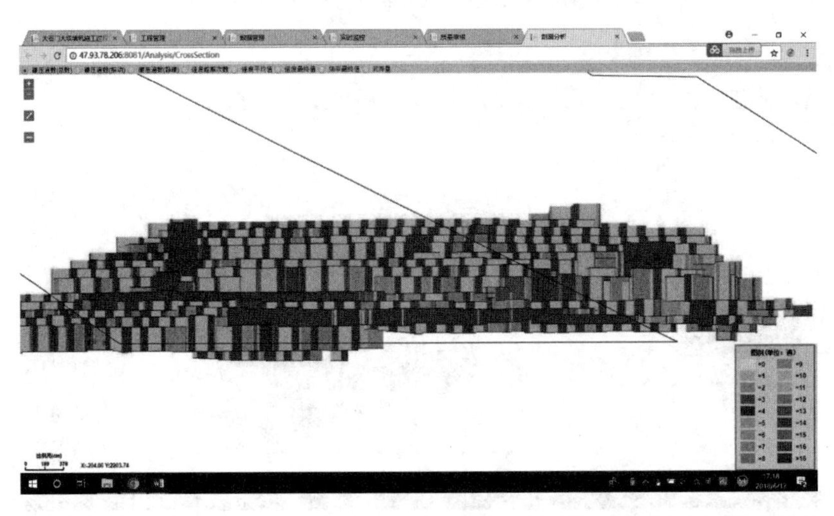

图 5.88　大坝碾压施工过程系统中剖面分析界面（大石门水利枢纽大坝纵剖面）

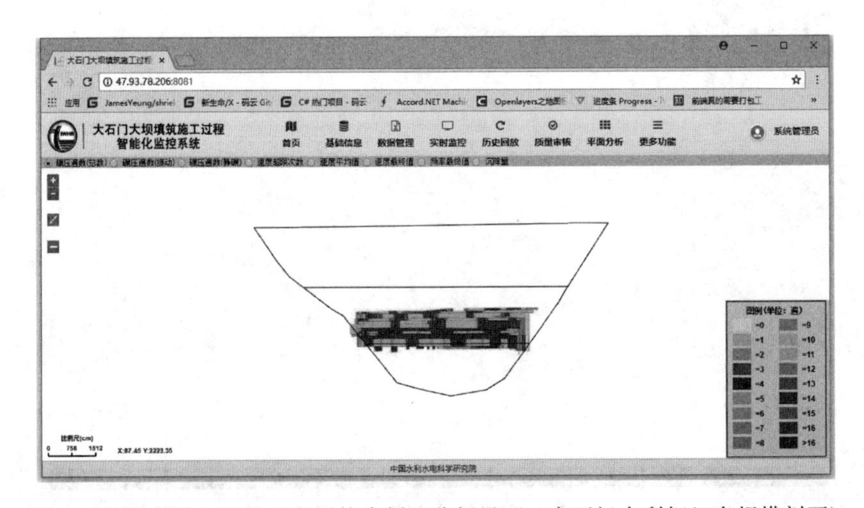

图 5.89　大坝碾压施工过程系统中剖面分析界面（大石门水利枢纽大坝横剖面）

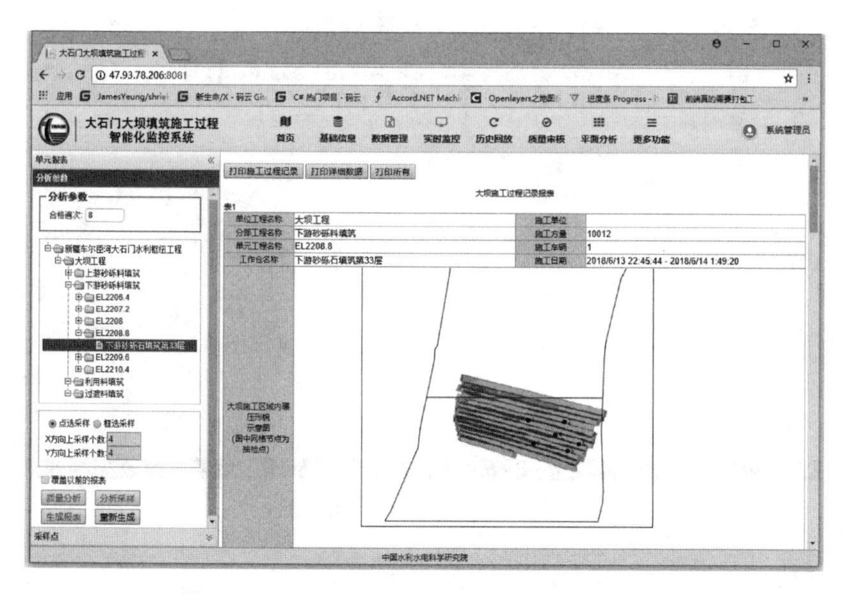

图 5.90 大坝碾压施工过程系统中报表生成界面

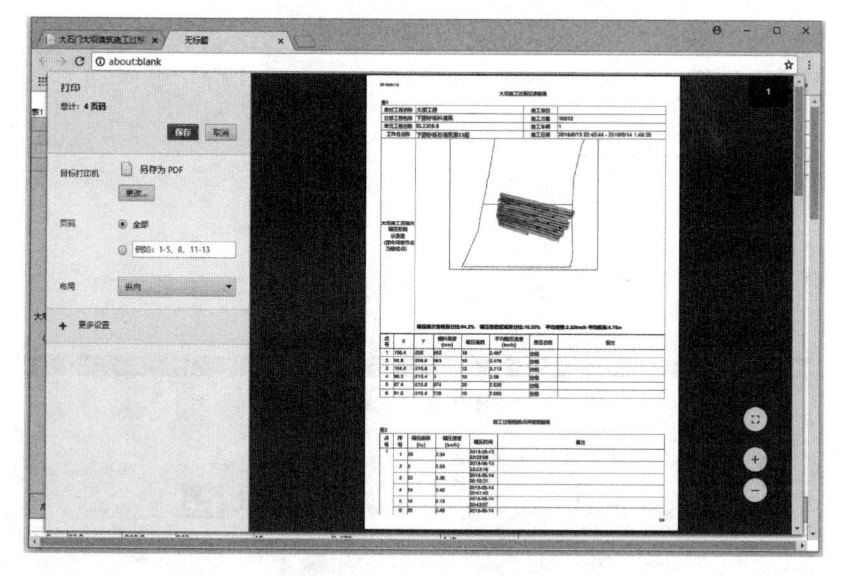

图 5.91 大坝碾压施工过程系统中报表生成示意图

6. 系统管理模块

根据大石门水利枢纽工程中大坝填筑施工过程实时智能化监控系统的需求，对工程建设单位信息与用户角色的系统进行定义，并且还针对大石门水利枢纽工程建设管理特色，进行了实时施工信息挖掘分析展示的模式与层次的确认。如图 5.92～图 5.94 所示。

7. 施工机械碾压统计分析模块

大石门水利枢纽工程中，利用该模块进行了施工机械及操作人员的效率分析，实现了施工机械与操作人员的绩效管理，也取得了良好的效果，大大提高了施工管理水平与施工效率，主要的应用情况见图 5.95 和图 5.96。

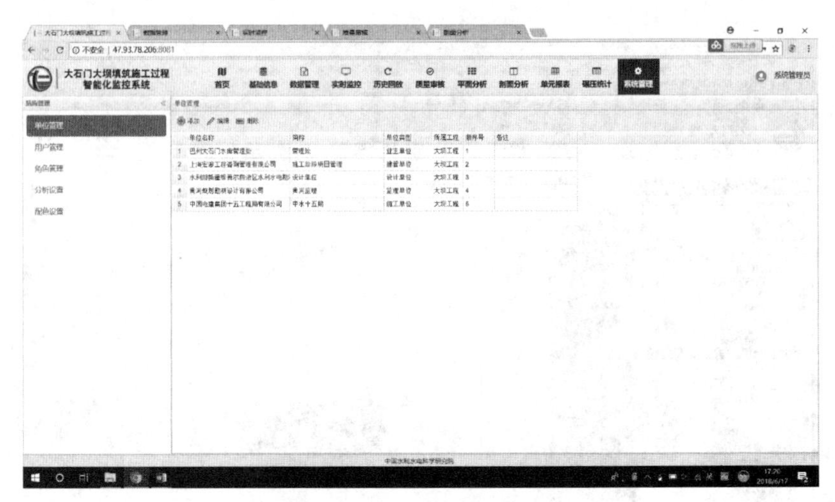

图 5.92　系统管理操作界面

图 5.93　系统中碾压基本参数维护与设置界面

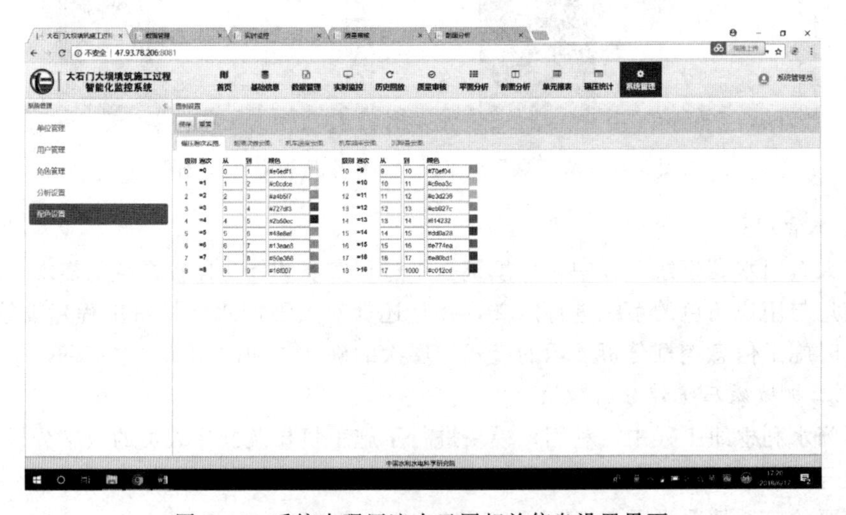

图 5.94　系统中碾压遍次云图相关信息设置界面

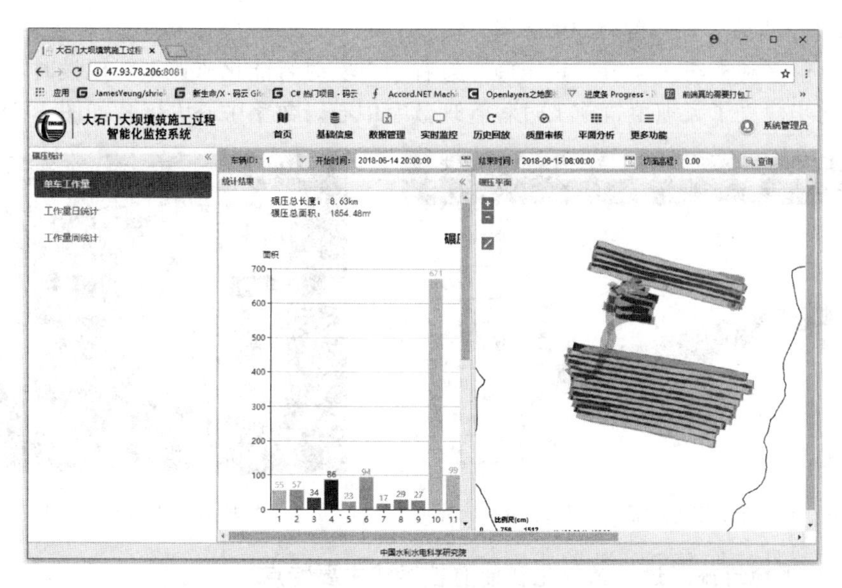

图 5.95　某段时间内单台碾压机械使用效率分析界面

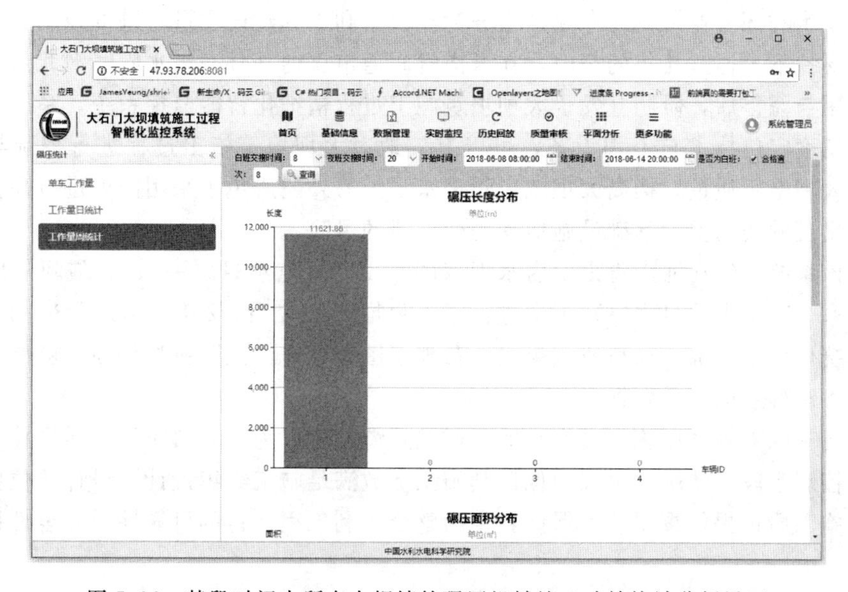

图 5.96　某段时间内所有大坝填筑碾压机械施工功效统计分析界面

8. 面向碾压设备操作员的大坝碾压施工过程监控软件系统

在大石门水利枢纽工程中，大坝填筑碾压施工过程实时智能化监控系统中的施工机械实施运行信息应该展示在施工机械操作人员面前，这样对于施工过程的精细化管理具有重要作用。因此在大石门水利枢纽工程，机械操作人员可应用便携式数据终端在驾驶室观察每一台碾压设备的碾压遍数、设备碾压速度、碾压振动状态等等施工信息，这为施工机械人员的操作提供了重要的操作引导与操作纠偏，保证大坝碾压施工质量，平板终端系统如图 5.97 所示。

9. 大坝碾压施工过程智能监控展示

在大石门水利枢纽大坝填筑碾压施工过程中，实时智能化监控系统建设时，利用液晶拼接屏，初步建立了大坝填筑施工过程管理数字中心。数字中心大屏幕如图5.98所示。

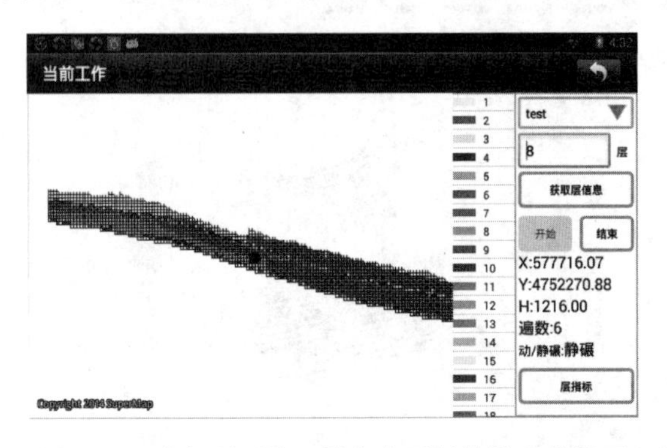

图5.97 大坝碾压施工设备中平板终端系统界面

图5.98 大坝填筑施工过程管理数字中心示意图

5.3.3.5 大坝填筑施工过程精细化智能监控系统主要特点

在国家十二五科技支撑项目“我国重大水利工程建设信息数字化标准化关键技术开发研究”以及水利部公益性行业专项“服务为导向水利工程建设质量与进度控制关键技术研究”项目支持下，通过几年的努力，在云南省昭通市鲁甸县月亮湾水库、河北双峰寺水库等工程应用与完善后，研制开发了大坝填筑施工过程精细化智能监控系统，系统中主要采用国产高精度定位技术与专用设备，可以有效地对大坝填筑施工过程进行控制与施工管理，保证大坝施工质量，提高大坝施工管理水平。另外还避免了采用国外进口高精度定位设备可能出现的我国重大基础设施地理坐标外泄的风险。

目前该系统已经在河南省出山店水库（国家172重点项目之一）、新疆阿尔塔什水利枢纽（国家172重点项目之一）等中进行了工程推广和应用。2016年5月30日至6月6日，该系统作为水利部三项科研成果之一参加了国家“十二五”科技创新成就展，获得了部领导及参观群众的一致好评。

利用已有的大坝碾压施工过程智能化监控系统，可以为大坝填筑施工质量控制提供重要的过程控制手段，从施工过程中保证其施工参数满足施工组织设计及设计单位要求，从而为大坝施工质量提供重要技术保证，也为整个水利工程运行的可靠性与安全性提供重要保障。

与国内外其他相关工程建设信息化系统相比，本系统的特点主要有以下几个方面。

（1）采用我国自主研发的北斗导航定位系统，结合国产高精度定位设备进行大坝填筑施工过程实时智能化监控，为提高大坝填筑施工管理水平、保证施工质量以及施工进度、提高工程建设效率等提供了重要管理平台。

（2）利用云计算技术，布置云上服务器，省去了在现场布置分控中心与总控中心的工作，以及现场服务器等硬件设施，节省了经费，并且提高了服务器系统的安全性能与可靠性能。

（3）利用功能强大的数据分析与展现功能，通过海量数据的深入挖掘与分析，可以提供大坝碾压施工过程的平面分析、剖面分析以及施工过程回放等功能。能够为工程建设单位、监理单位，特别是施工单位的现场工程管理以及施工动态调度提供了重要数据，利用该系统，可以实现对不同工程建设单位的系统管理，提高整个工程建设的管理效率。

(4) 利用该系统，能够对大坝施工机械的施工工效进行强有力分析，可以对不同碾压机械进行绩效管理，这对于提高工程施工效率，实现多劳多得的分配制度，有重要的支撑作用。

附：大石门水利枢纽大坝填筑施工过程数字化实时监控系统实施管理办法（试行）

第一章 总 则

第一条 术语和定义

（一）建设单位：新疆巴州水利局大石门水利枢纽建设管理处

（二）设计单位：新疆维吾尔自治区水利水电勘测设计研究院

（三）大坝标监理单位：黄河水利委员会监理公司

（四）大坝标施工单位：中水十五局大石门水利枢纽项目部

（五）研发单位：中国水利水电科学研究院

（六）大坝施工实时监控系统："大石门水利枢纽大坝填筑施工过程数字实时智能化监控系统"简称为"大坝施工监控系统"。

第二条 "大坝施工监控系统"为工程建设管理者提供远程、移动、高效、及时、便捷的工程管理与控制手段。通过本系统的建设与应用，可实现对于大坝建设的重要环节（坝体填筑碾压环节、上坝运输环节、灌浆和监测）进行在线实时监测与反馈控制，对大坝建设运行过程的施工质量、施工进度与安全监测等信息进行集成管理，不仅使工程管理者有效掌控施工质量与进度，也可为坝体安全诊断提供信息应用和支撑平台。

为使"大坝施工监控系统"充分发挥作用、为工程建设服务，特制订本管理办法。

第二章 系统内容与运行机制

第三条 数字大坝系统由以下系统组成：

（一）"大坝施工监控系统"

通过在大坝填筑施工的碾压机械上安装监测设备，对大坝填筑施工过程中的碾压参数（包括碾压机行走速度、碾压遍数、碾压设备振动状态、碾压机械行走方向、碾压高程）进行远程实时监控，现场管理人员或施工人员可以通过系统及时发现碾压超速、漏碾等施工不规范情况，并对碾压机械操作人员及时提醒与报警，保证碾压施工质量。

"大坝施工监控系统"包括前方监控站（设置于施工单位前方营地内，由监理单位、施工单位人员在此值班，值班人员可通过电脑）、北斗卫星定位基准站（整个系统的位置基准）、服务器（前方监控站内，主要用于数据暂存与无线有线数据的中转传输），高精度定位设备及相关硬件设备（安装于碾压机上，主要包括高精度定位设备、实时显示终端、振动综合传感器及方向传感器）等对大坝施工进行实时监控。

第四条　监控指标与报警机制

（1）碾压机超速报警。根据碾压试验成果及现场开仓表，当速度超限时，黄灯闪耀，当连续1分钟超过最大限速时，驾驶室内数据终端响起超速提示音，实时监测系统中该车颜色变红，显示超速报警。

（2）振动频率较低报警。当碾压机械振动频率小于15赫兹时，黄灯闪耀，当连续一分钟机械振动频率小于15赫兹时，驾驶室内数据终端响起超速提示音，实时监测系统中该车颜色变红，显示超速报警。

（3）碾压遍数控制。前方监控站值班人员应与现场施工管理人员及时沟通、协同控制碾压遍数，某一区域遍数不达标（出现漏碾、欠碾区域）时，现场施工管理人员应及时指挥碾压机操作手进行补碾，直至碾压达标为止。

碾压遍数控制目标：具体到每一碾压施工监控单元，满足碾压遍数要求的区域面积比率不低于90%，且无明显漏碾、欠碾区域。碾压遍数达到标准后方可进行下一道工序。

第五条　系统运行管理要求

（1）如果大坝标施工单位未按照配合要求完成相关工作（如安排未安装监测设备的碾压机施工，或开仓前未准确填写开仓计划表并提交服务器），在这种情况下，前方监控站监理有权利不允许该单元施工。如监控中发现的漏碾等施工不规范问题，施工单位未能妥善处理，监控站监理有权利不允许该单元验收。

（2）大坝施工监控系统成果（如单元工程施工报表）纳入单元验收环节，作为单元验收的补充材料。

第三章　责任与义务

本系统的顺利实施与作用的充分发挥依赖于建设单位的推动与协调、各参建单位的支持与配合，建议各单位针对本项目的实施成立相应的组织机构，并指定联系人。

第六条　建设单位

负责协调相关单位在大坝施工监控系统运行方面的配合工作，并对相关单位在大坝施工监控系统应用方面的工作情况进行检查，对重点问题提出要求及指示。

第七条　设计单位

（一）对大坝施工监控系统具体监控指标的制定提出建议。

（二）提供大坝施工监控系统研发和运行中需要的工程设计资料。

第八条　监理单位

大坝施工监控系统主要由监理单位负责具体操作，相关事项如下：

（一）及时组织人员参加系统使用培训。

（二）建立完善的管理体制，安排相应人员进驻前方监控站并进行值班，应用“大坝施工监控系统”对大坝填筑施工过程进行全过程监控，与现场施工人员保持联络、应用系统指导施工，并针对监控系统反映的问题（如超速、漏碾）督促施工单位进行整改。

（三）按时做好监控站监理日志，尤其是记录系统监控到的问题及其处理情况、实现闭合管理。

（四）对系统中所有采集、派生的数据及信息严格保密。

（五）对监控站内的监控、通信设备按相应办法进行保管。

第九条 大坝标施工单位

大坝标施工单位的配合事项主要涉及监控设备的安装与保管、相应工程资料的提交，具体如下：

（一）及时组织人员参加监控设备保管培训。

（二）积极配合监控设备的安装与调试。在监控设备安装前，派出机电管理人员与项目管理单位及技术服务单位共同商定设备安装方案，取得双方均认可的结果，并在必要时派出机械维修技术人员进行协助；在监控设备的安装过程中，安排碾压机及运输车在约定时间、约定地点集中停放以加快安装进度，并提供电焊等施工协助。

（三）严格按照设备保管条例对已安装和已配发的设备进行保管。

（四）准确填写开仓计划表并及时提交现场施工管理人员；在系统运行过程中，保持与前方监控站监理的及时沟通，并按时提供系统运行所需的相应工程资料。

（五）建立完善的管理体制，积极推动大坝施工监控系统的实施；同时，积极参与到系统的使用中，安排相应人员进驻现场监控站，应用系统监控、指导自身施工。

（六）依据系统及监理反馈的施工情况，加强施工管理。

（七）对系统所有采集、派生的数据及信息严格保密。

第十条 研发单位

(1) 负责“大坝施工监控系统”的研发和相关软件硬件设备的安装、调试及后期软件硬件使用维护的技术支持，保证大坝施工期间系统软硬件正常运行。

(2) 负责对系统使用人员进行系统操作的培训、指导。

(3) 定期（每月、季、年）编制大坝施工监控系统实施情况月、季、年报，上报建设单位。

第四章 现场监控站工作内容

第十一条 工作内容

（一）大坝标监理单位、施工单位派专人驻守现场监控站，实现全天候 24 小时监控，不得擅离职守；加强与现场施工管理人员的沟通，发现问题及时反馈处理。

（二）随时将系统监控到的碾压机的数量和工作状态与现场进行核对，一旦出现偏差，及时通知研发单位进行硬件设备检修。

（三）仓面施工结束后及时收仓，结束该仓位的监控，及时生成该仓坝料填筑的施工报表。

（四）编写现场监控站监理日志，对监控过程中出现的问题及处理措施等工作记录在日志中。

（五）保护现场分控站公共财产安全，对分控站内设备妥善保管；自觉保持现场分控站内环境卫生清洁。

第五章　附　　录

第十二条　解释权

本管理办法由新疆巴州水利局大石门水利枢纽建设管理处与中国水利水电科学研究院共同负责解释。

第十三条　执行时间

本管理办法发文之日起开始执行。

第十四条　“大坝施工监控系统”硬件设备交付、保管条例

“大坝施工监控系统”硬件设备包括：碾压机监测设备、前方监控站设备、北斗卫星定位基准站设备。所有设备由研发单位安装或配发完成后，向设备接管方进行移交，移交后设备接管方按照设备使用及保管条例进行保管。所有硬件设备由研发单位建立设备台账进行管理，并对设备的使用情况进行跟踪记录。

（一）设备移交

硬件设备由研发单位安装完成后，向设备使用方进行移交（设备移交方、设备接管方及监理单位三方会签设备移交单）。设备移交后，设备接管方应按照设备管理与使用条例对设备进行保管。

（二）硬件设备使用及保管条例

(1) 碾压机监测设备使用及保管条例。

1) 本设备使用 24V 电源供电，但是可以承受 50～60V 电源，请在使用前确定电源电压。

2) 本设备为精密仪器，请不要擅自拆装。

3) 尽量把本设备放在防震位置。

4) 不要遮挡天线，以免无法接收卫星信号或者影响卫星信号接收质量。

5) 如果设备出现故障，请通知研发单位进行维修，不要擅自拆装，以免对车辆或监测设备造成损害。

6) 车载平板电脑长时间不使用时，应及时关机。

(2) 北斗卫星定位基准站设备使用及保管条例。

1) 基准站设备由建设单位委托研发单位接管。

2) 接管方定期进行设备检查和系统维护，保证设备正常运行。

3) 维持总控中心室内整洁，防尘、防潮、防火、防盗。

(3) 接管方责任。在以下情况下，接管方赔偿业主相应损失。

1) 因接管方人为原因遗失设备的。

2) 因使用者未按设备“使用条例”使用而造成设备损坏的。

3) 因人为原因造成设备损毁的，如敲击、摔打、进水等。

4) 未经建设单位同意，擅自拆装设备，以使设备出现故障的。

第6章　大坝填筑施工过程精细化智能监控系统的管理实践与效益分析

6.1　大坝运行阶段BIM模型的继承应用

将工程中设计阶段得到的BIM模型和施工过程中无人机、高精度遥感影像等形成的施工环境模型结合，设计BIM模型的继承，对其进行标准化、轻量化处理，实现在云端BIM模型展示、精细化分解、重生成以及基于施工数据的实时渲染等。真正实现工程建设施工过程的数字孪生，为工程运行阶段的智慧化、信息化管理提供重要基础。

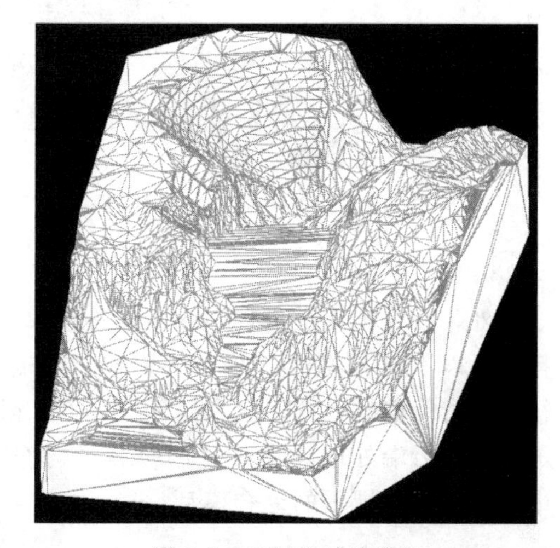

图6.1　工程设计阶段的三维BIM模型（大坝+地形）

在大石门水库初步设计阶段，建立了大石门水利枢纽坝址区的BIM模型，如图6.1所示。

工程设计人员将坝体及坝址区域地形耦合，形成以三角网格为主题体的三维立体模型。并且该模型可以进行三维渲染，以呈现不同特征条件下的外部形态，如图6.2、图6.3所示。

图6.2　BIM模型渲染示意图（大坝+地形）

图6.3　BIM模型效果示意图（大坝+地形）

对设计单位建立的 BIM 进行标准化处理。首先是将设计单位建立的坝体 BIM 模型进行格式转换处理，将其转换为能够直接在云端浏览器上加载并实现参数化分解及生成的格式，实现精细化模型的标准化生成与展示。

在标准化的 BIM 基础上，对主要的坝体模型进行轻量化处理，保留主要的结构信息，将 REVIT、BENTLEY、CATIA 等大型设计软件形成的 BIM 模型的“. DXF”等格式文件，转换为“. OBJ”等标准文件，如图 6.4 所示。

图 6.4　进行标准化、轻量化处理后的 BIM 示意图（大坝）

另外，在大坝建设过程中，基本不涉及坝基及两岸坝坡岩体，因此，与大坝相接的岩体特征可以不以 BIM 实体模型的形式在云端展示，故在大石门水利枢纽大坝填筑施工过程精细化智能监控系统中，利用开放的 GoogleEarth 系统中 GIS 地图，如图 6.5 及图 6.6 所示，进行云端处理，使大坝 BIM 模型与 GIS 地图按照实际坐标进行耦合，形成施工过程中能够利用与展示的综合模型。

图 6.5　GoogleEarth 系统中的大石门水利枢纽坝址区 GIS 地图

图 6.6　利用 GoogleEarth 系统中 GIS 地图构建的三维地形模型

通过大坝模型与三维地形模型之间的耦合，最终形成大坝碾压施工过程数据综合的实时展示载体，以及数据分析之后加载渲染的载体，为工程施工精细化管理提供重要管理手段与平台，如图 6.7 所示。

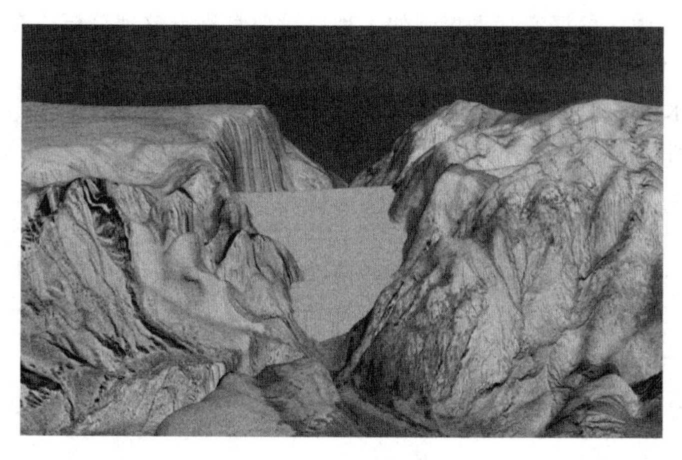

图 6.7 利用 GoogleEarth 系统中 GIS 地图构建的云端模型（大坝+地形）

6.2 基于大坝填筑施工过程精细化智能监控系统的精细化管理

6.2.1 简述

利用建立的大坝填筑施工过程精细化智能监控系统，结合在云端部署的“BIM+GIS”模型，能够随着大石门水利枢纽工程沥青混凝土砂砾石坝的填筑施工，进行每一个单元工程的实时精细化管理，既能保证大坝施工质量，也能够在此平台上最大限度地实现施工机械与人员的资源调配，并且能够根据施工过程收集到的重要施工数据，进行数据分析与挖掘，提高工程建设施工过程管理水平。

根据大石门水利枢纽工程的大坝施工工序，依托大坝填筑施工过程精细化智能监控系统，进行大坝填筑精细化施工主要有以下几个步骤：

(1) 大坝填筑施工单元工程 BIM 模型建立及任务分解。

(2) 坝料级配特性的快速检测及合格性判断。

(3) 大坝填筑碾压施工过程实时监控。

(4) 大坝挖坑检测试验资料采集与分析。

(5) 碾压施工质量的多层次综合评价。

(6) 单元工程质量评定资料生成。

在该部分中，主要介绍了大石门水利枢纽工程的沥青混凝土心墙砂砾石堆石坝的砂砾坝体部分，该坝体中的沥青混凝土心墙部分，也可以按照本书中所提出的精细化智能监控系统进行监控，监控原理与流程基本相同，在此就不再赘述。

6.2.2 大坝填筑施工单元工程 BIM 模型建立及任务分解

根据前面第 5 章的阐述可知，在土石坝填筑碾压施工过程中，一般采用自卸汽车进行坝料运输，利用进占法或者后退法运输坝料，并用推土机摊铺坝料。按照碾压试验所确定的铺料厚度进行，但是实际工程中每一层坝料摊铺并不能像混凝土浇筑一样厚度均匀，因此要保证工程建设管理系统中所采集的重要施工信息能够真正反映实际施工状态，需要在大坝填筑施工过程中，根据实际采集到的工程建设信息进行整理分析，实现工程建设业务管理与实际施工过程真正融合在一起。

结合大石门水利枢纽工程建立的大坝填筑施工精细化智能监控系统，根据每一层坝料碾压施工测量放线得到的关键点信息，建立真实大坝填筑施工的单元工程，如图 6.8 所示。

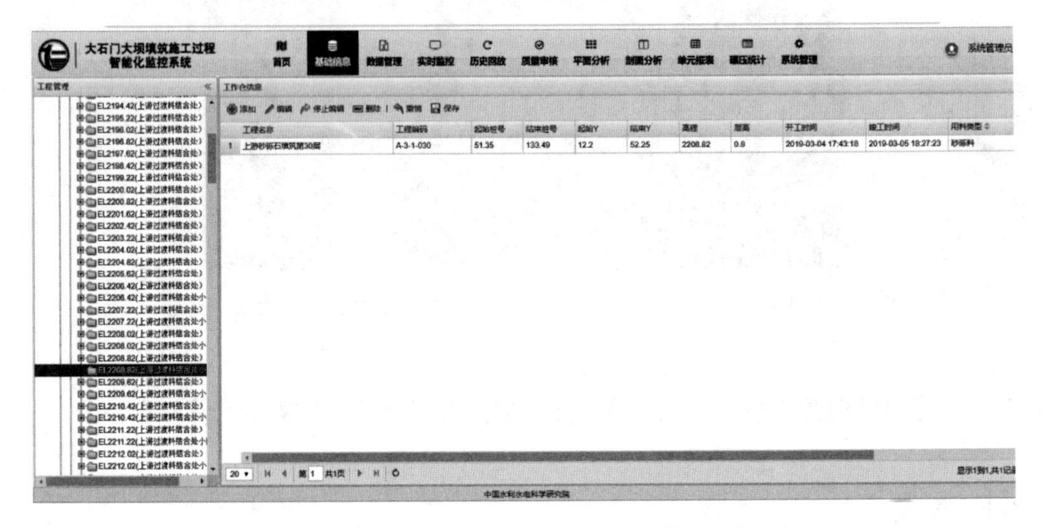

图 6.8　真实大坝填筑施工的单元工程模型示意图

根据图 6.8 中所输入的单元工程关键点位置坐标，结合该单元工程施工中理想的单元铺料厚度，即可从输入参数与实时切割大坝 BIM 模型生成的平切图算出该单元工程碾压之后大坝坝料体积，根据碾压试验或者其他相关经验得出的孔隙率，大致计算出坝料最松散条件下的体积，进而可灵活安排坝料运输设备和坝料碾压设备，为工程施工资源的高效利用提供最重要技术支撑。

6.2.3　坝料级配特性的快速检测及合格性判断

大坝填筑之前，进行了大量的坝料物理特性研究，研究这些物理特性是为了更好地确定料场中坝料级配的离散性，以及在不同的压实条件下坝料的物理力学特征。

实际工程中，如何快速提取坝料的级配特性，并与设计中相关特性指标进行比对，进而快速判断坝料是否合格，对于大坝填筑施工来说，具有重要的意义，也是大坝填筑施工精细化智能监控的重要方面。通过对大石门水利枢纽工程区域的坝料特性分析，可知粗粒料的主要坝料合格性指标包括最大粒径、砾石含量、曲率系数、不均匀系数以及含泥量五个方面的指标。

大石门水利枢纽大坝坝料的设计指标见表 6.1。

表 6.1　　大石门水利枢纽大坝坝料的设计指标表

设计指标	d_{10} /mm	d_{30} /mm	d_{60} /mm	C_U	C_C	砾石含量 /%	含泥量 /%	最大粒径 /mm
设计上包线	0.25	4.40	23.00	92.0	3.37	69.5	8.0	300.00
设计下包线	0.70	20.00	80.00	114.3	7.14	81.5	2.5	400.00

在实际工程施工过程中，对于上坝的坝料合格与否，可以通过快速检验，得到上坝料相关的特征值，这些特征值与表 6.2 中的主要指标进行比对，从而快速判断坝料是否合格。

目前，利用坝料级配特性快速感知的图像识别技术，能够达到的最小识别尺寸为 2mm。因此，利用图像识别技术，能够快速获得坝料中特征粒径下的含量，即砾石含量（粒径 $d>5$mm 的含量）与最大粒径，进而计算坝料的不均匀系数 C_U 和曲率系数 C_C，通过得到的参数与表 6.2 中的参数进行对比，可以大致判断坝料合格性。

利用同一检测点的图像识别得到的坝料级配特征参数与挖坑检测得到的坝料级配特征参数之间的差别，并进行特征粒径角度的图像识别结果修正方法和修正系数的优化与完善，可以大大提高坝料级配特性图像识别的精度，进一步保证方法准确性。

利用以上坝料级配特征的主要参数，结合经验公式得到的在一定碾压功作用后的坝料干密度，进行坝料级配分析，可为大坝碾压质量控制提供重要参考依据。

对以往积累的大量砂砾料碾压后的检测资料进行系统整理，并进行特征指标的聚类与相关性分析，得到了基于砂砾料级配参数与干密度之间的经验关系，见式（6.1）。

$$\rho_d = A \cdot x^a + B \cdot y^b + C \cdot z^c + D \tag{6.1}$$

式中：ρ_d 为坝料在一定碾压功碾压后的干密度；x 为砂砾料的砾石含量；y 为砂砾料的曲率系数；z 为砂砾料的最大粒径；A、B、C、a、b、c、D 为经验系数。

在确定的碾压功条件下，利用碾压试验资料，采用规划求解的方式得到经验系数值。在实际施工中，进一步结合积累得到的施工检测资料，对经验系数进行优化与完善，提高所提出的坝料级配特征参数与干密度间的预测精度。

6.2.4 大坝填筑碾压施工过程实时监控

在大坝碾压施工过程中，利用建立的大坝碾压施工过程实时监控系统，对大坝整个施工过程进行图像化、精细化、实时化远程监控，保证整个大坝填筑施工中最重要的施工环节得到有效控制。

利用该系统能够通过 Web 实时远程控制施工过程中每一辆施工碾压机械的运行参数，包括实际的位置坐标、碾压振动频率、碾压速度以及碾压遍数等重要参数。一旦这些动态施工参数不满足实际控制标准时，根据控制标准，通过语音的方式实时对施工机械驾驶人员进行纠偏和引导提示，保证整个施工过程都处于较为严格的控制条件下，满足施工过程精细化控制的要求。

根据大石门水利枢纽大坝填筑施工组织设计，一共对 4 台碾压设备进行了实时高精度北斗定位设备的安装，且各台设备工作正常。安装设备情况见表 6.2。

表 6.2 大坝填筑碾压设备安装情况简表

编号	吨位/t	主要安装硬件				使用部位
		定位接收机	工业平板电脑	振动传感器	方向传感器	
1	26	√	√	√	√	砂砾料
2	26	√	√	√	√	砂砾料
3	26	√	√			砂砾料
4	26	√	√	√		砂砾料

碾压设备上安装的定位设备及相关附件如图 6.9 所示。

图 6.9　碾压设备定位系统的安装以及现场施工示意图

大坝填筑施工过程中，可以通过远程监控室中的大屏显示，方便工程建设施工管理人员进行施工控制。

在碾压结束之后，可以利用系统中的模块，实现大坝填筑碾压施工过程信息的合格性分析，看是否满足实际施工过程控制的要求，对施工区域内存在的漏碾等不合格区域进行补碾，保证整个施工区域碾压能够满足实际控制要求，如图 6.10 所示。从图中可以看出，通过分析选定的碾压区域数据可知，在分析界面的最下面有该区域的碾压施工过程信息分析结果，“碾压遍次合格百分比：90%；碾压有效区域百分比：81.18%，平均碾压速度：2.69km/h”，这样将以往施工过程无法定量监控的施工信息进行了定量化展示，保证了施工过程的严格可控。

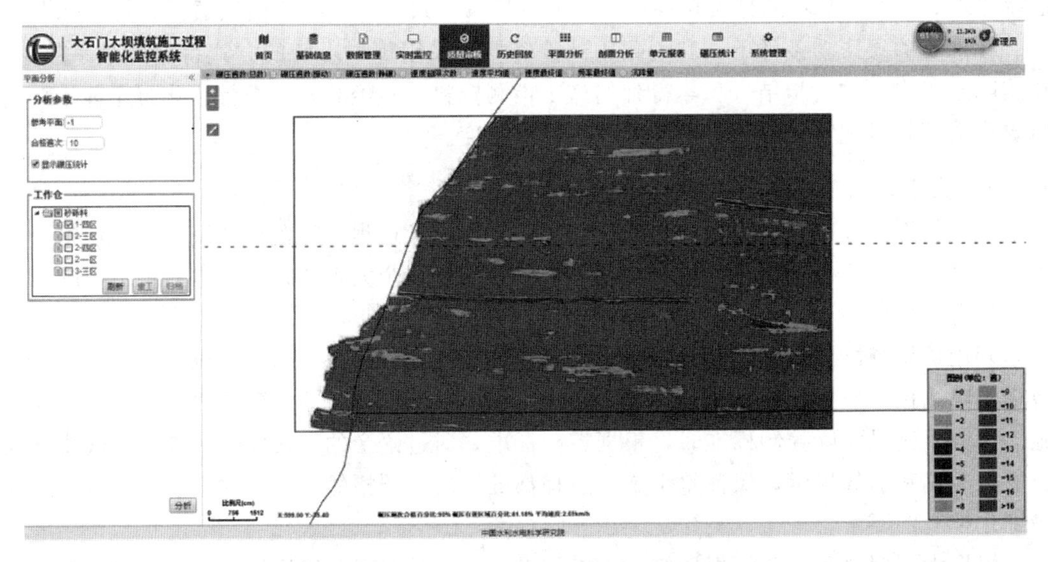

图 6.10　大坝填筑碾压施工质量审核界面

利用系统中的平面分析模块，能够进一步详细且深入地挖掘与分析碾压资料。典型的施工质量分析界面如图 6.11～图 6.15。图中显示了碾压完成的区域内的碾压面积达标的百分比、碾压平均速度以及该层的碾压平均层厚。

为了更形象地分析不同剖面中碾压层厚及不同层之间的结合情况，还可以开发任意的沿着坝轴线或者垂直坝轴线的碾压数据剖面分析功能，方便查看不同单元工程之间、不同坝料之间以及不同分区之间的碾压参数的变化与施工过程质量情况，以便更加全方位地了解大坝整体碾压施工质量，也为通过施工过程数据进行坝料压实状况的评价与分析提供重要的基础。如图 6.16～图 6.18 所示。

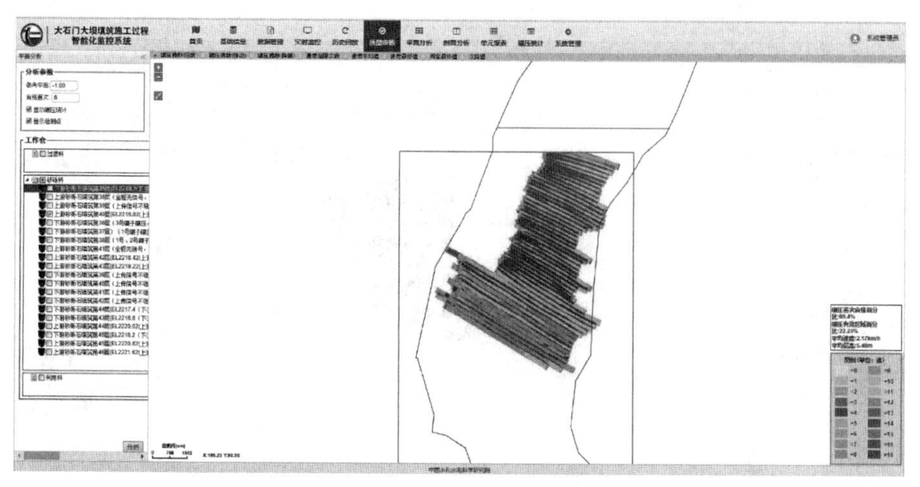

图 6.11 碾压遍数分析云图界面

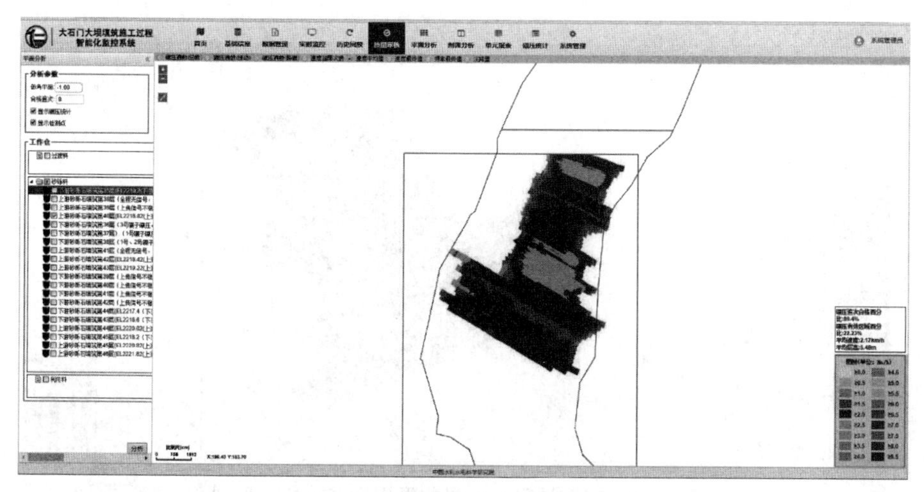

图 6.12 碾压速度分析云图界面

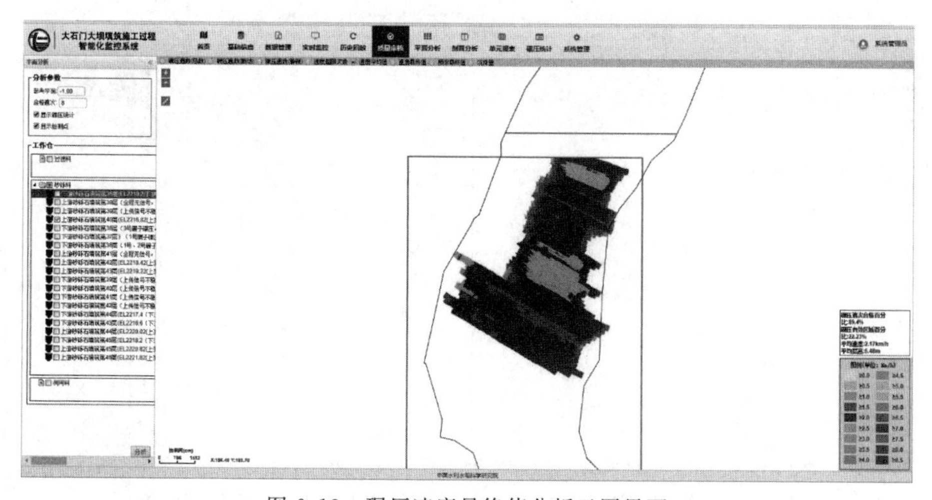

图 6.13 碾压速度最终值分析云图界面

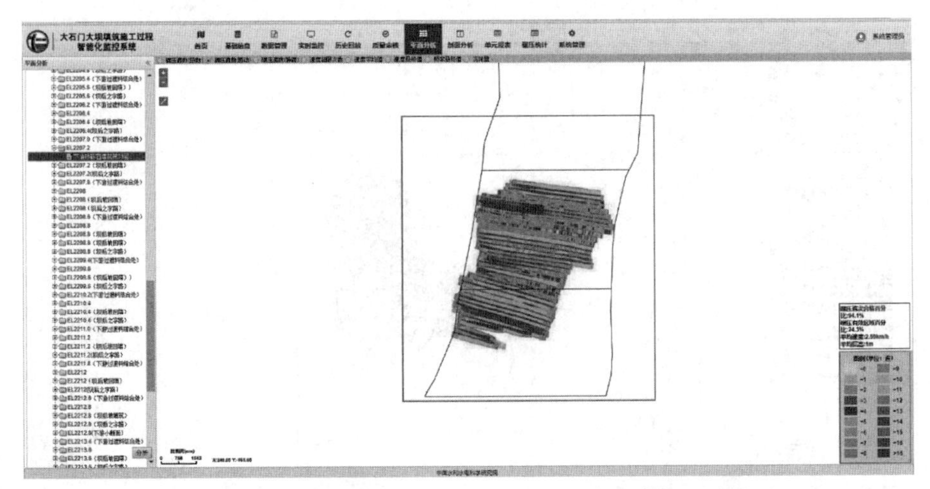

图 6.14　碾压施工过程振动状态为无振动碾压分析云图界面

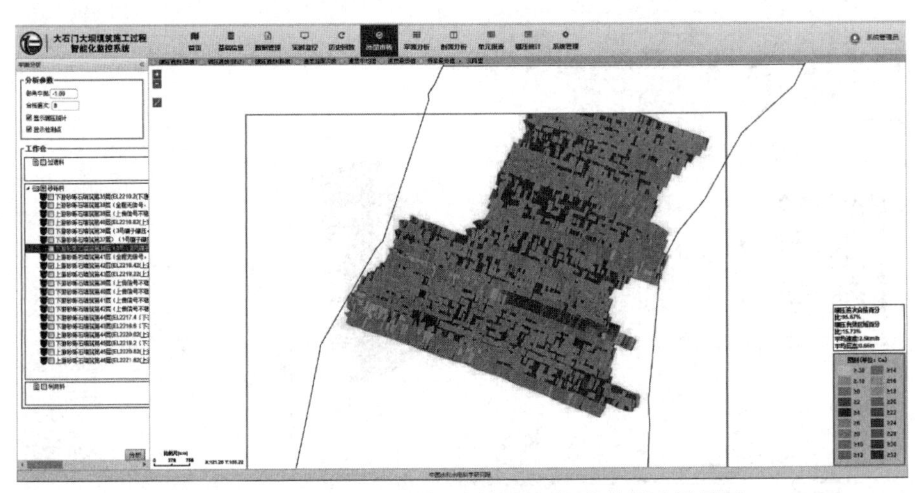

图 6.15　碾压施工过程施工层的碾压沉降分析云图界面

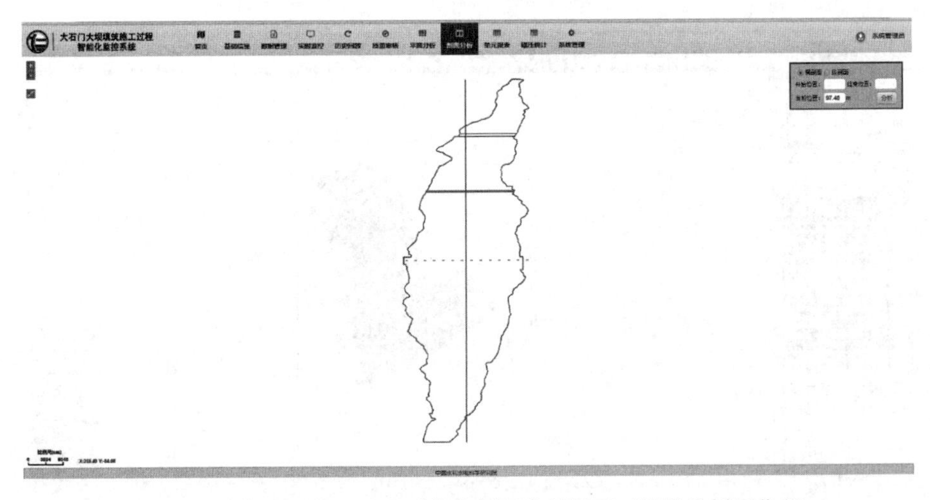

图 6.16　大坝碾压施工过程系统中剖面分析界面（竖线为剖面位置）

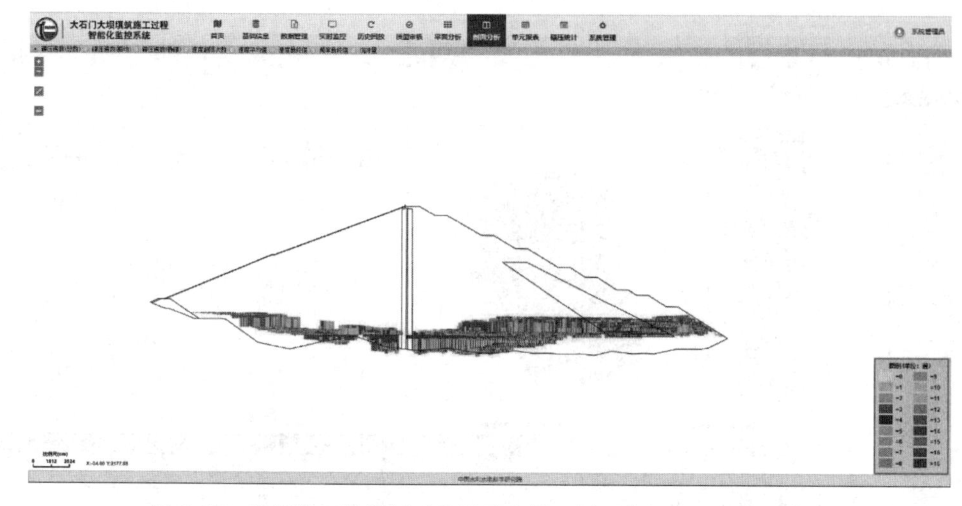

图 6.17　碾压施工数据剖面分析示意图（剖面分析中碾压施工数据显示较小，局部放大如下图 6.20 所示）

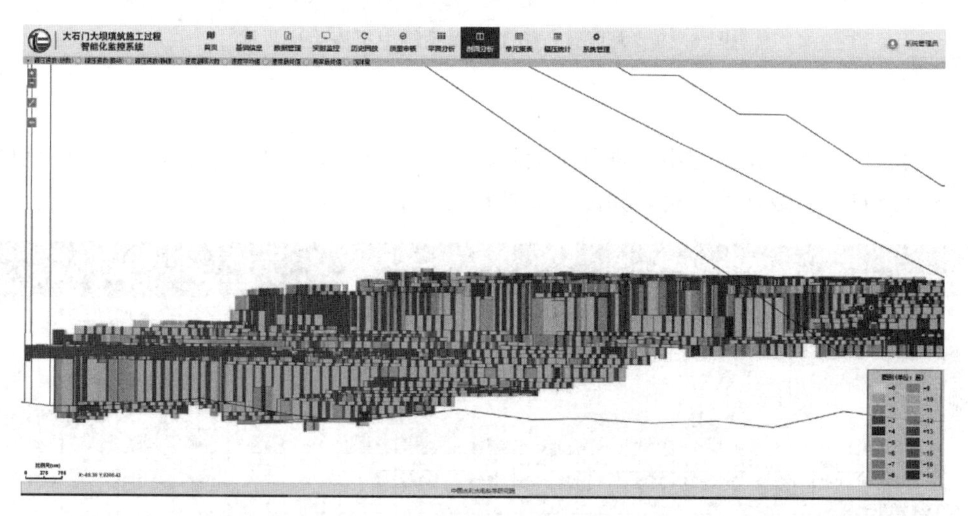

图 6.18　大坝碾压施工过程系统中剖面分析界面（大石门水利枢纽大坝纵剖面）

每一个单元工程或每一个分区施工完成之后，可由系统自动生成该施工区域的施工报表，如图 6.19 所示，主要包括报表信息、自动或者手动设置的检测点位置以及相关施工状态的图形等内容。

通过施工过程碾压机械施工状态的实时监控、碾压施工之后的质量分析与相关报表的自动化生成，可以保证整个施工过程的严格可控与质量可靠。

6.2.5　大坝挖坑检测试验资料采集的分析

在碾压结束之后，并且通过以上介绍的系统，进行初步质量审核，再进行大坝施工质量挖坑检测，进一步把握坝料物理特征，为坝体质量的精准评价提供基础数据。对挖坑检测的相关成果进行细致梳理与分析，形成有效的工程经验，再利用概率统计分析的方法，对所积累的工程经验进行提炼与挖掘，形成可供后续坝体填筑施工控制与评价能够利用的

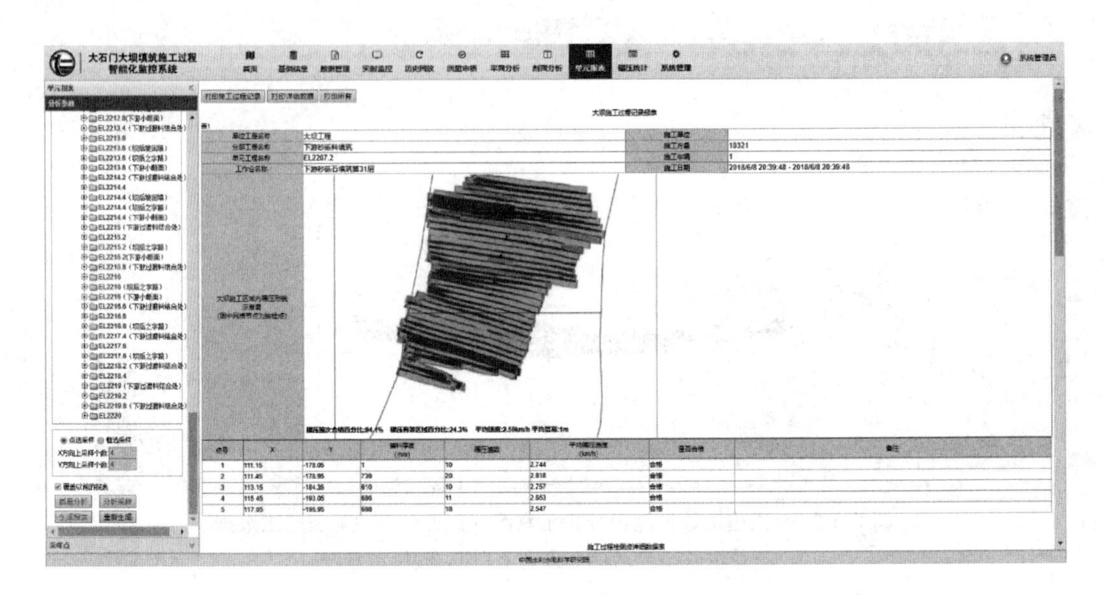

图 6.19　大坝碾压施工过程系统中报表生成界面

经验。

在大石门水利枢纽工程中，进行了大坝挖坑检测资料的采集与分析，并生成大坝坝料级配统计及特征参数计算表格，如图 6.20 所示。

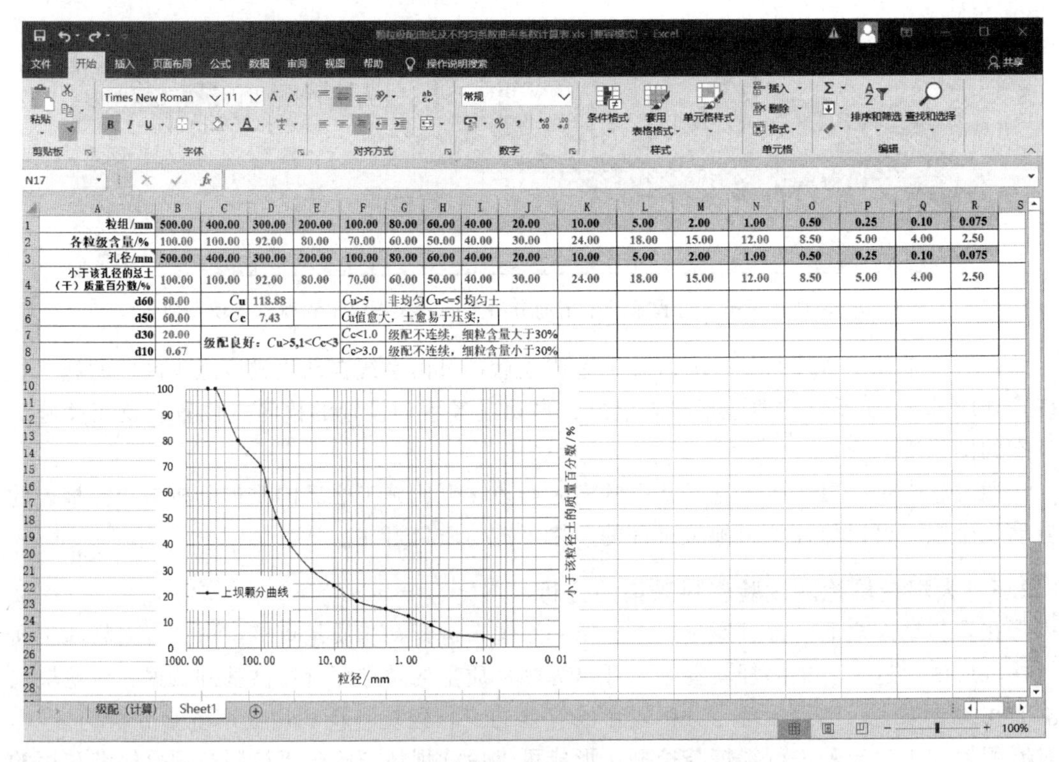

A	B	C	D	E	F	G	H	I	J	K	L	M	N	O	P	Q	R
粒组/mm	500.00	400.00	300.00	200.00	100.00	80.00	60.00	40.00	20.00	10.00	5.00	2.00	1.00	0.50	0.25	0.10	0.075
各粒级含量/%	100.00	100.00	92.00	80.00	70.00	60.00	50.00	40.00	30.00	24.00	18.00	15.00	12.00	8.50	5.00	4.00	2.50
孔径/mm	500.00	400.00	300.00	200.00	100.00	80.00	60.00	40.00	20.00	10.00	5.00	2.00	1.00	0.50	0.25	0.10	0.075
小于该孔径的总土（干）质量百分数/%	100.00	100.00	92.00	80.00	70.00	60.00	50.00	40.00	30.00	24.00	18.00	15.00	12.00	8.50	5.00	4.00	2.50
d60	80.00	Cu	118.88		Cu>5	非均匀	Cu<=5	均匀土									
d50	60.00	Cc	7.43		Cu值愈大，土愈易于压实；												
d30	20.00	级配良好：Cu>5,1<Cc<3			Cc<1.0	级配不连续，细粒含量大于30%											
d10	0.67				Cc>3.0	级配不连续，细粒含量小于30%											

图 6.20　大坝坝料级配统计及特征参数计算表格

6.2.6 碾压施工质量的多层次综合评价

按照常规的大坝坝体填筑管理模式，坝体填筑碾压施工质量的评价主要依据坝体碾压完成之后的挖坑检测，但是，常规的以挖坑检测作为大坝填筑施工质量评价具有以下几个方面的缺陷：①常规挖坑检测中坑位随意，并没有针对具体的施工缺陷进行检测，检测的有效性较低；②如果将挖坑检测作为随机检测，挖坑数据少，代表性差，难以真正反映整个施工区域的坝体填筑质量；③挖坑检测过程中，如果坑壁松土清理不彻底、塑料膜与坑壁贴合较差，都将很大程度上影响挖坑检测结果的有效性。

结合目前在大坝填筑施工过程中采用的坝料级配的数字图像识别、高精度定位等技术，基于整个大坝填筑施工过程采集到的各种信息，利用这些信息，深入挖掘大坝坝体填筑施工质量，并进行多层次综合评价，能够避免以挖坑检测为主要评价手段的弊端。

坝体填筑施工质量的多层次综合评价技术路线如图 6.21 所示。

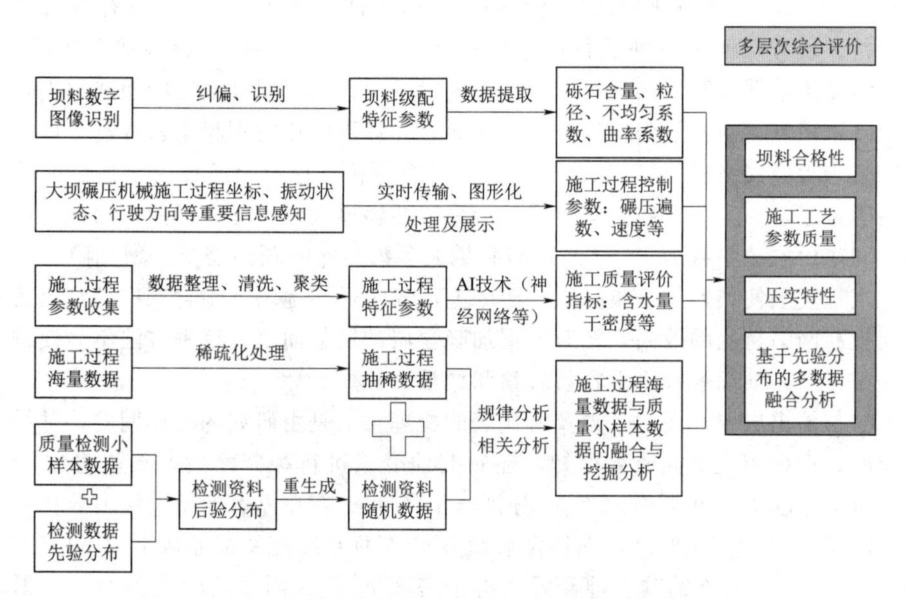

图 6.21　大坝坝体填筑施工质量的多层次综合评价技术路线图

通过上图可以看出，结合目前在水利水电工程建设过程中的物联网技术，采集不同施工环节的重要工程建设信息，进行多层次质量评价的方法可行，主要技术评价分为：坝料合格性、碾压施工工艺参数质量、压实特性、多数据融合分析 4 个层次。

1. 坝料合格性评价

在常规大坝填筑施工质量评价中，大坝坝料合格性都是在大坝单元工程填筑碾压完成后，通过挖坑检测，将挖出来的坝料进行筛分试验得到级配曲线，通过级配曲线是否在设计单位提供的上下包线范围之内，进而判断坝料是否满足设计要求。这样的检测和合格性评价属于事后评价，一旦坝料级配不合格，需要将碾压完成的坝料挖除，然后换合格坝料重新进行填筑施工。坝料级配特性的合格性评价参考第 6.2.3 节内容。

2. 大坝碾压施工工艺参数质量评价

在常规的大坝填筑施工过程控制手段中，主要依靠监理旁站的手段进行大坝碾压施工工艺控制，但是对于旁站监理工作人员来说，这种监控与管理模式效率低下，效果甚微。

在坝料特性能满足设计要求基础上，如果按照碾压试验确定的施工参数进行施工，基本上施工质量也完全满足设计要求。

通过建立的大坝填筑施工过程精细化智能监控系统，可以对整个单元工程或者施工仓位中的坝料，以及碾压施工过程中重要工艺控制参数，进行采集与远程展示，实现远程实时在线的大坝填筑碾压施工过程监控，保证整个大坝填筑施工工艺控制参数满足控制标准要求。

大坝填筑碾压施工工艺参数质量评价最后可以通过系统中“质量审核”“平面分析”两个模块进行分析评价，并且能够输出报表。

3. 大坝压实特性评价

通过基于高精度北斗定位系统的大坝填筑施工过程精细化智能监控系统，结合神经网络等AI方法，建立了大坝坝料压实特性的实时监控神经网络模型，并进行实时坝料压实特性的分析。还可以通过另外两种简单的模式进行大坝坝料压实特性的分析，分别是：①利用压实度传感器进行大坝坝料压实特性实时评价；②利用坝料级配快速识别技术，结合确定的碾压条件下坝料干密度经验公式，通过计算不同点的坝料干密度进行评价。

（1）基于神经网络等AI算法的坝料压实特性评价。理论上已证明：具有偏差和至少一个S型隐含层，加上一个线性输出层的网络，能够逼近任何有理函数。通常情况下，三层网络（即隐含层的层数为1）已经足够满足大多数实际问题的需要，增加隐含层的层数可以在一定程度上使误差进一步降低。实际上，通过适当地增加隐含层中神经元的数目也可以达到提高网络精度的效果，相对于增加隐含层的层数而言，这种方法不会使神经网络的结构变得复杂，训练效果也更容易观察和调整。

输入层与输出层神经元的个数及所代表的物理意义是由研究的具体问题，并结合实际情况决定的。根据相关研究成果可知，在对其他变量进行控制之后，碾压遍数 N，碾压速度 V，压实厚度 H，坝料含水率 W 分别与干密度 K 存在显著的相关性，故将碾压遍数 N，碾压速度 V，压实厚度 H，坝料含水率 W 以及坝料级配特征参数中的不均匀系数 C_U 与曲率系数 C_C 作为网络的输入神经元，将干密度 K 作为网络的输出神经元，因此网络输入层、输出层神经元的个数分别为6和1。

将干密度影响因子的变异性引伸到计算结果的变异性。借助概率论和数理统计的方法，便可计算其破坏概率及其可靠度。当然，不是所有的干密度影响因子都存在变异性，这就需要进行系统变异性分析，分析干密度影响因子变异因素，明确其变异性的大小。其中，变异性大小用变异系数来衡量。变异性系数的计算方法有很多种，如：公式法、估值法、矩阵法、蒙特卡洛法等。公式法即使用常用的统计公式对变量进行统计分析，该方法适用于数据充分、一维变量统计参数的计算。公式法见式（6.2）。

$$
\begin{aligned}
D(X) &= \frac{1}{N-1}\sum_{i=1}^{N}(X_i - \overline{X})^2 \\
E(X) &= \overline{X} = \frac{1}{N}\sum_{i=1}^{N}X_i \\
\delta_x &= \sqrt{D(X)}/E(X)
\end{aligned}
\tag{6.2}
$$

式中：X_i 为样本值；$\overline{X}$ 为平均值；N 为样本容量；$D(X)$ 为方差；δ_x 为变异系数。

仓面的干密度可靠度综合评价指标 R 可用满足坝体设计要求的干密度值（即 $\rho>2.2\text{g/cm}^3$）和可靠度 P 大于90%的仓面点占总仓面面积的比例方程表示：

$$R=\frac{1}{n^2}\sum_{i=1}^{n}\sum_{j=1}^{n}\{(\rho_{ij},P_{ij})\mid\rho_{ij}>2.2,P_{ij}>90\%\} \tag{6.3}$$

式中：n^2 为仓面内的对应位置点总和；ρ_{ij} 为对应某点的干密度值，g/cm^3；P_{ij} 为碾压质量满足坝体设计要求的可靠度。

坝体干密度 ρ_d 的影响因素有含水率、填料颗粒特征参数、碾压层厚度、碾压遍数等，据此可得到坝体干密度的计算方程：

$$\rho_d=F(W,C_u,C_c,N,H,\Lambda) \tag{6.4}$$

式中：W、C_u、C_c、N、H、Λ 分别为测点含水率、填料颗粒不均匀系数、填料曲率系数、碾压遍数、碾压层厚度（cm）及其他干密度计算参数。

在干密度的影响因素中，部分因子具有不确定性或变异性较大（不可控制性变异性因子）的特点。以含水率为例，含水率是影响坝体压实质量的关键因素，主要通过含水率阶段性检测、洒水或晾晒等手段来使其接近填料在施工前通过试验已确定的最优含水率，由于施工中不能对其准确控制，这就需要进行系统变异性分析，分析干密度影响因子变异因素，明确其变异性的大小。而其他参数如碾压遍数、碾压层厚度、激振力碾压遍数可通过碾压施工质量实时监控系统精确获得，不具有变异性。根据含水率、填料颗粒不均匀系数、填料曲率系数几个变异参数的分布情况计算影响因子的最大可能值，然后得到干密度中值$\overline{\rho_d}$（最大可能压实干密度值）的计算方程：

$$\overline{\rho_d}=F(\overline{W},\overline{C_u},\overline{C_c},N,H,\Lambda) \tag{6.5}$$

式中：$\overline{W}$、$\overline{C_u}$、$\overline{C_c}$分别为测点含水率、填料颗粒不均匀系数、填料曲率系数的最大可能值。

在实际应用中，$\overline{\rho_d}$可近似作为干密度值的期望值，即

$$E(\rho_d)=\overline{\rho_d} \tag{6.6}$$

实际干密度值由多个相互独立分布的影响因子确定，据经验假定其分布服从正态分布，由干密度分布数据可求得干密度方差 $D(\rho_d)$，则干密度变异性系数 δ_ρ 的表达式可定义为：

$$\delta_\rho=\sqrt{D(\rho_d)}/E(\rho_d) \tag{6.7}$$

由干密度分布得到干密度分布函数，进而可求得某碾压测点可靠度 P：

$$P=1-p(\rho_d<\rho'_d)=1-\frac{1}{2\pi}\int_{-\infty}^{\rho'_d}e^{-\frac{x2}{2\sigma}}dx \tag{6.8}$$

式中：$p(\rho_d<\rho'_d)$ 为某点干密度不满足施工要求的概率；ρ'_d为施工要求干密度指标，$\rho'_d=2.2\text{g/cm}^3$；σ 为干密度分布的标准差，$\sigma=\sqrt{D(\rho_d)}$。

已知坝料干密度方程式为非线性方程，为了实现干密度方程的求解，建立干密度质量估算的神经网络模型，模型输入值为每个网格上碾压遍数、压实厚度、激振力状况、含水率、不均匀系数和曲率系数，输出值为该网格处的干密度。模型训练样本来源于现场试坑

试验数据以及对应该处的碾压参数值，随着试坑检测数据的不断增加，神经网络模型进行不断的训练，形成坝体干密度预测的神经网络模型。通过该模型，得到坝体完整仓面的干密度分布数据。具体的神经网络模型架构如图 6.22 所示，隐含层数量由经验函数确定。

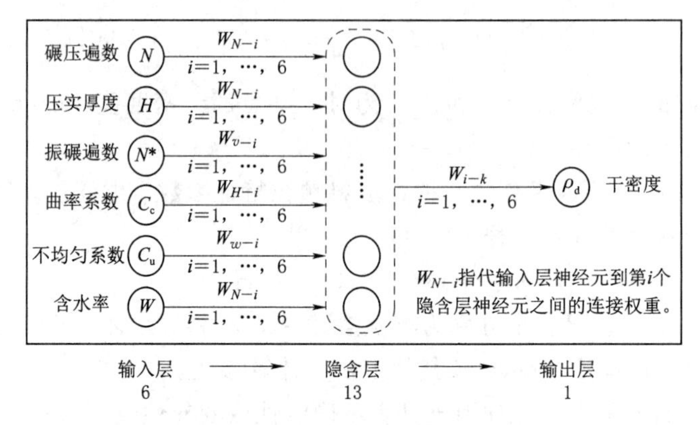

图 6.22 神经网络模型架构图

(2) 基于压实度传感器的坝料压实特性评价。利用安装在大坝碾压设备平板振动压路机振动轴上的相关传感器，采集得到碾压坝料的相关参数，主要有碾压设备中振轮加速度、碾压振轮的振动频率。通过相关分析，得到坝料压实指标 D_p 与碾压遍数的相关关系，图 6.23 是砂砾石料区碾压数据分析得到的相关关系。

由图 6.23 中可以看出，对于爆破料来说，总的趋势是随着碾压遍数的增加，大坝坝料压实指标 D_p 逐渐增大，但是得到的线性关系并不特别明显。对于砂砾石料来说，也是随着碾压遍数的增加，大坝坝料压实指标 D_p 逐渐增大。

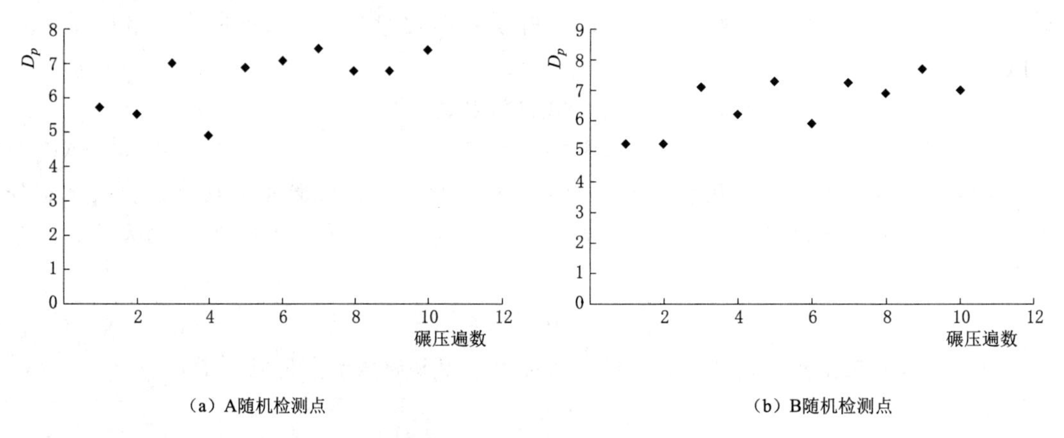

图 6.23 砂砾石料压实指标与碾压遍数的相关关系

图 6.24 所表示的是最后一遍碾压后得到的压实指标 D_p 与挖坑试验的相关性分析结果，从图中可以看出，碾压试验中得到的大坝坝料压实指标 D_p 与挖坑试验结果有较好的相关性。

利用压实度传感器可以较好地对一定碾压条件下的大坝坝料碾压特性进行较为合理的评价，但是压实度传感器也存在问题，即如果在碾压试验与正常碾压施工过程中，施工工艺一致时，基于碾压试验中压实度传感器试验结果作为实际碾压质量控制参数，将会较为合理地进行坝料压实特征的评价。

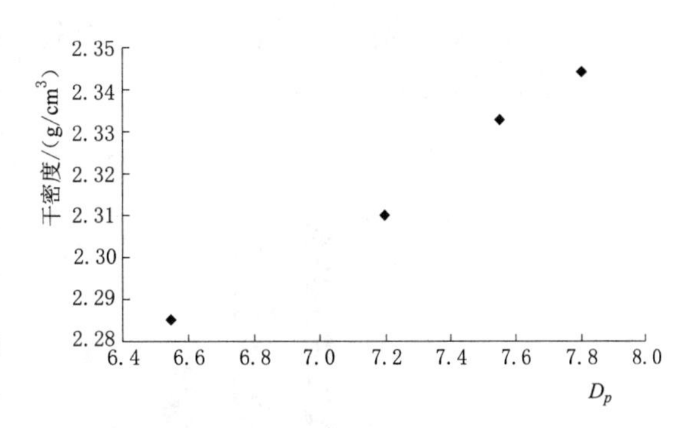

图 6.24 砂砾石料最后一遍碾压后得到的压实指标与挖坑试验的相关关系

(3) 利用坝料级配特性参数与干密度经验公式进行压实特征评价。通过实际工程经验也可知，碾压完成后的砂砾石坝体力学强度特征参数，也与坝料级配特征参数有着明显的关系，但是碾压区域坝料质量检测数据极少，仅 3～5 组。通过以往的相关资料与文献调研可知，同一个区域内的砂砾石，在其物理力学特性上具有强烈的概率统计特性，可以认为他们都是来源于同一个大母体分布中服从某一种概率分布的随机变量，因此可以通过前期工作积累的经验形成先验分布，结合单元工程中挖坑检测得到的试验数据样本，可较为合理地评价大坝填筑施工质量。

根据已经积累的工程挖坑检测数据，得到坝料级配特性，按照式（6.7)～式（6.10)，进行级配特征参数与坝料碾压后干密度之间的经验公式拟合。砂砾料的级配参数与干密度之间的经验关系，见式（6.11)。

以砂砾石堆石坝坝体碾压质量评价为例，利用所积累的 300 余条挖坑检测资料，确定公式中相关经验参数，主要是利用优化算法得到式（6.1）中的经验参数，故公式可以表示为

$$\rho_d = 1.1928 \cdot x^{0.3421} + 0.0055 \cdot y^{0.7039} + 0.0628 \cdot z^{1.3255} + 1.2661 \tag{6.9}$$

优化后的预测干密度与实际干密度间的拟合对比图如图 6.25 所示。

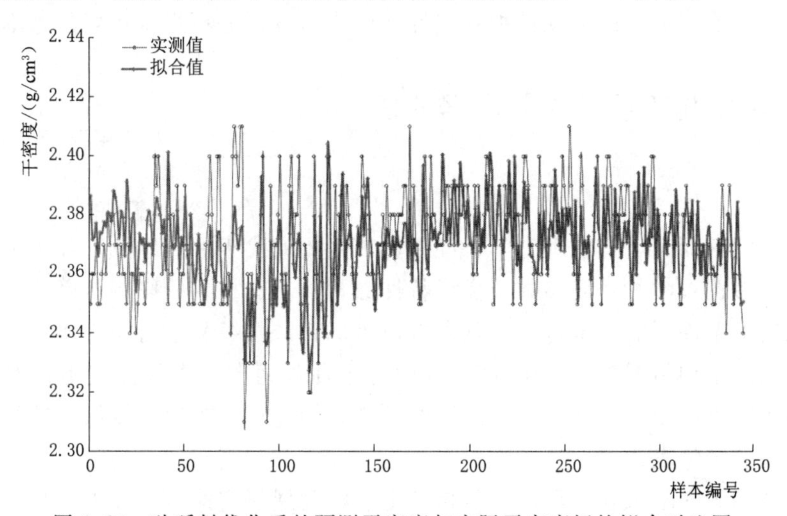

图 6.25 砂砾料优化后的预测干密度与实际干密度间的拟合对比图

图 6.26 所示的是经验公式得到的干密度预测值与实测值之间的误差，由图可见，预测值与实测值之间的绝对误差绝大部分都小于 0.03，相对误差绝大部分都小于 1%，最大

绝对误差为 0.0514，最大相对误差为 2.187%。由此可见，利用经验公式能够较好地预测在一定碾压功作用下的干密度。

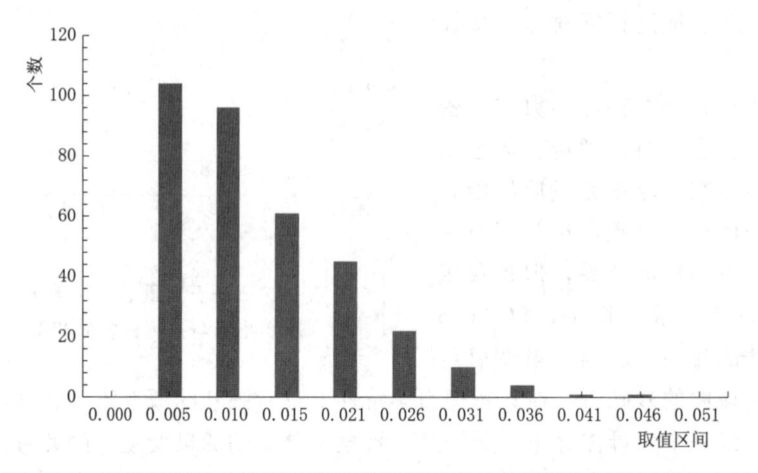

图 6.26　砂砾料经验公式得到的干密度预测值与实测值之间的误差分布图

随着大坝填筑施工智能化程度越来越高，越来越多地采用智能化监控设备进行大坝碾压施工过程的实时监控。每一个单元工程或碾压仓位，可积累数十万条海量施工数据，因此利用大坝填筑过程中挖坑检测积累的坝料级配特征数据，整理得到坝料级配的三维威布尔分布模型作为先验分布，结合拟分析的单元工程检测样本，可以推求该单元工程随机位置的坝料级配后验分布，可为施工过程的海量数据与挖坑检测数据之间的耦合分析提供重要途径与桥梁。

通过对同一母体中的多维威布尔分布先验与后验分析，能够得到某一单元工程中的任意部位在一定分位数条件下服从多维概率分布的随机数，并且通过相关研究得到该点的工程力学参数，为实现真正的大坝模拟真实性态的应力变形分析提供重要的基本条件。

6.3　大坝填筑施工质量检测数据分析

6.3.1　概述

对于筑坝填料而言，其物理力学特性参数，主要取决于颗粒组成，即级配对物理力学特性（密度、渗透系数、强度参数及变形特性参数）具有重要的影响。因此，研究砂砾石在一定的压实度条件下的力学特性，首先应对砂砾石颗粒级配进行深入研究。现有的研究成果大多是利用不均匀系数 C_U 与曲率系数 C_c 来评价粗粒土的级配优劣，但是由于其并未直接表达粗粒土中颗粒尺寸和完整的级配特征，因此也就难以进行级配特征与土体物理力学特征之间的定量表达。

从国内外相关文献来看，目前针对粗粒土级配开展研究的工作较多的是土体级配对其物理力学特性方面的影响，以及粗粒土在缩尺之后对其力学性质的影响。如李罡等在研究粒状材料颗粒级配对临界状态影响时，引入了 C_U 开展相关的研究工作；蒋明镜等通过试验研究不同颗粒级配对火山灰力学性质影响，分析了某种级配曲线对压缩性及强度指标的影响；朱晟等细致开展了粗粒土级配特征对其物理力学特性的影响。而在级配表示方法方面，研究相对较少，主要的研究结果包括朱晟等提出的基于分形方法的土体颗粒组成表达；朱俊高等开展了连续级配土的级配方程及其相关性研究，也取得了重要的研究成果。

砂砾石料的级配特性，主要受母岩特性、产生原因、空间分布等不确定因素的影响。由于无黏性粗粒土力学参数的离散程度较细粒土相对较大，现有分析方法在计算精度方面及砾石填料适用性上尚存在不足。因此试验方法仍然是当前确定其参数最直接、最可靠的方法，也是大多数理论和经验估值的重要依据。充分利用有限的试验数据，结合概率统计方法探索颗粒级配与力学参数间的关系，是目前较为实用的途径。

目前在概率统计分析方面，一般采用多维正态分布，但正态分布往往难以得到小样本条件下土体力学参数分布的最优估计，且不能反映有偏样本和截尾样本的分布特点，甚至有时不能通过检验。而威布尔分析模型克服了正态分布的特点，对各种类型试验数据有极强的适应能力，不仅能够适用于大样本数据，对小样本数据也有较好的适用性，广泛用于研究机械、化工、电气、电子、材料失效，甚至人体疾病研究。威布尔分布模型由其形状、尺度（范围）和位置三个参数决定。其中形状参数是最重要的参数，决定分布密度曲线的基本形状，尺度参数起放大或缩小曲线的作用，但不影响分布的形状。还可以通过改变其形状参数近似表达其他分布，如正态、对数正态、指数等分布。

通过专门的模型试验获取数据进而研究统计分析的方法，由于试验中数据量较小且未能考虑施工中的不确定性因素的影响，试验数据往往较为理想，所得方法用于拟合实际工程中的问题时往往难以较好的描述。在本书中，结合新疆大石门水利枢纽工程施工过程中获取的大量检测实验数据，在大量统计的基础上，通过各参数间的相关性分析，选取了对干密度影响较大的级配特征参数：砾石含量、曲率系数 C_c、最大粒径，并对其构建了一维威布尔分布模型，分别求出对应的三个控制参数：位置参数 μ、尺度参数 σ、形状参数 ξ，并得到了在一定保证率条件下的粗粒土级配参数估计值。在此基础上，进一步推导出了三维威布尔分布函数表达式，建立了能够利用颗粒砾石含量、最大粒径及曲率系数 C_c 间的相关关系反映干密度的三维威布尔分布模型，使干密度的表征方法更具综合性，可用于砂砾填料的质量评估和预测。

6.3.2 威布尔分布模型

6.3.2.1 一维威布尔分布模型

威布尔分布模型自1939年由瑞典工程师提出后，由于能够以小样本准确可靠地进行预测而被广泛采用。目前一维威布尔概率分布已发展成为工程中应用最广的概率分布类型之一，能够较好地拟合数据样本点，可适用于完全样本、有偏样本和截尾样本的拟合。威布尔分布模型包括传统的二参数分布模型和三参数分布模型，前者可理解为后者的特例。

6.3.2.2 威布尔概率分布函数

一维威布尔概率分布函数的表达式可表示为

$$F(x)=1-\exp\left[-\left(\frac{x-\mu}{\sigma}\right)^{\xi}\right] \quad (x\geqslant\mu) \tag{6.10}$$

其密度函数为

$$f(x)=\frac{\xi}{\sigma}\left(\frac{x-\mu}{\sigma}\right)^{\xi-1}\exp\left[-\left(\frac{x-\mu}{\sigma}\right)^{\xi}\right] \tag{6.11}$$

式中：$F(x)$ 为分布函数；$f(x)$ 为密度函数；x 为随机变量，$x \geqslant \mu$；ξ 为形状参数（斜率），$\xi \geqslant 0$，其决定威布尔分布曲线的形状；σ 为尺度参数，$\sigma \geqslant 0$，其是一种平均效应，表征威布尔分布模型中点的大致位置；μ 为位置参数，表征威布尔分布模型的起算位置，当 $\mu=0$ 时，三参数威布尔分布模型便退化为二参数威布尔分布模型。

6.3.2.3 威布尔分布参数计算

威布尔分布参数计算常用的方法是极大似然法和最小二乘法。虽然极大似然法精度高，但需要在实数范围内，搜索求解极大似然超越方程，求解计算复杂；最小二乘法求解相对简单，可简单地求出位置数据，使求得的数据与实际数据之间误差的平方和最小。因此，本文采用最小二乘法进行求解，为计算威布尔分布模型中的三个参数，需将式(6.10）两边取2次自然对数得到式（6.12)：

$$\ln\ln\frac{1}{1-F(x)}=\xi\ln(x-\mu)-\ln\sigma^{\xi} \tag{6.12}$$

令 $Y=\ln\ln\frac{1}{1-F(x)}$，$X=\ln(x-\mu)$，$A=\ln\sigma^{\xi}$，

则式（6.12），变成线性方程：

$$Y=\xi X-A \tag{6.13}$$

由于 μ 表示威布尔分布模型的起算位置，因此可取一个小于试验数据最小值的数 μ_0（或者取为0）作为起始值（已知值）进行初步计算，得出 $X_i=\ln(x_i-\mu_0)$；计算 Y_i 时需要先计算出累计概率 $F(x_i)$，目前常用的方法是：将 n 个变量（试验数据）由小到大排序为 $x_1 \leqslant x_2 \leqslant x_3 \leqslant \cdots \leqslant x_n$，对应的累计失效概率为 $F(x_1) \leqslant F(x_2) \leqslant F(x_3) \leqslant \cdots \leqslant F(x_n)$。其中第 i 个累计失效概率 $F(x_i)$ 可用中位秩算法求得

$$F(x_i)=\frac{i-0.3}{n+0.4} \tag{6.14}$$

进一步选用最小二乘法对式（6.13）线性方程进行参数计算，进而可求出线性方程中的斜率 ξ 和截距 A：

$$\xi=\frac{\sum_{i=1}^{n}X_iY_i-\frac{1}{n}\cdot\left(\sum_{i=1}^{n}X_i\right)\cdot\left(\sum_{i=1}^{n}Y_i\right)}{\sum_{i=1}^{n}X_i^2-\frac{1}{n}\cdot\left(\sum_{i=1}^{n}X_i\right)^2} \tag{6.15}$$

$$A=\frac{1}{n}\cdot\sum_{i=1}^{n}Y_i-\frac{\xi}{n}\cdot\sum_{i=1}^{n}X_i \tag{6.16}$$

进而求出尺度参数 $\sigma=\exp\left(\frac{A}{\xi}\right)$。

在计算式（6.18）的同时，也可同时计算出表征拟合直线的相关系数 r：

$$r=\frac{L_{XY}}{\sqrt{L_{XY}\cdot L_{XY}}} \tag{6.17}$$

式中：

$$L_{XX}=\sum_{i=1}^{n}X_i^2-\frac{1}{n}\cdot\left(\sum_{i=1}^{n}X_i\right)^2 \tag{6.18}$$

$$L_{YY}=\sum_{i=1}^{n}Y_i^2-\frac{1}{n}\cdot\left(\sum_{i=1}^{n}Y_i\right)^2 \tag{6.19}$$

$$L_{XY}=\sum_{i=1}^{n}X_iY_i-\frac{1}{n}\cdot\left(\sum_{i=1}^{n}X_i\right)\cdot\left(\sum_{i=1}^{n}Y_i\right) \tag{6.20}$$

计算效果的优劣可用相关系数 r 表征，其绝对值越接近 1，说明线性拟合的效果越好。由于在初始计算时 μ 为任意小于试验数据最小值的数，计算得出的 r 往往并非接近于 1，因此需要对 μ 进行优化，以得出最接近于 1 的 r。

因此，可设目标函数 $U=\max|r(\mu_0)|$，以 μ_0 为变量，进行迭代计算，使目标函数 U 趋近于 1 时的 μ_0 为最优值，其可作为一维威布尔分布函数的位置参数 μ，同时其对应计算得出的形状参数 ξ 和尺度参数 σ 为另外两个参数。此时，一维威布尔分布函数的三个参数已全部求出。

在实际应用时，往往需要给出在一定可靠度条件下的参数估计值，因此，设参数估计的可靠度为 R^2，分布函数与可靠度 R^2 的关系为

$$R^2(x)=1-F(x) \tag{6.21}$$

即

$$R^2(x)=\exp\left[-\left(\frac{x-\mu}{\sigma}\right)^{\xi}\right] \tag{6.22}$$

$$\frac{1}{R^2(x)}=\exp\left(\frac{x-\mu}{\sigma}\right)^{\xi} \tag{6.23}$$

再对式（6.23）两边取对数得

$$x_{R^2}=\mu+\sigma\cdot\ln\left(\frac{1}{R^2}\right)^{\frac{1}{\xi}} \tag{6.24}$$

式中：x_{R^2} 为一维威布尔分布模型在可靠度 R^2 条件下的估计值，利用已经得出的三个参数，代入式（6.24），即可计算出 x_{R^2}。

具体估计步骤可总结如下：

（1）将试验数据按照从小到大的顺序依次排列（$x_1\leqslant x_2\leqslant x_3\leqslant\cdots\leqslant x_n$），按照中位秩算法求得累计概率 $F(x_i)$，设定一个起算位置 μ_0，并计算出 X、Y。

（2）采用最小二乘法，对 X、Y 进行拟合，求出线性方程中的斜率 ξ 和截距 A，进而求得 σ。

（3）求出 X、Y 的相关系数 r，并对其进行优化，得出接近于 1 时的 μ。此时已经得出一维威布尔分布模型的三个参数。

（4）指定可靠度 R^2，将三个参数代入式（6.24），即可得出在考虑可靠度条件下的估计值 x_{R^2}。

具体的数据计算过程采用 Excel 规划法进行求解，可以得到每组数据的威布尔拟合结果。

6.3.2.4 三维威布尔分布模型

实际工程中坝料级配的描述，是一系列颗粒粒径及其含量的表达，这些参数在一定的

尺度范围内存在着随机性和符合统计规律的自相似性，且某些参数间存在着明显的相关性。因此，难以采用一维概率分布进行全面描述，但目前多维概率分布的参数、相关系数确定以及假设检验仍存在困难，限制了多维概率分布在坝料级配特性表达中的应用。本文在一维威布尔分布的基础上，通过对坝料级配曲线中参数的相关性拟合分析，结合干密度概率分布，构建了多维复合概率密度函数模型，对坝料级配多个参数进行拟合，并对其合理性进行了一定概率保证率条件下的检验（K-S检验）。一维威布尔概率函数见式(6.10)，对于三维威布尔分布模型而言，其概率分布函数应该是每个变量的边缘函数的组合，考虑三维威布尔概率分布中变量之间的相关系数，通过公式推导与数值拟合，得出的三维威布分布模型概率函数的数学表达式见式（6.25）。

$$G(x,y,z)=\left\{\left[\left(1-\exp\left(\frac{x-\mu_1}{\sigma_1}\right)^{\xi_1}\right)\cdot\left(1-\exp\left(\frac{y-\mu_2}{\sigma_2}\right)^{\xi_2}\right)\right]^{\beta/\sqrt[3]{\alpha\beta}}\cdot\left(1-\exp\left(\frac{z-\mu_3}{\sigma_3}\right)^{\xi_3}\right)\right\}^{\alpha/\sqrt[3]{\alpha\beta}} \tag{6.25}$$

式中：ξ_j、μ_j、$\sigma_j(j=1,2,3)$ 分别为 x、y、z 的边缘分布形状参数、位置参数和尺度参数；$0\leqslant\alpha$，$\beta\leqslant1$ 为由相关系数 r 得到的相关参数，α，β 均为1时，x、y、z 相互独立。

史道济通过矩估计法，给出了相关参数 α，β 的显式表达式为

$$\begin{cases}\alpha=\dfrac{\sqrt{1-r_{1,3}}+\sqrt{1-r_{2,3}}}{2}\\[2ex]\beta=\dfrac{\sqrt{1-r_{1,2}}}{\alpha}\end{cases} \tag{6.26}$$

式中：$r_{i,j}$ 为线性相关系数，$i<j(i，j=1，2)$。

根据模拟数据的拟合分析可知，当三维威布尔分布模型三个参数的每两个相关系数小于0.15时，可认为该三维威布尔分布模型的参数相互独立，三维威布尔分布表达式直接用边缘分布相乘，这样得到的拟合效果要较考虑参数之间相关系数后，即利用式（6.25），计算得到的效果更好。

6.3.2.5 威布尔分布的假设检验

模型假设检验是为了评价所得概率分布模型的拟合精度，在统计分析中常用的检验方法有：卡方检验、D检验和K-S检验，其中K-S检验（kolmogorov-smirnov）在威布尔分布模型中广泛采用，是比较一个频率分布 $G(x)$ 与理论概率分布 $F(x)$ 的检验方法。其假设 H_0 为两个数据分布一致或者数据符合理论分布。计算公式为

$$D_n=\max\{D_n^+,D_n^-\} \tag{6.27}$$

式中：

$$D_n^+=\max\left\{\frac{i}{n}-F_0(x_i)\right\} \tag{6.28}$$

$$D_n^-=\max\left\{F_0(x_i)-\frac{i-1}{n}\right\} \tag{6.29}$$

若实际观测值 $D>D(n，\alpha)$，则拒绝 H_0，否则接受 H_0 假设。

6.3.3 砂砾石坝料干密度主要影响因素的相关性分析

大坝填筑最重要的控制因素是压实后的干密度，影响坝料干密度的因素较多，主要包

括：坝料压实功作用（碾压速度、遍数、振动频率、吨位等综合作用）、坝料级配、母岩强度、含水率等。大坝压实功基本都是通过碾压试验确定，对于母岩来源一致的坝料而言，级配参数、含水率是碾压施工结束后干密度的主要控制因素。筑坝砂砾填料干密度具有级配相关性，但在砂砾填料施工质量控制中，目前主要以含砾量表征级配对干密度的影响，未考虑级配形状、最大粒径、不均匀系数、曲率系数的影响。已有研究表明，砂砾料干密度受这些因素的影响较为显著，而简化的室内试验难以准确描述现场原级配料的干密度。在此基础上推导出来的外延公式缺乏普遍适用性，应用时存在较大的误差。为了研究这些参数对其敏感性，本书借助数理统计的方法，基于施工过程大量的检测试验数据，建立试验参数间的关系，选择与干密度相关性最紧密的三个因素，并对这三个因素通过威布尔分布模型进行拟合分析，并推导出在一定保证率条件下的估计值。

在大石门水利枢纽工程堆石坝工程施工过程中，堆石坝工程检测资料主要为：上游砂砾填筑料（453 组）、下游砂砾填筑料（473 组）、心墙上下游过渡料（908 组）、岸坡过渡料（183 组），共 2017 组试验，每组试验中的数据包含：干密度（g/cm^3）、相对密度、砾石含量（%）、含泥量（<0.075mm/%）、曲率系数 C_c、不均匀系数 C_u、最大粒径（mm）、含水率（%）。

本书采用数据处理软件 SPSS 22 对以上数据进行相关性分析，研究挖坑检测试验数据中与干密度关系最密切的参数。计算所得的干密度与其他数据的相关性 r，见表 6.3。由表可知，含泥量（<0.075mm）、不均匀系数 C_u、含水率与干密度间表现出明显的不相关或负相关；相对密度、砾石含量、曲率系数 C_c、最大粒径与干密度间表现出明显的相关性。根据相关性分析结果，最后选取了与干密度相关性最紧密的三个因素，分别为：砾石含量、曲率系数 C_c、最大粒径。这三个因素与干密度的相关性关系如图 6.27 所示，仅列出上游、下游砂砾填筑料颗粒级配参数的关系；心墙上下游过渡料、岸坡过渡料的颗粒级配参数关系不再一一列出。

表 6.3　级配参数与干密度相关性分析

填 料 区	相对密度	砾石含量 /%	<0.075mm /%	曲率系数 C_c	不均匀系数 C_u	最大粒径 /mm	含水率 /%
上游砂砾填筑料	0.369	0.665	−0.028	0.522	−0.004	0.331	−0.123
下游砂砾填筑料	0.282	0.793	0.015	0.441	−0.076	0.473	0.027
心墙上下游过渡料	0.839	0.363	−0.093	0.193	0.003	0.020	−0.036
岸坡过渡料	0.807	0.527	−0.144	0.312	−0.038	−0.025	0.010

6.3.4 大坝坝料检测资料统计分析

在大石门水利枢纽工程大坝填筑施工中，随着每一层坝料的填筑施工完成，都将进行工程施工质量检验，工程建设结束之后，积累了大量的工程检测资料，通过工程检测资料的积累与挖掘分析，将会把握大坝施工质量整体效应。

在本节中，对施工质量检测资料进行深度挖掘，利用威布尔分布模型进行不同碾压施工检测资料的拟合研究，为今后小样本施工检测资料与海量工程施工数据融合提供重要技术支撑。

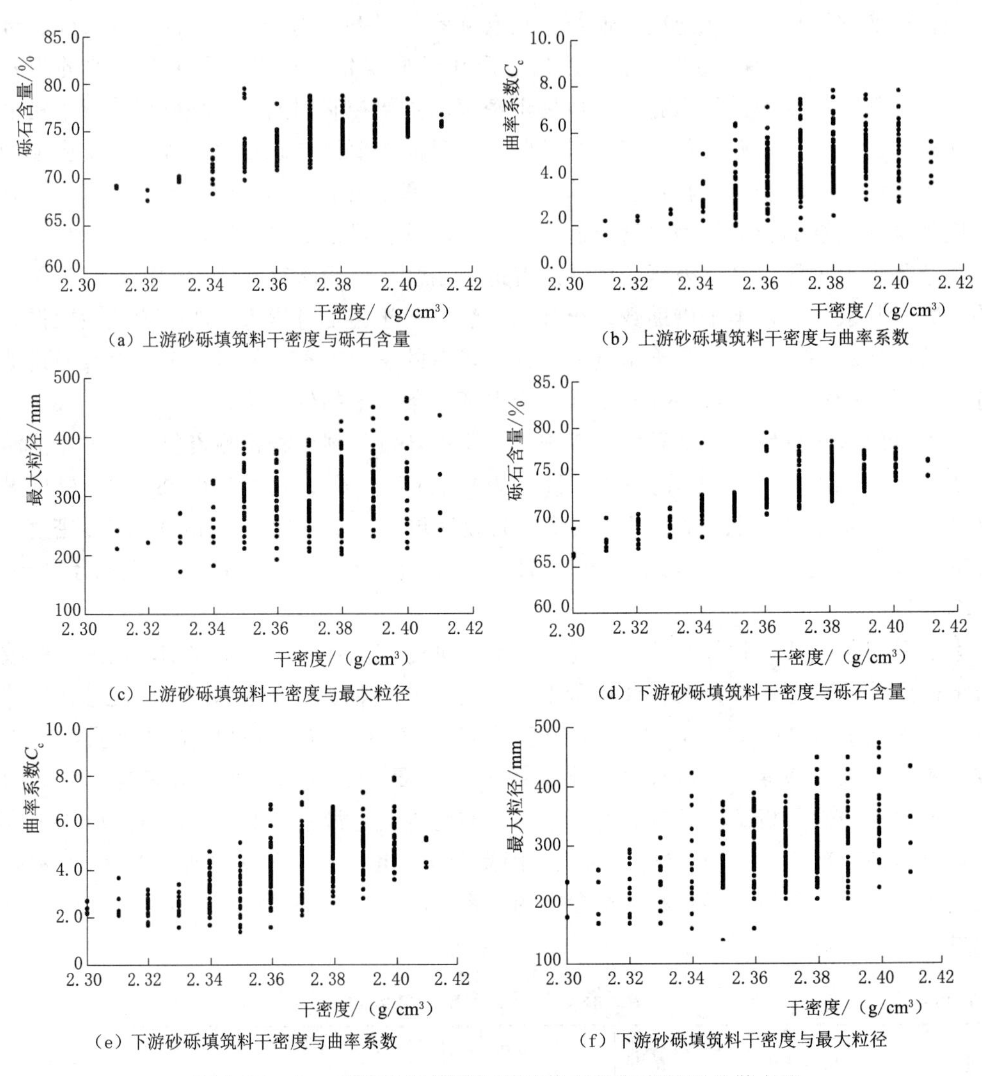

图 6.27 上、下游砂砾填筑料颗粒级配特征参数相关散点图

主要统计结果按照上游堆石区、下游堆石区、上下游垫层区及岸坡过渡堆石区等内容分类统计。统计分析成果见表 6.4～表 6.7，其威布尔分布模型拟合结果如图 6.28～图 6.59 所示。

表 6.4　　上游堆石区砂砾料级配特征统计分析成果表

统计指标	样本总数	均值	统计参数			备　注
			位置参数	尺度参数	形状参数	
含水率/%	453		0.940	0.718	2.883	
干密度/(g/cm³)	453		2.256	0.124	7.824	
相对密度	453		0.848	0.081	2.607	
砾石含量（>5mm）	453		64.000	10.759	5.691	
含泥量（<0.075mm）	345		0.304	3.565	8.871	

续表

统计指标	样本总数	均值	统计参数			备注
			位置参数	尺度参数	形状参数	
曲率系数	345		1.500	3.369	2.314	
不均匀系数	345		53.354	77.803	2.701	
最大粒径/mm	345		160.000	159.674	2.856	

表 6.5　　　下游堆石区砂砾料级配特征统计分析成果表

统计指标	样本总数	均值	统计参数			备注
			位置参数	尺度参数	形状参数	
含水率/%	473		0.653	0.986	4.675	
干密度/(g/cm^3)	473		2.016	0.364	19.533	
相对密度	473		0.854	0.077	2.732	
砾石含量（>5mm）	473		57.967	16.907	7.580	
含泥量（<0.075mm）	358		0.654	3.272	9.095	
曲率系数	358		1.231	3.469	2.184	
不均匀系数	358		59.427	74.955	2.510	
最大粒径/mm	473		110.434	213.426	3.560	

表 6.6　　　上下游垫层区砂砾料级配特征统计分析成果表

统计指标	样本总数	统计参数			备注
		位置参数	尺度参数	形状参数	
含水率/%	908	0.711	0.848	6.338	
干密度/(g/cm^3)	908	2.275	0.087	7.722	
相对密度	908	0.867	0.070	2.497	
砾石含量（>5mm）	908	61.279	6.655	3.057	
含泥量（<0.075mm）	455	1.919	1.558	3.556	
曲率系数	455	1.460	1.660	1.675	
不均匀系数	455	68.207	36.293	1.726	
最大粒径/mm	908	61.446	17.211	7.958	

表 6.7　　　岸坡过渡堆石区砂砾料级配特征统计分析成果表

统计指标	样本总数	统计参数			备注
		位置参数	尺度参数	形状参数	
含水率/%	183	0.829	0.778	4.278	
干密度/(g/cm^3)	183	2.163	0.197	18.137	
相对密度	183	0.870	0.061	2.294	
砾石含量（>5mm）	183	60.935	7.000	3.309	
含泥量（<0.075mm）	183	2.532	1.000	1.732	
曲率系数	183	1.567	1.694	1.365	
不均匀系数	183	65.975	44.397	2.000	
最大粒径/mm	183	67.747	10.505	3.554	

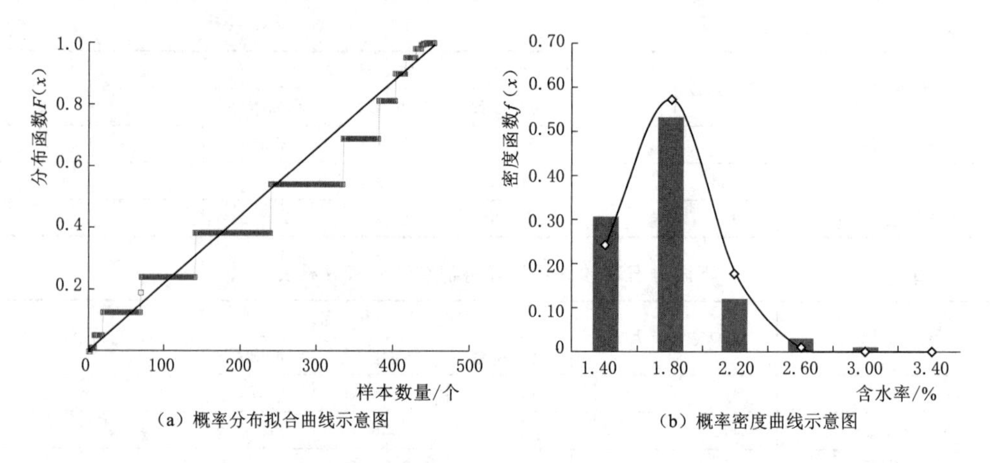

图 6.28 含水率数据威布尔分布模型拟合结果（上游堆石区）

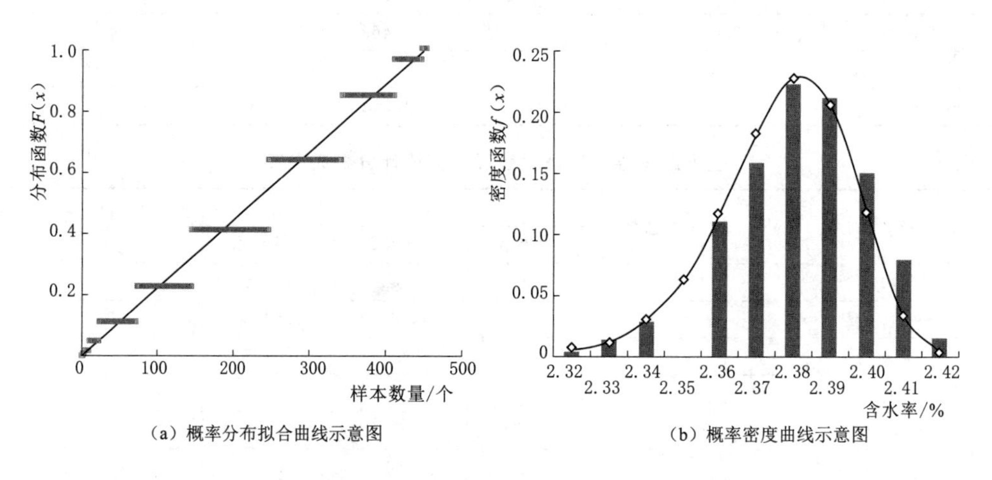

图 6.29 干密度数据威布尔分布模型拟合结果（上游堆石区）

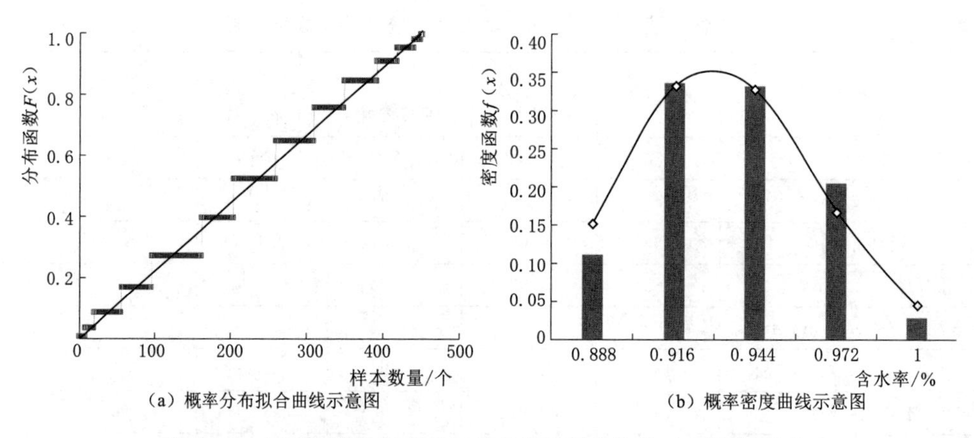

图 6.30 相对密度数据威布尔分布模型拟合结果（上游堆石区）

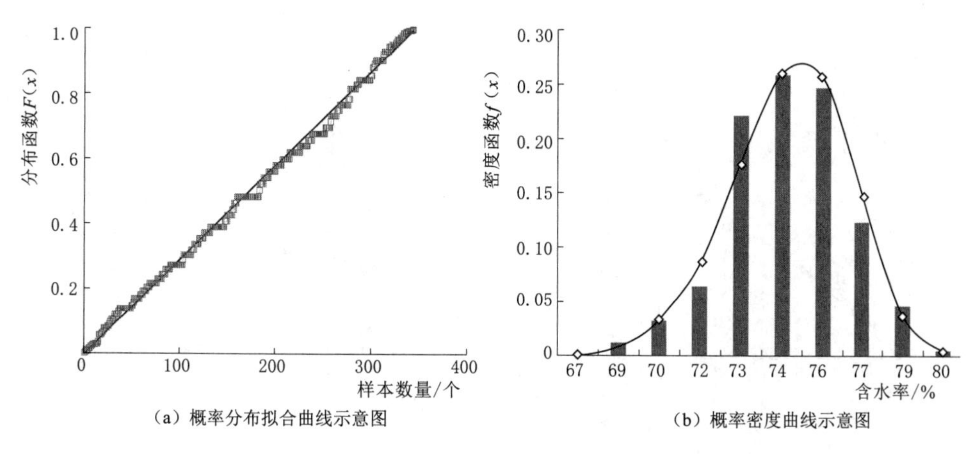

图 6.31 砾石含量（>5mm）数据威布尔分布模型拟合结果（上游堆石区）

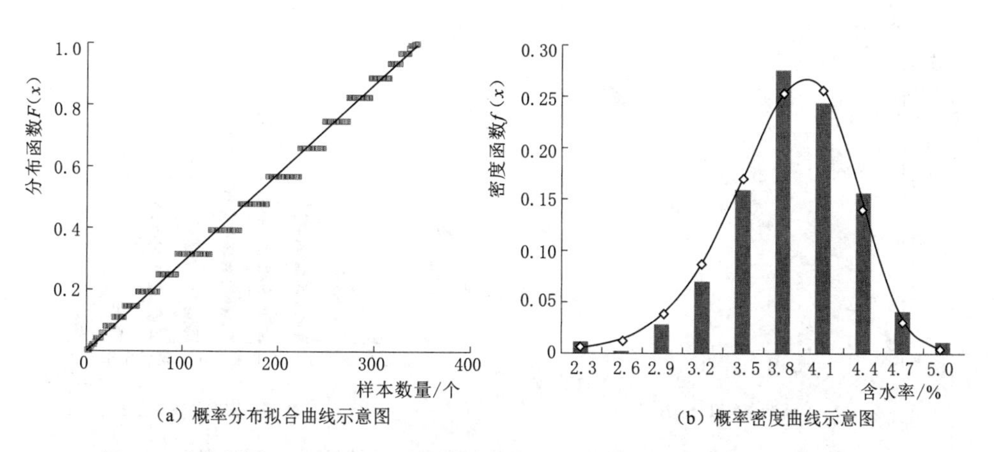

图 6.32 含泥量（<0.075mm）数据威布尔分布模型拟合结果（上游堆石区）

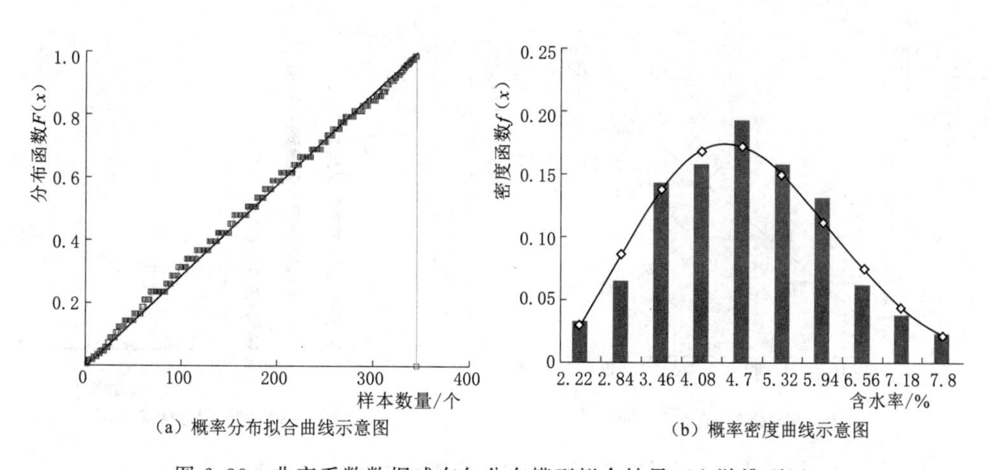

图 6.33 曲率系数数据威布尔分布模型拟合结果（上游堆石区）

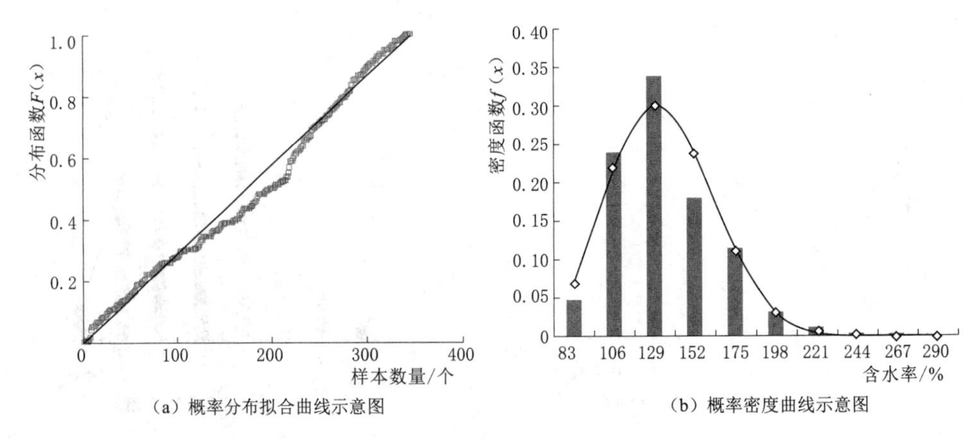

（a）概率分布拟合曲线示意图　　（b）概率密度曲线示意图

图 6.34　不均匀系数数据威布尔分布模型拟合结果（上游堆石区）

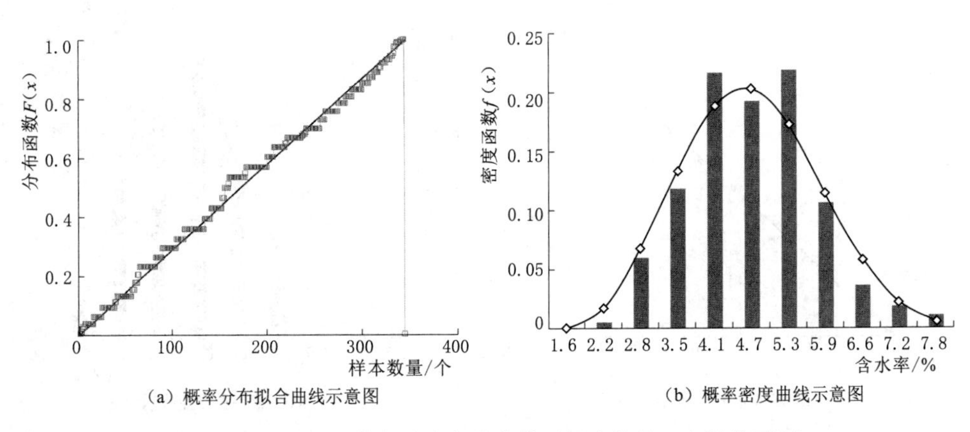

（a）概率分布拟合曲线示意图　　（b）概率密度曲线示意图

图 6.35　最大粒径数据威布尔分布模型拟合结果（上游堆石区）

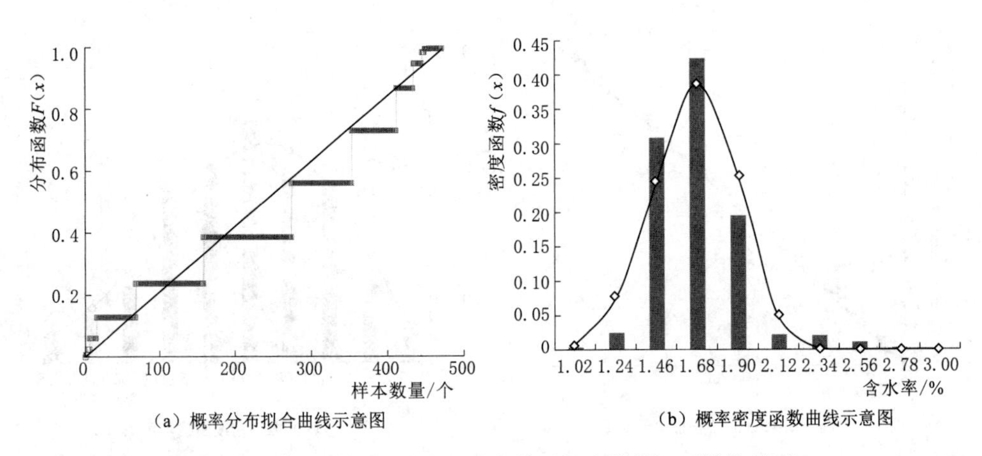

（a）概率分布拟合曲线示意图　　（b）概率密度函数曲线示意图

图 6.36　含水率数据威布尔分布模型拟合结果（下游堆石区）

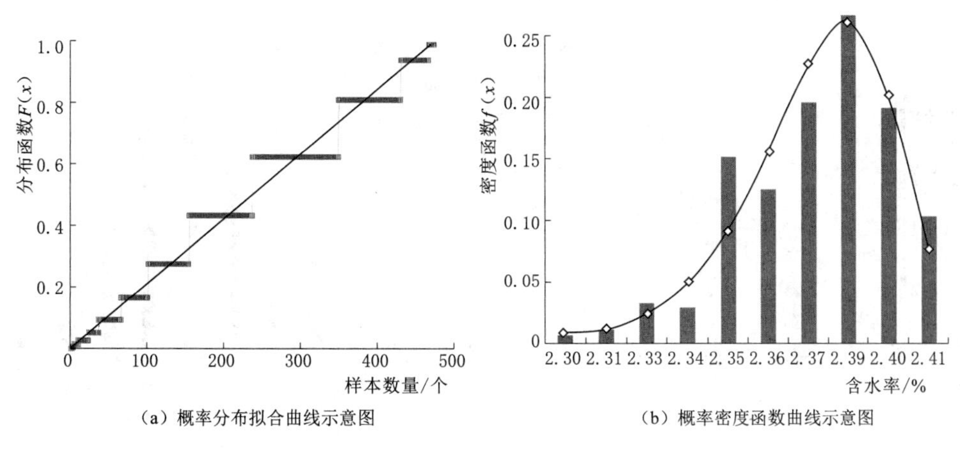

图 6.37 干密度数据威布尔分布模型拟合结果（下游堆石区）

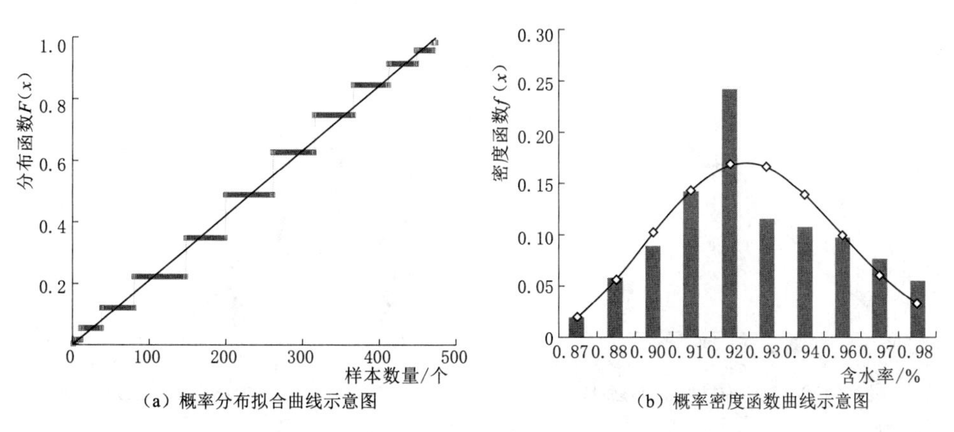

图 6.38 相对密度数据威布尔分布模型拟合结果（下游堆石区）

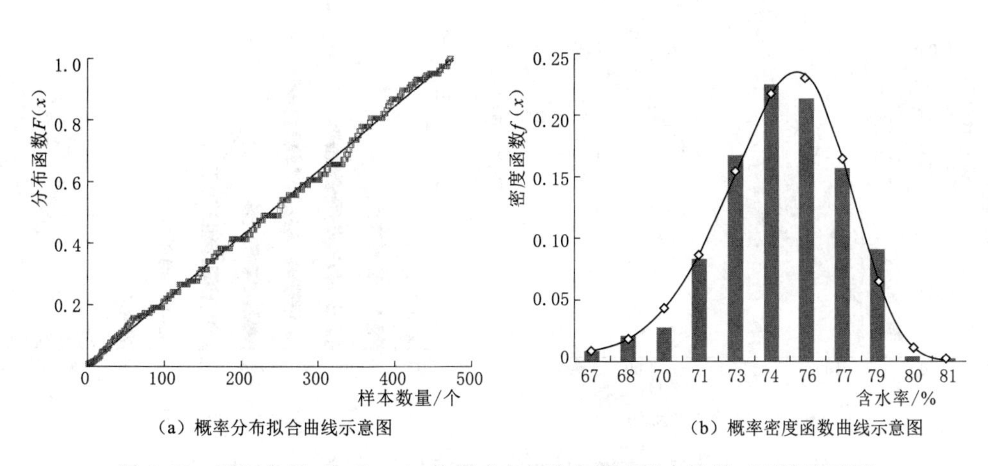

图 6.39 砾石含量（>5mm）数据威布尔分布模型拟合结果（下游堆石区）

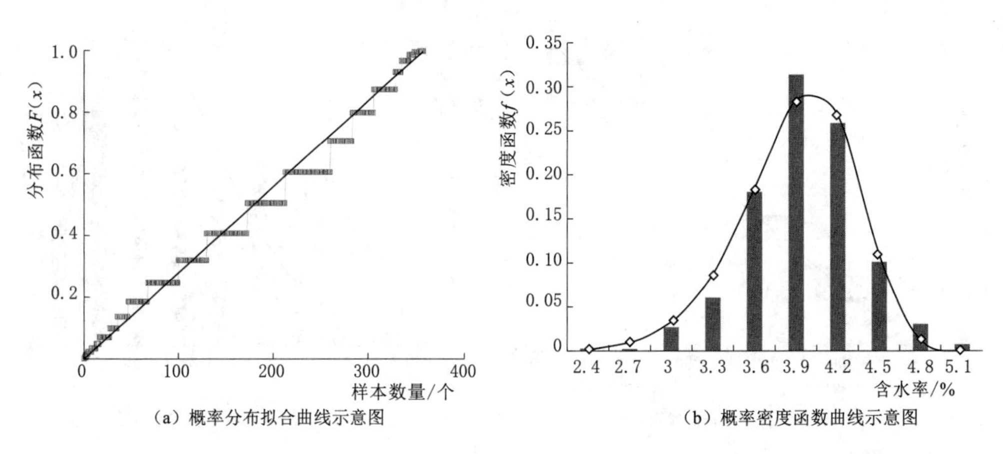

图 6.40 含泥量（<0.075mm）数据威布尔分布模型拟合结果（下游堆石区）

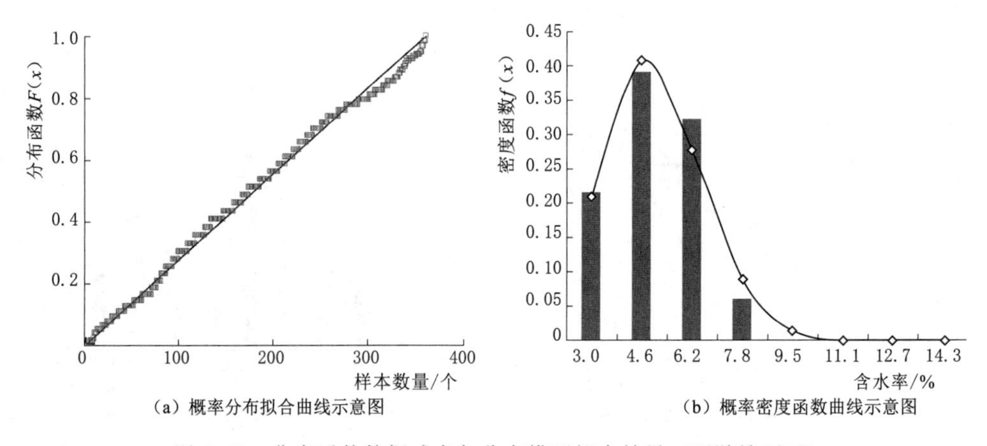

图 6.41 曲率系数数据威布尔分布模型拟合结果（下游堆石区）

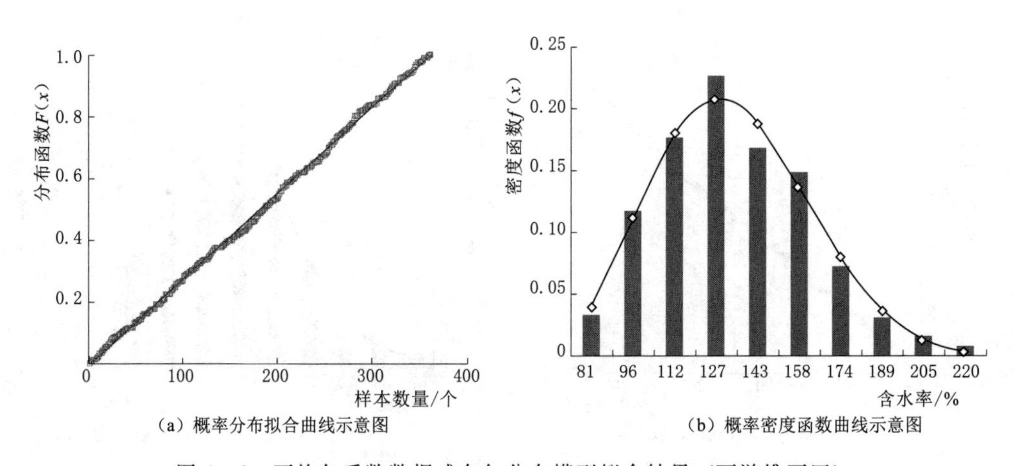

图 6.42 不均匀系数数据威布尔分布模型拟合结果（下游堆石区）

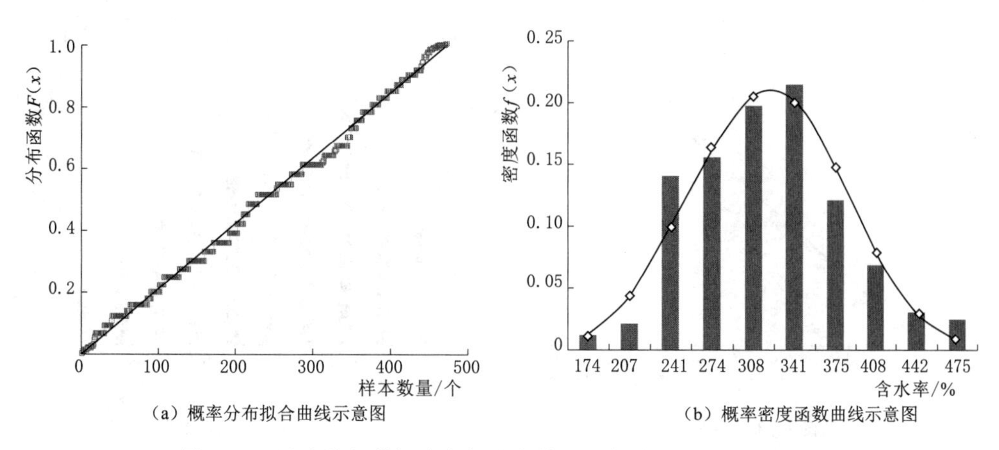

(a) 概率分布拟合曲线示意图　　(b) 概率密度函数曲线示意图

图 6.43　最大粒径数据威布尔分布模型拟合结果（下游堆石区）

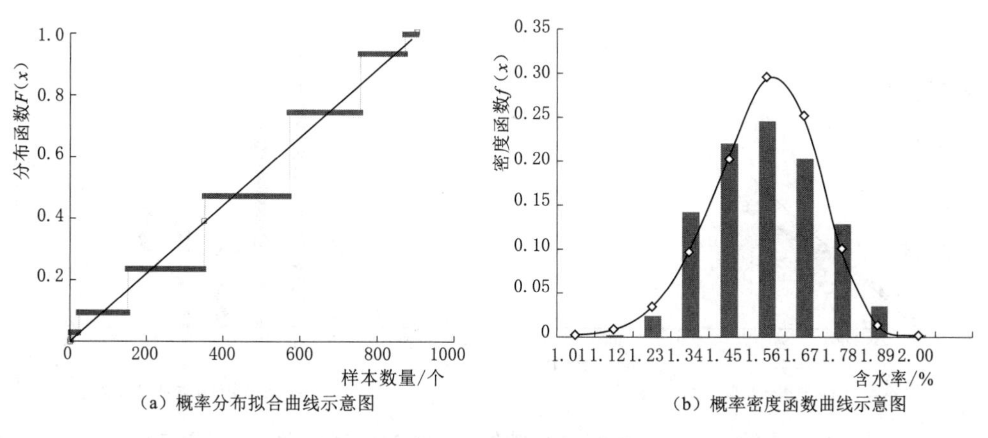

(a) 概率分布拟合曲线示意图　　(b) 概率密度函数曲线示意图

图 6.44　含水率数据威布尔分布模型拟合结果（上下游垫层区）

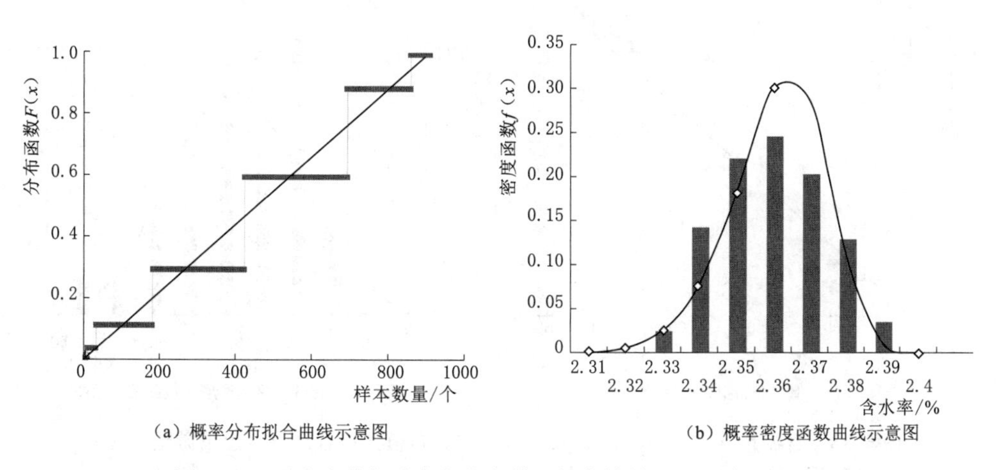

(a) 概率分布拟合曲线示意图　　(b) 概率密度函数曲线示意图

图 6.45　干密度数据威布尔分布模型拟合结果（上下游垫层区）

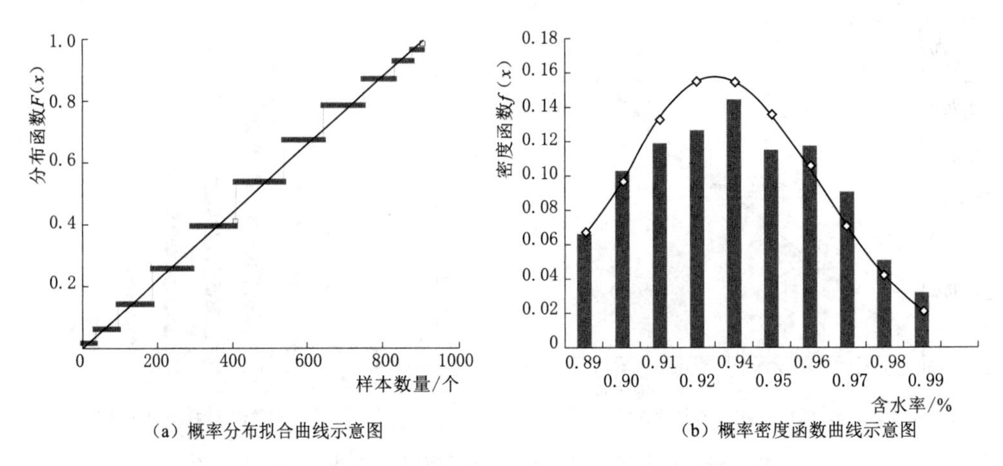

图6.46　相对密度数据威布尔分布模型拟合结果（上下游垫层区）

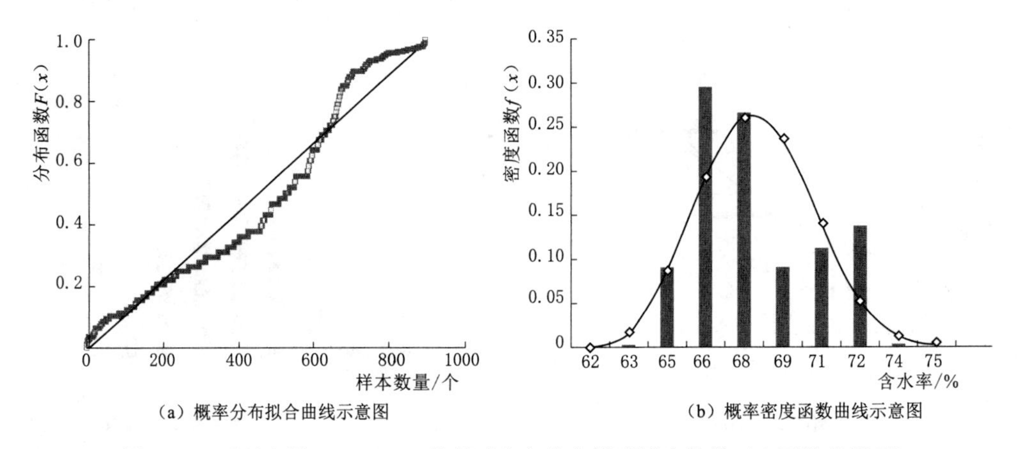

图6.47　砾石含量（>5mm）数据威布尔分布模型拟合结果（上下游垫层区）

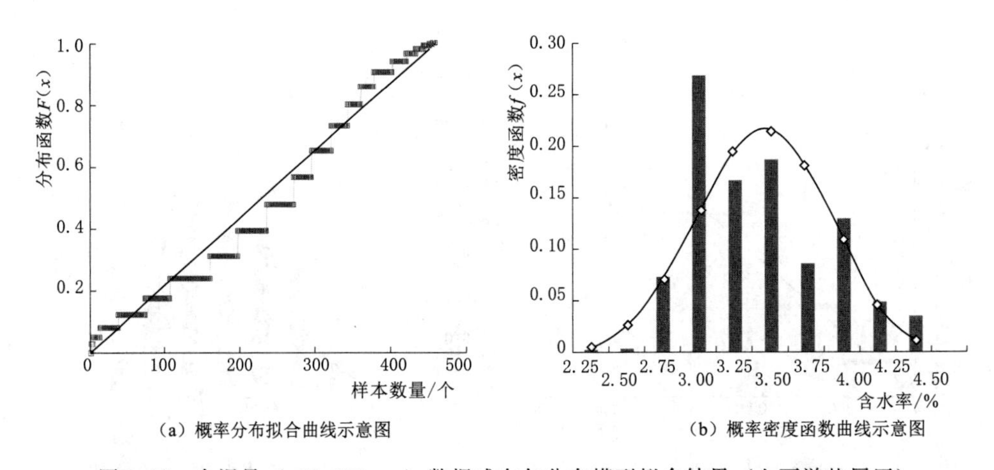

图6.48　含泥量（<0.075mm）数据威布尔分布模型拟合结果（上下游垫层区）

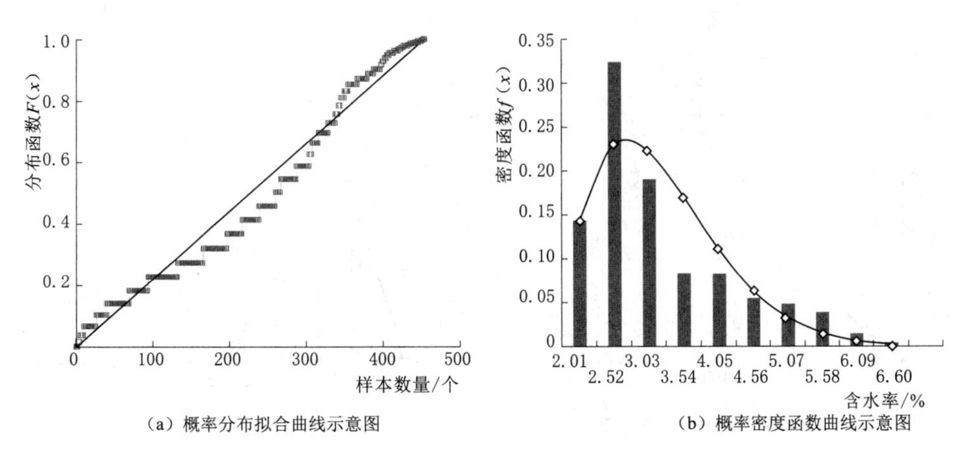

图 6.49 曲率系数数据威布尔分布模型拟合结果（上下游垫层区）

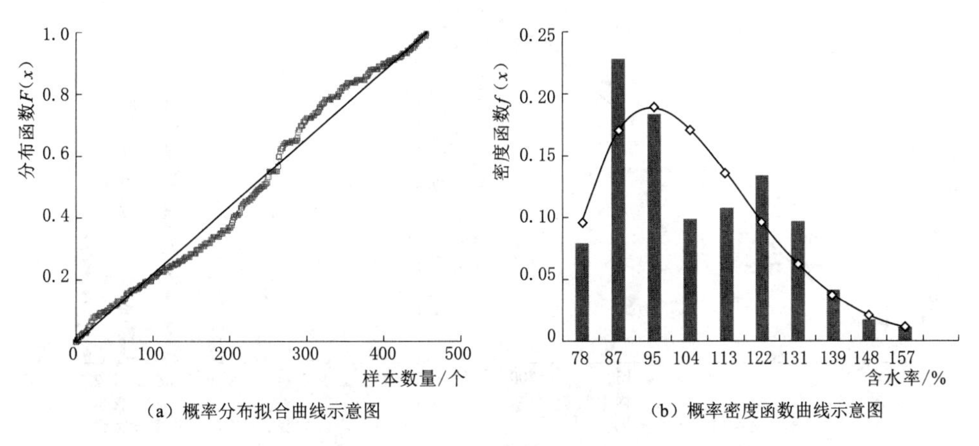

图 6.50 不均匀系数数据威布尔分布模型拟合结果（上下游垫层区）

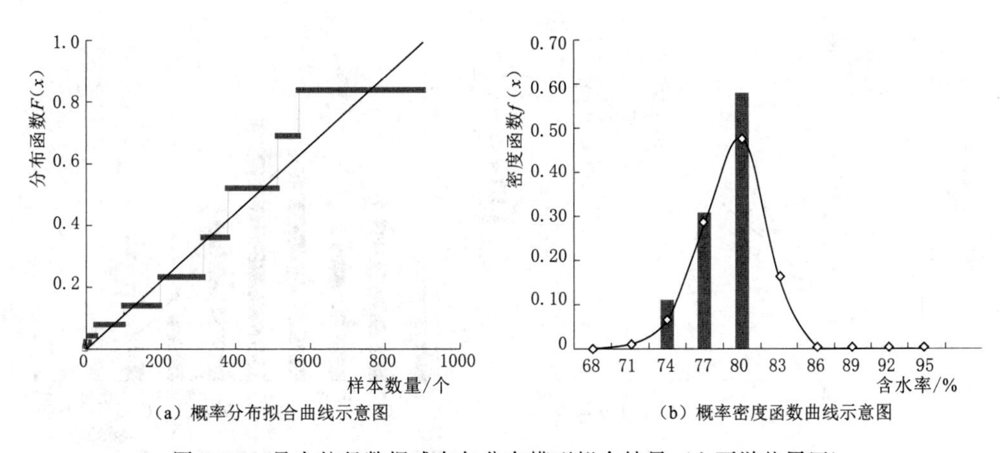

图 6.51 最大粒径数据威布尔分布模型拟合结果（上下游垫层区）

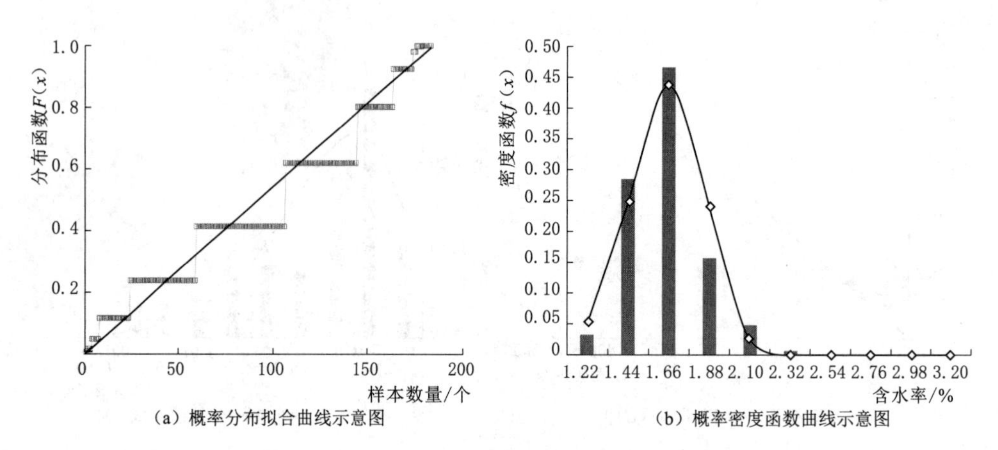

图 6.52 含水率数据威布尔分布模型拟合结果（岸坡过渡堆石区）

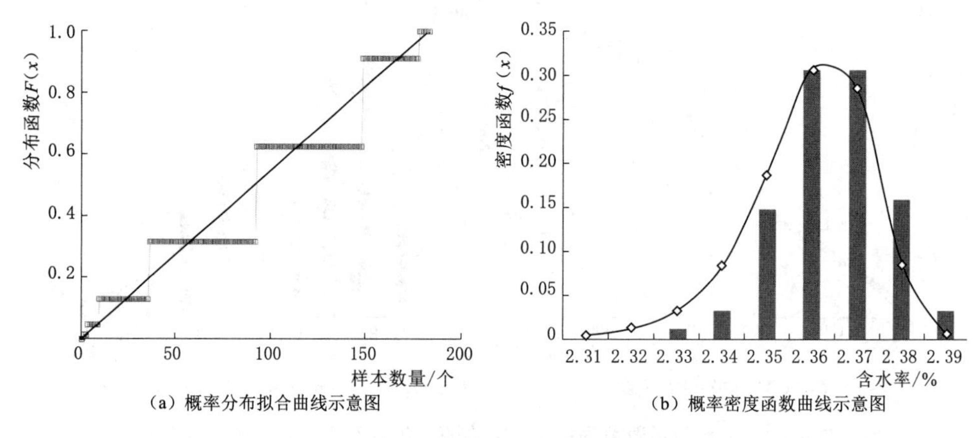

图 6.53 干密度数据威布尔分布模型拟合结果（岸坡过渡堆石区）

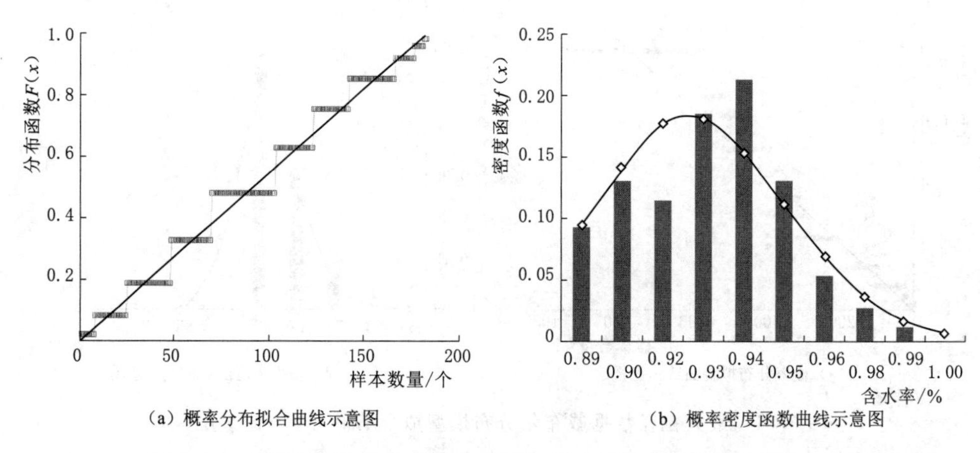

图 6.54 相对密度数据威布尔分布模型拟合结果（岸坡过渡堆石区）

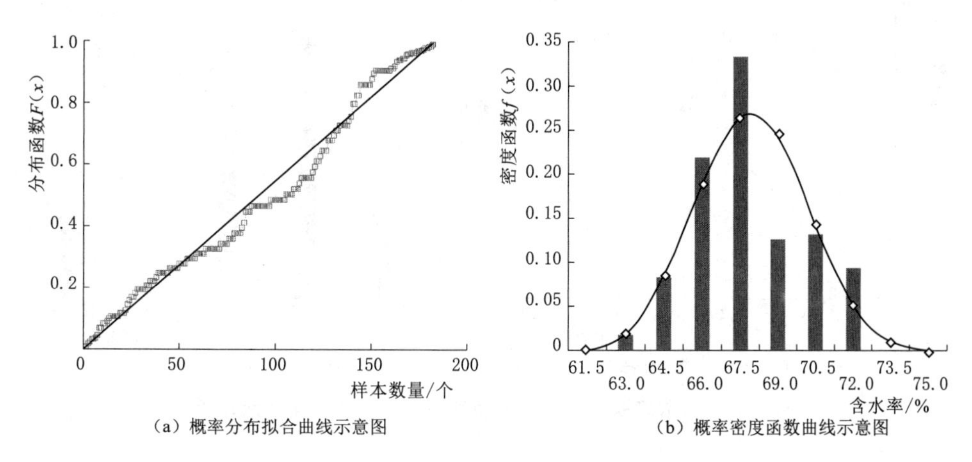

图 6.55 砾石含量（>5mm）数据威布尔分布模型拟合结果（岸坡过渡堆石区）

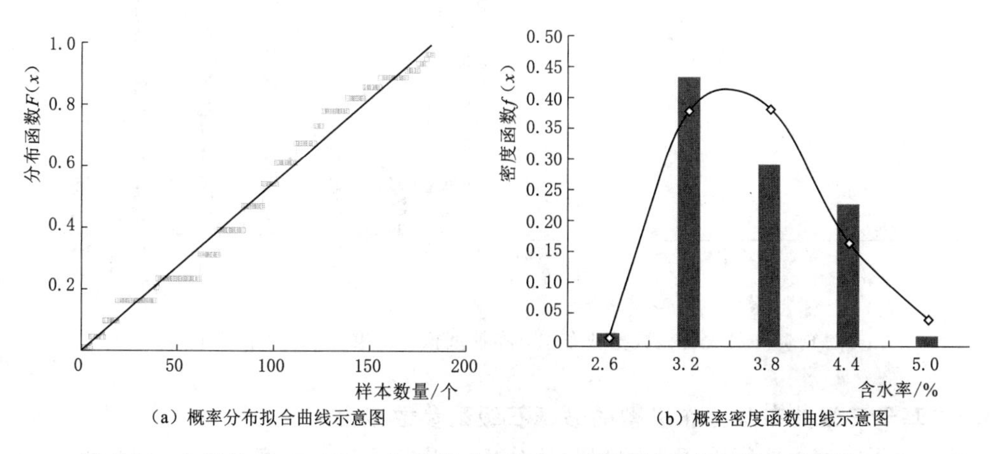

图 6.56 含泥量（<0.075mm）数据威布尔分布模型拟合结果（岸坡过渡堆石区）

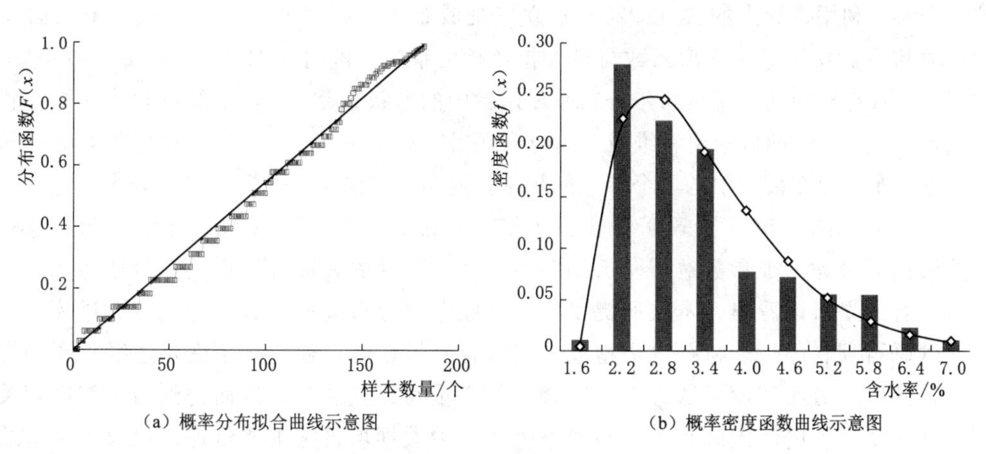

图 6.57 曲率系数数据威布尔分布模型拟合结果（岸坡过渡堆石区）

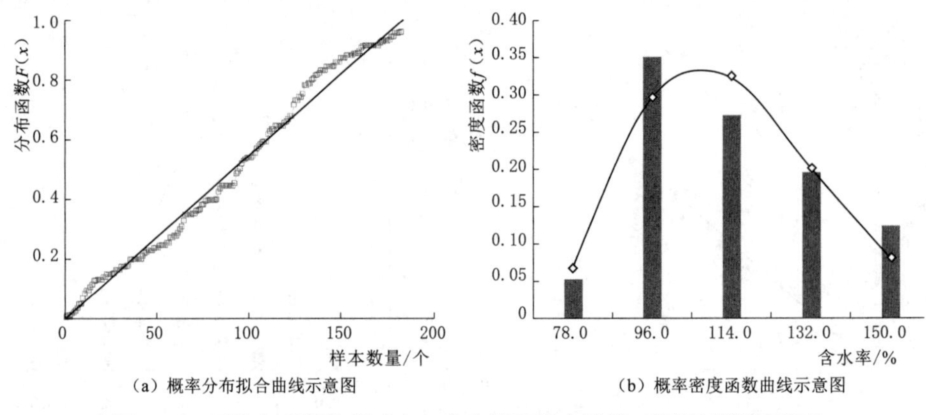

(a) 概率分布拟合曲线示意图　　(b) 概率密度函数曲线示意图

图 6.58　不均匀系数数据威布尔分布模型拟合结果（岸坡过渡堆石区）

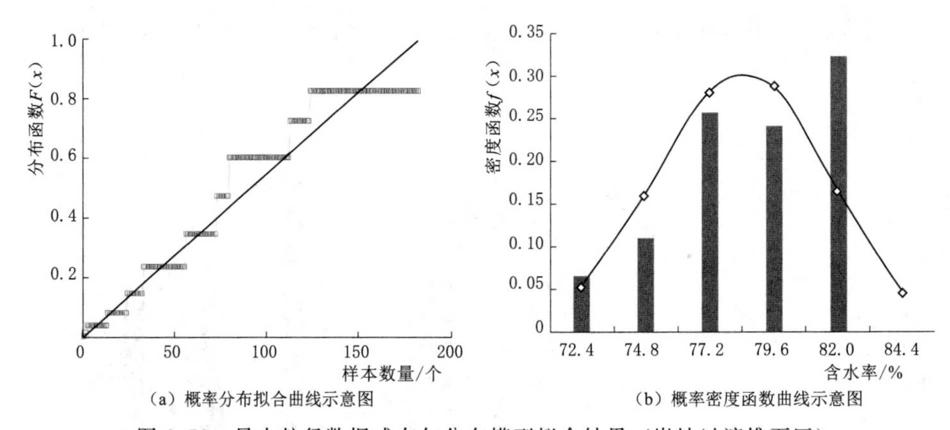

(a) 概率分布拟合曲线示意图　　(b) 概率密度函数曲线示意图

图 6.59　最大粒径数据威布尔分布模型拟合结果（岸坡过渡堆石区）

6.3.5　基于三维威布尔分布模型的砂砾石级配参数拟合

通过对干密度主要影响因素的相关性分析，得出了与干密度相关性最密切的三个因素：砾石含量、曲率系数 C_c、最大粒径，但这三个参数间还同时存在着相关性。基于此，将这三个参数利用推导出的式（6.25）建立三维威布尔分布模型，其中，r_{12} 为砾石含量与曲率系数相关系数，r_{23} 为曲率系数与最大粒径相关系数，进而可求出 α，β；ξ_j，μ_j，σ_j 分别为三个参数在对应的一维威布尔分布密度函数中的形状参数、位置参数和尺度参数，将以上值代入式（6.25）即可求出三维威布尔分布函数 $G(x,\ y,\ z)$。其中，此时的频率分布不再是一维威布尔分布模型中的单个参数的频率，而是同时满足三个参数时的频率。

计算结果如图 6.60～图 6.63，由图可知，三维威布尔分布模型较好地拟合了试验结果，能够同时考虑三个参数对干密度的影响，使干密度的表征方法更具综合性。

从拟合结果可以看出，本文所提出的多维威布尔分布概率函数表达式，通过新疆大石门水库砂砾石坝料的级配特征参数检验，其拟合效果较好，通过每个变量边缘分布的规划求解，得到边缘分布密度函数参数，结合不同变量间相关系数，进而得到与干密度相关的级配特征主要因素的多维威布尔分布概率函数，为大坝填筑施工质量评价以及大坝填筑施工海量数据与质量小样本数据之间的深度融合与挖掘提供了重要基础。

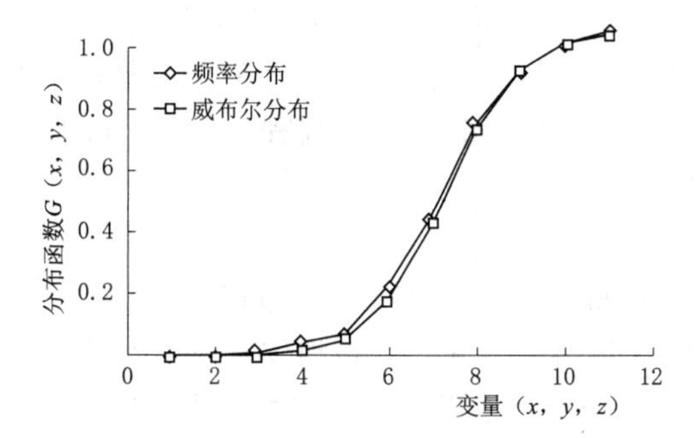

图 6.60 上游砂砾填筑料三维威布尔分布模型拟合结果

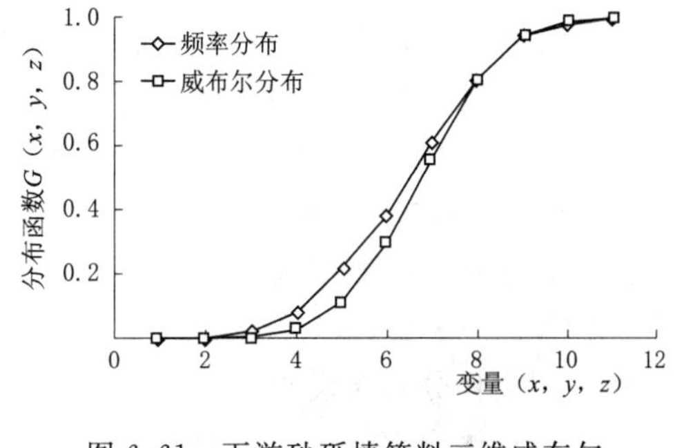

图 6.61 下游砂砾填筑料三维威布尔分布模型拟合结果

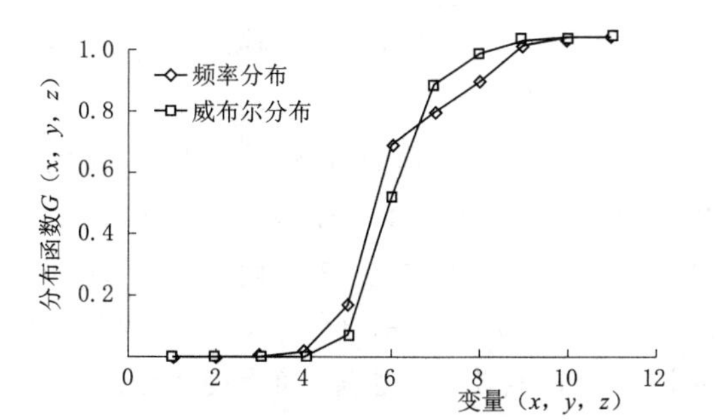

图 6.62 上下游砂砾填筑料三维威布尔分布模型拟合结果

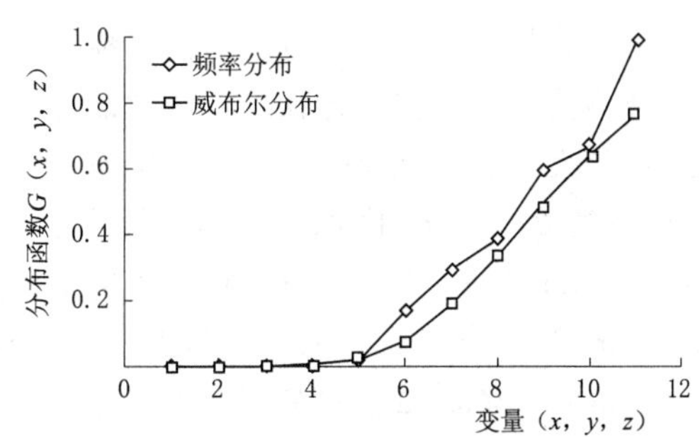

图 6.63 岸坡砂砾填筑料三维威布尔分布模型拟合结果

6.4 大坝变形监测数据分析

6.4.1 大坝变形监测设计

大石门水利枢纽工程拦河坝高 128.8m，坝型为沥青混凝土心墙砂砾石坝。应通过对沥青混凝土心墙砂砾石坝的原型监测和有限元计算分析，全面了解坝体的应力、变形特性，对防渗体及坝体的安全性进行评价。根据相关规范和工程要求，该工程大坝变形监测应建立变形监测控制网：即一等三角网和二等水准网，控制网由专业测量人员建立，可与枢纽变形控制网共同考虑，工程竣工前设置。

坝体表面水平、垂直位移监测均采用全站仪和水准仪。但是，坝顶后期的变形监测改为自动化监测，并作为本工程自动化监测系统的一个组成部分。

1. 坝体表面水平、垂直位移监测

坝体表面水平、垂直位移监测采用视准线法，在坝体表面布设变形标点，在坝顶及上、下游坝坡设置水平、沉降标点，监测施工期和运行期的坝体变形情况。

在大坝外部设置外围控制点和水准原点，具体位置由监测施工单位根据地形选定，精度满足规范要求。在坝体表面共布置了 6 条视准线，36 个监测标点，为水平、垂直位移的综合标点。采用视准线法进行观测，其中坝顶下游坝肩和沥青混凝土心墙顶部为两条主视准线，其余分别布置在坝体上、下游侧坝面上。每条视准线上位移标点大致间隔30～50m，上游坝面在2275.00m高程布置一条视准线作为临时观测标点，只在施工期和蓄水位低于水库正常蓄水位2300.0m前进行观测。下游坝面在2275.0m高程、2245.0m高程和2215.0m高程布置三条视准线作为观测标点。

2. 坝体内部沉降和水平位移监测

在选定的4个监测横剖面处：最大坝高位置在桩号坝0+101m，左岸桩号坝0+040m和右岸桩号坝0+131m、桩号坝0+150m（图6.64和图6.65），在坝体下游堆石体及过渡层内不同高程分别布设水平、垂直位移计（由引张线式水平位移计和水管式沉降仪组合而成）进行坝体内部水平、垂直位移观测，并在下游过渡层内从坝顶至坝底布置了沉降管，在沉降管外侧垂直向5m间隔布置位移计，采用自动控制的沉降监测设备进行垂直位移观测。另外，各组水平垂直位移计观测的工作、校核基本全部设在下游坝坡各自对应的马道上，并与视准线上所对应的位移标点重合，这样可通过视准线和控制网对坝体内部的位移观测值进行比较，计算出坝体内部各测点的实际观测值。

在最大坝高位置桩号坝0+101m剖面，布设三层水平垂直位移计，高程分别为2275.0m、2245.0m和2215.0m；左岸桩号坝0+040m剖面布设一层水平垂直位移计，高程为2275.0m；右岸桩号坝0+131m剖面布设两层水平垂直位移计，高程分别为2275.0m和2245.0m；右岸桩号坝0+150m剖面布设两层水平垂直位移计，高程分别为2275.0m和2245.0m。布置引张线式水平位移计8套，共42个测点，布置水管式沉降仪8套，共34个测点。

在最大坝高位置桩号坝0+101m剖面、左岸桩号坝0+040m剖面和右岸桩号坝0+131m剖面、桩号坝0+150m剖面，沥青混凝土心墙下游过渡料内各布设一根沉降管，在沉降管内垂直向5m间隔布置位移计，采用自动控制的沉降监测设备进行垂直位移的观测。布置杆式沉降仪测点共69个。

3. 沥青混凝土心墙监测

沥青混凝土心墙的监测主要包括：沥青混凝土心墙挠度变形和心墙内部温度等内容（图6.66）。

（1）沥青混凝土心墙挠度监测。因为坝体最大位移量通常发生在最大坝高处，且心墙属薄壁结构，若在墙内埋设仪器，势必将削弱结构物。因此，考虑以上影响因素后，在选定的4个监测横剖面处：最大坝高位置桩号坝0+101m，左岸桩号坝0+040m和右岸桩号坝0+131m、桩号坝0+150m，从坝顶到坝底，将固定式测斜仪锚固在沥青混凝土心墙下游侧表面，进行沥青混凝土心墙挠度的变形观测，

（2）沥青混凝土心墙内部温度监测。沥青混凝土心墙内部温度监测的主要目的是：判断心墙在上游库水位及自重等荷载作用下水力劈裂情况。因为心墙在正常工作状态时，其温度场应该是连续平滑的曲线，若温度变化曲线产生突变现象，可以结合上游库区水温和心墙下游侧的渗流监测情况判断心墙是否开裂。

沥青混凝土心墙内部温度监测采用温度计进行，在选定的最大坝高位置桩号坝0+101m、左岸桩号坝0+040m和右岸桩号坝0+131m、桩号坝0+150m四个监测横剖面，在沥青混凝土心墙内部从坝顶到坝底垂直向10m间隔布置温度计，共5支。

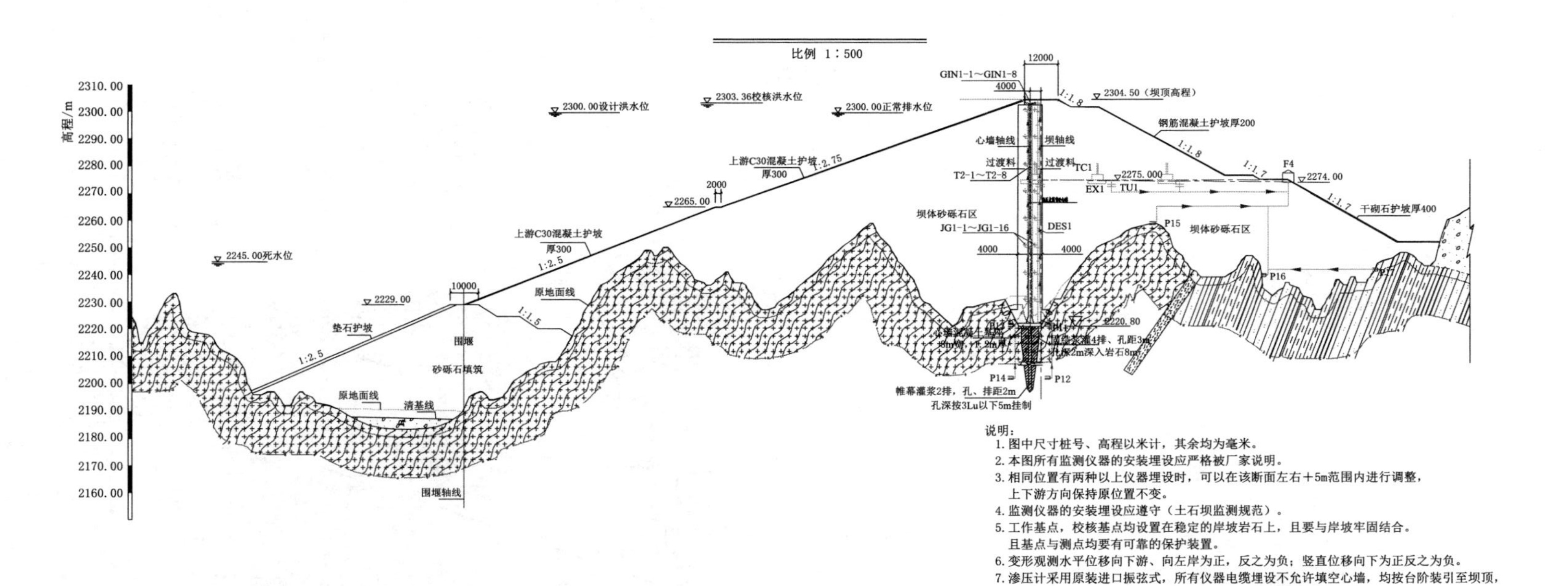

图 6.64（一） 大坝监测仪器布置图（一）

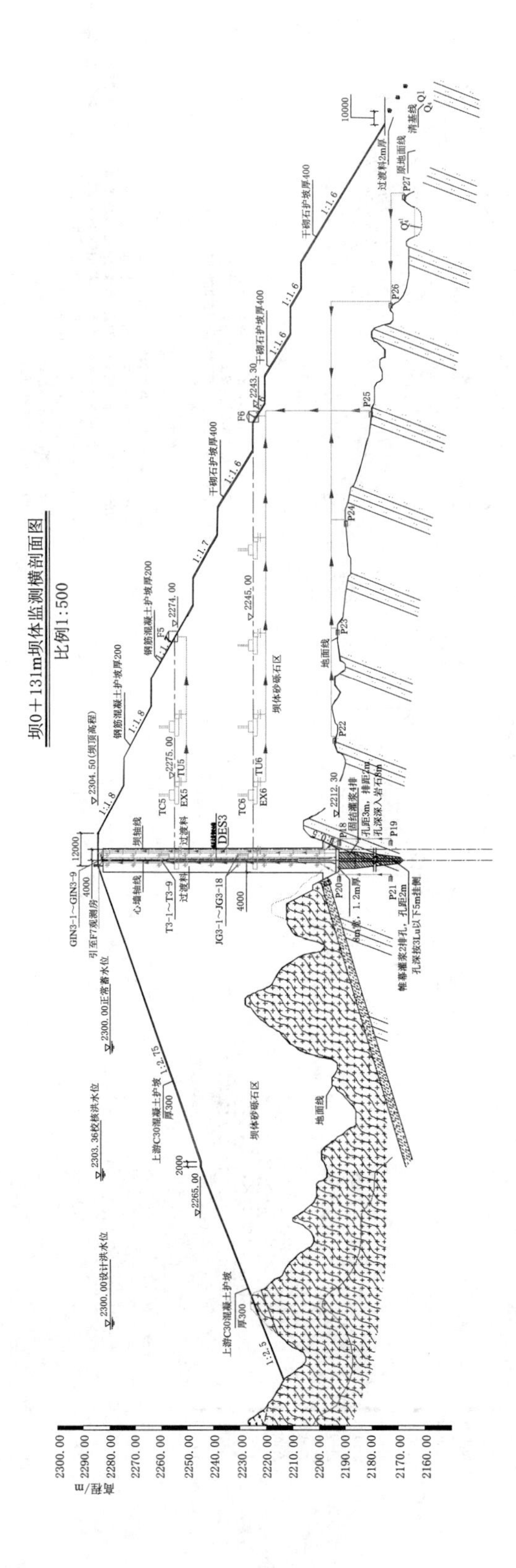

图 6.64（二）　大坝监测仪器布置图（一）

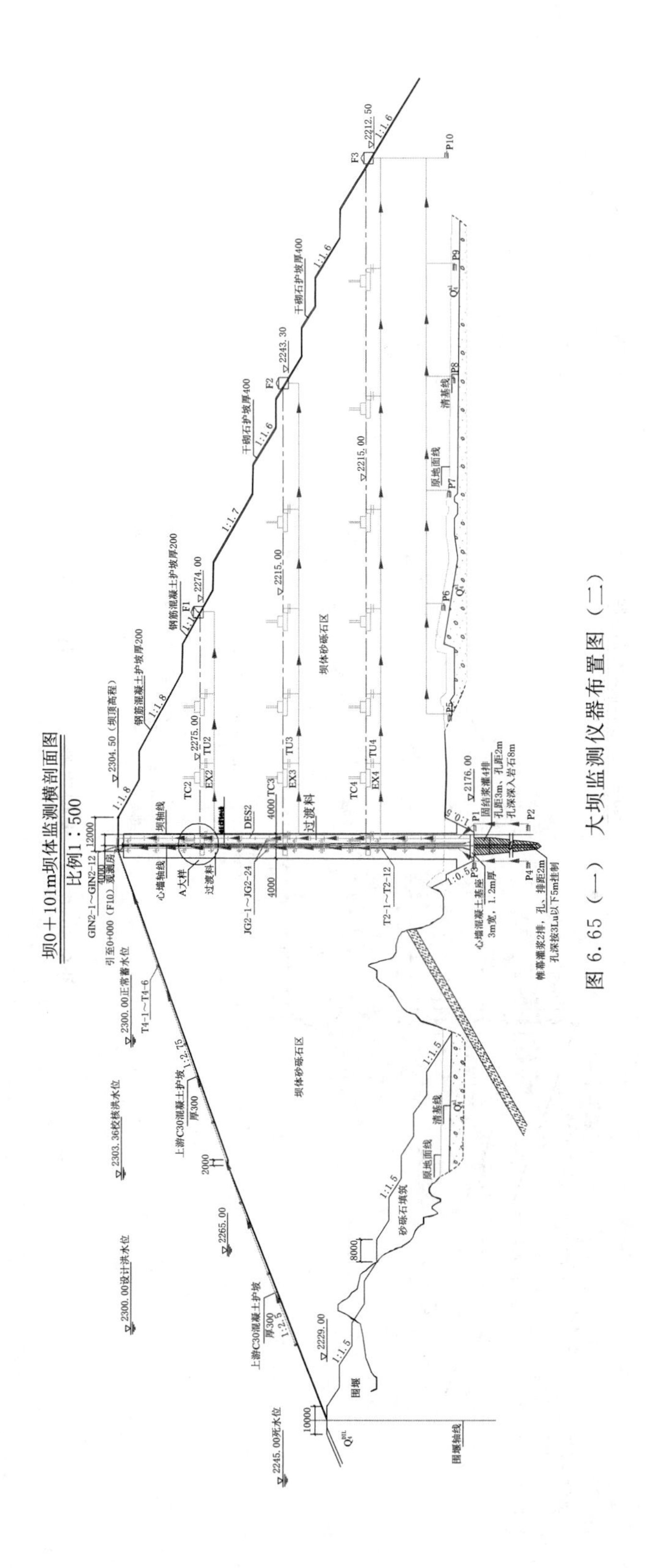

图 6.65（一） 大坝监测仪器布置图（二）

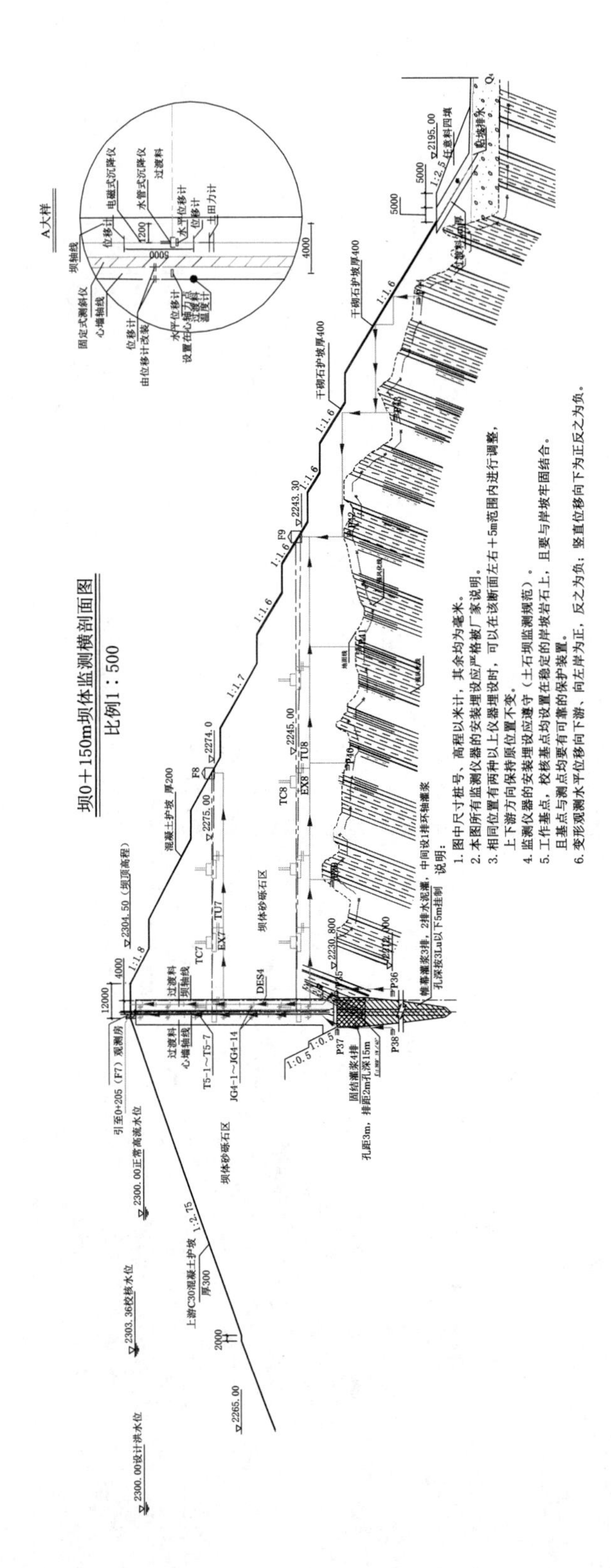

图 6.65（二）　大坝监测仪器布置图（二）

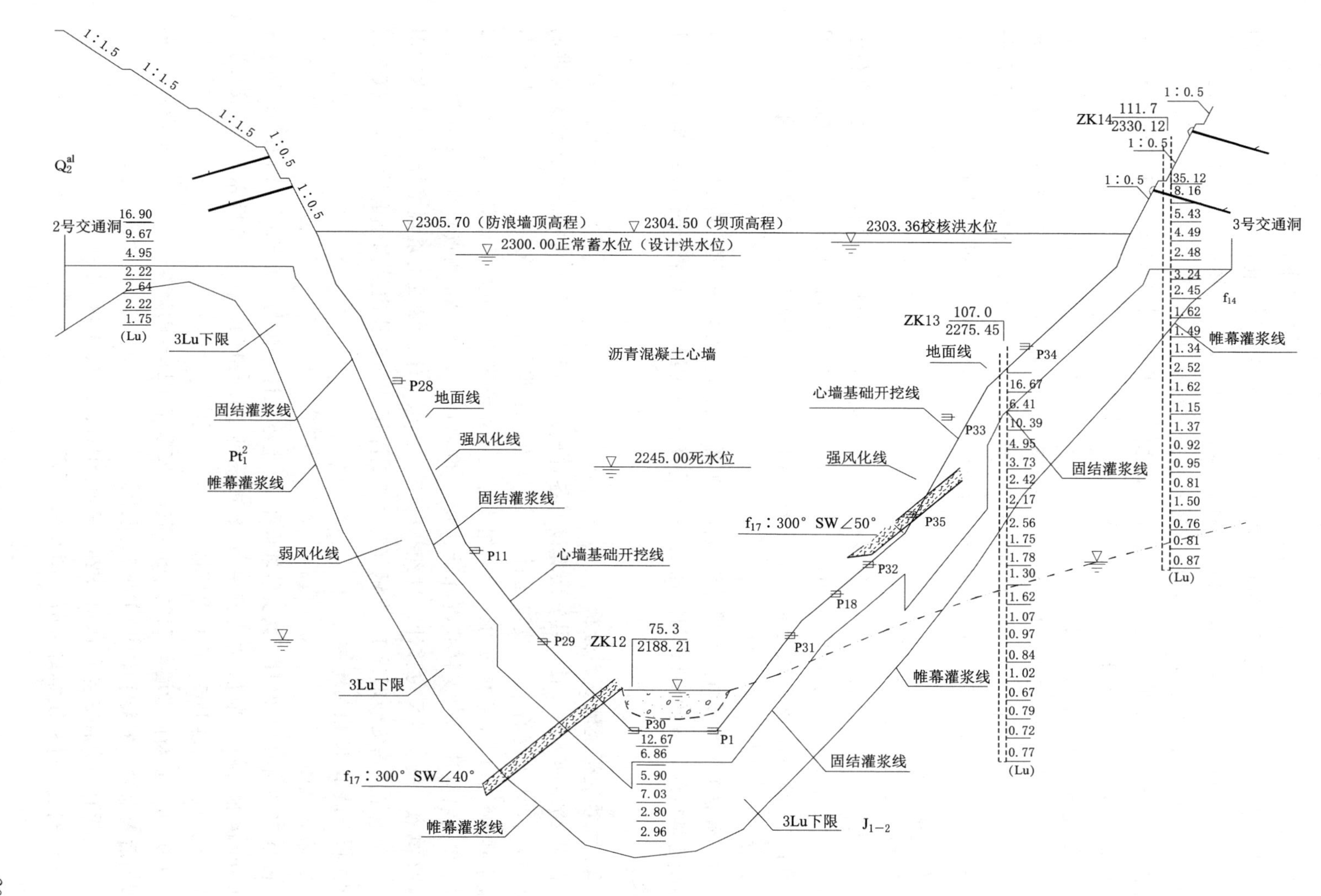

图 6.66 大坝监测仪器布置图（三）

4. 沥青混凝土心墙与过渡料之间的变形监测（位错监测）

考虑沥青混凝土心墙和过渡层为两种不同变形模量的材料，两种材料受力后的变形可能产生差异。即当心墙中沥青混凝土的变形模量大于堆石体的变形模量时，堆石体将在心墙中产生附加垂直应力。为了监测心墙的附加垂直应力分布及变化规律，在三个监测横剖面（坝0+040m、坝0+101m、坝0+131m、坝0+150m），心墙的上、下游侧与过渡层之间，从坝顶到坝底垂直向10m间隔布置垂直向位错计（由位移计改装），共72支，通过监测心墙与过渡层之间的变形，结合心墙应变计的监测，推出心墙的附加垂直应力曲线，从而得出心墙在荷载作用下的工作状态。

5. 坝壳料内部土压力监测

在选定的3个监测横剖面处：最大坝高位置桩号坝0+101m，左岸桩号坝0+040m和右岸桩号坝0+131m、桩号坝0+150m，在坝体下游堆石体及过渡层内的不同高程分别布设土压力计，进行坝壳料内部的土压力观测，共34个测点（每个测点放置两支土压力计为一组，共68支）。

6. 坝体渗流监测

为了解坝体内部浸润线的位置及变化情况，在选定的4个监测横剖面：最大坝高位置桩号坝0+101m，左岸桩号坝0+040m和右岸桩号坝0+131m、桩号坝0+150m，为坝体内部浸润线监测剖面，顺河向在坝基开挖面以约40m间隔布置一条渗压计监测剖面，共布置渗压计37支。

为了解整个沥青混凝土心墙的渗透性，在沥青混凝土心墙下游侧过渡料内，平行沥青混凝土心墙轴线，以约20m间隔布置一条垂直河谷的渗压计监测剖面，共布置渗压计11支。

6.4.2　大坝变形监测资料分析

截至2020年4月3日，共安装埋设了各种监测仪器480支。其中在底孔导流泄洪洞安装埋设了21支钢筋计、4支渗压计、5组4点式多点位移计。在高边坡安装埋设了21支锚索测力计、13支锚杆应力计、10组4点式多点位移计。在大坝共安装埋设了44支渗压计、2支水位计、52支杆式沉降计、48支位错计、4套（22测点）水管式沉降计、4套（22测点）钢丝水平位移计、34组（68支）土压力计、28支心墙温度计、3支水库温度计。在电站厂房安装埋设18支钢筋计、2支渗压计，表孔溢洪洞钢筋计4支，在古河槽和大坝安装了20根测压管。

1. 渗流监测

截至2020年4月30日，共安装埋设了30支渗压计。在大坝0+101m断面、2156.0～2176.0m高程，心墙前后钻孔安装4支渗压计P01～P04，在心墙后基础（2181.3～2190.5m）安装埋设P05～P10渗压计。

在0+040m断面心墙前2192.0m高程，安装了P11～P17渗压计。在0+131m断面心墙前后及监测，安装了P18～P26渗压计。

在纵断面心墙后安装了P28、P29、P30、P31、P32、P33、P35渗压计。

其渗透水位过程线如图6.67～图6.76所示。

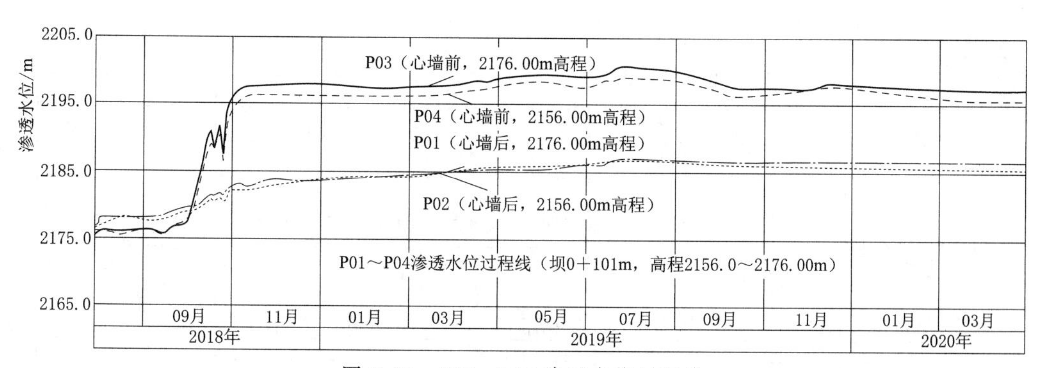

图 6.67　P01～P04 渗透水位过程线

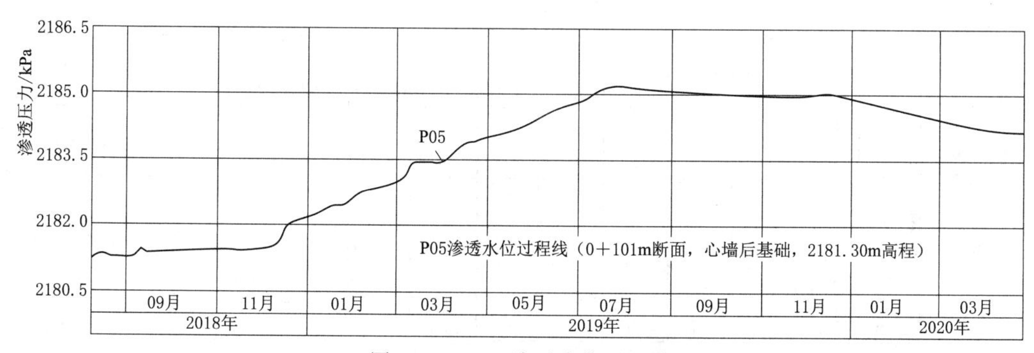

图 6.68　P05 渗透水位过程线

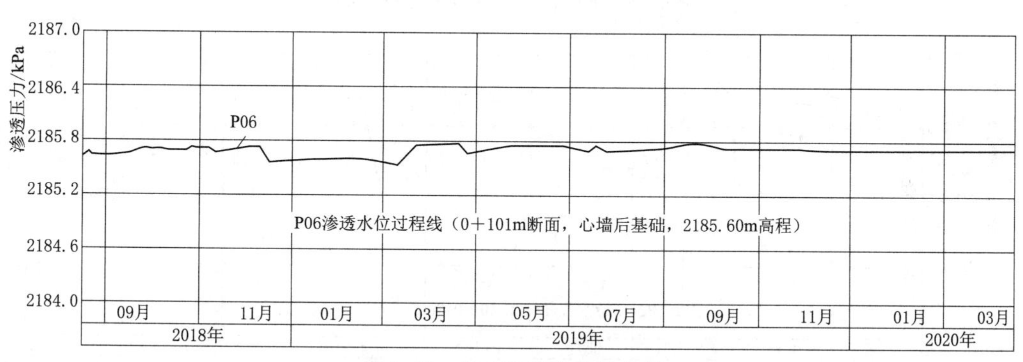

图 6.69　P06 渗透水位过程线

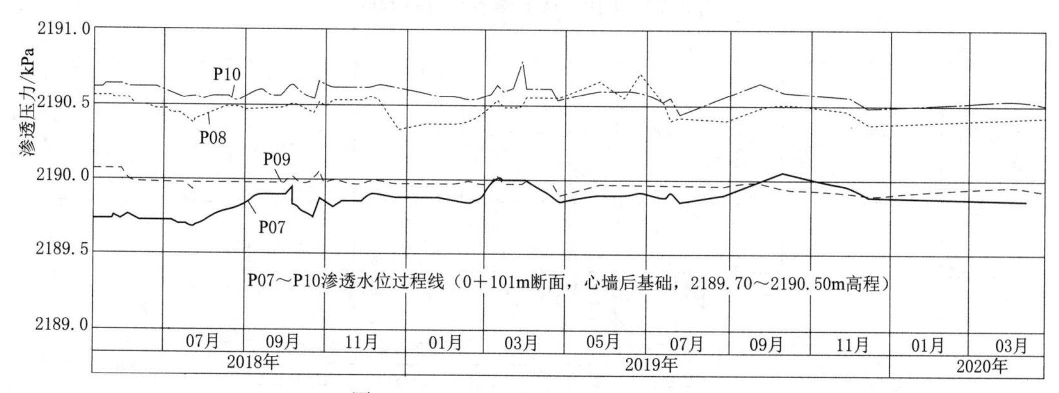

图 6.70　P07～P10 渗透水位过程线

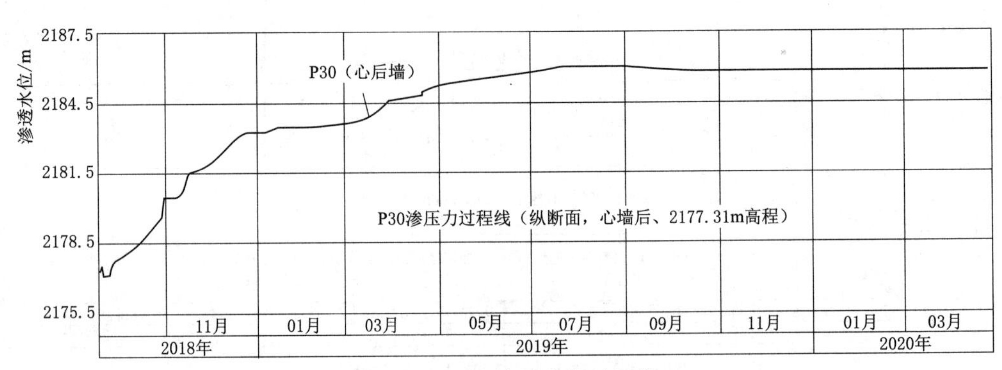

图 6.71 P30 渗透水位过程线

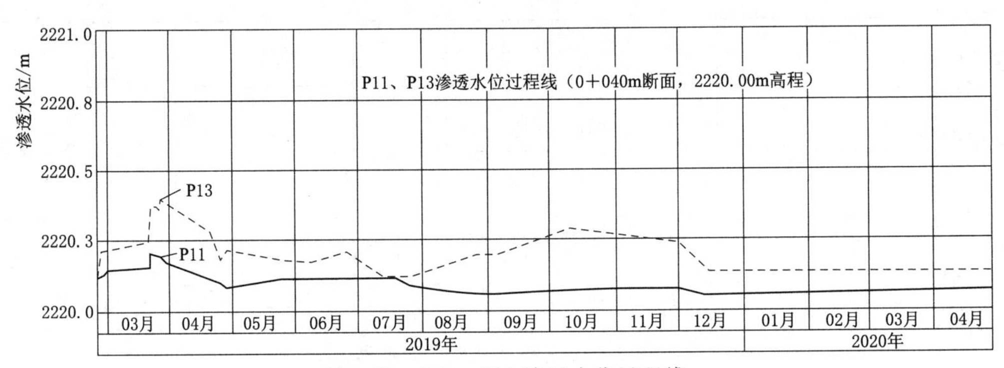

图 6.72 P11、P13 渗透水位过程线

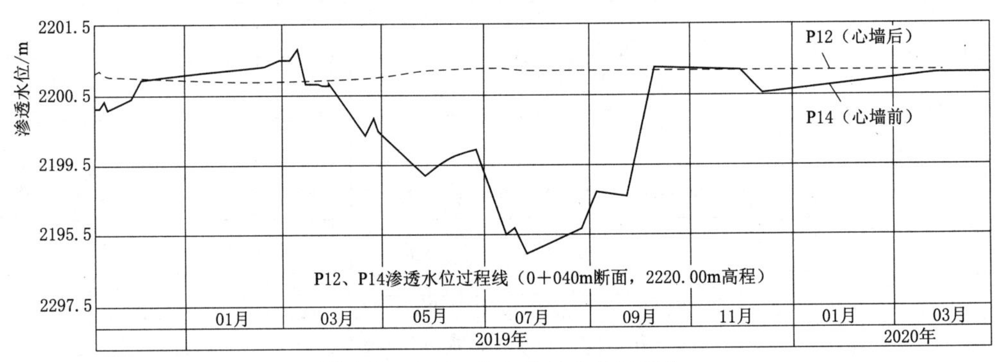

图 6.73 P19、P21 渗透水位过程线

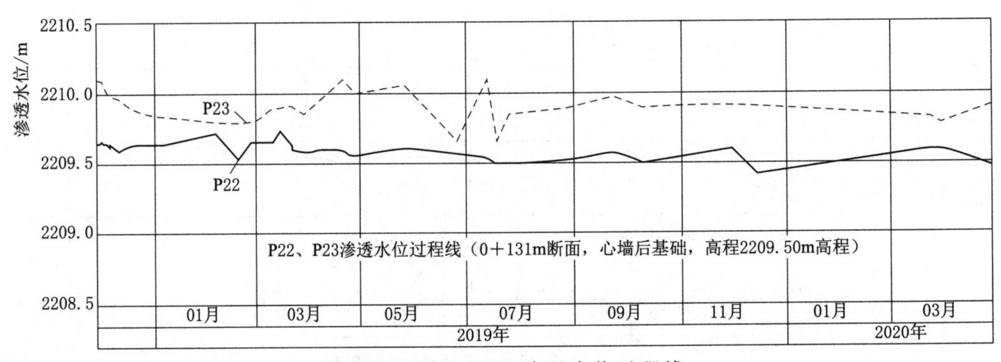

图 6.74 P22、P23 渗透水位过程线

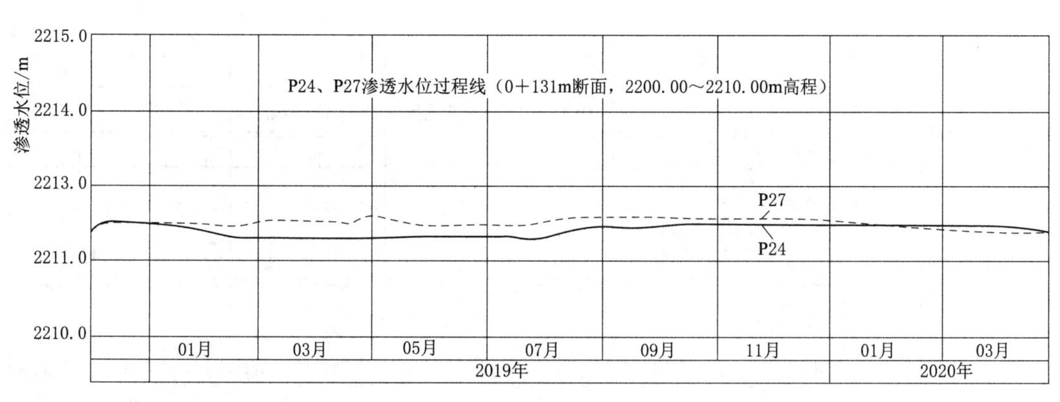

图 6.75　P24、P27 渗透水位过程线

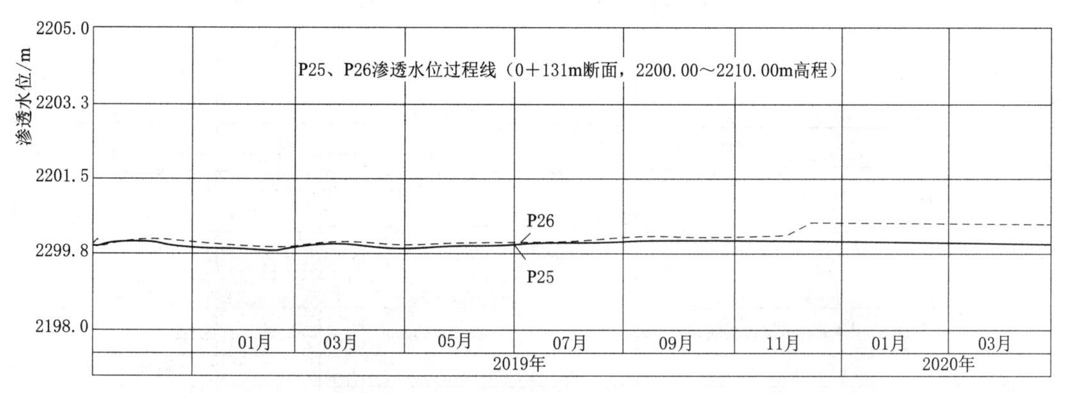

图 6.76　P25、P26 渗透水位过程线

截至 2020 年 4 月 30 日，在 0+101m 断面心墙前后钻孔安装的 4 支渗压计 P01～P04 的测值变化不大。心墙前安装的 P03、P04 的渗透水位为：2197.37m、2195.78m。安装在心墙后的 P01、P02 渗压计，其渗透水位为：2186.56m、2185.56m，心墙前与心墙后渗透水位相差 10.22～10.81m，心墙前、后渗透水位正常。安装在 0+101m 断面大坝基础 P05 渗压计，其渗透水位为 2184.22m。

在 0+080m 断面、2177.00m 高程心墙后安装的 P30 渗压计，其渗透水位为 2185.80m，测值正常。

另外，在大坝 0+101m 断面心墙后大坝基础还安装埋设了 6 支渗压计 P05～P10，和测压管水位计 UP29，由于安装位置较高，其测值没有变化。

2. 大坝沉降监测

在大坝 0+101m 断面，2190.00m 高程、2195.00m 高程和 2200.00m 高程，安装了 3 支沉降计。

坝体累计沉降过程线如图 6.77～图 6.80 所示。

沉降计安装初期坝体沉降较快，大坝填筑到坝顶后沉降逐渐稳定。截至 2020 年 4 月 30 日，0+040m 断面坝体的累计沉降量为 260.6mm，0+101m 断面坝体的累计沉降量为 517.8mm，0+131m 断面坝体的累计沉降量为 332.2mm，0+150m 断面坝体的累计沉降量为 228.3mm，最大沉降量占坝高的 0.414%，沉降量均正常，坝体沉降量已基本稳定。

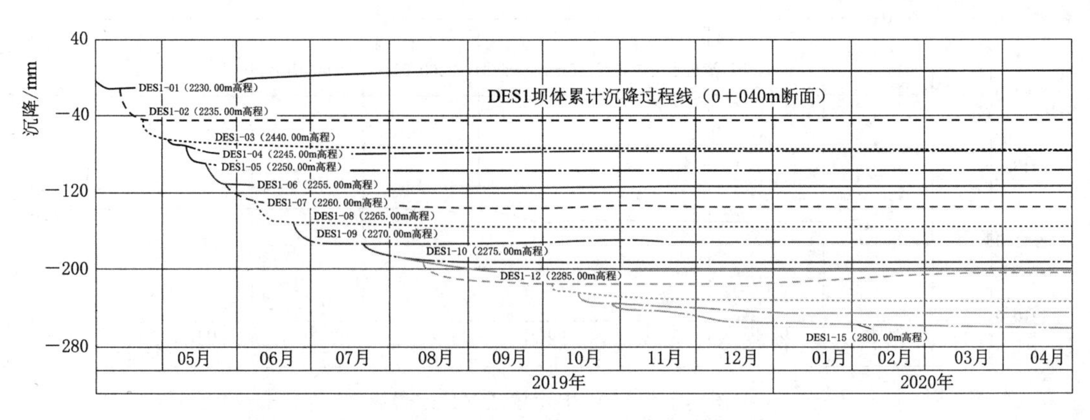

图 6.77 DES1 坝体累计沉降过程线

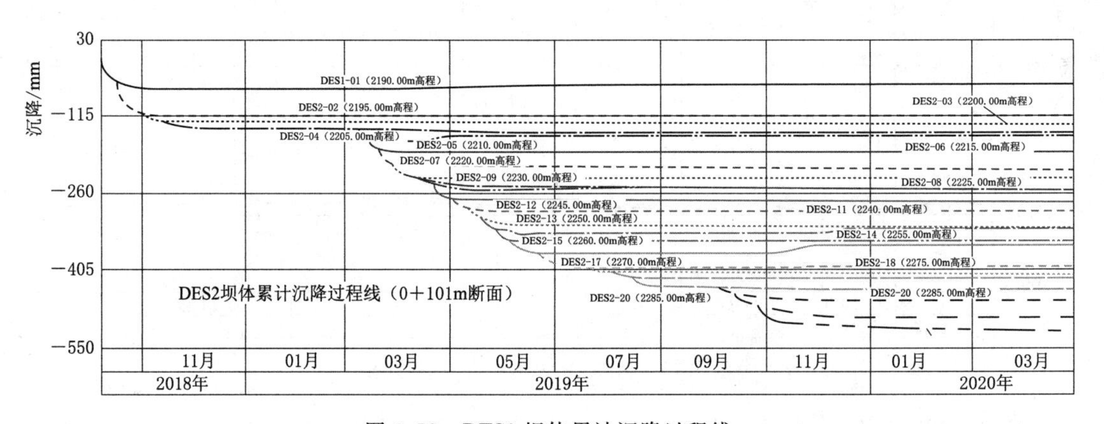

图 6.78 DES2 坝体累计沉降过程线

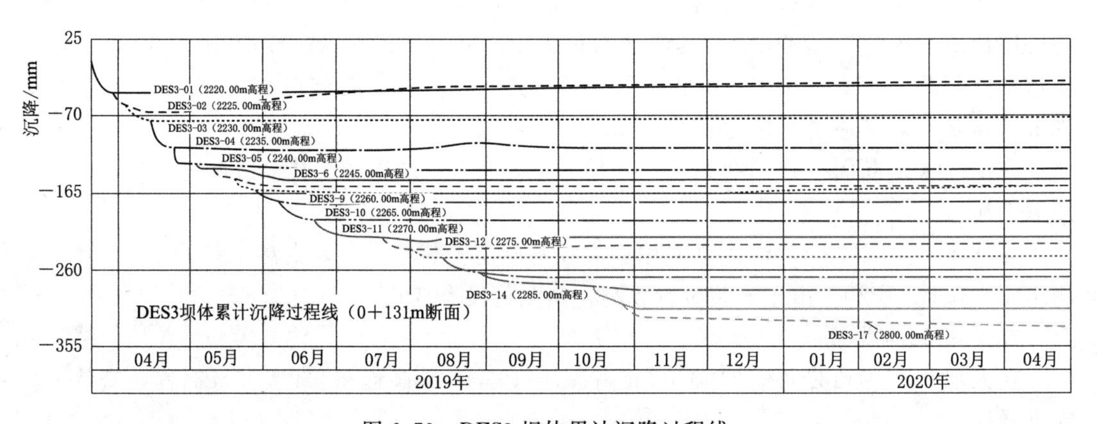

图 6.79 DES3 坝体累计沉降过程线

3. 心墙与过渡料相对变形监测

在大坝 0+101m 断面，2190.0m 高程和 2200.0m 高程沥青心墙的上游面和下游面共安装了 4 位错计。“+”表示过渡料变形大于沥青心墙，“−”表示沥青心墙变形大于过渡料。其相对变形过程线如图 6.81～6.108 所示。

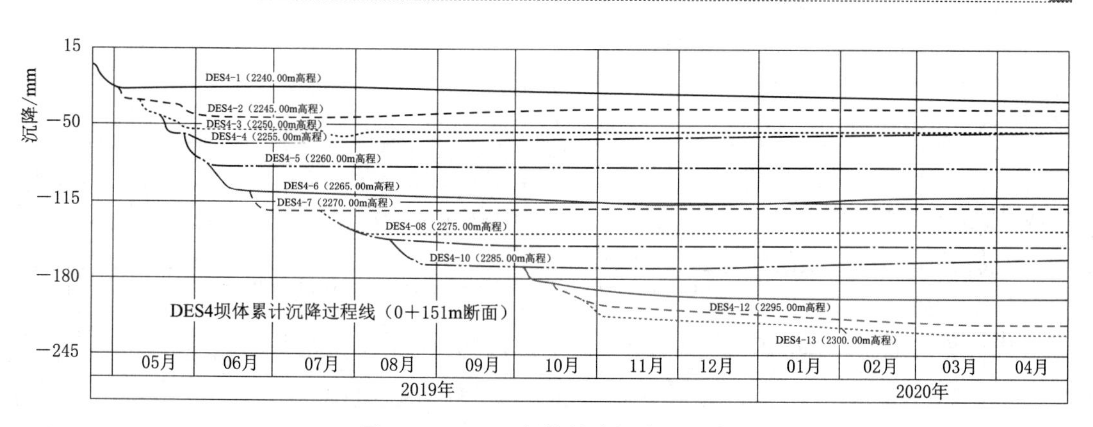

图 6.80 DES4 坝体累计沉降过程线

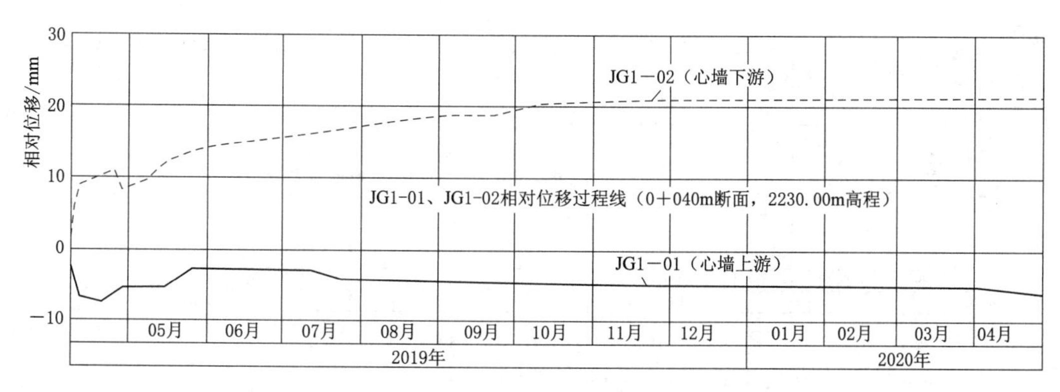

图 6.81 JG1－01、JG1－02 相对变形过程线

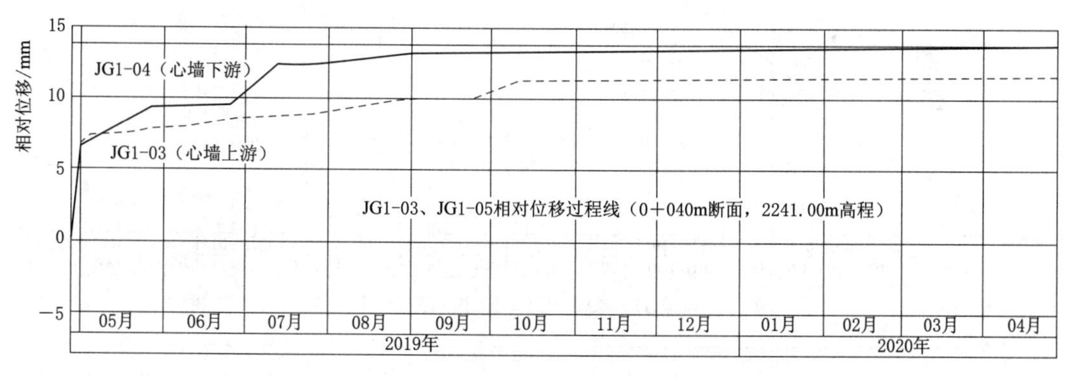

图 6.82 JG1－03、JG1－04 相对变形过程线

截至 2020 年 4 月 30 日，0＋101m 断面 JG2－1～JG2－4 的沥青心墙浇筑初期变形量大于过渡料变形量，其他位错计 0＋040m 断面 JG1－1～JG1－6，以及 0＋101m 断面 JG2－5～JG2－12、JG3－1～JG3－4 的沥青心墙浇筑初期变形量小于过渡料变形量。之后沥青心墙的变形量与过渡料基本相近。

目前，心墙与过渡料的相对变形量如下：0＋040m 断面的相对变形为 5.1～21.3mm、－23.5～－14.7mm；0＋101m 断面的相对变形为－22.8～－12.1mm 和 5.2～22.1mm；0＋131m断面的相对变形量为 3.6～31.4mm；0＋150m 断面的相对变形量为 2.6～25.7mm。

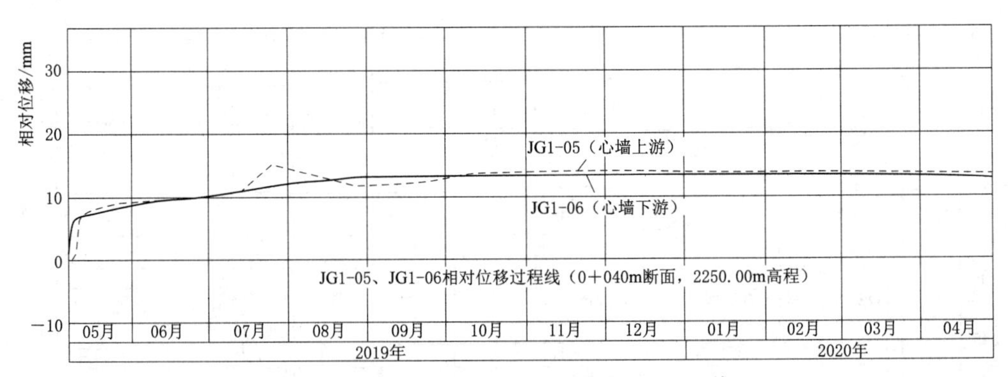

图 6.83　JG1－05、JG1－06 相对变形过程线

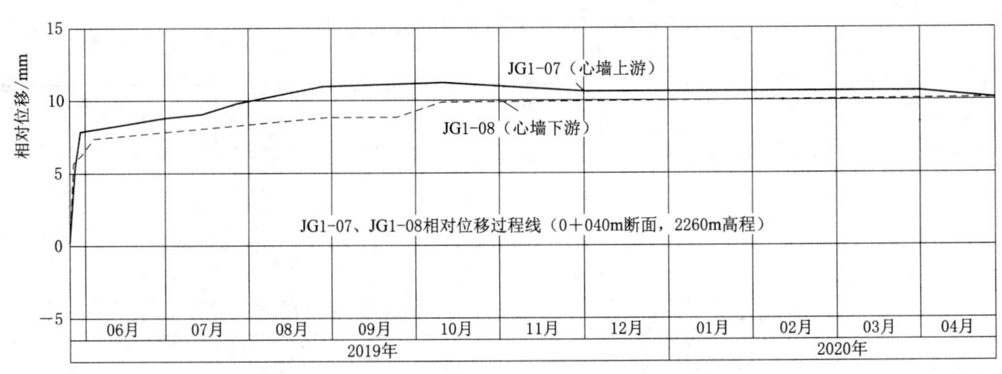

图 6.84　JG1－07、JG1－08 相对变形过程线

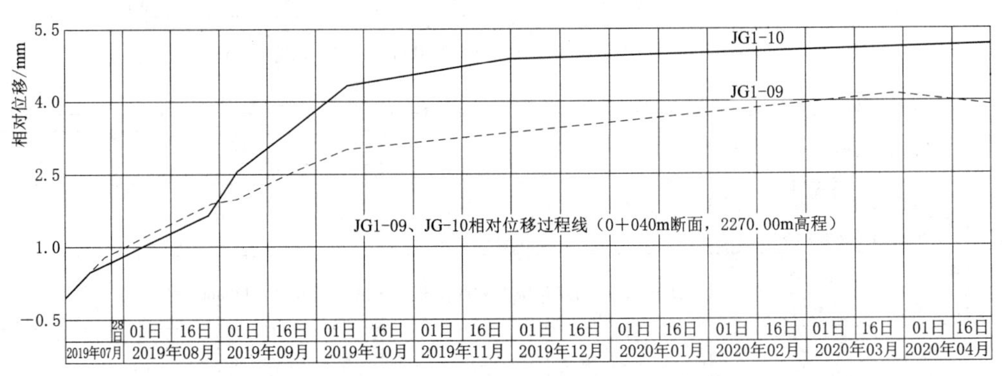

图 6.85　JG1－09、JG1－10 相对变形过程线

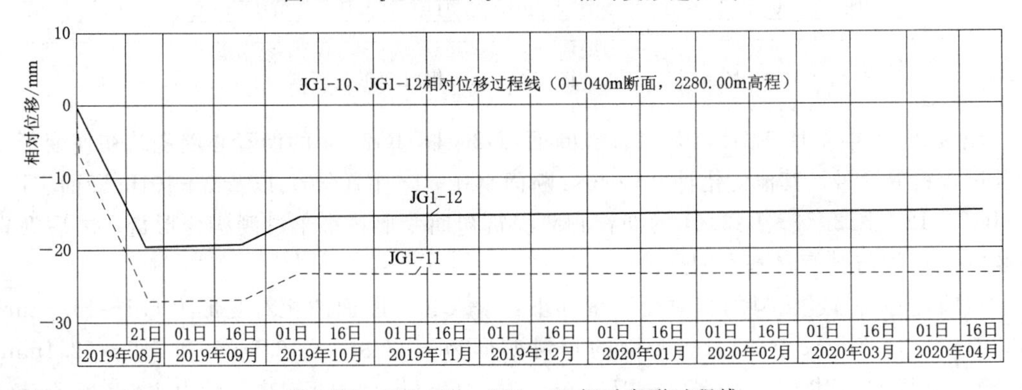

图 6.86　JG1－11、JG1－12 相对变形过程线

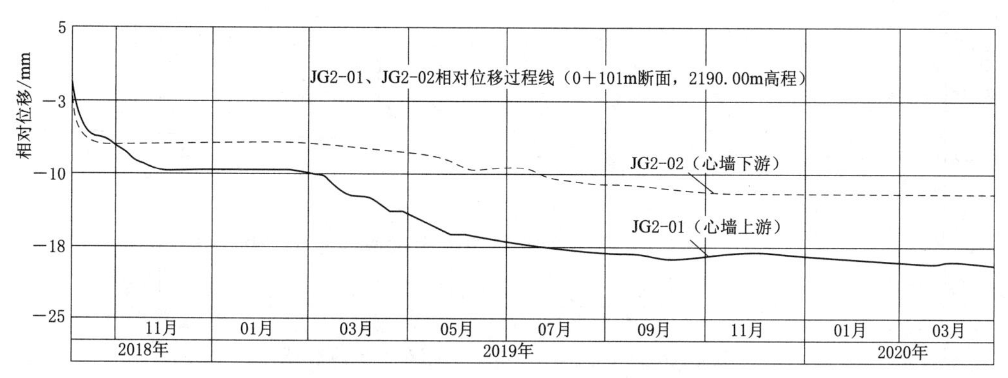

图 6.87 JG2-01、JG2-02 相对变形过程线

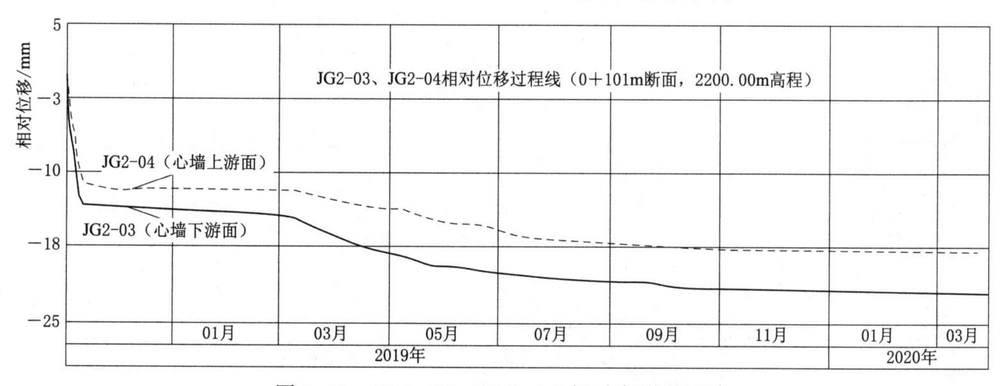

图 6.88 JG2-03、JG2-04 相对变形过程线

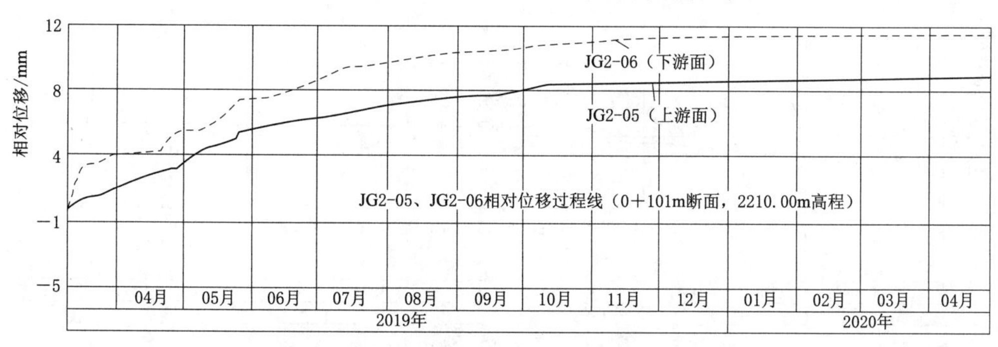

图 6.89 JG2-05、JG2-06 相对变形过程线

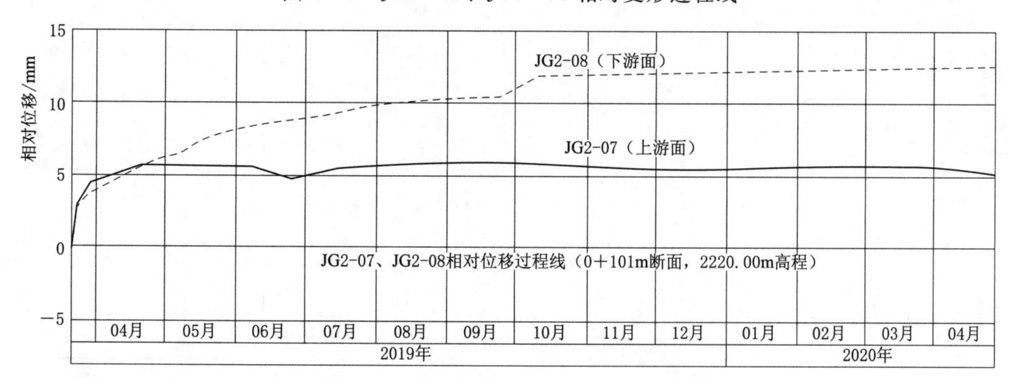

图 6.90 JG2-07、JG2-08 相对变形过程线

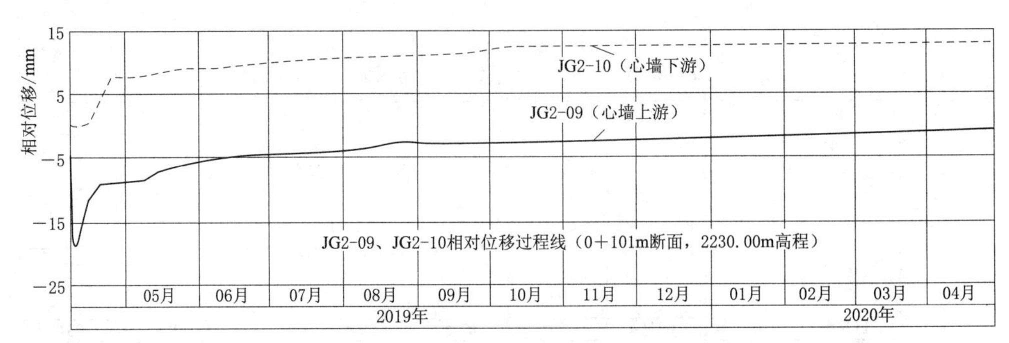

图 6.91　JG2－09、JG2－10 相对变形过程线

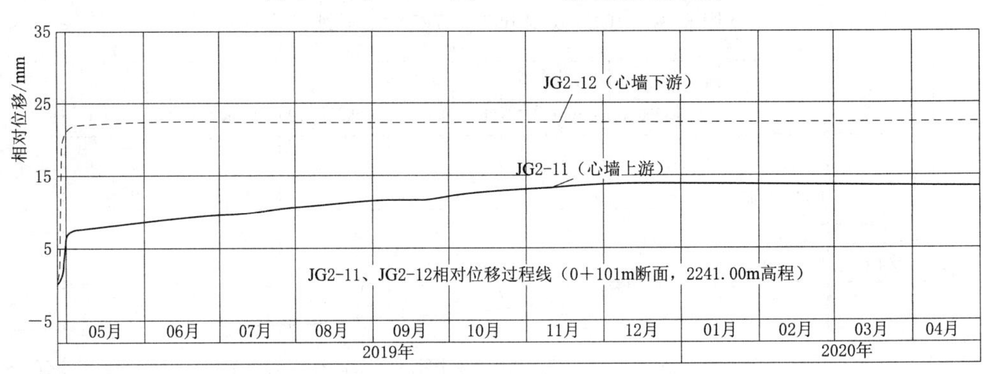

图 6.92　JG2－11、JG2－12 相对变形过程线

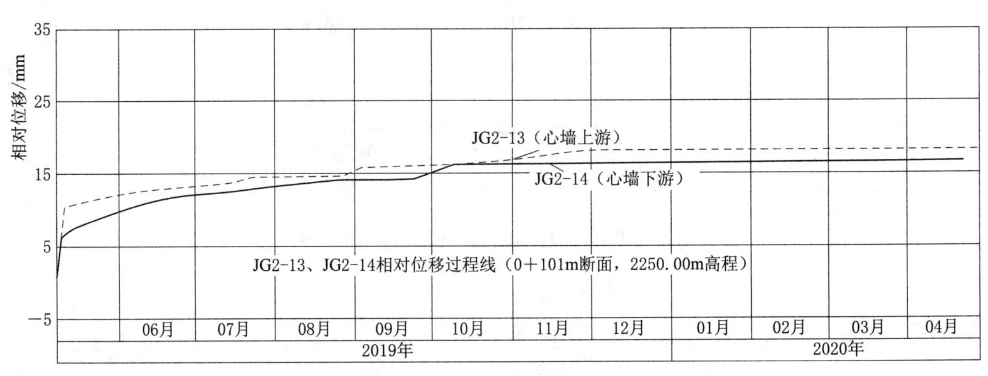

图 6.93　JG2－13、JG2－14 相对变形过程线

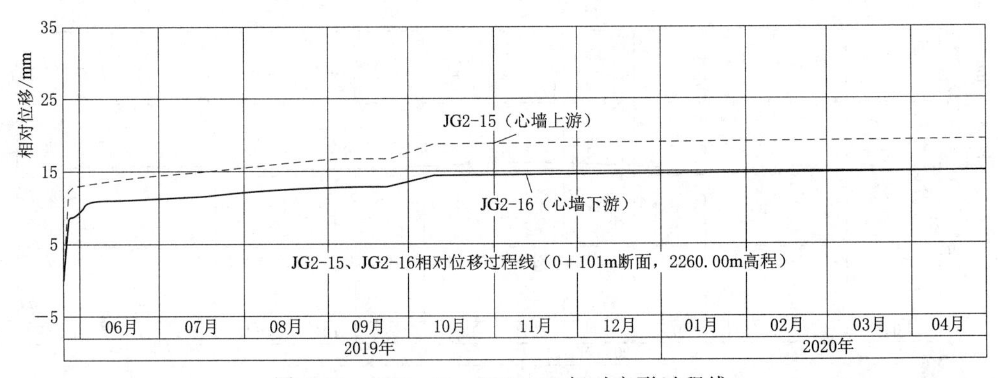

图 6.94　JG2－15、JG2－16 相对变形过程线

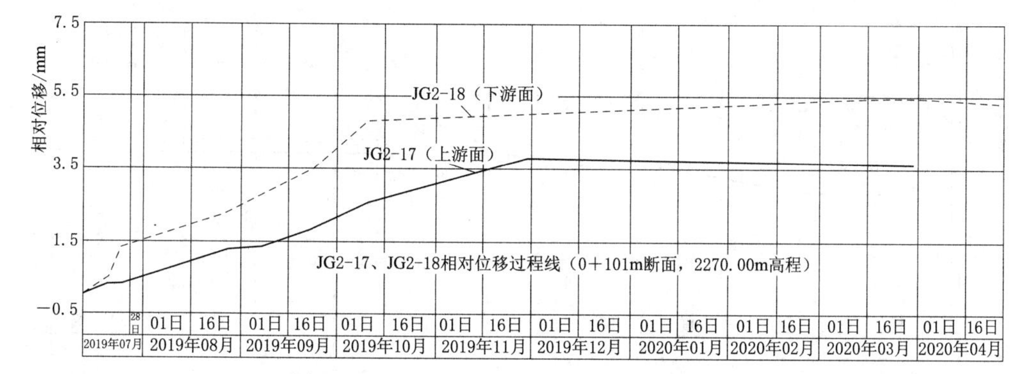

图 6.95　JG2－17、JG2－18 相对变形过程线

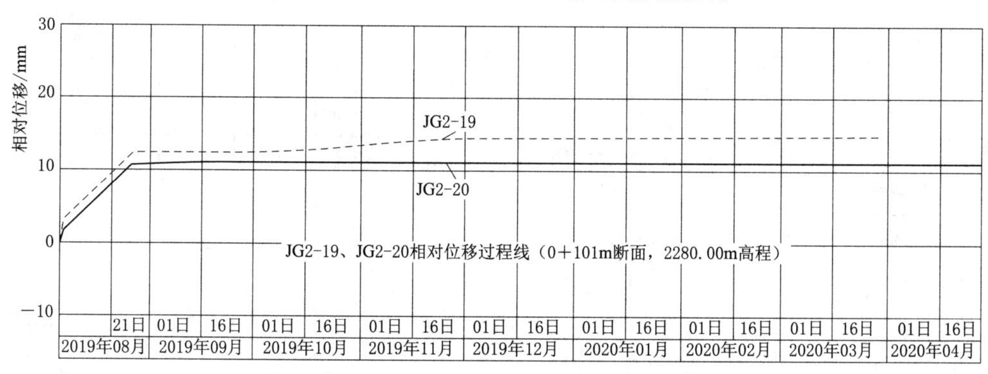

图 6.96　JG2－19、JG2－20 相对变形过程线

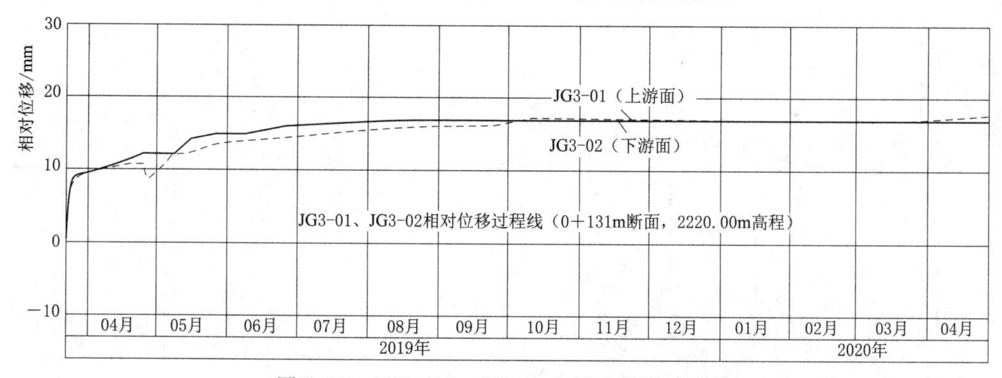

图 6.97　JG3－01、JG3－02 相对变形过程线

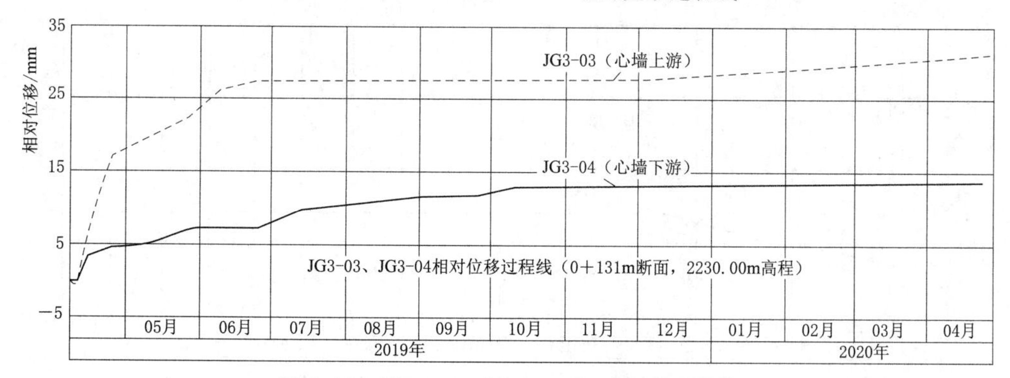

图 6.98　JG3－03、JG3－04 相对变形过程线

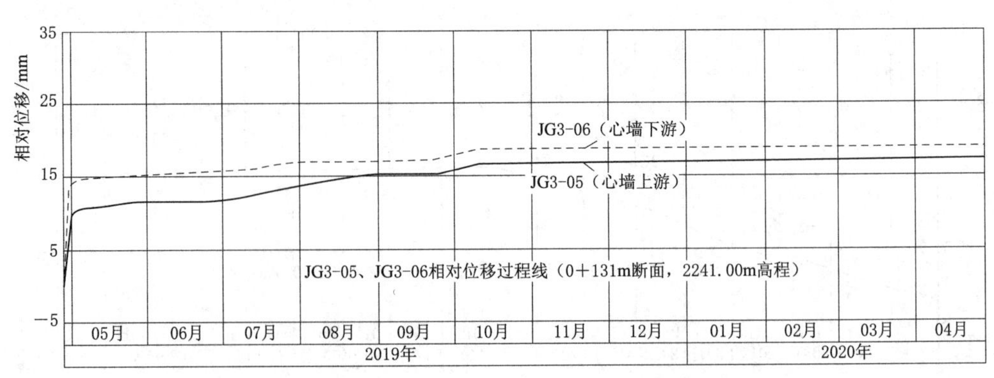

图 6.99 JG3-05、JG3-06 相对变形过程线

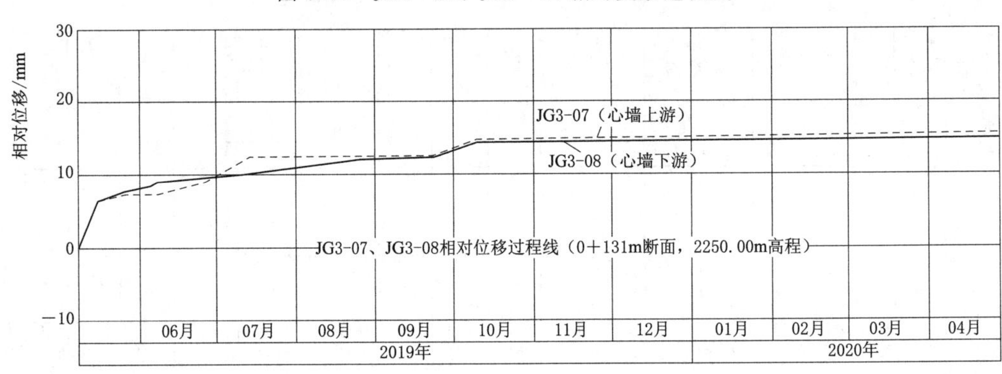

图 6.100 JG3-07、JG3-08 相对变形过程线

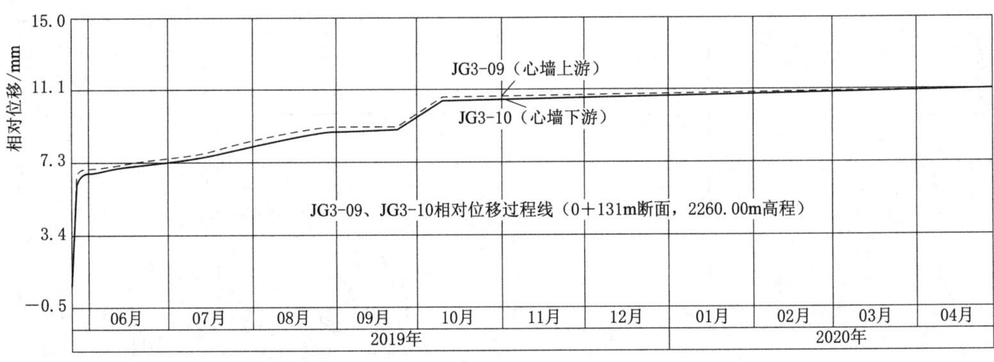

图 6.101 JG3-09、JG3-10 相对变形过程线

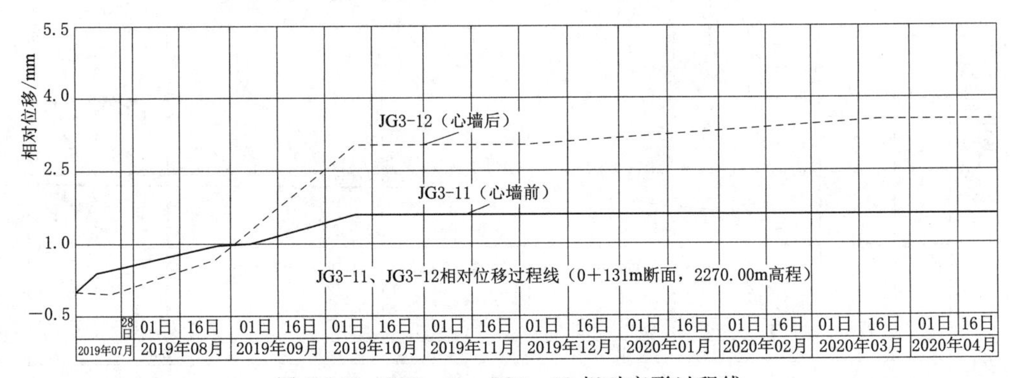

图 6.102 JG3-11、JG3-12 相对变形过程线

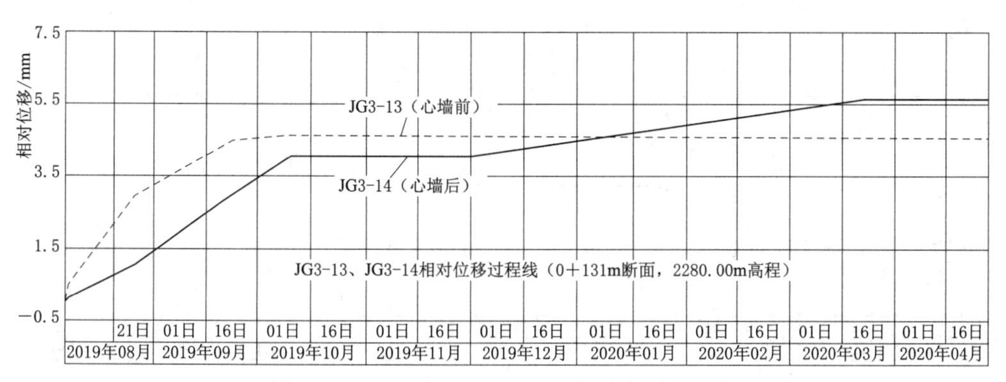

图 6.103　JG3－13、JG3－14 相对变形过程线

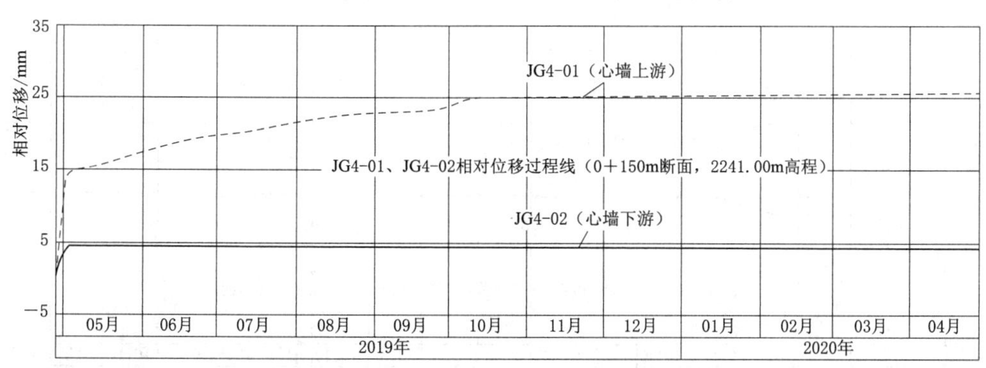

图 6.104　JG4－01、JG4－02 相对变形过程线

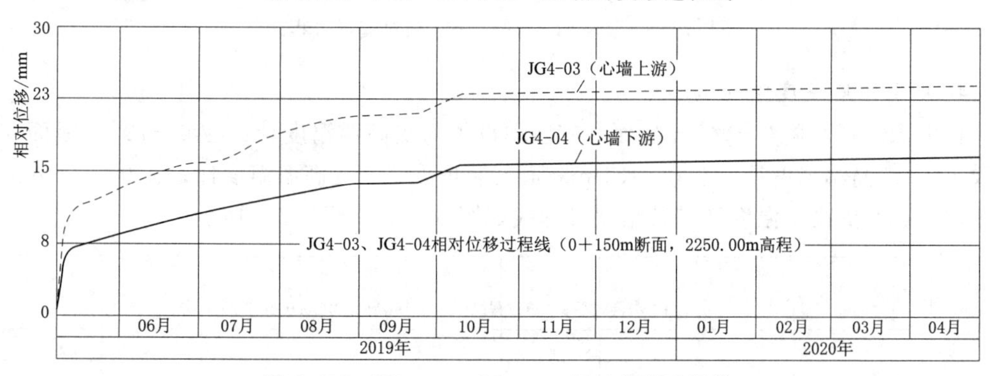

图 6.105　JG4－03、JG4－04 相对变形过程线

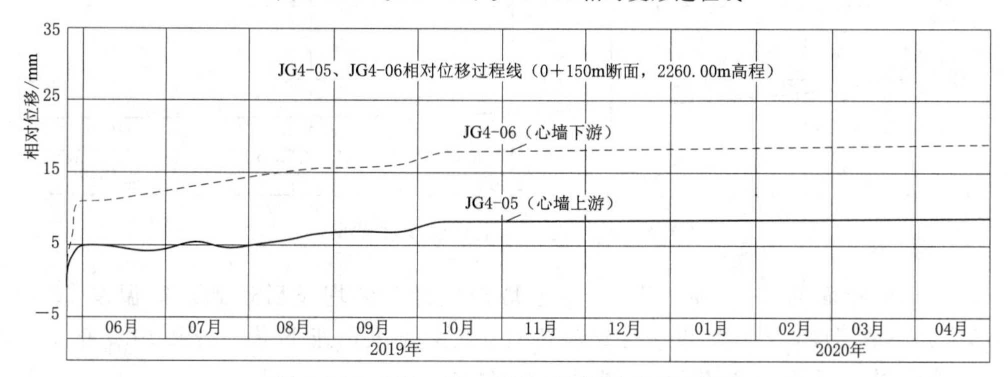

图 6.106　JG4－05、JG4－06 相对变形过程线

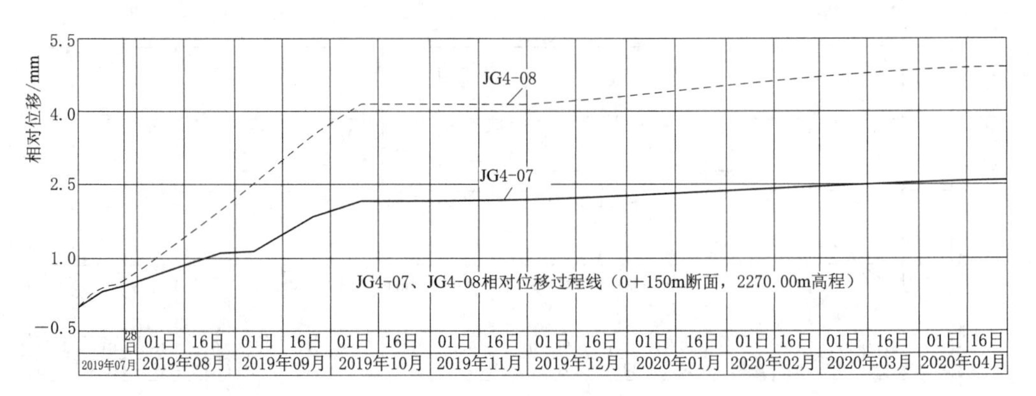

图 6.107 JG4-07、JG4-08 相对变形过程线

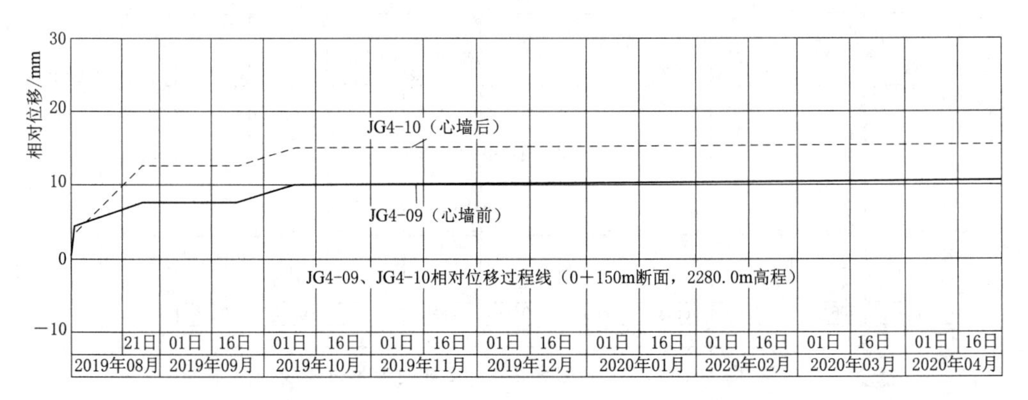

图 6.108 JG4-09、JG4-10 相对变形过程线

4. 沥青心墙温度监测

在大坝沥青心墙 0+040m 断面，安装埋设了 8 支高温温度计；在 0+101m 断面安装埋设了 12 支高温温度计；在 0+131m 断面安装埋设了 9 支高温温度计；在 0+150m 断面安装埋设了 6 支高温温度计。其温度过程线如图 6.109～图 6.118 所示。

图 6.109 T2-01 心墙温度过程线

0+040m 断面的 T1-01～T1-05 心墙温度计安装埋设后达到最高温度 121.6～121.9℃，心墙温度计安装埋设后达到最高温度之后温度迅速下降。截至 2020 年 4 月 30 日，心墙温度为 11.0～23.7℃，心墙温度基本稳定。

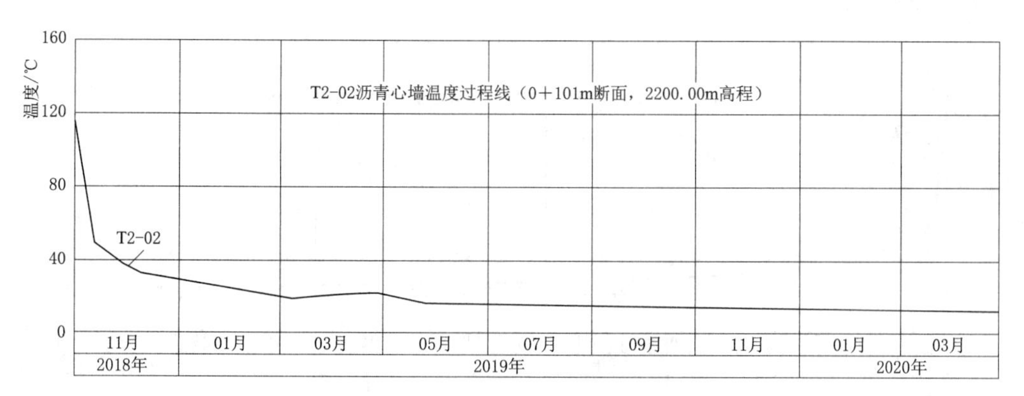

图 6.110　T2-02 心墙温度过程线

图 6.111　T2-03 心墙温度过程线

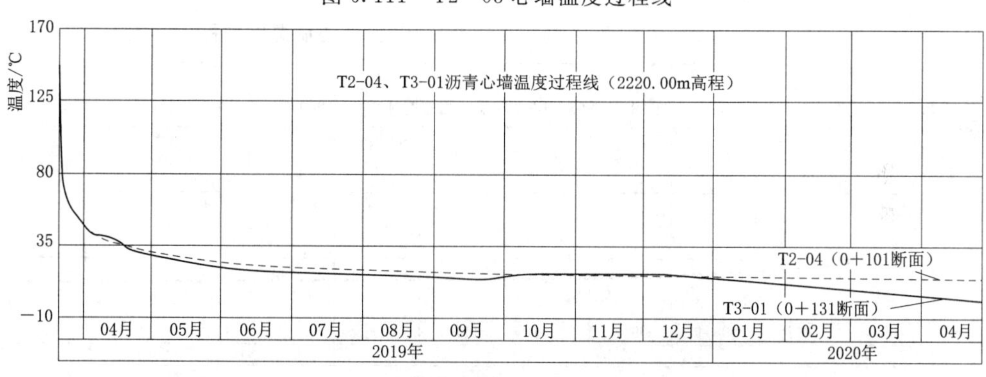

图 6.112　T2-04、T3-01 心墙温度过程线

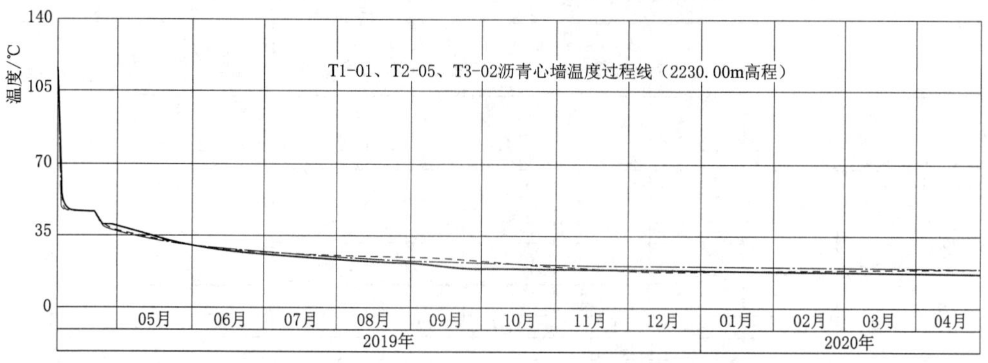

图 6.113　T1-01、T2-05、T3-02 心墙温度过程线

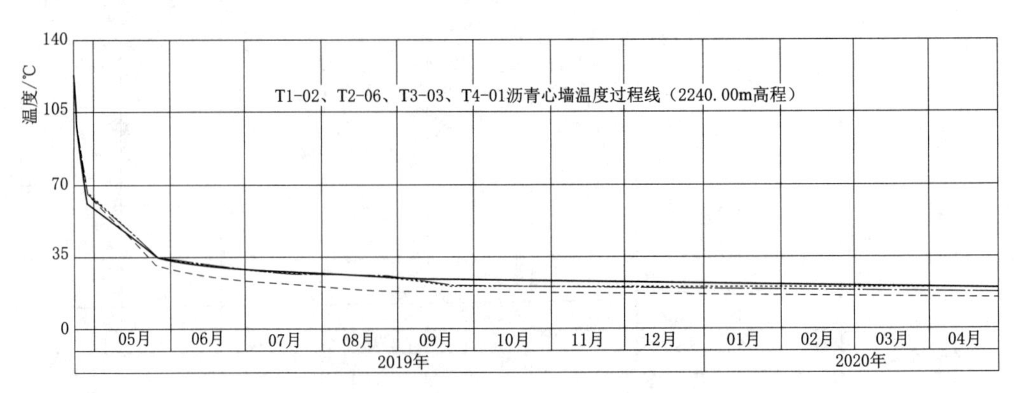

图 6.114　T1－02、T2－06、T3－03、T4－01 心墙温度过程线

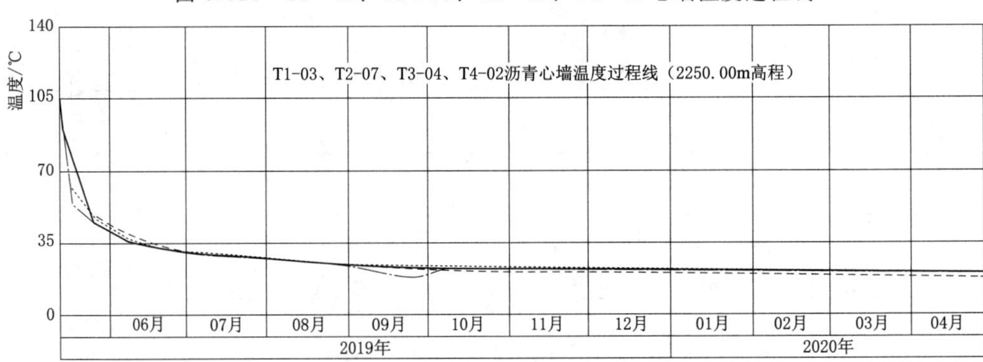

图 6.115　T1－03、T2－07、T3－04、T4－02 心墙温度过程线

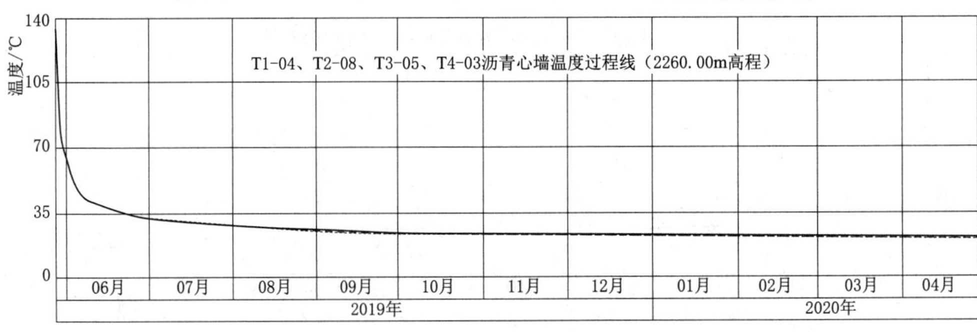

图 6.116　T1－04、T2－08、T3－05、T4－03 心墙温度过程线

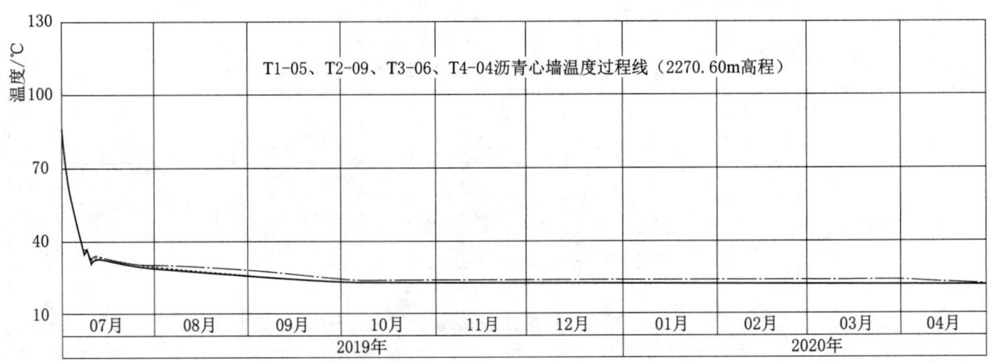

图 6.117　T1－05、T2－09、T3－06、T4－04 心墙温度过程线

图 6.118　T1-06、T2-10、T3-07、T4-05 心墙温度过程线

0+101m 断面的 T2-01～T2-08 心墙温度计安装埋设后达到最高温度 131.6～154.8℃，心墙温度计安装埋设后达到最高温度之后温度迅速下降。截至 2020 年 4 月 30 日，心墙温度为 10.9～23.4℃，心墙温度基本稳定。

0+131m 断面的 T3-01～T3-05 心墙温度计安装埋设后达到最高温度 153.8～154.8℃，心墙温度计安装埋设后达到最高温度之后温度迅速下降。截至 2019 年 12 月 15 日，心墙温度为 11.1～23.4℃，心墙温度基本稳定。

0+150m 断面的 T4-01～T4-03 心墙温度计安装埋设后达到最高温度 118.8～121.3℃，心墙温度计安装埋设后达到最高温度之后温度迅速下降。截至 2020 年 4 月 30 日，心墙温度为 15.9～23.4℃，心墙温度基本稳定。

6.4.3　大坝坝体变形评价

（1）截至 2020 年 4 月 30 日，心墙前安装的 P03、P04 渗压计的渗透水位为：2197.37m、2195.78m。安装在心墙后的 P01、P02 渗压计的渗透水位为：2186.56m、2185.56m，心墙前与心墙后渗透水位相差 10.22～10.81m，心墙前、后渗透水位正常。

（2）截至 2020 年 4 月 30 日，0+040m 断面坝体的累计沉降量为 260.6mm，0+101m 断面坝体的累计沉降量为 517.8mm；0+131m 断面坝体的累计沉降量为 332.2mm；0+150m 断面坝体的累计沉降量为 228.3mm，最大沉降量占坝高的 0.414%，沉降量均正常，坝体沉降量已基本稳定。

（3）截至 2020 年 4 月 30 日，0+040m 断面的相对变形为 5.1～21.3mm、－23.5～－14.7mm；0+101m 断面的相对变形为－22.8～－12.1mm 和 5.2～22.1mm；0+131m 断面的相对变形为 3.6～31.4mm；0+150m 断面的相对变形为 2.6～25.7mm，心墙与过渡料相对变形正常。

（4）截至 2020 年 4 月 30 日，心墙温度为 10.9～23.7℃，沥青心墙温度基本稳定。

6.5　结论

通过在大石门水利枢纽中进行了混凝土沥青心墙堆石坝施工过程中应用大坝精细化建造管控关键技术，实现了大坝填筑施工过程的实时智能三维精细化管理，保证了施工质量，提高了传统的土石方工程建造的智能化管理水平。另外通过大石门水利枢纽作为典型案例来看，本书中所提出的智能化建造关键技术具有较好的通用性与推广性，能够在相似的土石方工程中进行推广示范，所提出的相关研究成果，也具有重要的经济与社会效益。

在本书编著即将结束时，辽宁省抚顺市清原县清原抽水蓄能电站上下库初步确定将采用本书中所提出的系统的大坝精细化智能建造关键技术，进行上下水库中混凝土面板堆石坝的填筑施工过程应用，也进一步证明了本书研究成果具有重要的推广应用价值。

参 考 文 献

[1] 王建武. 水利工程信息化建设与管理 [M]. 北京：科学出版社，2004.

[2] 胡四一. 全面实施国家水资源监控能力建设项目全力提升水利信息化整体水平——在全国水利信息化工作座谈会暨国家水资源监控能力建设项目建设管理工作会议上的讲话 [J]. 水利信息化，2012，000 (6)：1-6.

[3] 蔡阳. 水利信息化“十三五”发展应着力解决的几个问题 [J]. 水利信息化，2016 (1)：1-5.

[4] 解建仓，罗军刚. 水利信息化综合集成服务平台及应用模式 [J]. 水利信息化，2010，000 (4)：18-23.

[5] 艾萍，吴礼福，陈子丹. 水利信息化顶层设计的基本思路与核心内容分析 [J]. 水利信息化，2010 (2)：16-19.

[6] 王建武. 水利工程建设管理信息化发展方向 [J]. 中国水利，2005 (16)：45-47.

[7] 刘婷婷. 水利工程信息化管理的应用研究 [J]. 工程技术（引文版），2016 (1)：169-169.

[8] 吴苏琴. 基于计算机技术的水利工程管理信息化系统研究 [D]. 西安：西安理工大学，2010.

[9] 吴苏琴，解建仓，马斌，等. 水利工程建设管理信息化的支撑技术 [J]. 武汉大学学报（工学版），2009，42 (1)：46-49.

[10] 王劲松. 水利工程建设管理信息化的支撑技术研究 [J]. 工程技术：全文版，2016 (2)：00247-00247.

[11] 赵继伟，魏群，张国新. 水利工程信息模型的构建及其应用 [J]. 水利水电技术，2016，47 (4)：29-33.

[12] 杜成波. 水利水电工程信息模型研究及应用 [D]. 天津：天津大学，2014.

[13] 周水清. 基于 IaaS 的云计算平台的研究与实现 [D]. 上海：东华大学，2016.

[14] 初媛媛. 一种 IaaS 层云计算平台的研究与设计 [D]. 哈尔滨：哈尔滨工程大学，2014.

[15] 李艳华. 云计算技术研究现状综述 [J]. 电脑知识与技术，2009，5 (22)：6314-6315.

[16] 张江涛. 分布式云计算资源配置技术研究 [D]. 哈尔滨：哈尔滨工业大学，2016.

[17] 李佳鑫. 云计算环境下的资源弹性调度技术研究 [D]. 长沙：国防科学技术大学，2013.

[18] 闫文亮. 云计算环境下分布式的虚拟机资源分配模式研究应用 [D]. 北京：北京邮电大学，2015.

[19] 江新兰. 云计算环境下水坝安全监测模型组合方法研究 [D]. 北京：中国农业大学，2016.

[20] 郭阳. 基于云平台的水利工程项目信息管理系统研究与设计 [D]. 郑州：华北水利水电大学，2016.

[21] 赵继伟. 水利工程信息模型理论与应用研究 [D]. 北京：中国水利水电科学研究院，2016.

[22] 周明. 物联网应用若干关键问题的研究 [D]. 北京：北京邮电大学，2014.

[23] 黄迪. 物联网的应用和发展研究 [D]. 北京：北京邮电大学，2011.

[24] 曾峰. 我国水利信息化建设研究 [D]. 长春：吉林大学，2009.

[25] 刘君强. 海量数据挖掘技术研究 [D]. 杭州：浙江大学，2003.

[26] 孙芬芬. 海量数据并行挖掘技术研究 [D]. 北京：北京交通大学，2014.

[27] 刘刚. 数据挖掘技术与分类算法研究 [D]. 郑州：中国人民解放军信息工程大学，2004.

[28] 赵钢. 面向海量数据库的并行数据挖掘算法研究 [D]. 北京：北京大学，2008.

[29] 陈名辉. 基于 YARN 和 Spark 框架的数据挖掘算法并行研究 [D]. 长沙：湖南师范大学，2016.

[30] 李力. 面向大数据的云搜索引擎设计及并行 K 均值聚类算法研究 [D]. 重庆：重庆大学，2015.

[31] 王玉雷. 面向大数据的聚类挖掘算法研究 [D]. 南京：南京邮电大学，2015.
[32] 刘少龙. 面向大数据的高效数据挖掘算法研究 [D]. 北京：华北电力大学（北京），2016.
[33] 毛国君. 数据挖掘技术与关联规则挖掘算法研究 [D]. 北京：北京工业大学，2003.
[34] 周景涛. GPS/北斗定位导航终端系统的设计与应用 [D]. 济南：山东大学，2016.
[35] 赵家宏，陈录根，刘强，等. 基于北斗导航定位系统的挖掘机通信终端设计 [J]. 木工机床，2013 (2)：24-27.
[36] 周齐家. 基于北斗卫星的车载定位与通信系统设计 [D]. 长沙：湖南大学，2014.
[37] 鲍骏. 基于北斗定位的车辆监控系统的研究 [D]. 南京：南京理工大学，2014.
[38] 唐金元，于潞，王思臣. 北斗卫星导航定位系统应用现状分析 [J]. 全球定位系统，2008，33 (2)：26-30.
[39] 袁满，冯明. 有关北斗卫星导航定位系统应用现状研究 [J]. 中国科技财富，2012 (13).
[40] 杨学超. 基于GPS远程实时监控的公路路基碾压施工质量监控理论与应用研究 [D]. 西安：长安大学，2008.
[41] 吴斌平，崔博，任成功，等. 龙开口碾压混凝土坝浇筑碾压施工质量实时监控系统研究与应用 [J]. 水利水电技术，2013，44 (1)：62-65.
[42] 钟登华，刘东海，崔博. 高心墙堆石坝碾压质量实时监控技术及应用 [J]. 中国科学：技术科学，2011，41 (8)：1027-1034.
[43] 马洪琪. 糯扎渡高心墙堆石坝坝料特性研究及填筑质量检测方法和实时监控关键技术 [J]. 中国工程科学，2011，13 (12)：9-14.
[44] 周浪，钟登华，刘军，等. 堆石坝填筑碾压轨迹实时监控系统：CN204256455U [P]，2015.
[45] 陈祖煜，赵宇飞，邹斌，等. 大坝填筑碾压施工无人驾驶技术的研究与应用 [J]. 水利水电技术，2019.
[46] 赵翔凯. 分析水利水电工程大坝填筑施工技术和方法 [J]. 建筑工程技术与设计，2018，000 (018)：711.
[47] 钟登华，张平. 基于实时监控的高心墙堆石坝施工仿真理论与应用 [J]. 水利水电技术，2009，40 (008)：103-107.
[48] 吴晓铭，黄声享. 水布垭水电站大坝填筑碾压施工质量监控系统 [J]. 水力发电，2008 (3)：47-49.
[49] 张辉，聂成良. 高心墙堆石坝碾压质量实时监控技术及应用 [J]. 城市建设理论研究：电子版，2015，5 (028)：1934-1935.
[50] 单衍军. 重大水利水电工程施工实时控制关键技术及其工程应用 [J]. 中文科技期刊数据库（全文版）工程技术：00241-00241.
[51] 马洪琪，钟登华，张宗亮，等. 重大水利水电工程施工实时控制关键技术及其工程应用 [J]. 中国工程科学，2011.
[52] 黄声享，刘经南，曾怀恩. 水布垭大坝碾压质量GPS实时监控系统的研制与应用 [C] //堆石坝国际研讨会，2009.
[53] 马志峰. 官地大坝浇筑过程质量监控研究与应用 [D]. 北京：清华大学，2014.
[54] 陈祖煜，杨峰，赵宇飞，等. 水利工程建设管理云平台建设与工程应用 [J]. 水利水电技术，2017，48 (1)：1-6.
[55] 荆俊志. 压实机械工作状态远程监控系统 [D]. 西安：长安大学，2014.
[56] 陈祖煜，程耿东，杨春和. 关于我国重大基础设施工程安全相关科研工作的思考 [J]. 土木工程学报，2016 (3)：1-5.
[57] 吴浩，王乾坤，陈沁等. 基于GPS/GIS集成大坝碾压施工监控平台研究 [J]. 武汉理工大学学报，2009 (15)：45-48.

[58] 李臣明，曾焱，王慧斌，等. 全国水利信息化“十三五”建设构想与关键技术［J］. 水利信息化，2015（1）：9－13.

[59] 张建云. 水利信息化的发展思路和建设任务［J］. 中国水利，2000（9）：81－82.

[60] 胡建东，段铁城，石建华，等. 土样含水量快速测定传感技术研究［J］. 仪器仪表学报，2003，24（2）：142－145.

[61] 吴月茹，王维真，晋锐，等. TDR测定土壤含水量的标定研究［J］. 冰川冻土，2009，31（2）：262－267.

[62] 陈赟，陈伟，陈仁朋，等. TDR联合监测土体含水量和干密度的传感器的设计及应用［J］. 岩石力学与工程学报，2011，30（2）：418－426.

[63] 陈海波，冶林茂，范玉兰，等. 基于FDR原理的土壤水分测量技术［C］//中国气象学会2008年年会干旱与减灾——干旱气候变化与减灾学术研讨会分会场，2008.

[64] 陈伟. TDR探头设计及含水量和干密度的联合监测技术［D］. 杭州：浙江大学，2010.

[65] 江朝晖，檀春节，支孝勤，等. 基于频域反射法的便携式土壤水分检测仪研制［J］. 传感器与微系统，2013，32（1）：79－82.

[66] 张宪，姜晶，王劲松. 基于FDR技术的土壤水分传感器设计［J］. 自动化技术与应用，2011，30（11）：61－65.

[67] 柳育刚. 心墙坝料压实质量实时评估理论方法及应用［D］. 天津：天津大学，2012.

[68] 于化龙. 计算机技术下的水利工程管理信息化——评《水利工程建设管理信息化技术应用》［J］. 灌溉排水学报，2021，40（3）：1.

[69] 宋晓建，裴彦青，赵宇飞，等. 大石峡水利枢纽工程智慧建设总体规划与顶层设计［J］. 水利规划与设计. 2021，（5）：11.

[70] 金雅芬，赵宇飞，等. 水利工程建设云管理平台与云管理系统的设计与实现［C］∥中国水利学会岩土力学专业委员会. 中国水利学会岩土力学专业委员会，2014.

[71] 贺湘江，赵宇飞. 基于BIM＋GIS技术的土石坝碾压施工过程的新型质量管控方法［J］. 百科论坛电子杂志，2019，000（011）：19－20.

[72] 韩树军，赵宇飞. 碾压混凝土施工监控系统应用与研究［J］. 河北水利，2020，No.301（03）：44－45.

[73] 宋自飞，赵宇飞，聂勇，等. 基于BIM技术的土石方填筑精细化监控技术［J］. 水电自动化与大坝监测，2019，005（003）：12－17.

目录

前言

中压部分

第一章　电缆预处理 // 003
第二章　冷缩式附件安装 // 007
　第一节　终端安装 // 007
　第二节　接头安装 // 011
第三章　热缩附件安装 // 015
　第一节　终端安装 // 015
　第二节　接头安装 // 019
第四章　其他型式附件安装 // 022
　第一节　可分离连接器安装 // 022
　第二节　预制终端安装 // 026
　第三节　绕包接头安装 // 029
　第四节　内锥插拔式终端安装 // 031

高压部分

第五章　电缆预处理 // 039
　第一节　高压电缆外护套剥切及石墨层的处理 // 039
　第二节　高压电缆金属套处理 // 041
　第三节　加温校直处理 // 042
　第四节　绝缘屏蔽处理 // 043
　第五节　主绝缘处理 // 045
第六章　高压电缆终端部件安装 // 047
　第一节　充油式终端部件安装 // 047
　第二节　干式终端安装 // 073
　第三节　110kV GIS 终端安装 // 075
第七章　高压电缆接头安装 // 082
　第一节　整体预制接头安装 // 082
第八章　接地系统安装 // 088

中压部分

第一章 电缆预处理

1.1 电缆外护套剥切

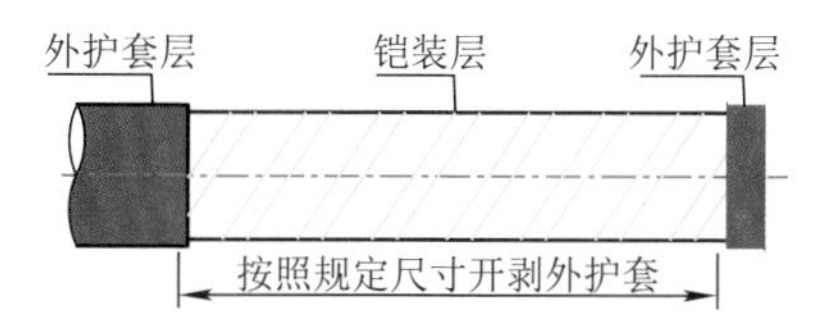

基本要求

① 检查电缆外护套有无破损，端头密封是否完好。

② 清洁电缆外护套。

③ 将电缆校直，用锯刀将电缆端头锯整齐。

④ 按照制造厂家规定尺寸切除一段电缆外护套（下刀位置在端头部位下方，预留一段外护套，防止铠装层松散）。

常见缺陷点

电缆外护套有破损，电缆端部密封不良。

差异化描述

可以在电缆内护套剥除以后再将电缆端头锯齐。

1.2 电缆铠装层剥切

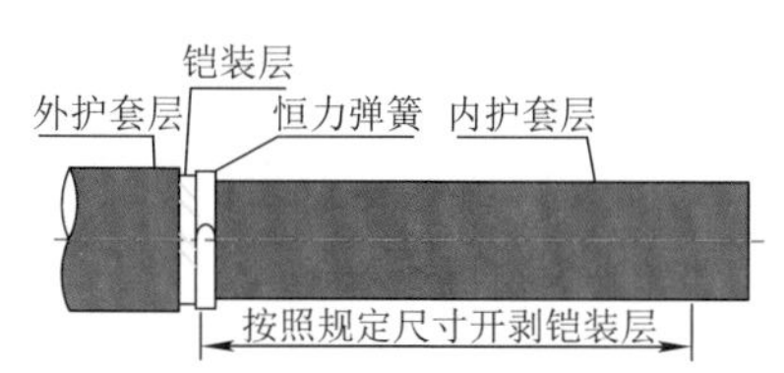

基本要求

① 用恒力弹簧或铜绑线将钢铠固定。

② 用钢锯沿恒力弹簧或铜绑线边缘环锯且锯深不超过铠装厚度，用克丝钳沿锯痕将铠装卷断。

③ 同步去掉预留的外护套。

常见缺陷点

锯钢铠时损伤内护套。

差异化描述

如钢铠有油漆护层，则先除去油漆层。

1.3 电缆内护套剥切

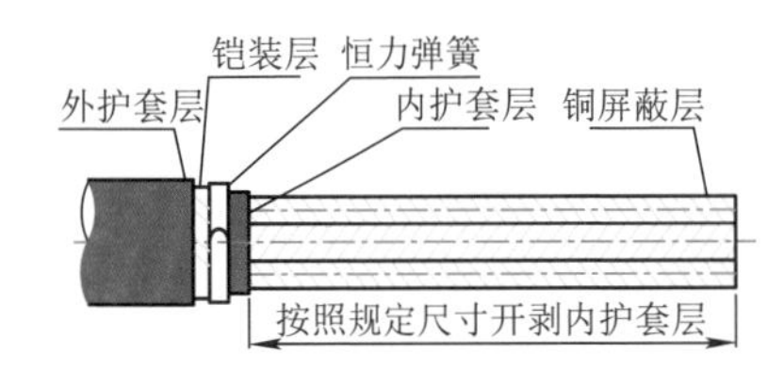

基本要求

① 在内护套上按照厂家规定尺寸用记号笔做一个标记。

② 用电缆弯刀(或裁纸刀)切除内护套，刀深不超过内护套厚度。

常见缺陷点

下刀过深，划伤铜屏蔽。

1.4 电缆金属屏蔽剥切

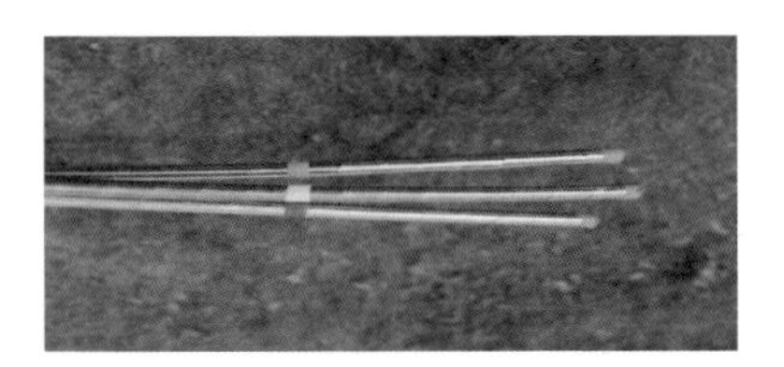

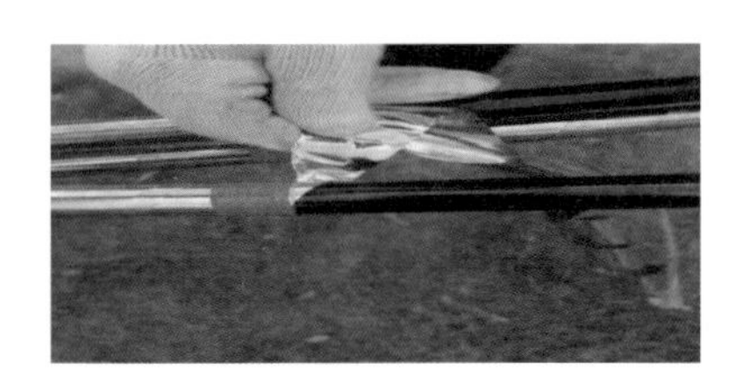

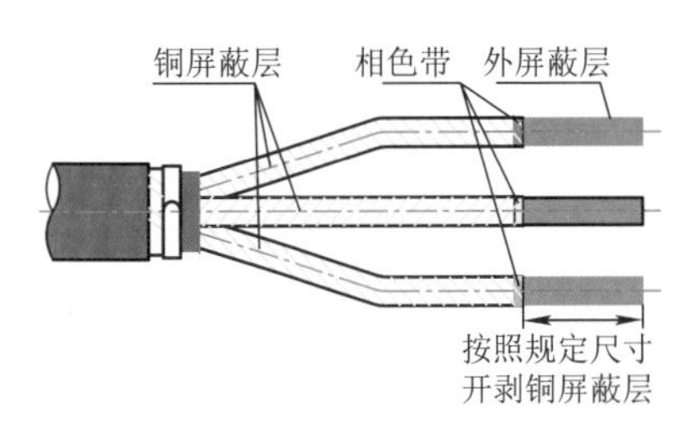

基本要求

① 用PVC胶带将3相电缆铜屏蔽端头绕包两层，防止松脱并做临时防护。

② 在铜屏蔽上按照厂家规定尺寸，用PVC相色带反缠绕包四层。

③ 用裁纸刀或电缆弯刀在铜屏蔽重叠处切口，然后环状撕除。

常见缺陷点

下刀过深，划伤电缆绝缘屏蔽。

1.5　电缆绝缘屏蔽处理

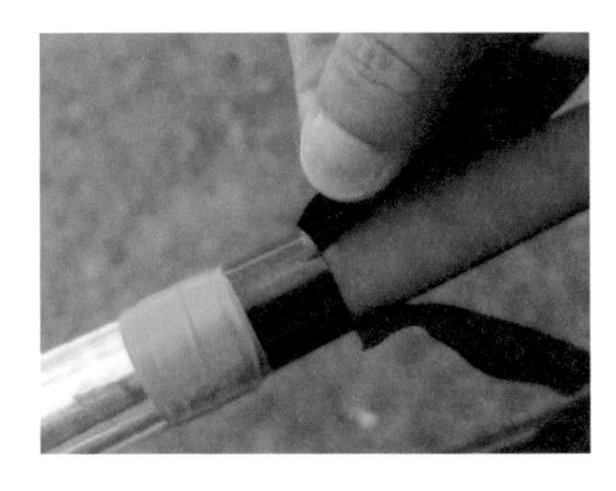

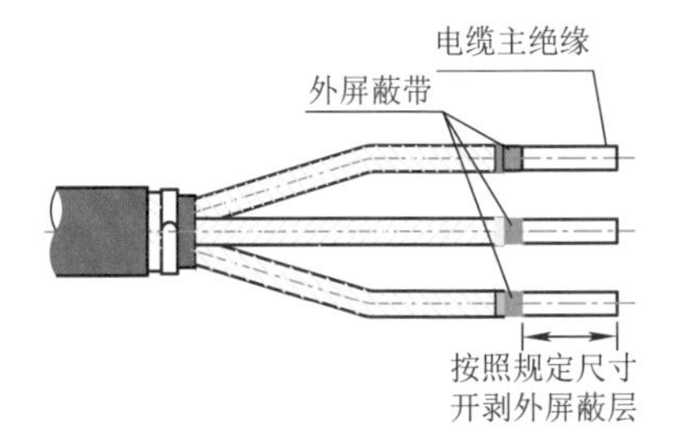

基本要求

① 在绝缘屏蔽上面按照厂家规定剥离尺寸用记号笔做一个标记。

② 用专用电缆刀或裁纸刀在绝缘屏蔽标记处环形切一圈；再从环形圈处在屏蔽上面纵向切3到4刀，均切到端头为止；刀锋深度按照屏蔽层的2/3左右控制，不可以全部划透，避免划伤主绝缘。

③ 从电缆端头剥开部分绝缘屏蔽，然后将绝缘屏蔽逐条拉掉；拉到靠近根部时要横向拉除；不可纵向拉到底，防止拉翻外屏蔽。

④ 断口倒角处理，并适当整圆断口（用裁纸刀侧锋斜向切除外屏蔽尖端）。

⑤ 用细砂带（$320^{\#}$）适当打磨外屏蔽断口，使其圆整。

常见缺陷点

① 下刀过深，划伤电缆主绝缘。造成严重缺陷。

② 纵向直接拉断电缆外屏蔽，将断口处拉翻，造成严重缺陷。

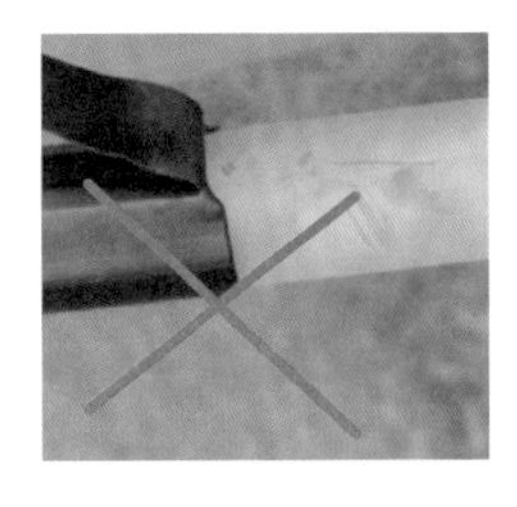

③ 外屏蔽断口没有倒角、没有整圆处理、留下尖端造成严重缺陷。

1.6 电缆主绝缘处理

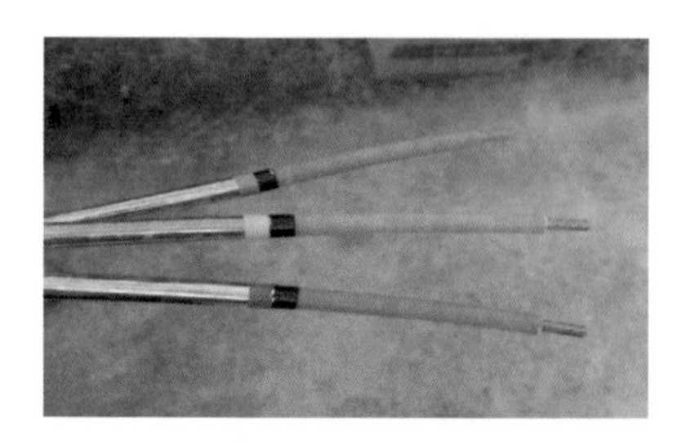

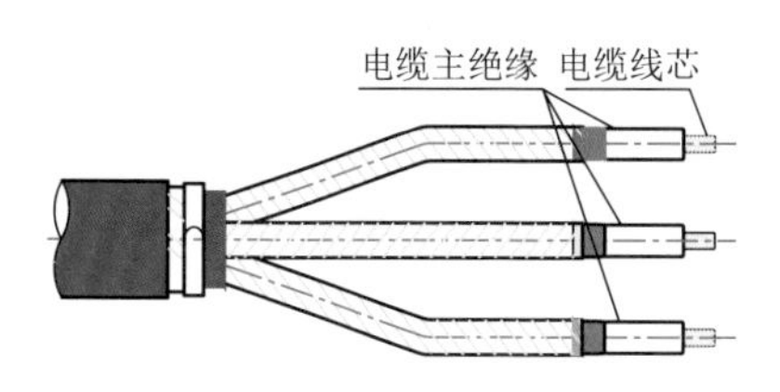

基本要求

① 用细砂带（320#）适当打磨主绝缘表面，去除绝缘表面的微小导电颗粒。

② 量取接线端子的内孔深度，按内孔深度加5mm，在电缆主绝缘端头做一个标记。

③ 用专用电缆绝缘剥切刀或其他切刀将电缆绝缘切断（勿伤及电缆导体），然后将其剥离。

④ 用专用刀具或玻璃片将绝缘端头断面倒角处理（3mm×45°）。

⑤ 清洁电缆绝缘表面，并用保鲜膜包覆保护。

常见缺陷点

① 将打磨过外屏蔽的砂带用于打磨电缆主绝缘。

② 下刀过深，划伤电缆导体。

差异化描述

细砂带也有按240#配置。

绝缘端头断面倒角处理具体数据应按厂家规定，中间接头一般按（2×45°）。

1.7 电缆导体处理

基本要求

① 清除电缆导体屏蔽。

② 用PVC胶带反缠临时绕包电缆导体。

常见缺陷点

清除导体屏蔽时损伤电缆导体。

第二章 冷缩式附件安装

第一节 终端安装

注意

10kV冷缩式电缆终端需严格按照所配图纸进行安装施工，特别应注意必须遵守以下要求：

（1）关键工艺环节的要求，否则可能导致运行安全问题！

（2）施工环境要求：温度高于0℃，湿度低于70%。

1.1 接地处理

1.1.1 电缆开剥

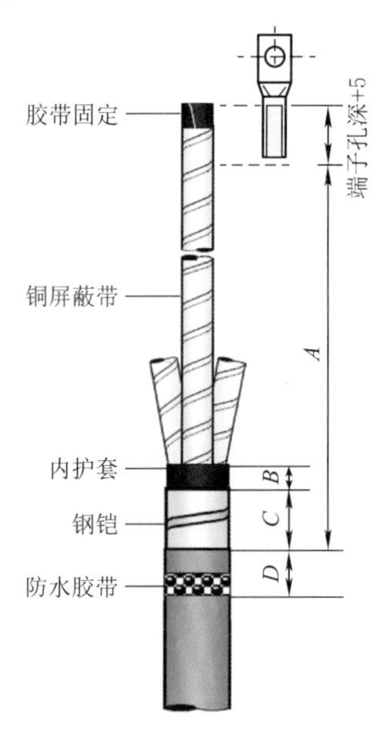

基本要求

① 电缆外护套的开剥尺寸应根据实际需求开剥，铠装层及内护套的开剥尺寸，应按照图纸要求开剥。

② 打磨外护套，在外护套口下方绕包一层防水胶带。

常见缺陷点

电缆开剥预留尺寸太长，导致柜内安装电缆弯曲及净距问题。

差异化描述

具体开剥尺寸按照厂家安装图纸的要求进行。

1.1.2 安装接地线

基本要求

① 打磨铠装层，分别安装铠装层与铜屏蔽层接地线，接地线用恒力弹簧固定。

② 每处理完一条接地线，在恒力弹簧外绕包绝缘胶带，使铜屏蔽接地与钢铠接地隔离。

③ 将接地线平直放好，在之前外护套口下方绕包防水胶带处再绕包一层防水胶带，将接地线夹在中间，形成防水口。

常见缺陷点

① 铜屏蔽层与铠装层接地线未单独引出。

② 铜屏蔽层与铠装层接地线在圆周方向间隔小于90°。

③ 铜屏蔽层与铠装层接地线之间未作绝缘处理。

差异化描述

接地线的固定方式也有采用焊接或铜丝绑扎的方式，但目前普遍采用恒力弹簧固定。

1.2 安装分支手套

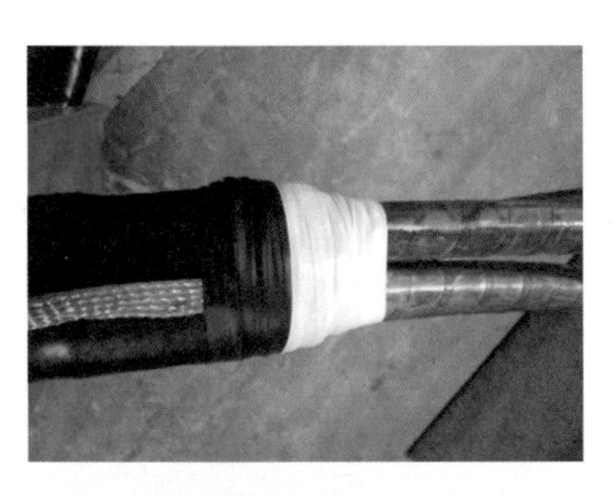

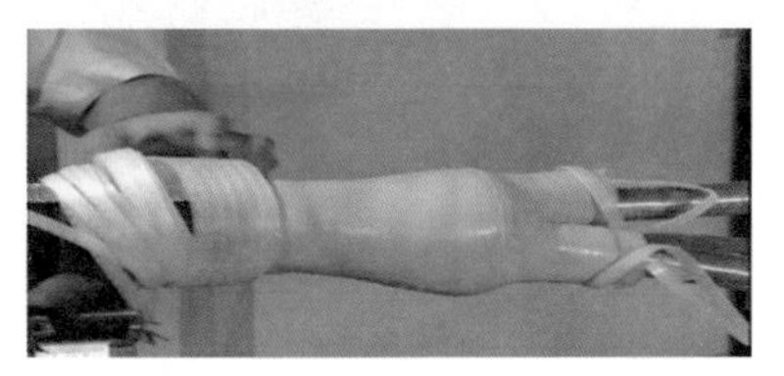

基本要求

电缆三叉部位用填充胶绕包后，上半部分搭盖绕包PVC胶带，套入三叉手套，要确保到位，可在套入前先收缩2~3圈手指芯绳；安装时先收缩颈部，再收缩手指部分。

常见缺陷点

由于抽拉芯绳时容易带出PVC胶带，导致防水带材外部未绕包PVC胶带。

1.3　安装绝缘管

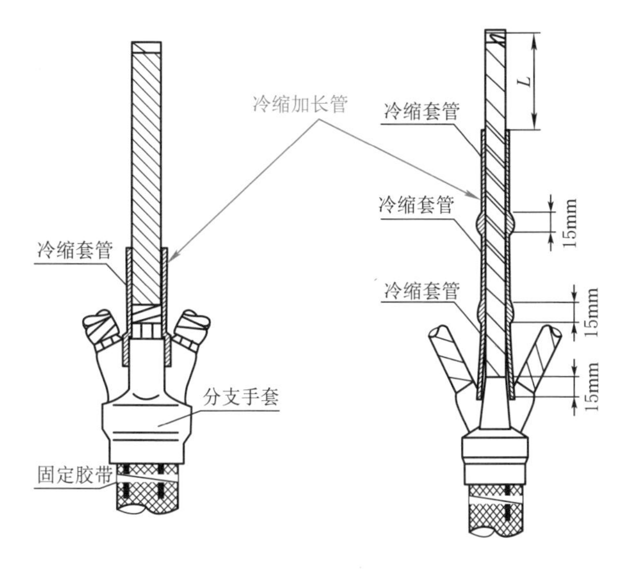

基本要求

冷缩绝缘管与分支手套搭接至少15mm，如需多根绝缘管，管与管间的搭接也至少保证15mm。

1.4　安装终端主体

1.4.1　电缆预处理

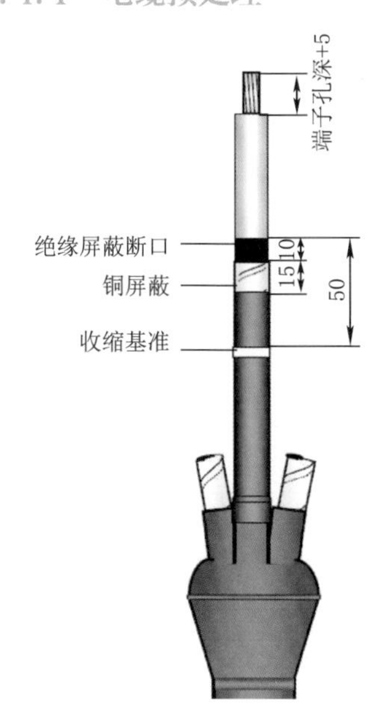

基本要求

① 按安装图纸所示的尺寸开剥电缆。

② 剥离绝缘屏蔽层时注意不要划伤主绝缘；铜屏蔽断口用铜黏带或半导电带固定，防止散开。

常见缺陷点

剥除外半导电层、铜屏蔽层时，下刀过深，损伤主绝缘或外半导电层。

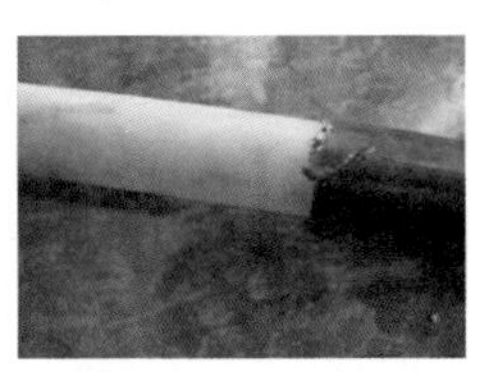

差异化描述

电缆绝缘屏蔽层断口处根据厂家的要求确定是否倒角，若倒角，需注意勿伤到主绝缘。

1.4.2 打磨清洁主绝缘，涂抹硅脂

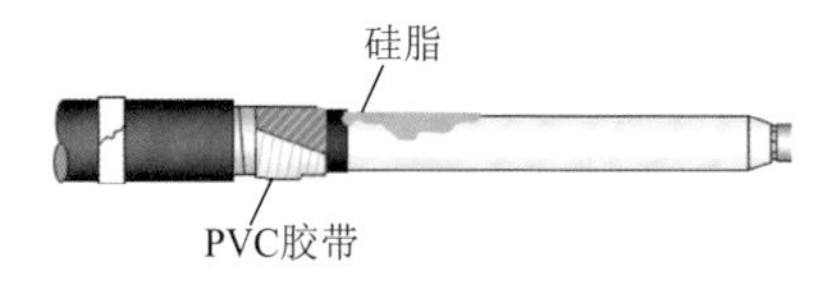

基本要求

① 在主绝缘端部做3mm×45°的倒角。

② 打磨并清洁电缆主绝缘。涂抹硅脂，由主绝缘向绝缘屏蔽层断口方向涂抹。

1.4.3 终端主体收缩定位

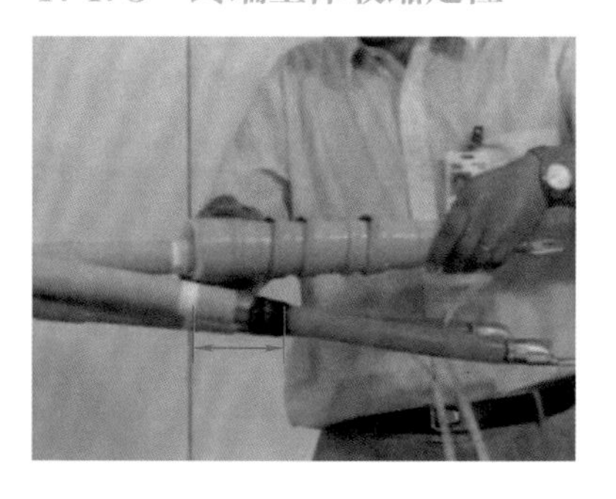

基本要求

接头的收缩起始点定位非常重要，根据安装说明中的尺寸，以绝缘屏蔽层断口为准向下量取，标记为起始点。

常见缺陷点

未作定位或定位尺寸错误。

1.5 压接接线端子

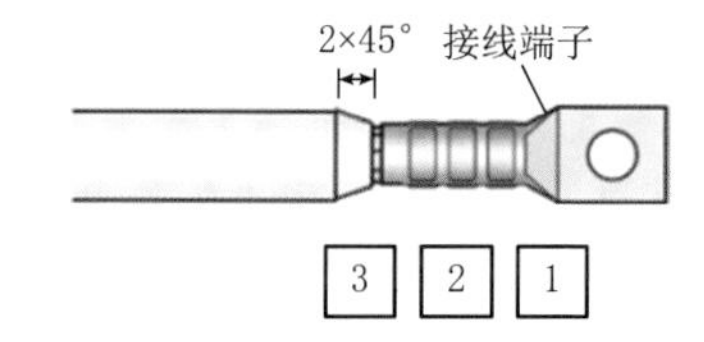

基本要求

端子压模整齐，至少压3模（窄模）或2模（宽模），每模之间间隔为5~8mm。压接顺序按照国标规定，如左图所示。

1.6 防水密封处理

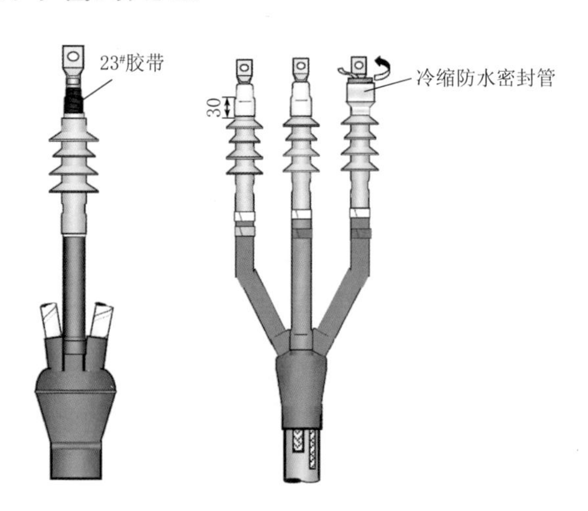

基本要求

① 在接线端子和绝缘空隙处填充绝缘胶带，使其外径与主绝缘外径接近。

② 从终端顶部30mm处开始，收冷缩防水密封管，安装后使其盖住金属接线端子的压接部位。

第二节　接　头　安　装

2.1　电缆预处理

2.1.1　电缆剥切

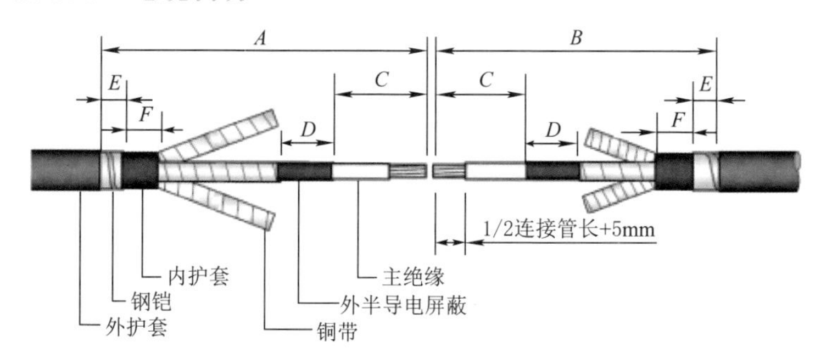

基本要求

严格按照图示尺寸，剥切外护套、钢铠、内护套、铜屏蔽、绝缘屏蔽层、主绝缘和导体，并做好相色标识。

常见缺陷点

① 剥除外半导层、铜屏蔽层时，下刀过深，损伤主绝缘或外半导电屏蔽。

② 纵向刀痕导致爬电。

差异化描述

具体开剥尺寸按照厂家安装图纸的要求进行。

2.1.2　接管压接

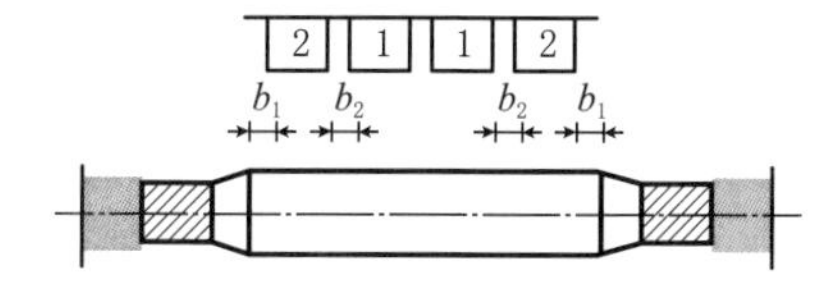

基本要求

金属接管压模整齐，每侧至少压3模（窄模）或2模（宽模），每模之间间隔为5~8mm。压接顺序按照国标规定，如左图所示。

2.1.3 打磨

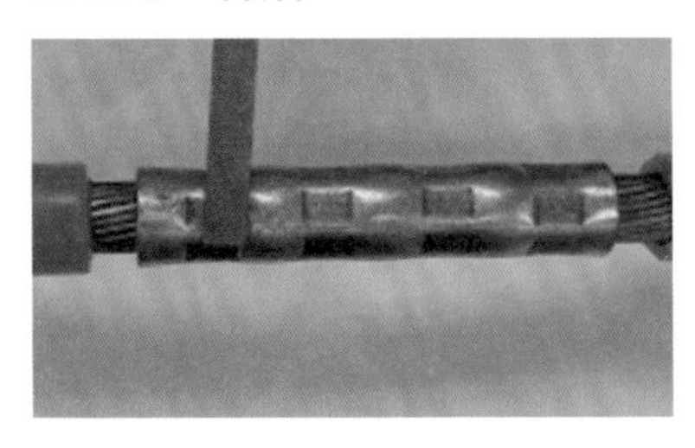

基本要求

特别注意压接后去除接管上的尖角、毛刺和突起，并打磨清洁。

2.2 接头主体安装

2.2.1 主体安装前处理

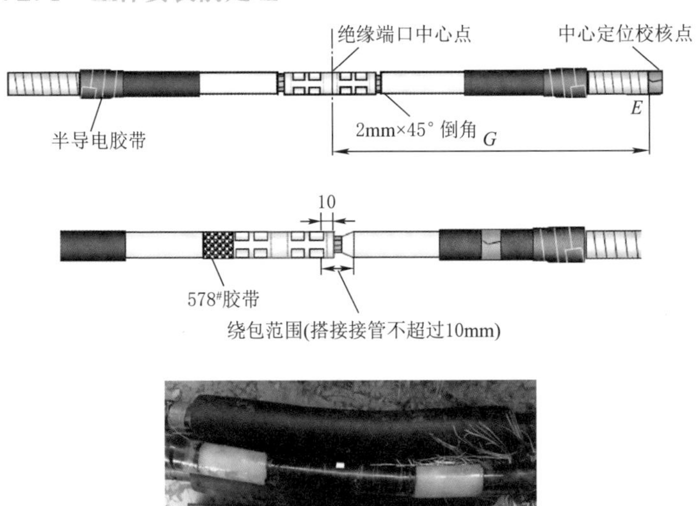

基本要求

① 绝缘断口倒角，铜屏蔽断口绕包半导电胶带固定，按图纸要求标记定位校核点。

② 增强防水型产品在绝缘断口处倒角，并填充防水密封材料，实现内部堵水密封功能。

常见缺陷点

中间头金属接管外不能绕包绝缘胶带，否则可能会破坏内屏蔽结构！

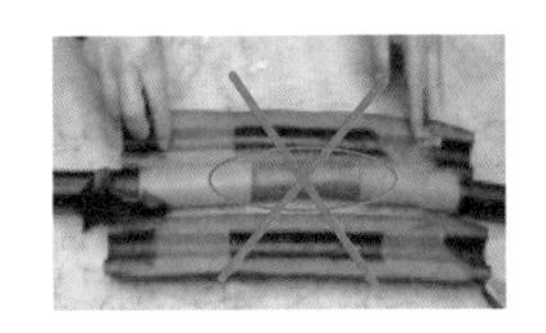

2.2.2　收缩定位

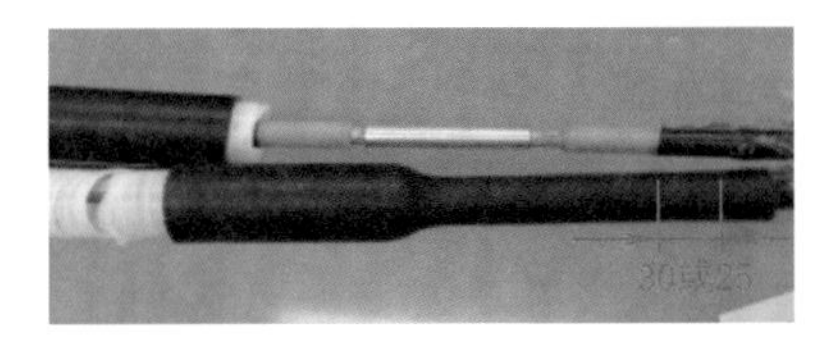

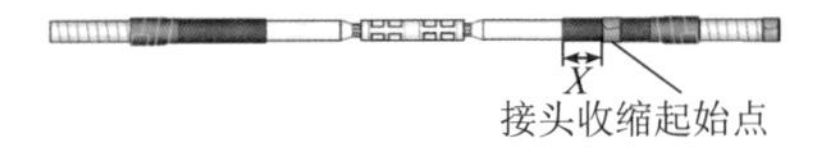

基本要求

① 按图纸要求标记接头主体的收缩定位点。

② 主体收缩完成后进行中心点校验，并在冷缩主体两端与电缆绝缘屏蔽层接合处绕包防水胶带。

常见缺陷点

未作定位或定位尺寸错误。

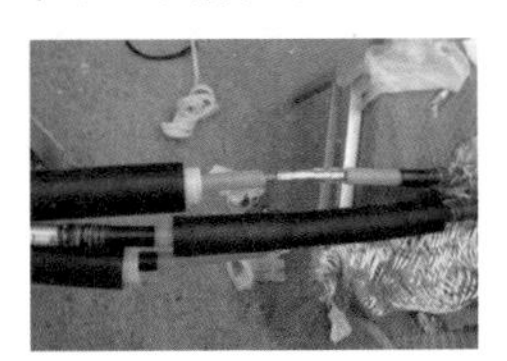

2.3　金属屏蔽层恢复

2.3.1　铜网套固定

铜网套：

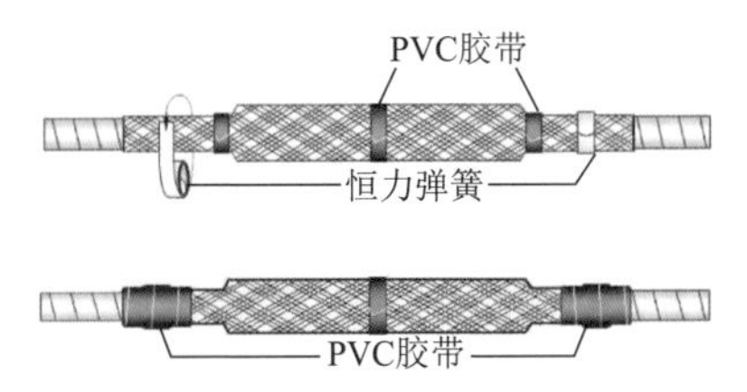

绕包铜带：

基本要求

① 使用铜网套时，套在接头外部，紧贴接头外侧。

② 使用铜带时应半重叠从一侧电缆铜屏蔽绕包至另一侧。

③ 两端用恒力弹簧固定，需要固定在铜屏蔽带上。

2.4　防水及铠装层恢复

2.4.1　恢复内护套

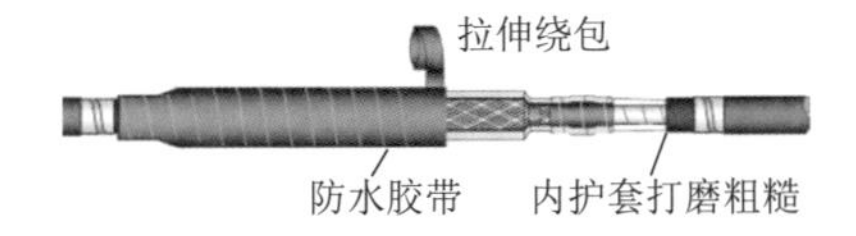

基本要求

将两端露出的50mm内护套打磨粗糙并清洁干净，然后从一端内护套上开始半重叠绕包防水胶带至另一端护套上一个来回，涂胶粘剂一面朝里。

2.4.2 铠装过桥线连接

基本要求

接地过桥线采用恒力弹簧可靠连接，恒力弹簧外绕包绝缘胶带。

2.4.3 恢复外护套

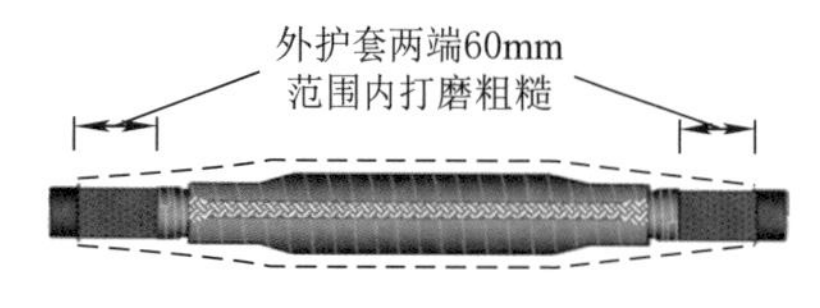

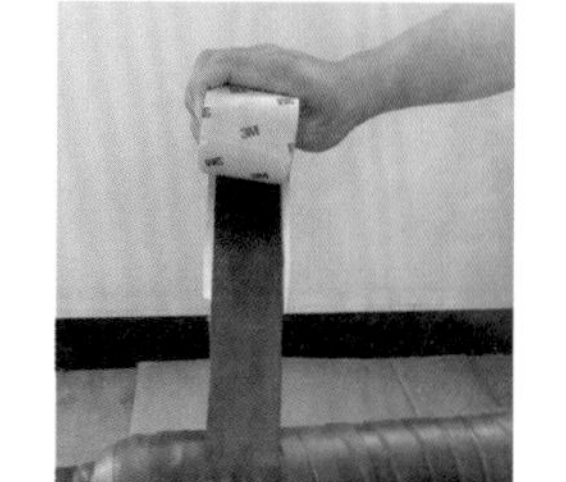

基本要求

在电缆外护套上，将开剥端口起60mm的范围内打磨粗糙并清洁干净，然后从一端护套上距离60mm处开始半重叠绕包防水胶带至另一端护套上60mm处一个来回，涂胶粘剂一面朝里。

2.4.4 恢复机械保护

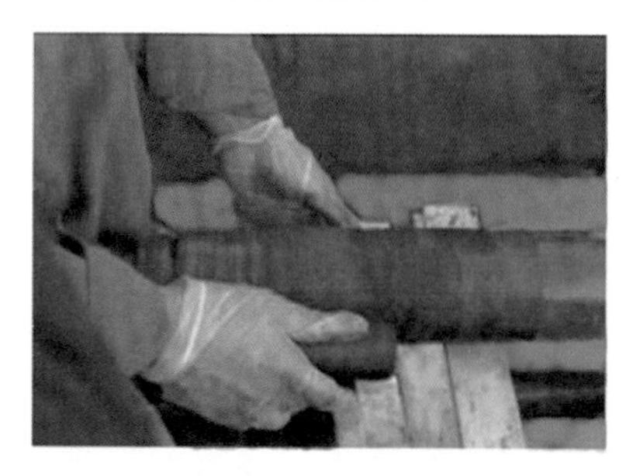

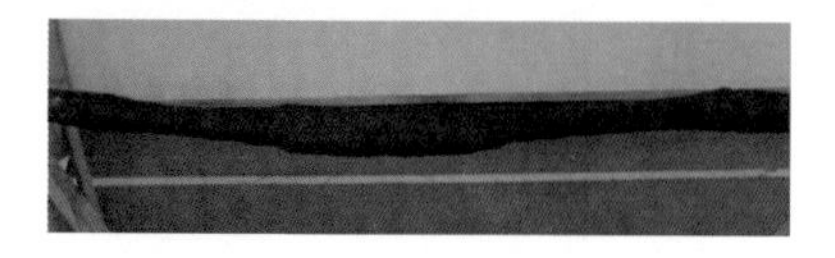

基本要求

铠装带包装开封后先用水完全浸泡15s以上，然后从一端电缆护套上防水带60mm外开始，半重叠绕包铠装带至对面另一端60mm防水带上，将整个接头外用铠装带完全绕包。

第三章 热缩附件安装

第一节 终端安装

施工现场应清洁、无尘；电缆要严格按照施工规范执行。

注意

1.1 接地处理

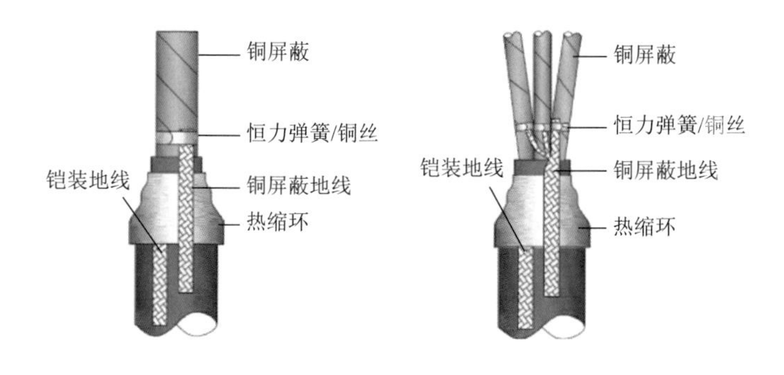

基本要求

① 清除铠装层及铜屏蔽的防腐层，露出金属光泽。

②（a、b二选1）

a.将地线使用恒力弹簧固定于铠装和铜屏蔽上；地线在恒力弹簧缠绕过程中反折一次；

b.用铜丝将地线临时绑扎与固定位置，再焊锡，焊接后应清除毛刺；

c.铠装地线和铜屏蔽地线在固定位置向下40mm内用焊锡做不少于30mm的防潮段。

③ 铠装处收缩热缩环或缠绕绝缘自粘胶带，隔离两地线。

（注意事项：铜丝屏蔽应将铜丝反折做地线使用）

常见缺陷点

① 铠装层及铜屏蔽的防腐层清理不彻底，接地处理不良。

② 锡未完全将扎线、地线、铜屏蔽有效连接。

③ 地线未反折，导致地线脱落。

1.2 安装分支手套

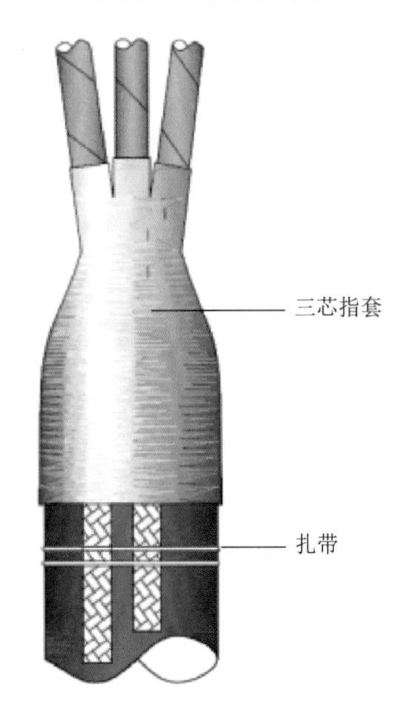

基本要求

① 外护套端部向下100mm打磨干净，在打磨部位缠绕密封胶。

② 在电缆分支处缠绕填充胶填充饱满，将两根地线沿电缆拉直平行引出，并使用扎带临时固定。

③ 套入指套至分支根部，由指套中部向两端加热收缩。

常见缺陷点

① 外护套未打毛、擦净、未缠绕密封胶。

② 指套收缩方向不对导致滑移。

1.3 安装应力管

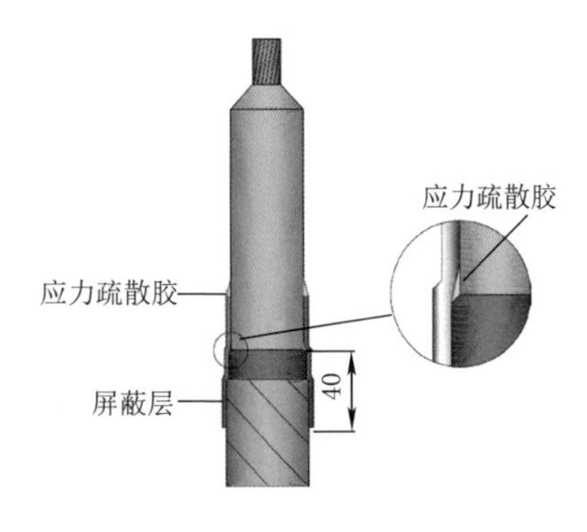

基本要求

① 由绝缘断口至铜屏蔽断口单向顺序清洁电缆，在绝缘屏蔽层断口处缠绕应力疏散胶，搭接绝缘层10mm及绝缘屏蔽层5mm，使之平滑过渡。

② 在主绝缘表面涂抹一层薄薄的润滑脂。

③ 套入应力管，搭接绝缘屏蔽加热收缩固定。

④ 用应力疏散胶使应力管与主绝缘间平滑过渡。

常见缺陷点

① 用打磨过绝缘屏蔽的砂纸打磨主绝缘。

② 清洁纸清洗时，方向是从绝缘屏蔽向主绝缘。

③ 应力胶缠绕位置及用量不满足工艺要求。

④ 润滑脂涂在绝缘屏蔽。

⑤ 润滑脂涂抹过量。

1.4　安装绝缘管

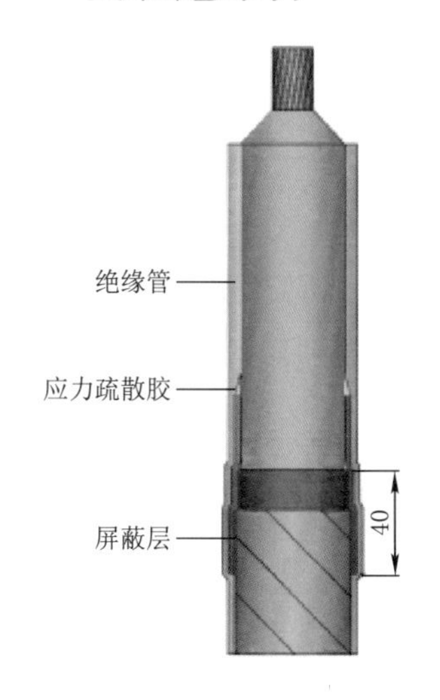

基本要求

套入绝缘管至指套根部，自下往上环绕加热固定。

常见缺陷点

绝缘管收缩方向不对。

1.5　压接接线端子

基本要求

插入端子按先上后下顺序进行压接，压接后去除毛刺。

常见缺陷点

① 压模不匹配。

② 未打磨毛刺。

1.6　防水密封处理

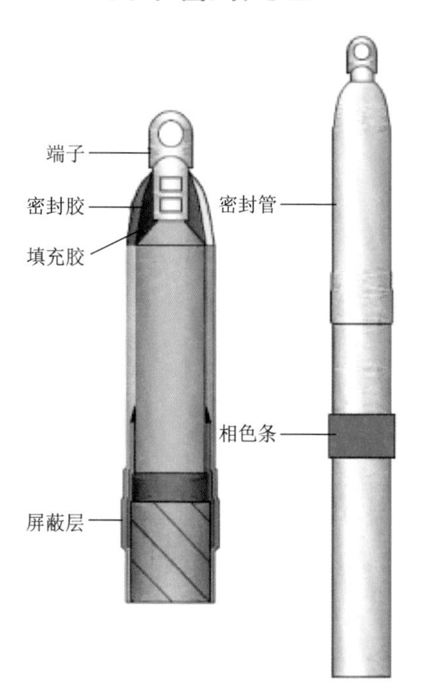

基本要求

① 包绕填充胶，使绝缘管断口与端子之间呈锥形过渡，再在其外面绕一层密封胶条。

② 套入密封管及相色环加热固定。

1.7　收缩伞裙

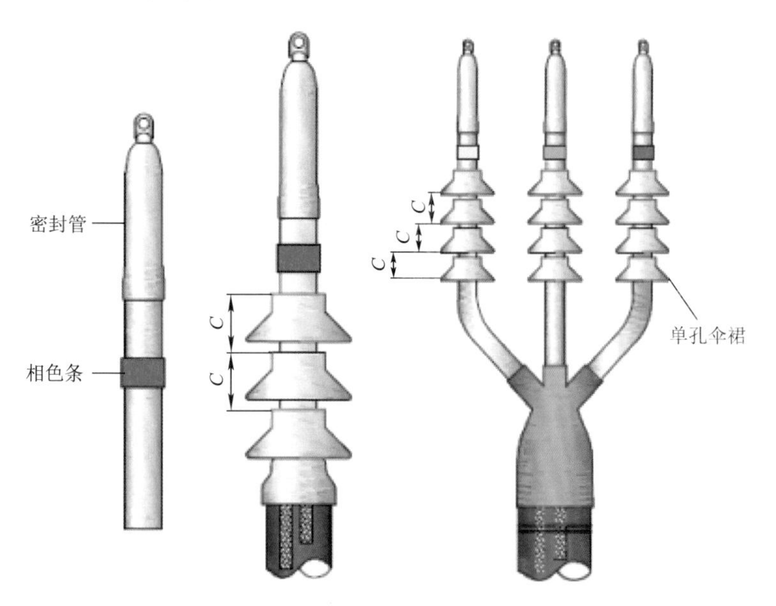

基本要求

根据电压等级及终端种类，按需求的数量套入伞裙。第一个单孔伞裙的收缩位置为绝缘屏蔽断口处，其他伞裙根据图示尺寸依次收缩固定。

表1 热缩式终端主要尺寸选型表

名 称	C/mm	伞裙数量
10kV单芯终端	≥60	户内无、户外3个
10kV多芯终端	≥60	户内无、户外3个
20kV单芯终端	≥60	户内2个、户外4个
20kV多芯终端	≥60	户内2个、户外4个
35kV单芯终端	≥60	户内4个、户外6个
35kV多芯终端	≥60	户内4个、户外6个

注：提供的尺寸与伞裙数量为参考值，当实际提供的安装工艺与上述内容有差异时，应按生产厂家提供的安装说明书操作。

第二节 接 头 安 装

注意 施工现场应清洁、无尘；电缆要严格按照施工规范执行。

2.1 安装应力管

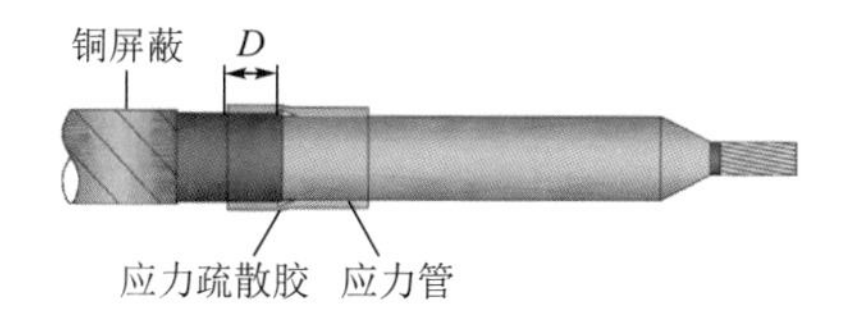

基本要求

① 由绝缘断口至铜屏蔽断口单向顺序清洁电缆，在绝缘屏蔽断口处缠绕应力疏散胶，搭接绝缘层10mm及绝缘屏蔽层5mm，使之平滑过渡。

② 在主绝缘表面涂一层薄薄的润滑脂。

③ 套入应力管，搭接绝缘屏蔽D，加热收缩固定。

常见缺陷点

① 用打磨过半导电屏蔽的砂纸打磨主绝缘。

② 清洁纸清洗时，方向是从半导电屏蔽到主绝缘。

③ 应力胶缠绕位置及用量不满足工艺要求。

2.2 导体连接管连接

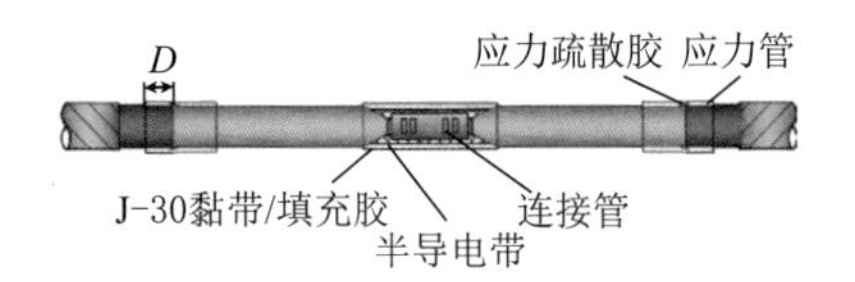

基本要求

① 将管材及各配件套入电缆。

② 将各相线芯套入连接管，按要求压接。

③ 去除压接后连接管上的尖角、毛刺、突起，并打磨清洁。

④ 用半导电带包绕连接管，将填充胶（或J-30黏带）缠绕在半导电带外。

常见缺陷点

① 压模不匹配。

② 未打磨毛刺。

2.3 安装绝缘管

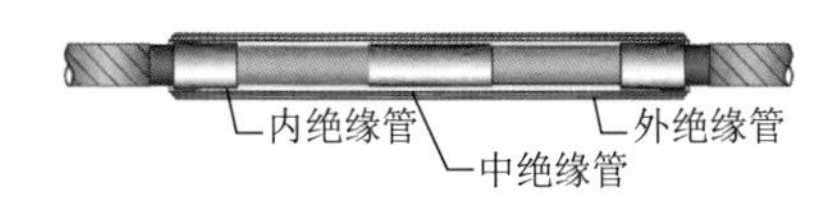

基本要求

① 用应力疏散胶使应力管与主绝缘之间实现平滑过渡。

② 将内绝缘管移至接头中间部位，从中间向两端加热收缩固定。

③ 用相同方法收缩其他绝缘管。

常见缺陷点

① 各层管材未有效密封。

② 各层管材未居中收缩。

2.4 安装外屏蔽管

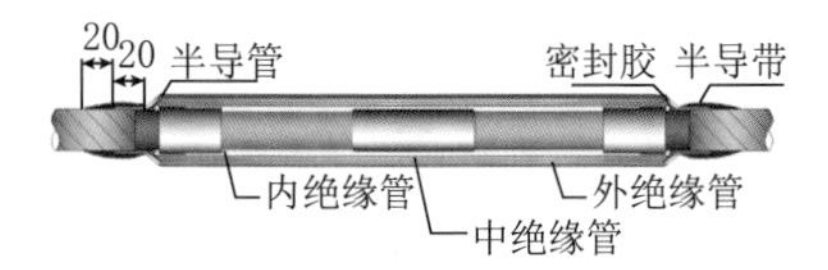

基本要求

① 在绝缘管两端缠绕密封胶。

② 将半导管拉至接头中央，两端对称，从中间向两端收缩。

③ 用半导带在半导管端头缠绕，使其搭接铜屏蔽和半导管各20mm。

常见缺陷点

① 各层管材未有效密封。

② 各层管材未居中收缩。

2.5　金属屏蔽层恢复

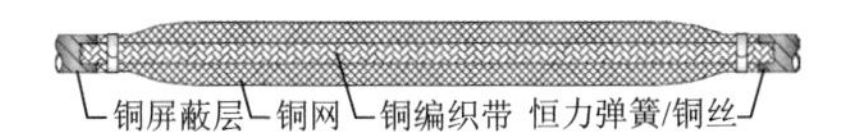

基本要求

① 打磨金属屏蔽层，露出金属光泽。

② 将地线与屏蔽网固定与金属屏蔽层上。

常见缺陷点

① 金属屏蔽未打磨。

② 尖角毛刺外露。

2.6　保护层恢复

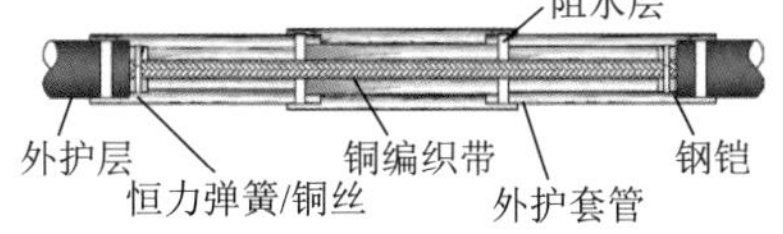

基本要求

① 打毛并清洁内护层，在内护层两端缠绕宽20mm、高1~2mm的密封胶作为阻水层。

② 将内护套管相互搭接收缩。

③ 用铜编织带连接两端钢铠并用铜线绑紧、焊牢。

④ 采用与内护套管相同的方法处理外护套。

表2　　热缩式中间主要尺寸选型表

名　称		D/mm	名　称		D/mm
10kV单芯中间		20	35kV单芯中间	300mm²以下	40
10kV三芯中间		20		300mm²以上	40
20kV单芯中间	300mm²以下	20	35kV三芯中间	300mm²以上	40
	300mm²以上	20		300mm²以上	40
20kV三芯中间	300mm²以下	20			
	300mm²以上	20			

注：提供的尺寸为参考值，当实际提供的安装工艺与上述内容有差异时，应按生产厂家提供的安装说明书操作。

第四章 其他型式附件安装

第一节 可分离连接器安装

注意

10kV屏蔽型可分离连接器前插件需严格按照所配图纸进行安装施工，特别应注意必须遵守以下关键工艺环节的要求，否则可能导致运行安全问题！

1.1 电缆开剥及接地处理

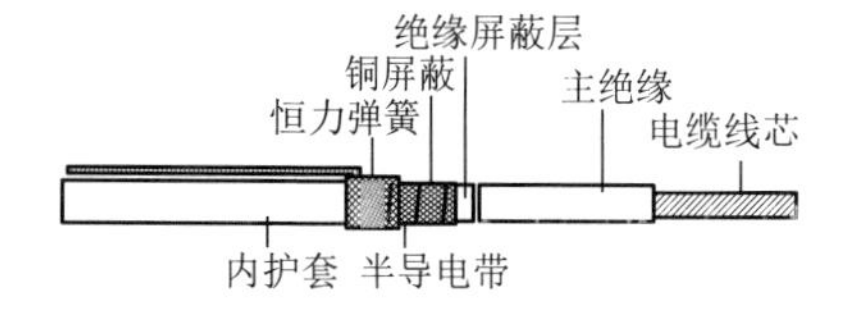

基本要求

剥切电缆和接地，尺寸准确。

常见缺陷点

绝缘屏蔽断口处绝缘损伤；绝缘端部未打磨倒角，导致刮伤应力锥。

差异化描述

厂家尺寸表。

1.2 限位标记、安装应力锥

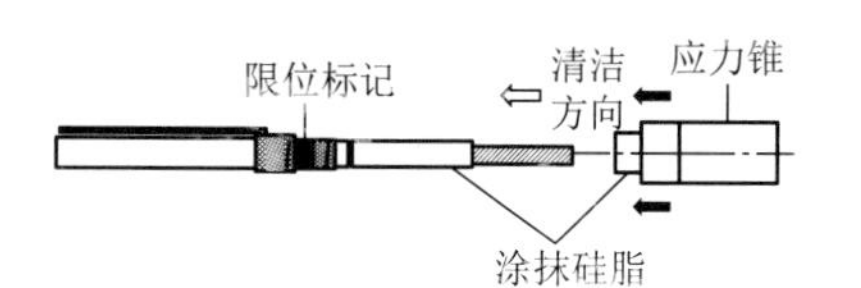

基本要求

① 铜屏蔽层绕包半导电台阶。

② 安装应力锥至限位标记。

常见缺陷点

半导电台阶直径不适；标记基准错误、绝缘清洁方向错误。

1.3　压接

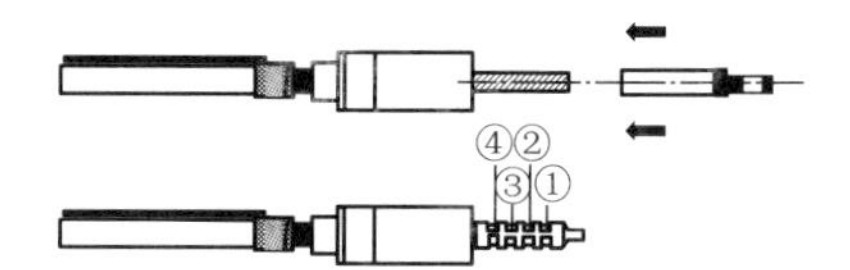

基本要求

注意：压接前必须先确认露出导体的长度，然后再将压接端子的孔面调整对齐，以便和开关连接。

常见缺陷点

模具不匹配、端子方向偏扭、倒序压接。

1.4　安装前插件主体

基本要求

注意检查应力锥位置是否移动。

常见缺陷点

应力锥位置下移。

1.5　连接开关套管

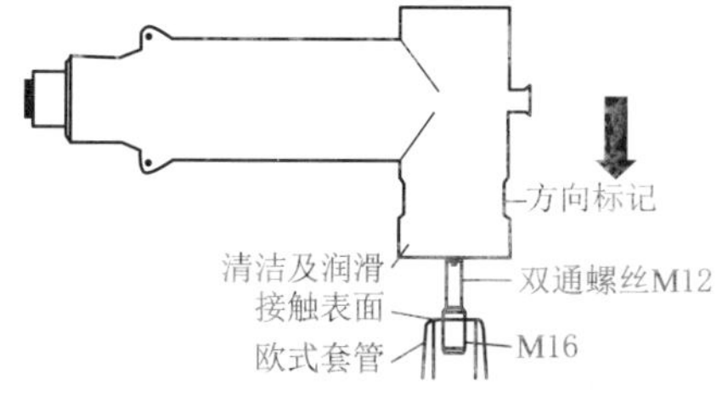

基本要求

① 将T形头套入应力锥至底部。

② 将双通螺丝的公制螺牙端头拧紧至开关套管。

常见缺陷点

不使用力矩扳手，力矩过大或过小。

1.6　安装绝缘堵头

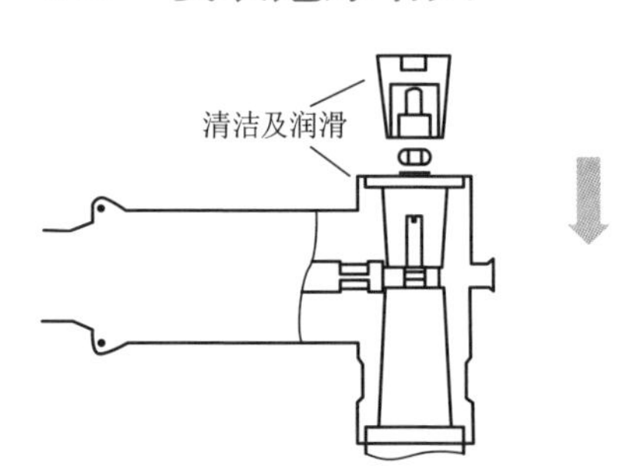

基本要求

将平垫、弹垫和螺母依次装在双头螺丝M12端，安装堵头；拧紧堵头时应使用力矩扳手。

常见缺陷点

不使用力矩扳手，力矩过大或过小。

差异化描述

具体力矩参照厂家说明书要求。

1.7　接地及防水

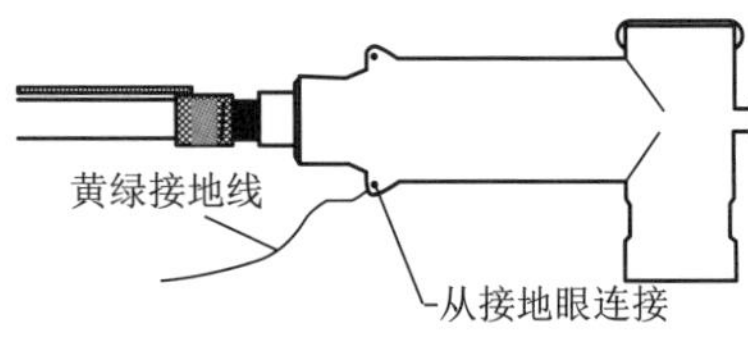

基本要求

① 取一条黄绿接地线穿过接地眼接地。

② 附件末端需做防水处理。

注意

10kV屏蔽型可分离连接器后插件需严格按照所配图纸进行安装施工，特别应注意必须遵守以下关键工艺环节的要求，否则可能导致运行安全问题！

1.8　剥切电缆及安装应力锥组件

基本要求

前期处理与屏蔽型可分离连接器前插件一致。

1.9　安装后插件主体

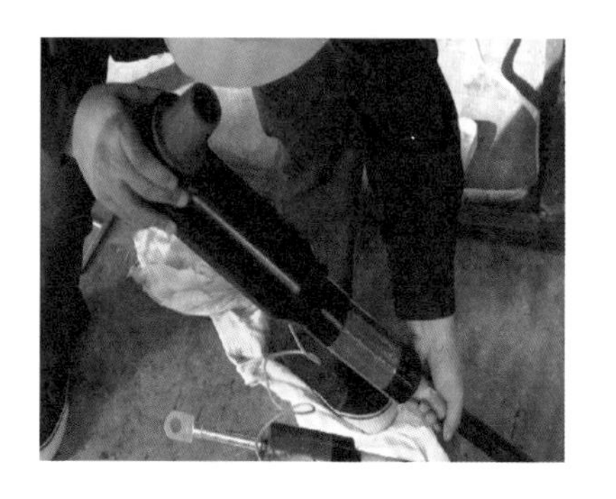

基本要求

注意检查应力锥位置是否移动。

常见缺陷点

应力锥位置下移。

1.10　安装后插件

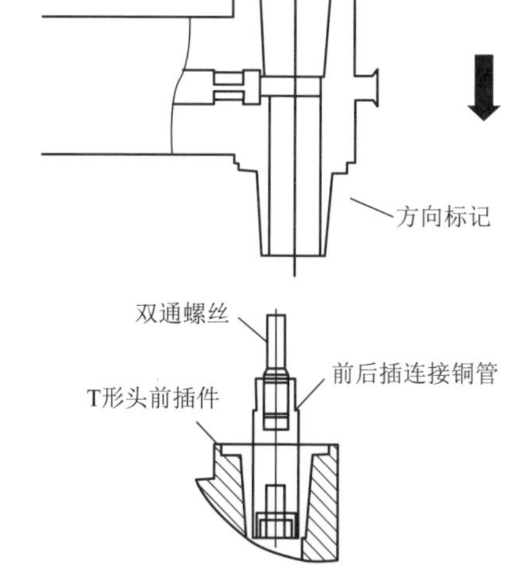

基本要求

注意：首先将前插件内的绝缘堵头拿掉，再将前后插连接铜管的圆端安装在前插件的尾部，紧固，安装后插件。

1.11 安装绝缘堵头

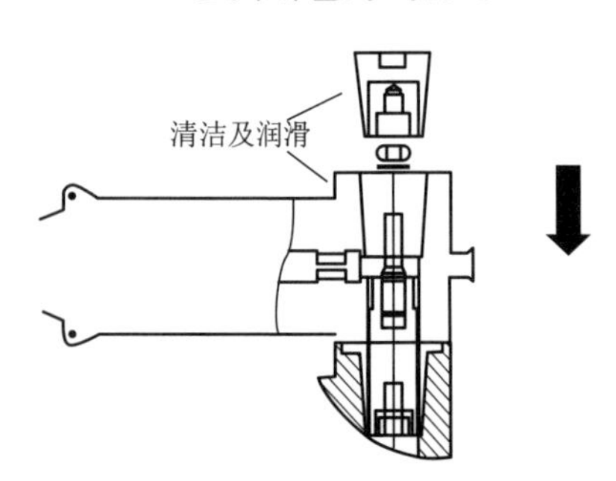

基本要求

将绝缘堵头插入T形后插件内，对准螺纹将其锁紧。

常见缺陷点

不使用力矩扳手，力矩过大或过小。

差异化描述

具体力矩参照厂家说明书要求。

1.12 接地及防水

基本要求

做接地与防水处理。

第二节 预制终端安装

注意 10kV预制式电缆户外终端需严格按照所配图纸进行安装施工，特别应注意必须遵守以下关键工艺环节的要求，否则可能导致运行安全问题！

2.1　接地处理

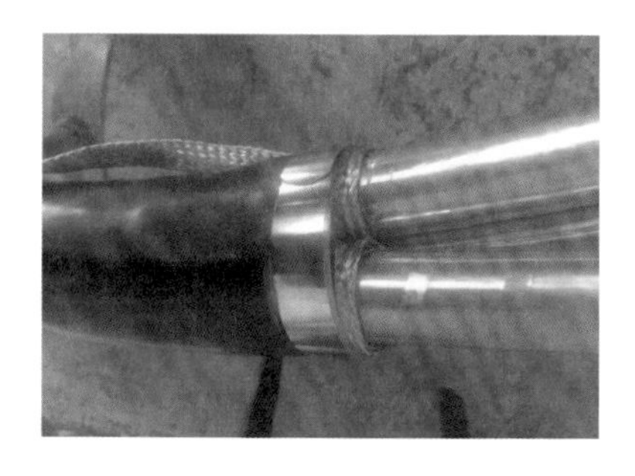

基本要求

剥除电缆外护套，做接地处理及防水处理。

常见缺陷点

恒力弹簧绕包方向未与铜屏蔽绕包方向一致，导致铜屏蔽松散。

2.2　防水处理及安装指套

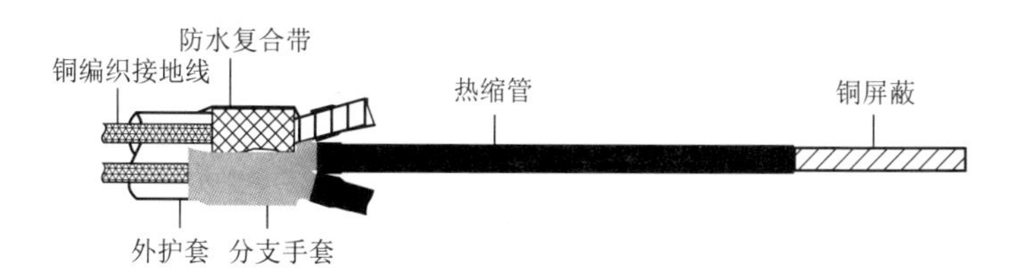

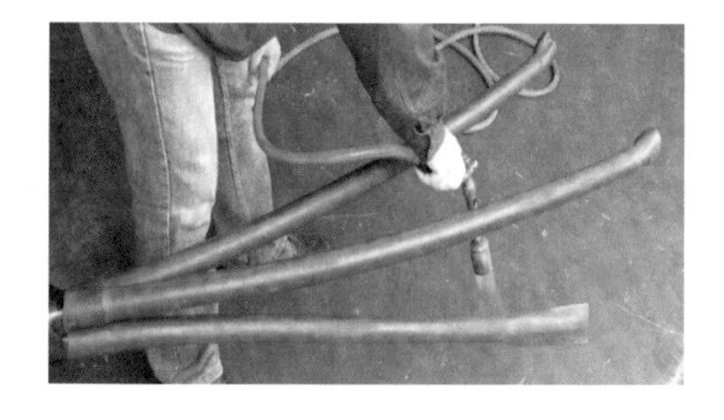

基本要求

套入热缩（冷缩）三指套、热缩（冷缩）管。

2.3　标准工艺图

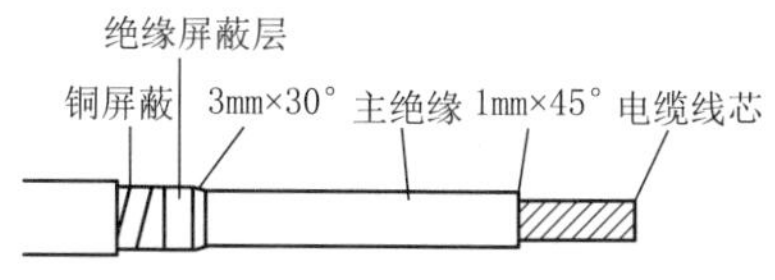

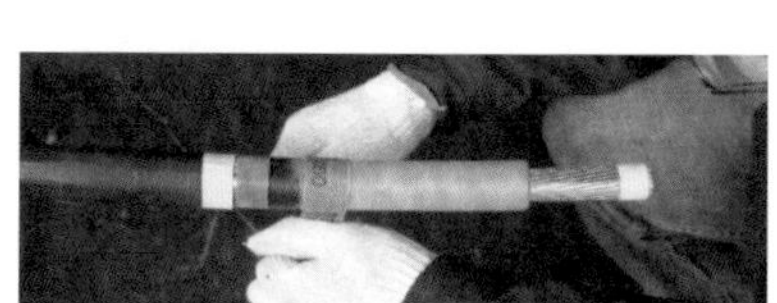

基本要求

按照厂家提供的尺寸剥切电缆。

常见缺陷点

打磨半导电的砂皮再打磨绝缘，造成爬电现象；

在绝缘边缘未切出倒角，易划伤产品内部。

差异化描述

厂家尺寸表。

2.4 绕包半导电台阶及限位

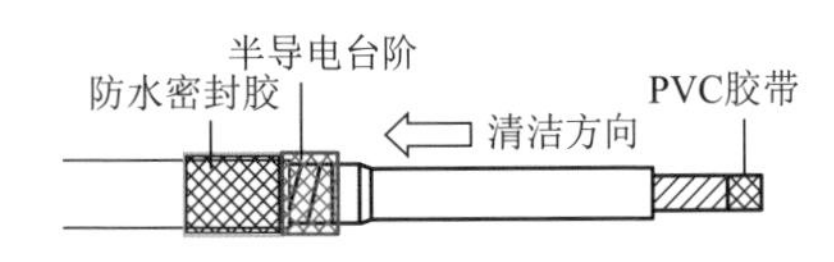

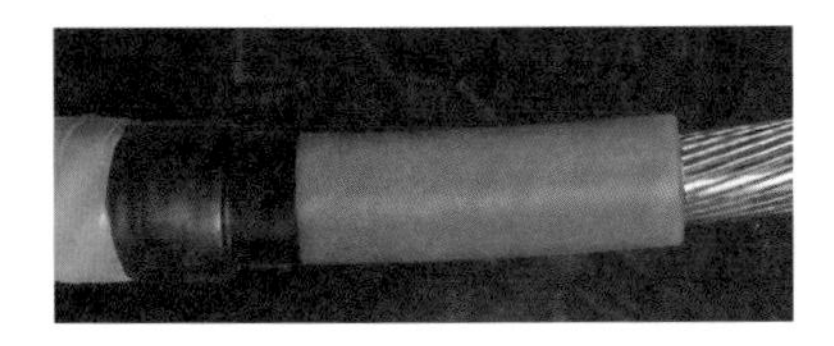

基本要求

① 在铜屏蔽处绕包一定厚度的半导电台阶。

② 在指示位置绕包一定长度防水密封胶。

常见缺陷点

反向清洁绝缘层和半导电层，易造成爬电。

差异化描述

各厂家采用的防水材料略有差异。

2.5 导体压接

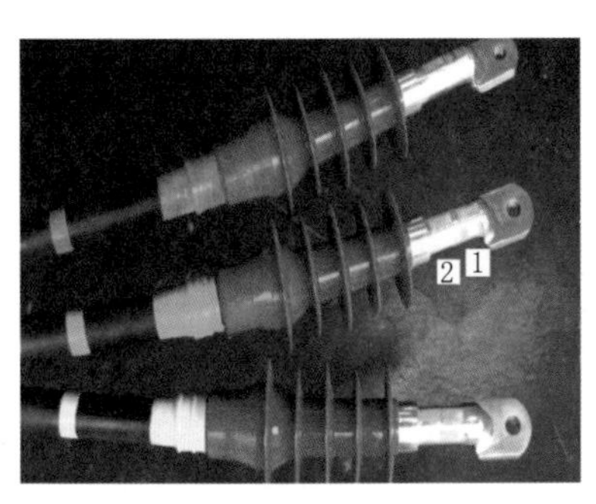

基本要求

① 推入终端头，直至终端头应力锥与半导电台阶接触好为止。

② 压接带有防雨罩的接线端子。

常见缺陷点

模具不匹配、倒序压接。

2.6 防水处理

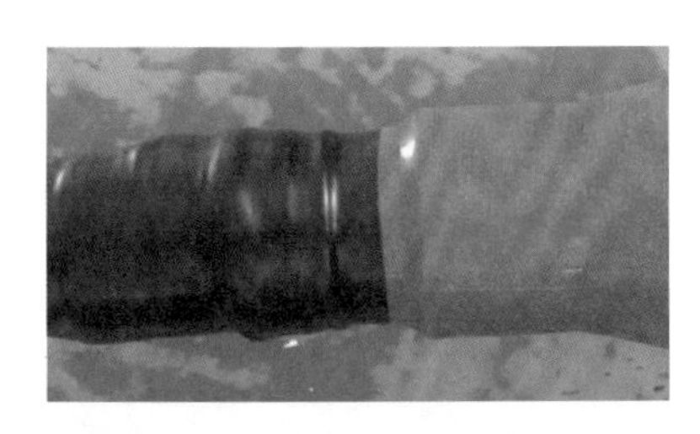

基本要求

做防水处理，产品尾部绕包防水复合带，完成三相终端安装。

第三节　绕包接头安装

绕包式电缆中间接头需严格按照所配图纸进行安装施工，安装环境应温度适宜、干燥、无粉尘烟雾。

注意　施工环境要求：温度高于5℃，湿度低于70%。

3.1　电缆剥切

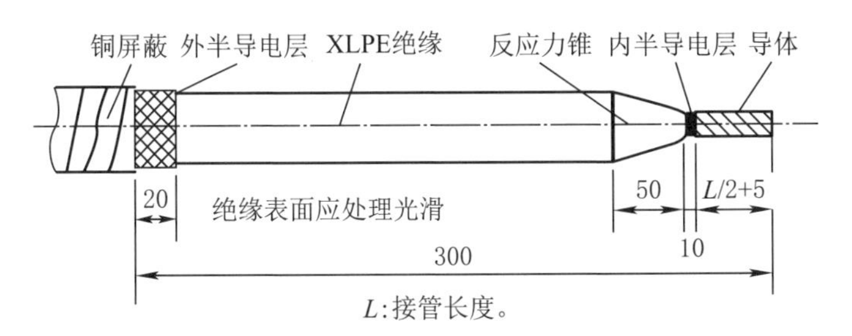

常见缺陷点

剥除绝缘屏蔽层、铜带时，下刀过深，损伤主绝缘或绝缘屏蔽层。

基本要求

按上图剥除铜屏蔽带，绝缘屏蔽层；切削绝缘及反应力锥（铅笔头），并用绝缘砂皮将绝缘表面打磨光滑。

3.2　压接接管

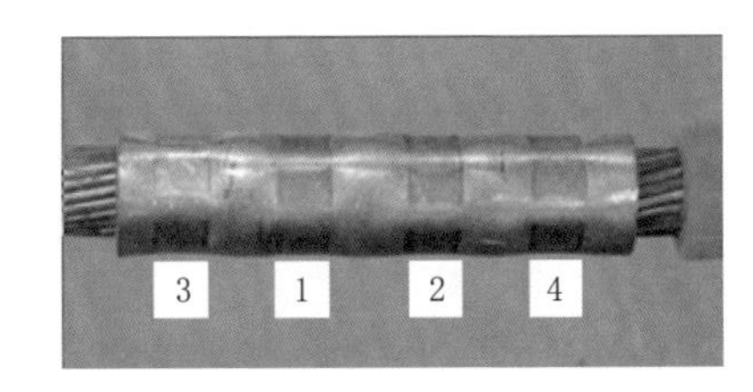

基本要求

金属接管压模整齐，每侧至少压3模（窄模）或2模（宽模），每模之间间隔为5~8mm，压接顺序按照国标规定，如左图所示。

3.3　内半导电层恢复及外半导电口处理

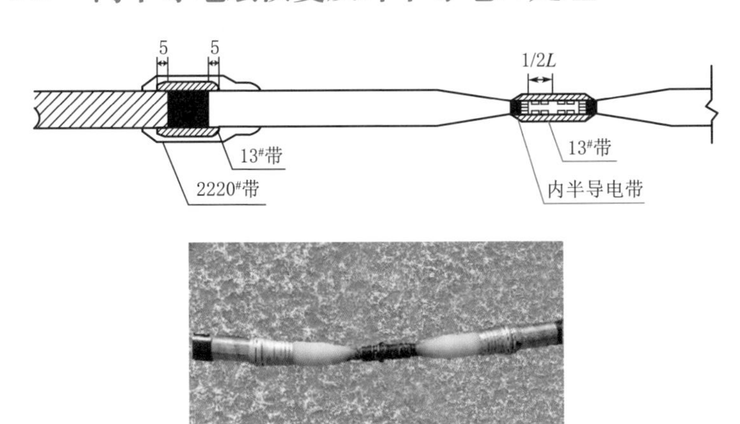

基本要求

① 将绝缘、半导电及接管表面清洁处理，接管外绕包半导电带，半重叠一个来回，两端各搭盖导体屏蔽层5mm。

② 铜屏蔽口绕包半导电带和应力控制带，半重叠一个来回。

3.4 主绝缘恢复

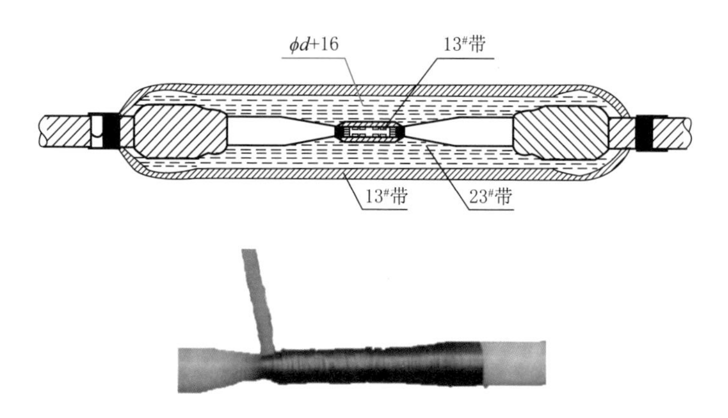

基本要求

① 用卡尺测量接管外径最大值ϕd，绕包绝缘带，绝缘外径包至ϕd+16mm（35kV为ϕd+32mm）。

② 绝缘带搭盖应力控制带外两侧铜屏蔽带各5mm，两端应力锥应平滑过渡。

3.5 外半导电层恢复

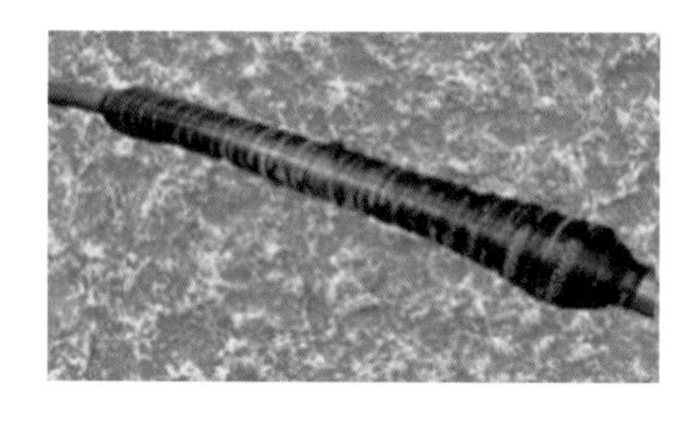

基本要求

半重叠绕包半导电带一个来回，半导电带搭盖绝缘带外两侧铜屏蔽5mm。

3.6 铜屏蔽层恢复

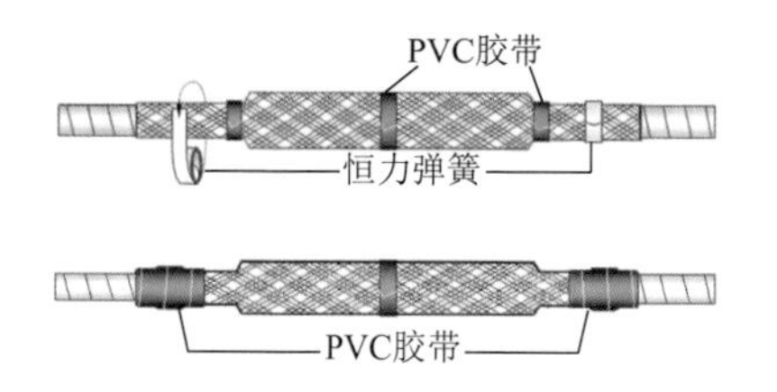

基本要求

将铜网套套在接头外部并与半导电层表面紧密贴合，两端用恒力弹簧固定。

3.7　防水及铠装层恢复

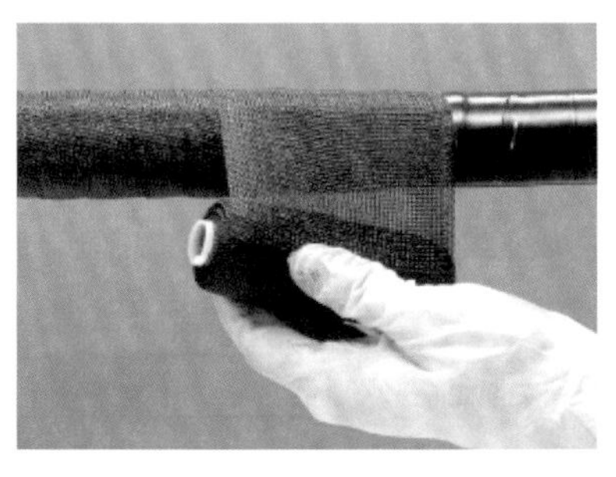

基本要求

① 电缆中间头外层防水胶带及铠装带完全绕包，无缝隙或分层。

② 接地过桥线采用恒力弹簧可靠连接，并进行绝缘。

③ 中间接头平直，无弯曲、不悬空。

第四节　内锥插拔式终端安装

注意　施工现场应清洁、无尘；相对湿度应不超过80%，环境温度应不低于0℃。电缆要严格按照施工规范敷设，在电缆接受完绝缘检测以后再进行终端的制作。

4.1　电缆剥切

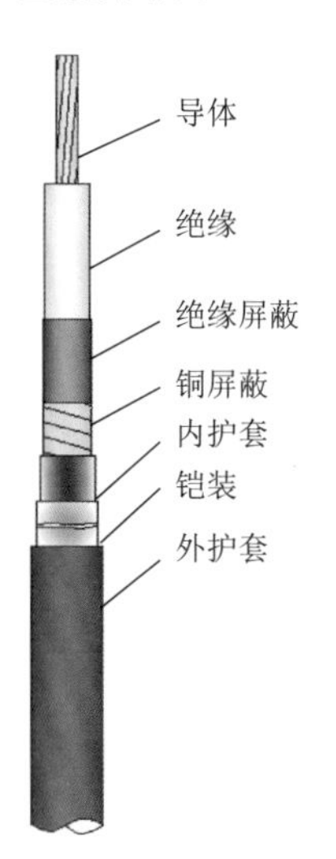

基本要求

严格按照工艺尺寸，剥切电缆外护套、铠装、内护套、铜屏蔽、绝缘屏蔽、绝缘、导体，做好相色的标识。

常见缺陷点

剥除铜带、绝缘屏蔽时，下刀过深，损伤绝缘屏蔽或电缆绝缘。

4.2 安装铜编织带接地线

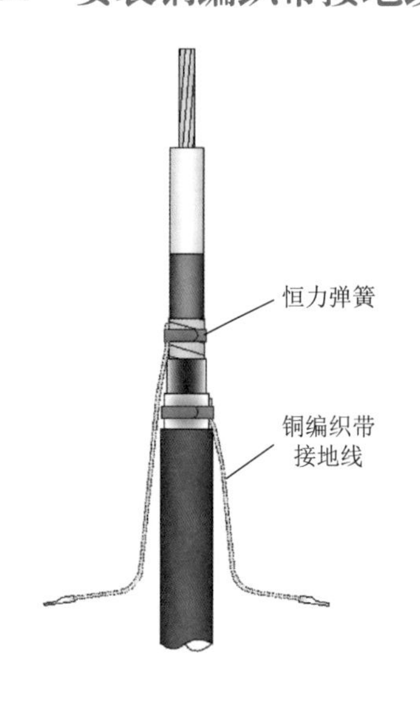

基本要求

用恒力弹簧将铜编织带接地线固定在电缆的铜屏蔽和铠装上，铜编织带接地线必须先接触铜屏蔽或铠装。采用铜扎丝扎紧后锡焊或恒力弹簧固定，两条铜编织带接地线错开90°以上。

常见缺陷点

电缆铠装与铜编织带接地线接触处，氧化层未磨掉。

4.3 接地线处绝缘和防潮处理

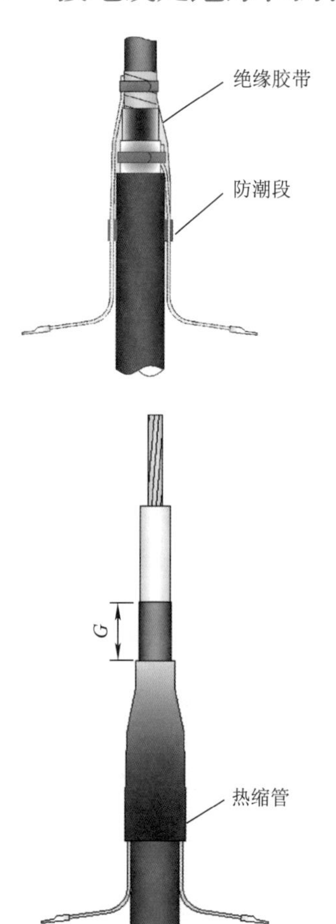

基本要求

① 在电缆铠装层上绕包绝缘胶带，分别与内护套、外护套搭接。

② 在外护套上，缠绕防水密封胶，并将两条接地线从防水密封胶中穿过，制作防潮段。

③ 按照工艺要求尺寸，收缩热缩管。

常见缺陷点

防水密封胶制作的防潮段没有位于热缩管的内部。

4.4　电缆绝缘及绝缘屏蔽口处理

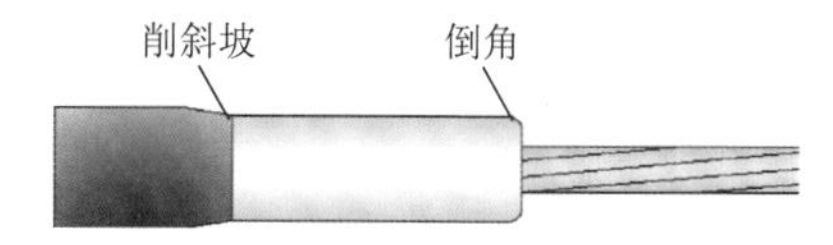

基本要求

绝缘屏蔽口削斜坡，并打磨光滑，确保半导电层与绝缘层之间的平滑过渡；电缆绝缘端部倒角；打磨电缆绝缘，使其光滑，表面不得有任何划痕和半导电颗粒。

常见缺陷点

用打磨过绝缘屏蔽的砂纸打磨电缆绝缘；清洁纸清洗时，方向是从电缆绝缘到绝缘屏蔽。

4.5　绕包半导电带台阶

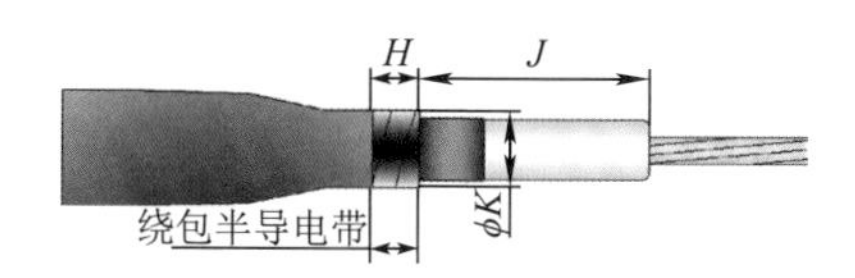

基本要求

绕包半导电带台阶。

常见缺陷点

定位台阶直径太大，导致应力锥与电缆绝缘的搭接处，出现间隙。

4.6　套入尾管

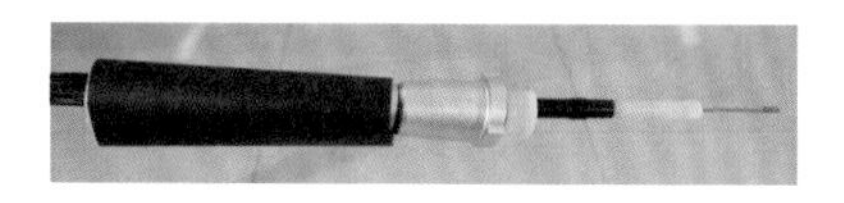

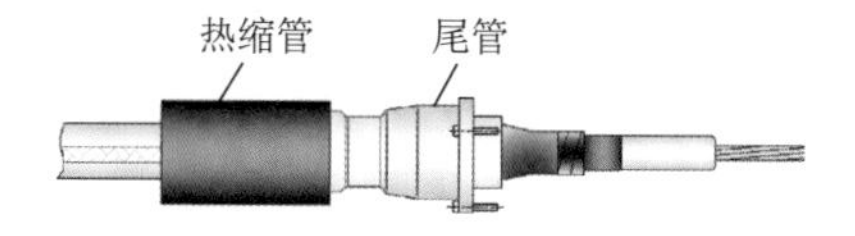

基本要求

按先后顺序，套入热缩管、尾管。

4.7 内锥终端本体安装

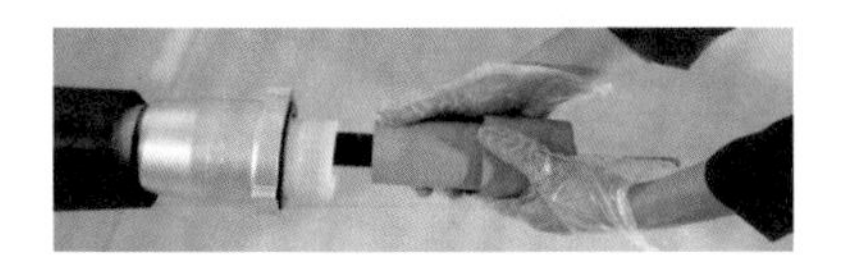

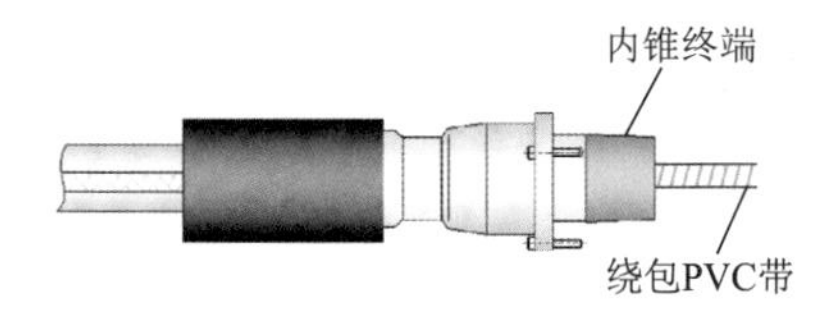

基本要求

① 清洗电缆表面，在内锥终端内孔和电缆表面涂抹润滑脂。

② 在电缆导体反向绕包PVC带，防止划伤橡胶本体或金属颗粒落在橡胶本体上，将内锥终端套入电缆。

常见缺陷点

清洁剂干燥前就涂抹润滑脂；套装应力锥时，电缆导电端部未绕包PVC带导致橡胶件套装时划伤或金属颗粒落入。

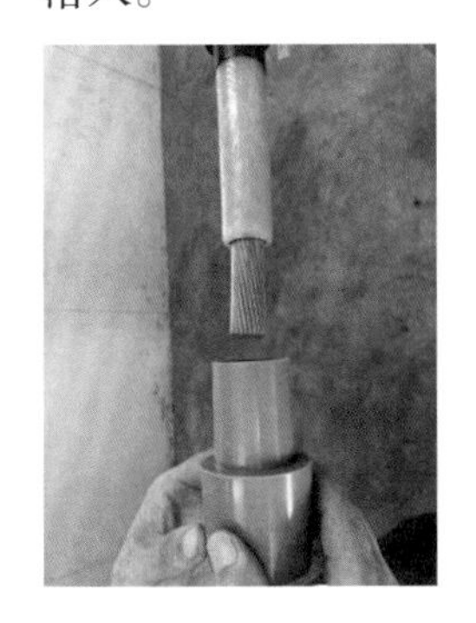

4.8 金具压接

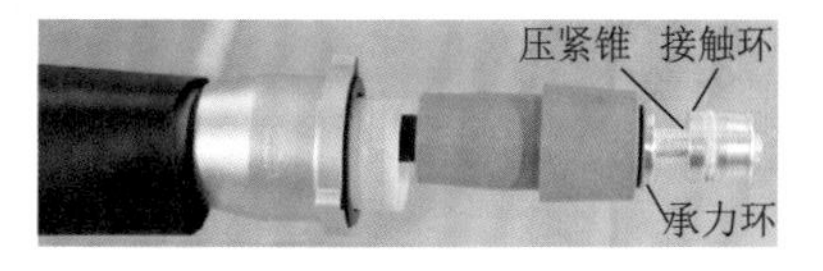

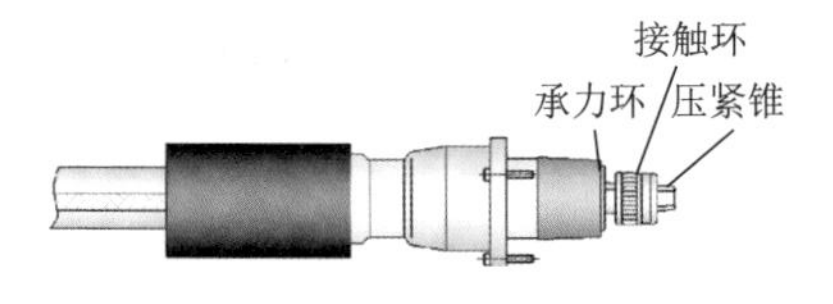

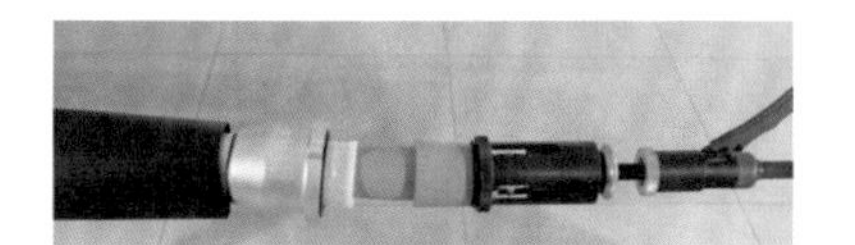

基本要求

① 按顺序分别将承力环（有台阶一侧向终端橡胶体）、压紧锥和接触环套在电缆线芯上，保证压紧锥与承力环贴紧。

② 用导体压接工具（专用工具）将接触环压紧在压紧锥上，压紧到位，不变形。

4.9　组装

基本要求

在应力锥和绝缘子的表面涂抹润滑脂，将应力锥装入内锥插座中。

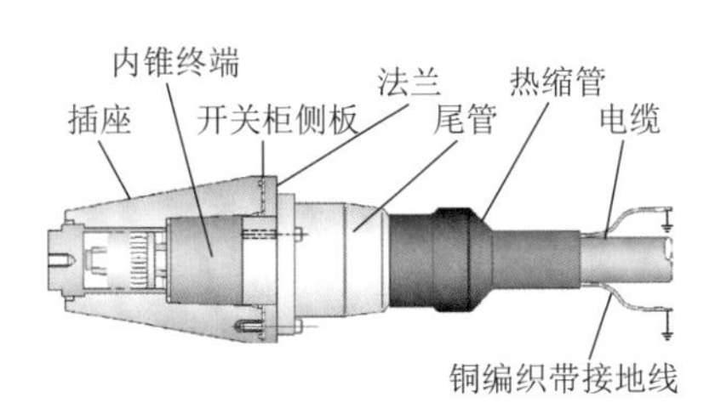

4.10　固定和接地

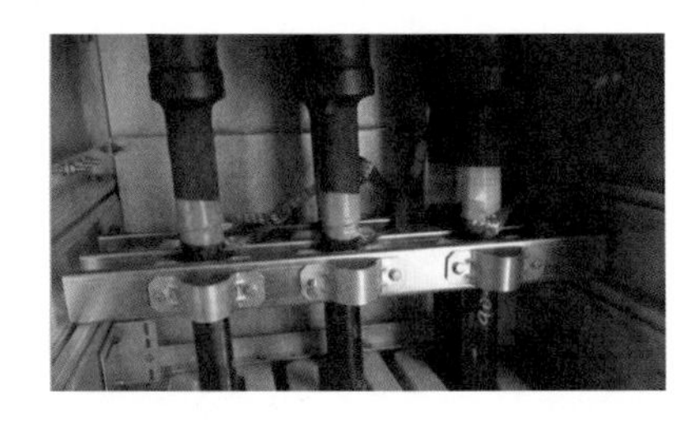

基本要求

对电缆进行固定，电缆夹固定位置在铝外壳下方300~800mm范围内，接地线接地。

高 压 部 分

第五章　电缆预处理

第一节　高压电缆外护套剥切及石墨层的处理

1.1　高压电缆外护套剥切

1.1.1　外护套剥除点定位

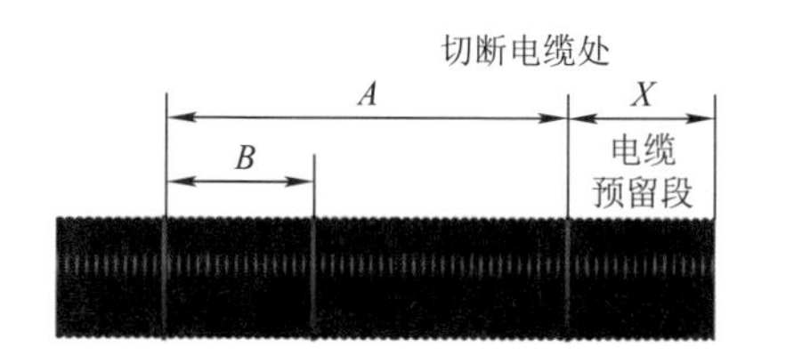

基本要求

① 电缆检查要求：

a. 电缆外护套完好，没有明显损伤或形变；

b. 电缆端部封帽完好，无进水或受潮情况；

c. 电缆外护层绝缘状态良好，满足直流耐压10kV、1min的要求。

② 电缆应保证笔直，切断电缆端部应保证齐整。

③ 用记号笔绕电缆一圈做标记线，应保证齐整。向前量取长度X作为电缆预留段；向下（后）量取长度A为电缆外护套的末端；标记外护套剥除长度B。

常见缺陷点

电缆金属套不圆整、外护套厚薄不均：

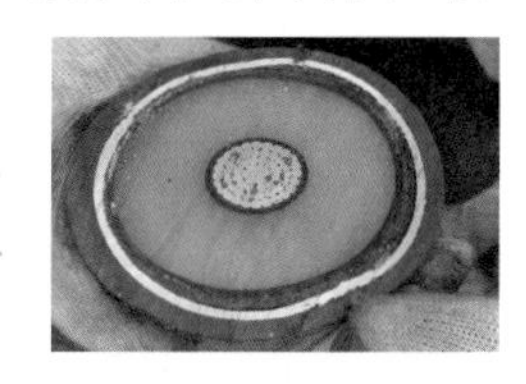

定位标记不规范：

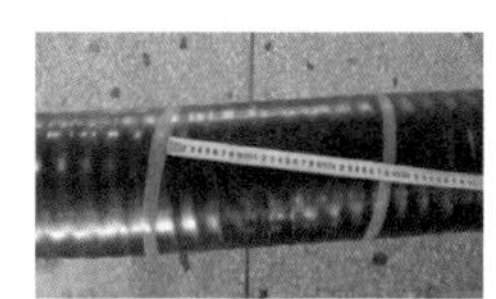

1.1.2 剥除外护套，清洁金属套（皱纹铝套）

基本要求

使用手锯切割外护套（宜控制在2/3的深度），再纵向划开；剥切时不应伤及金属套；喷枪烘烤沥青层应控制温度，避免烫伤电缆内部。

常见缺陷点

沥青层未清洁干净：

差异化描述

如电缆为铅护套、铜丝屏蔽结构的，应按照厂家安装工艺进行操作。

1.2 电缆外护套半导电层的处理

1.2.1 测量确定半导电层的剥削长度C，做好标记

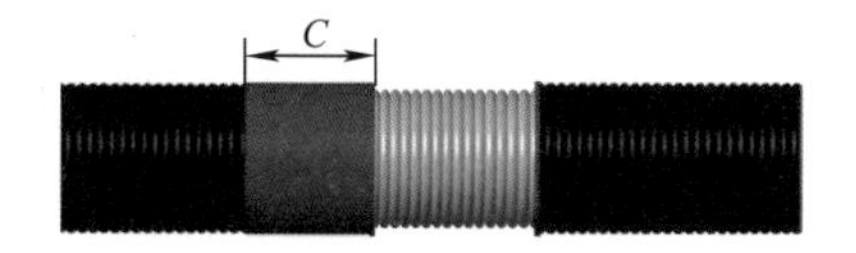

基本要求

对于表面喷涂石墨层的电缆，仅需将表面薄薄的石墨层使用玻璃进行刮除，确保整圈完全隔离开。

常见缺陷点

石墨层刮除不干净：

差异化描述

对于双层外护套结构的电缆，直接将外半导电层切除即可。

1.2.2 包绕保鲜膜做临时防护

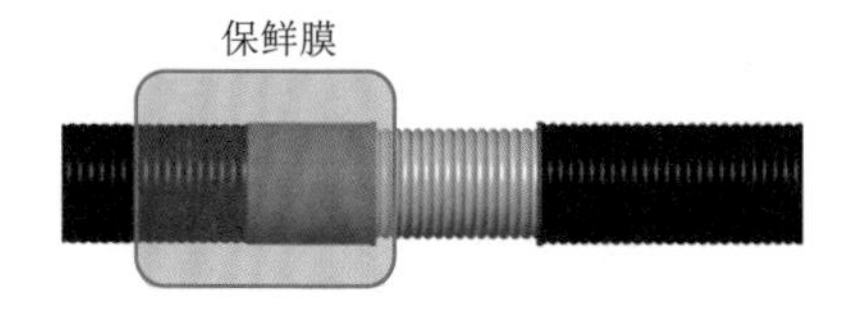

基本要求

使用万用表测量处理段，电阻值无穷大为合格；用保鲜膜临时防护。

第二节　高压电缆金属套处理

2.1　锯金属套（皱纹铝套）

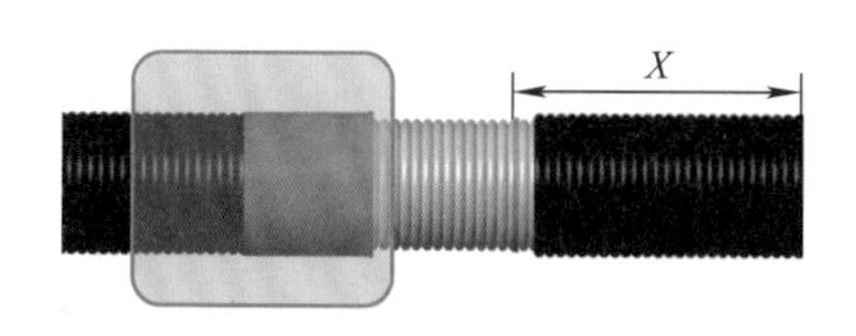

基本要求

锯金属套（皱纹铝套）应控制在2/3深度，严禁损伤内部结构；金属套端口应保持整圈齐整。

常见缺陷点

锯伤绝缘屏蔽层：

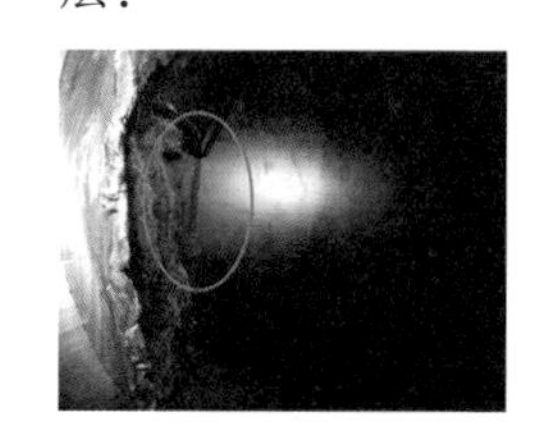

锯伤绝缘屏蔽层（交接试验击穿）：

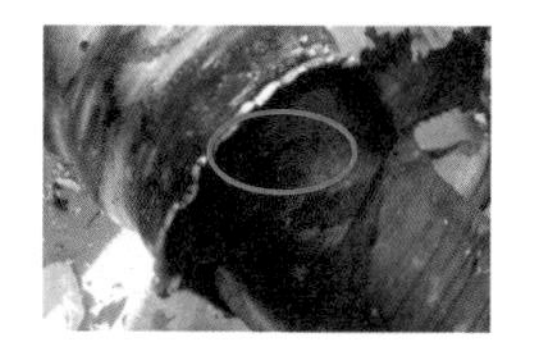

2.2　去除金属套层（皱纹铝套）

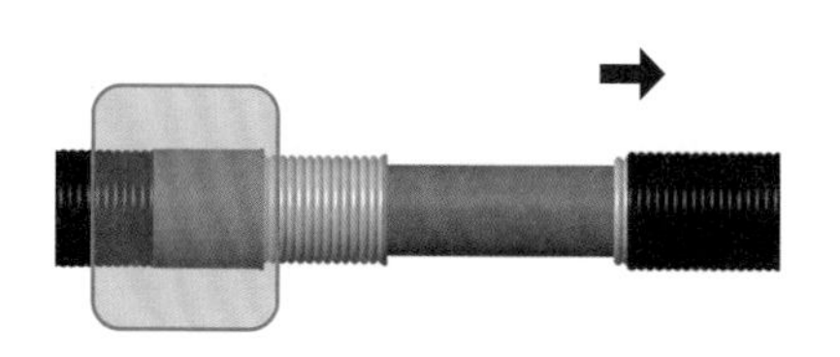

基本要求

上下移动扳断铝套，再将其匀速拔出。拔铝套时应保持电缆笔直，严禁强行拉拽拉伤电缆绝缘。

常见缺陷点

锯伤金属护套：

差异化描述

如电缆为铅护套、铜丝屏蔽结构的，应按照厂家安装工艺进行操作。

2.3 皱纹铝套断口的处理（胀喇叭口操作）

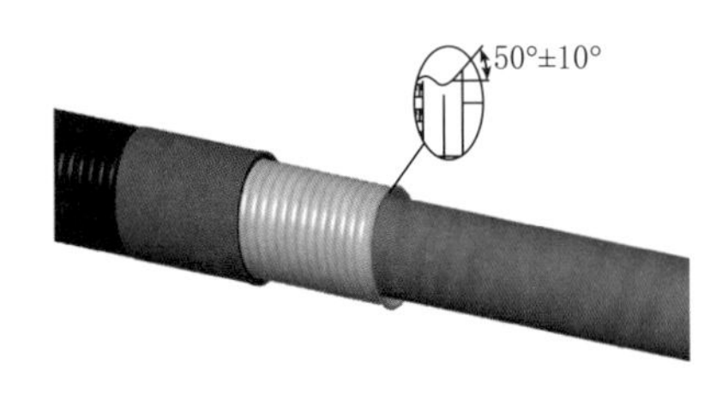

基本要求

用专用工具将皱纹铝套断口位置整圈处理成50° ±10° 的喇叭口；用锉刀处理断口的尖角和毛刺。

常见缺陷点

皱纹铝套断口处理粗糙、未用锉刀打磨处理：

差异化描述

如电缆为铅护套、铜丝屏蔽结构的，应按照厂家安装工艺进行操作。

第三节 加温校直处理

3.1 电缆加热校直

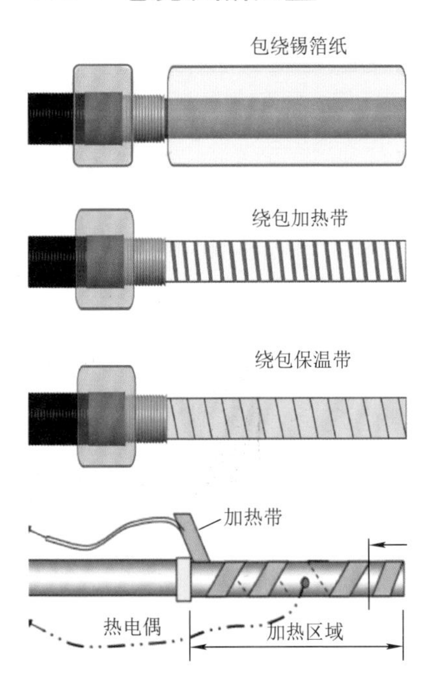

基本要求

① 采用螺旋缠绕的方式依次绕包锡箔纸、加热带、保温带。

② 热电偶应置于加热带之间，用PVC胶带固定好。

③ 应根据电缆的电压等级、电缆截面正确设定加温校直的温度与时间；加热温度设置75~80℃为宜，加温机正常启动后开始计算。

④ 加温阶段需要安排专人对温升时间进行记录和计算。

常见缺陷点

加热带缠绕过于密集、不规范：

加热温度超出设定值：

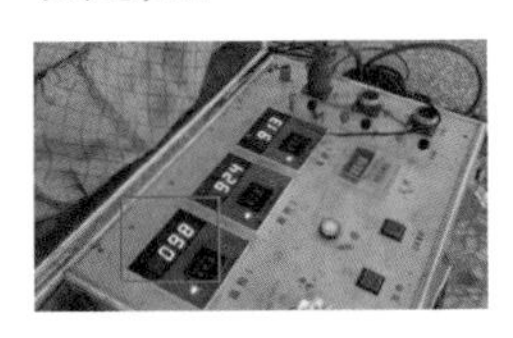

差异化描述

如有电缆半导电缓冲层金属丝布，应将金属丝编织布去除。

3.2　校直固定、冷却处理

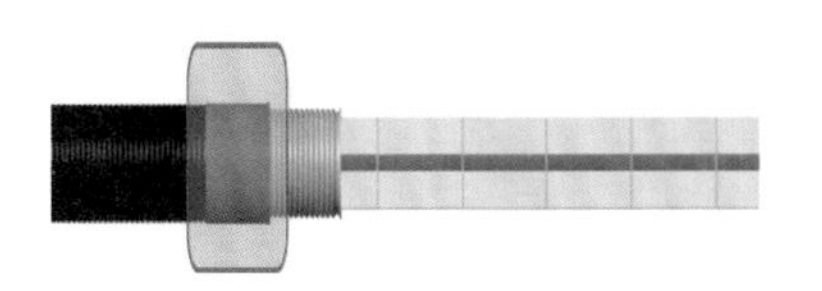

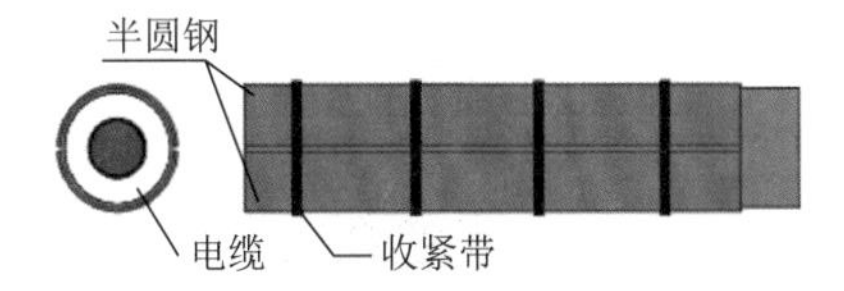

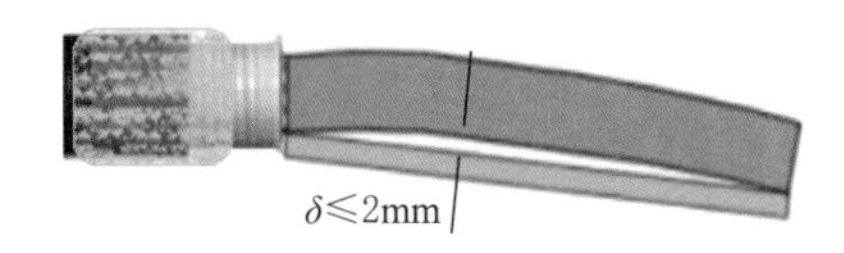

基本要求

① 电缆加热调直固定后应保证有不小于8h的自然冷却时间；不得使用空调冷气或喷淋冷水等强制冷却方式。

② 加热校直后效果检查：每600mm长度，弯曲偏移产生的间隙不大于2mm。

常见缺陷点

加热温度过高或加热带缠绕过紧，烫伤绝缘屏蔽层：

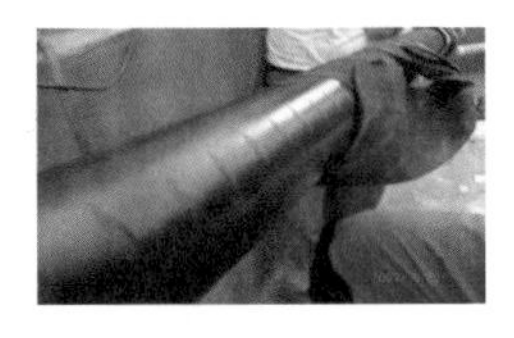

电缆弯曲（未达到校直效果）：

3.3　防潮密封处理

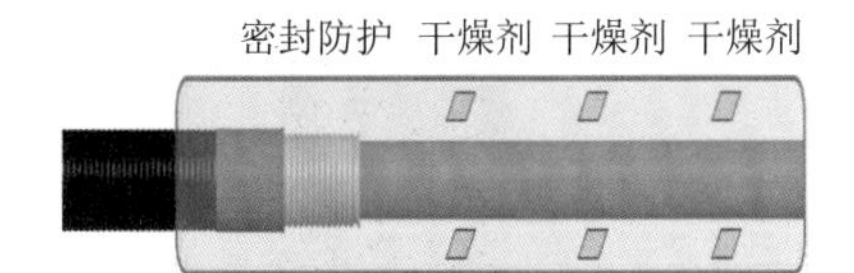

基本要求

在导体附近放置防潮干燥剂，套上多层密封套加强密封，并用PVC胶带将套口处密封好。

常见缺陷点

未做防潮密封处理：

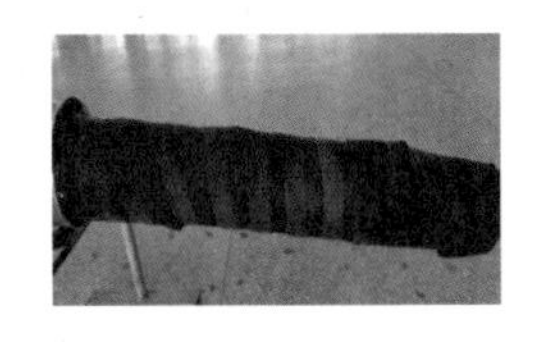

第四节　绝缘屏蔽处理

4.1　去半导电缓冲带，锯掉预留段X电缆

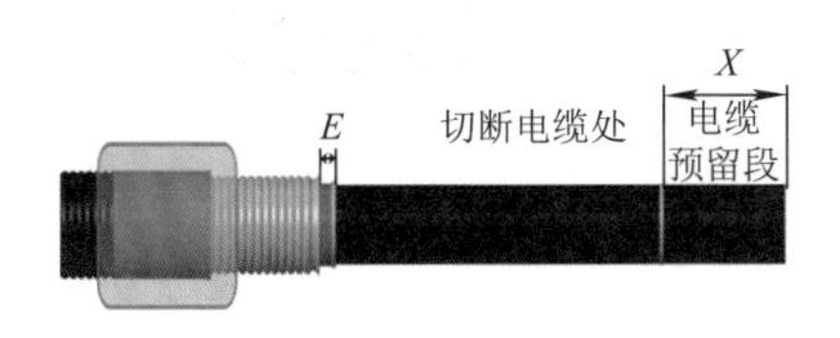

基本要求

① 在金属套末端长度E扎一圈PVC胶粘带，用剪刀剪掉以上的半导电缓冲带。

② 复核切断电缆处的长度；用电锯切掉预留段X电缆。

常见缺陷点

裁纸刀直接往下切割损伤绝缘屏蔽层：

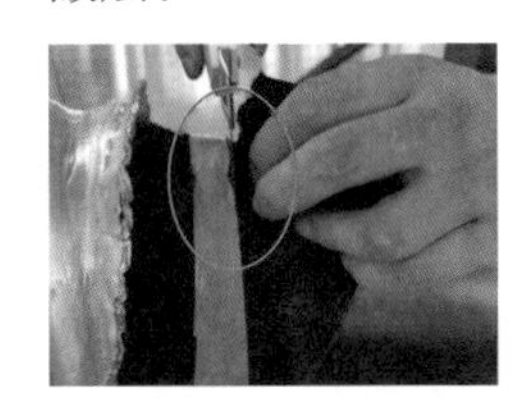

4.2 剥削绝缘屏蔽层

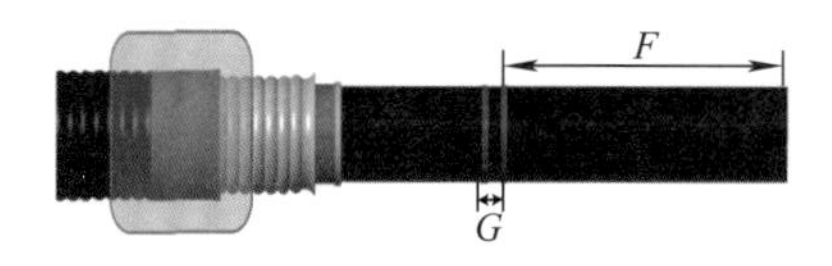

基本要求

① 自电缆末端向下量取F作为绝缘屏蔽层的末端，在标记线起量取G作为电缆绝缘屏蔽斜坡的末端，用记号笔绕电缆一圈做标记线。

② 采用玻璃薄片手工刮削处理，一般先重后轻，逐渐将断口推移至规定尺寸；注意剥削操作手法的控制。

常见缺陷点

半导电残留，未剥削干净：

4.3 绝缘屏蔽层断口的处理

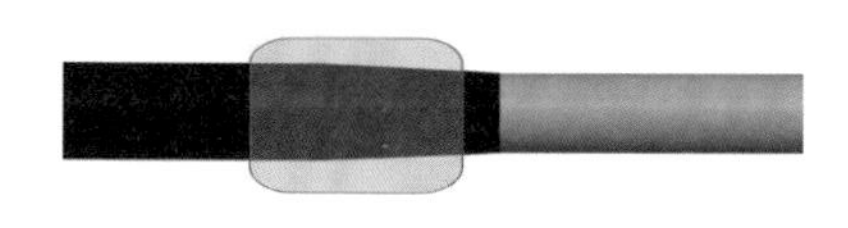

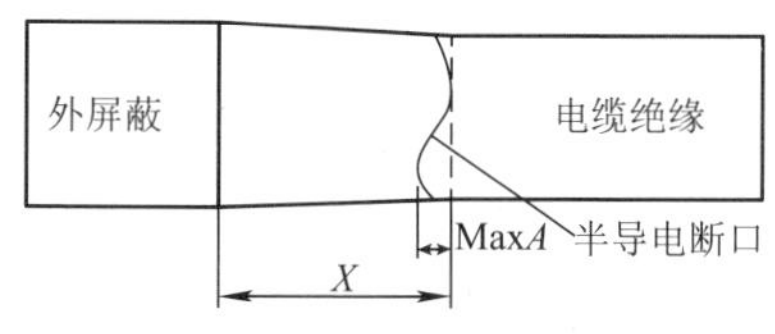

台阶

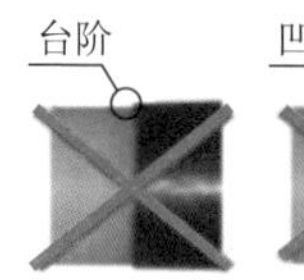

凹坑

平滑过渡

基本要求

① 绝缘屏蔽斜坡段不得有过深的玻璃痕迹；要优先保证平滑过渡。

② 断口尺寸圆整，齐整度要满足安装工艺中的要求，不得有半导电尖刺、尖锐缺口或台阶。

③ 主绝缘段不得有局部凹坑或绝缘扁平。

常见缺陷点

绝缘屏蔽断口尖角：

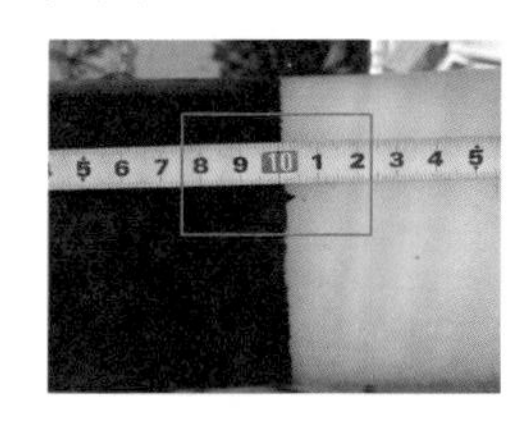

绝缘屏蔽斜坡段粗糙：

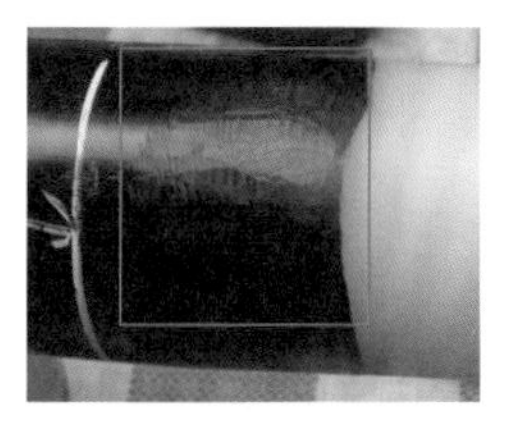

绝缘屏蔽断口不齐整（超出安装工艺允许值）：

第五节　主 绝 缘 处 理

5.1　剥电缆导体、削铅笔头

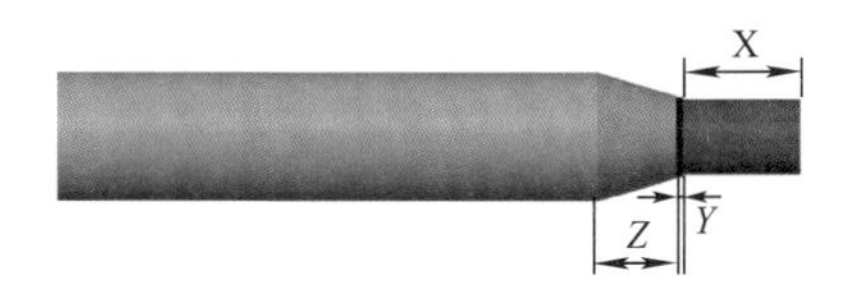

基本要求

剥出导体X，并将此段导体内部的隔离纸去掉（若有），将电缆绝缘端头削成铅笔头Z，并露出导体屏蔽Y，用砂带打磨导体表面去氧化层。

常见缺陷点

剥进刀过深磕碰线芯，未保留导体屏蔽层Y：

5.2　电缆主绝缘层的打磨处理

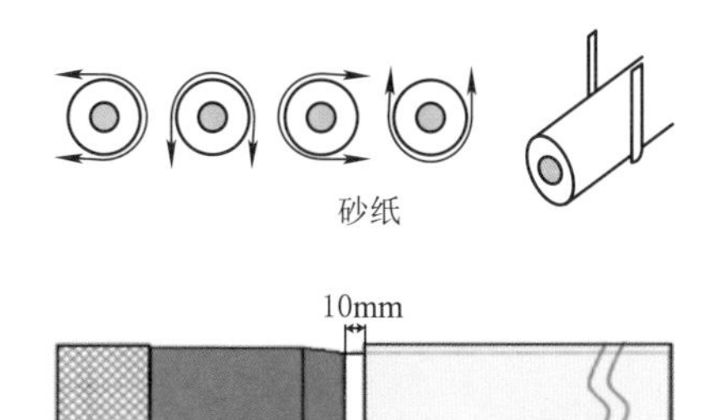

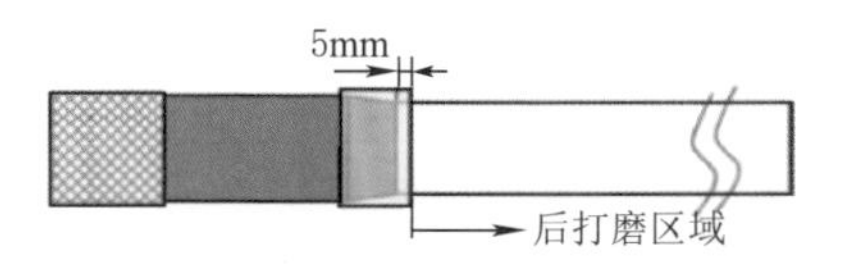

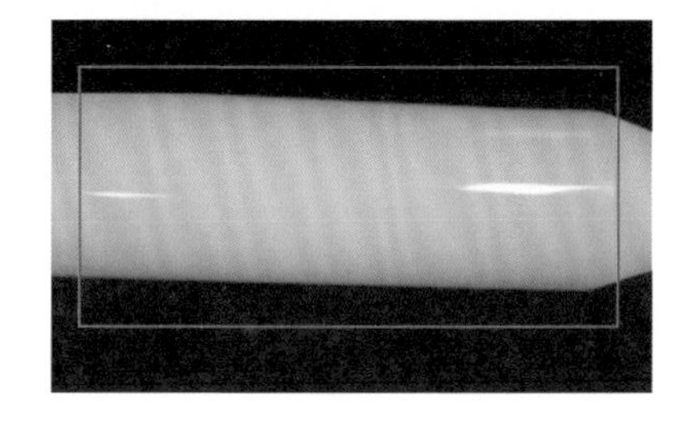

基本要求

① 打磨应不断沿轴向和圆周方向移动，严禁长时间打磨同一位置，避免出现局部扁平现象。

② 依次使用（逐级由低往高标号）砂条均匀打磨和抛光处理。

③ 不得使用打磨过导体或半导电层的砂带打磨主绝缘层，不得将金属颗粒或半导电颗粒带入主绝缘层。

常见缺陷点

电缆主绝缘表面不平整：

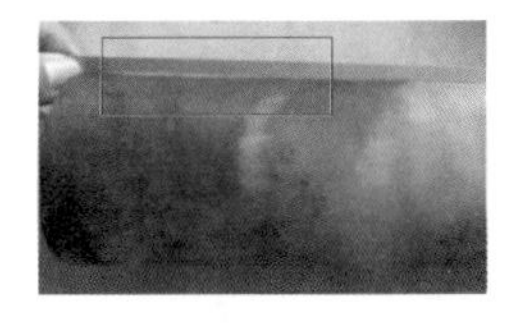

电缆主绝缘表面存在刮痕：

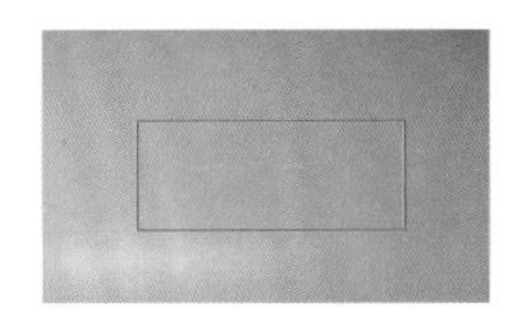

5.3 电缆主绝缘尺寸测量

测量1 测量2 测量3 绝缘屏蔽

重点部位

基本要求

① 采取正十字交叉多测量绝缘外径，取点间隔100mm。

② 同一测量位置的绝缘外径的差值不得超过0.5mm，所有测量点最大和最小外径差值不得超过0.5mm。

③ 测量完成后对游标卡尺的检查痕迹进行高标号砂带抛光处理。

5.4 清洁

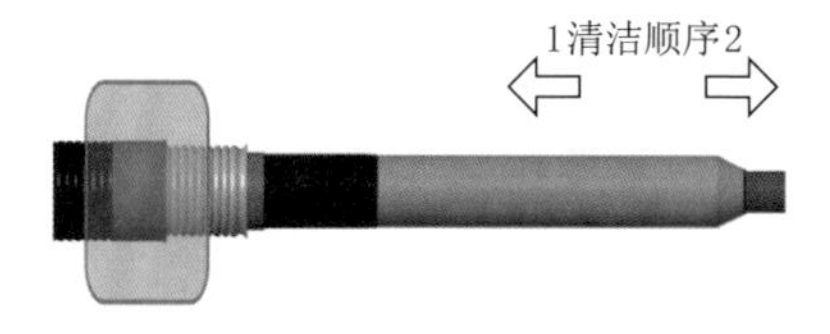

基本要求

① 将清洁巾沿圆周方向包裹在电缆绝缘表面，从电缆线芯向绝缘屏蔽层方向擦拭；清洁过程不得往复擦拭，每清洁一遍更换一张清洁巾，至少清洁3次以上，保证无杂质或颗粒残留，再用热风枪烘干。

② 如发现绝缘屏蔽层脱碳黑现象严重，应增加清洁次数，并做好预控处理。

常见缺陷点

清洁顺序错误：

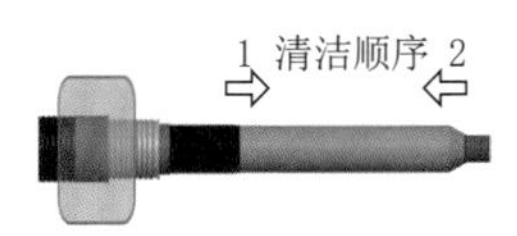

5.5 密封防护

密封防护 干燥剂 干燥剂 干燥剂

基本要求

包绕保鲜膜做临时保护处理（如较长时间未进行附件组装，需在附近放置防潮干燥剂、并用多层密封套加强密封处理（套口处用PVC胶带密封严实）。

第六章　高压电缆终端部件安装

第一节　充油式终端部件安装

一、日　式　结　构*

注意

110kV充油式电缆终端施工前应搭建安装平台和防雨防尘棚；需严格按照安装工艺进行施工，特别应注意必须遵守以下关键工艺环节的要求，否则可能导致运行安全问题！

施工现场应保持清洁；环境要求：温度高于0℃，湿度低于70%。

1.1　导体连接

1.1.1　剥电缆导体、削铅笔头

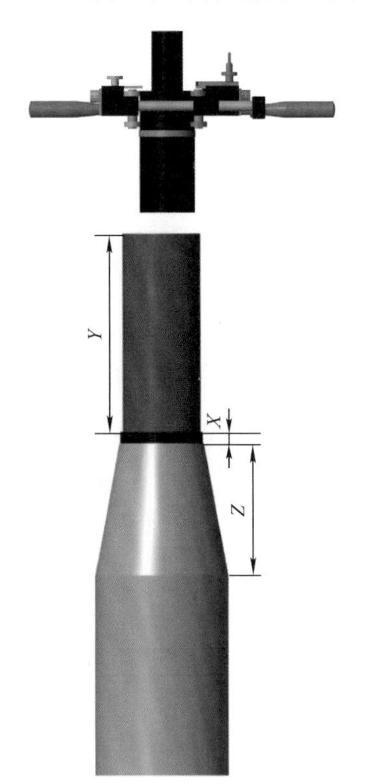

基本要求

剥出导体X，并将此段导体内部的隔离纸去掉（若有），将电缆绝缘端头削成铅笔头Z，并露出导体屏蔽Y，用砂带打磨导体表面去氧化层。

常见缺陷点

绝缘剥削刀进刀过深，磕碰到线芯：

* 日式高压交联电缆终端结构特点是：①在应力锥下方增加一套机械弹簧装置以保持应力锥与电缆之间界面的应力恒定；②在应力锥上部增加应力锥罩，使应力锥与绝缘填充剂保持隔离。

1.1.2 接线柱压接

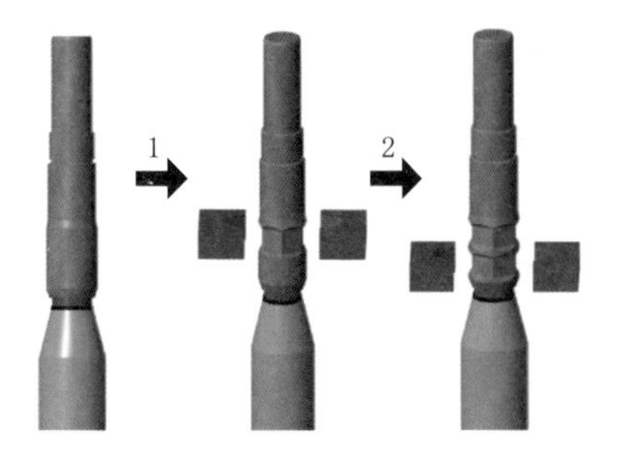

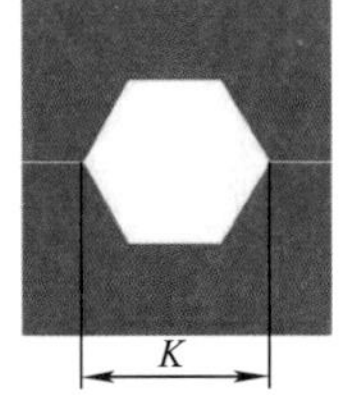

六角压膜对角线尺寸

基本要求

① 将接线柱套入导体，调直电缆；选择合适压模压接（合模后保持10s）。

② 围压的成形边或坑压的中心线应各自同在一平面或直线上，压接顺序为从上往下压接。

③ 接线柱弯曲应进行校直，确保弯曲面的内侧与外侧误差小于1mm。

④ 电缆导体外径尺寸应小于接线柱相应截面内孔尺寸，其差值不超过3mm。

注意：如线芯中间有明显空隙，应采取增补线芯的适当措施，再进行压接。

常见缺陷点

压接不规范：

1.1.3 打磨压接处的尖角毛刺

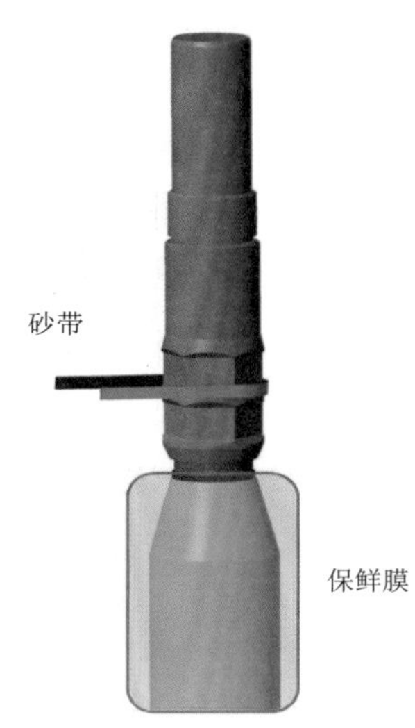

基本要求

铅笔头处和电缆表面包绕保鲜膜，打磨压接处的飞边、毛刺，并用清洁巾清洁干净。

常见缺陷点

电缆绝缘表面未作防护，吸附打磨时的金属粉尘：

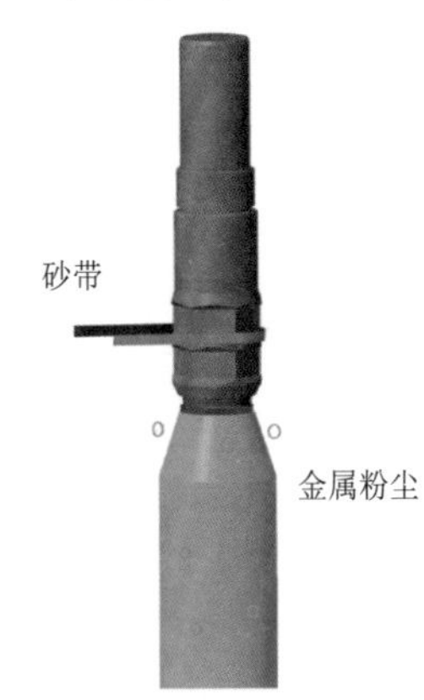

1.1.4　接线柱与绝缘间隙的处理

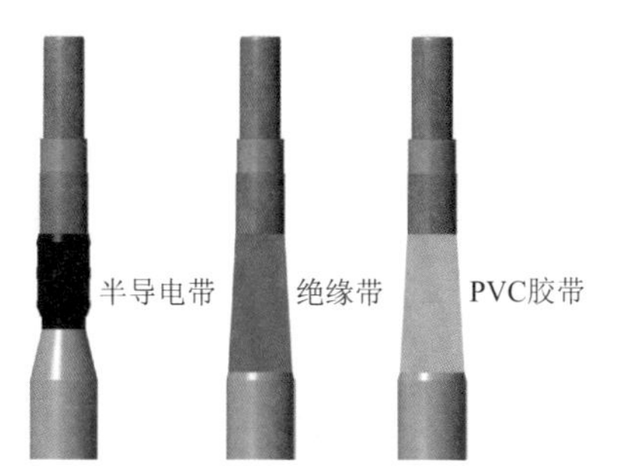

基本要求

包绕半导电带、绝缘带、透明PVC胶带。

常见缺陷点

包绕的带材局部破损：

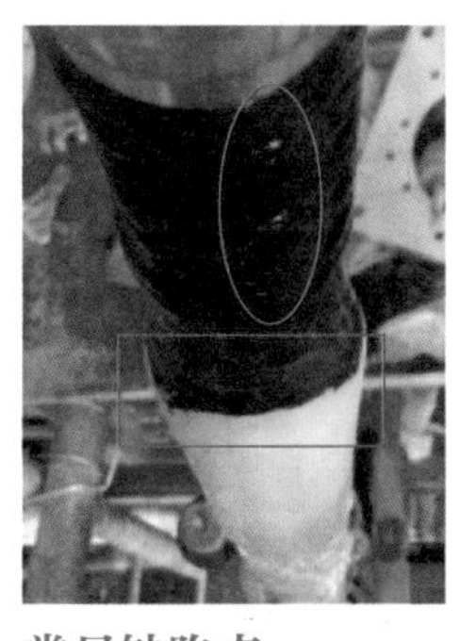

1.1.5　末端屏蔽的处理

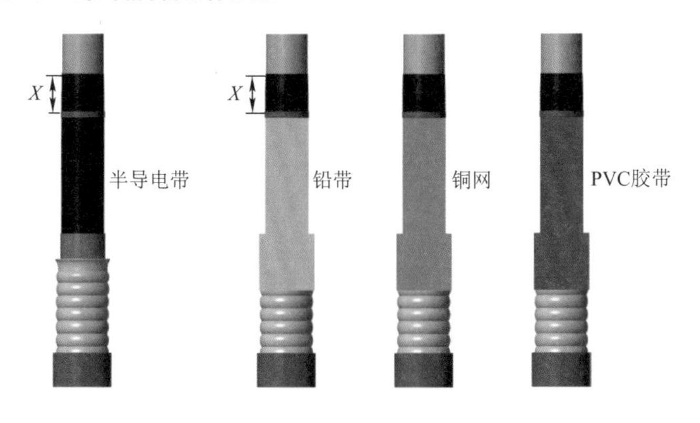

基本要求

按照工艺要求依次包绕DB-50半导电带、铅带、铜网、透明PVC胶带。

常见缺陷点

带材包绕尺寸错误：

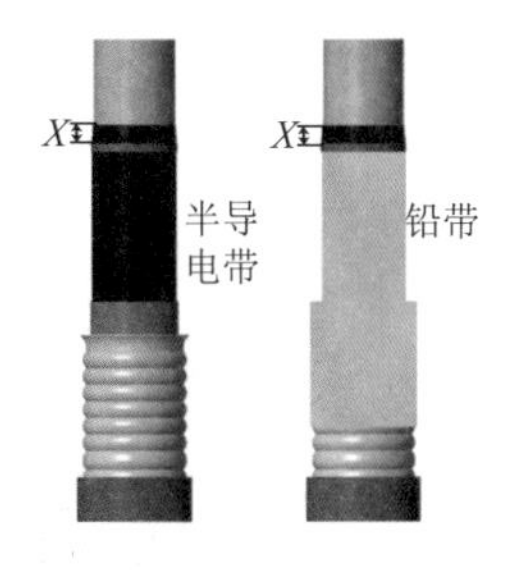

1.1.6　电缆预处理完成

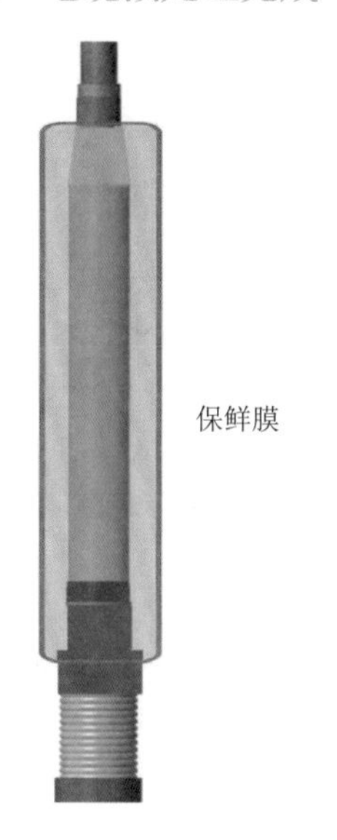

基本要求

完成电缆预处理，包绕保鲜膜临时防护。

常见缺陷点

电缆未作防护，吸附粉尘：

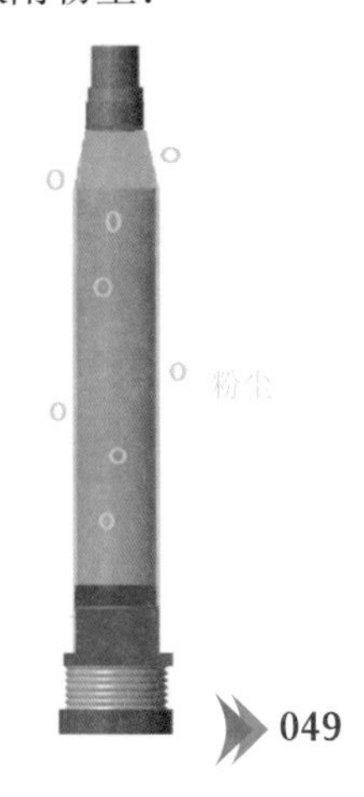

1.2　应力锥安装

1.2.1　套装零部件

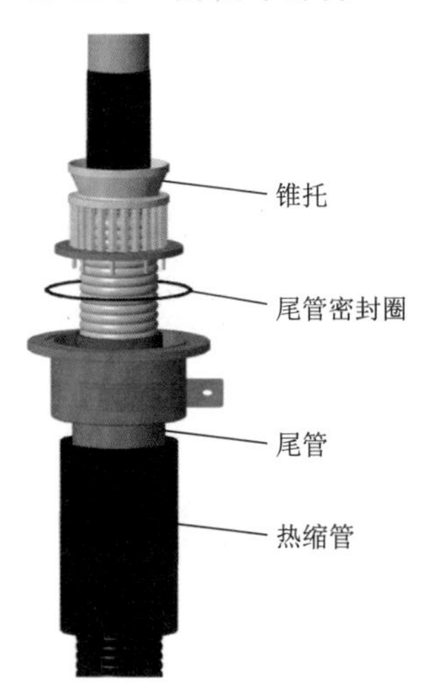

基本要求

依次套入热缩管、尾管、密封圈、锥托等部件。

常见缺陷点

漏套尾管：

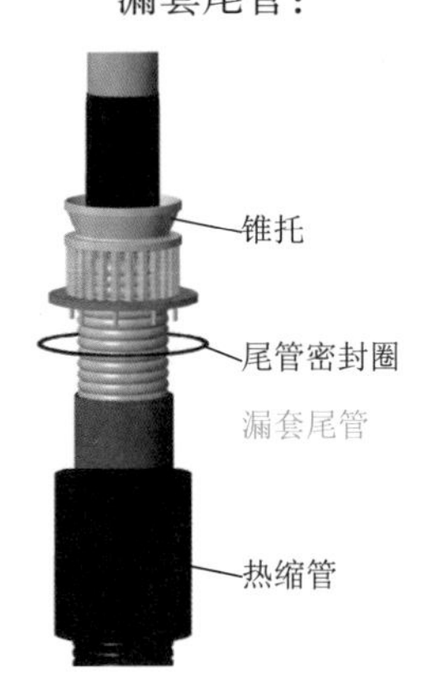

1.2.2　做应力锥定位标记、复位标记

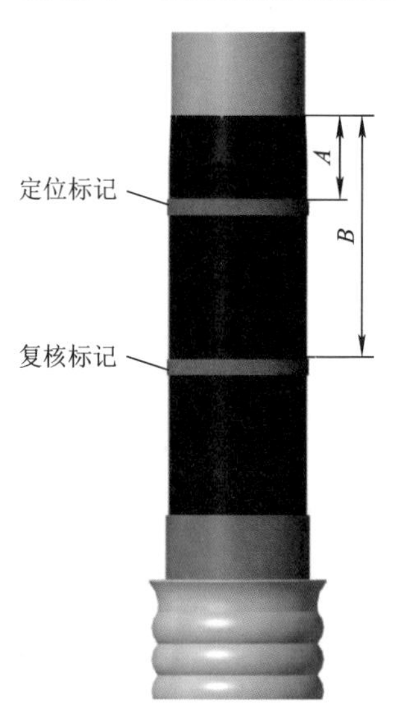

基本要求

用PVC胶带做应力锥套装定位标记A，应力锥搭接复核标记B。

1.2.3　应力锥过盈量匹配核对

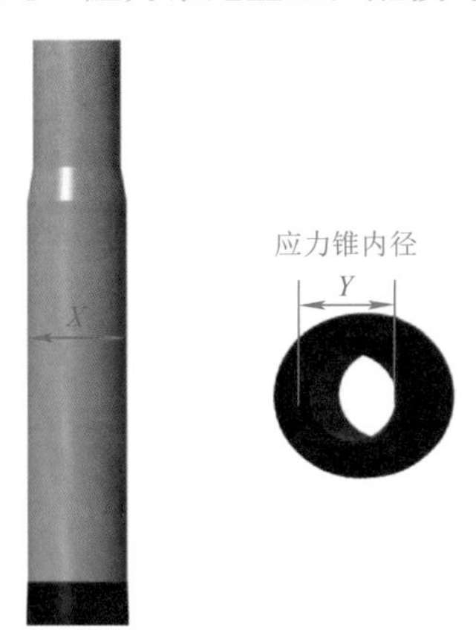

基本要求

测量电缆主绝缘外径X、应力锥内径Y，匹配过盈量（满足过盈量的要求）。

常见缺陷点

X值减去Y值之差不满足应力锥过盈量要求：

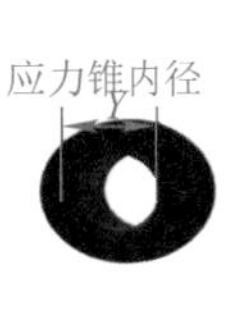

1.2.4　清洁电缆、应力锥

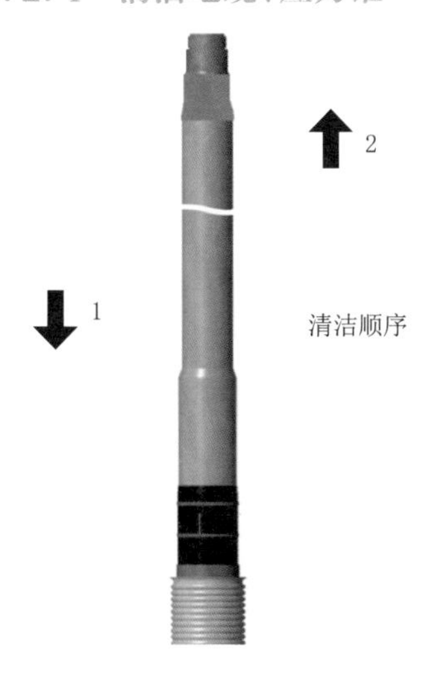

基本要求

清洁电缆绝缘表面、清洁应力锥内表面，热风枪烘干。

常见缺陷点

清洁顺序错误：

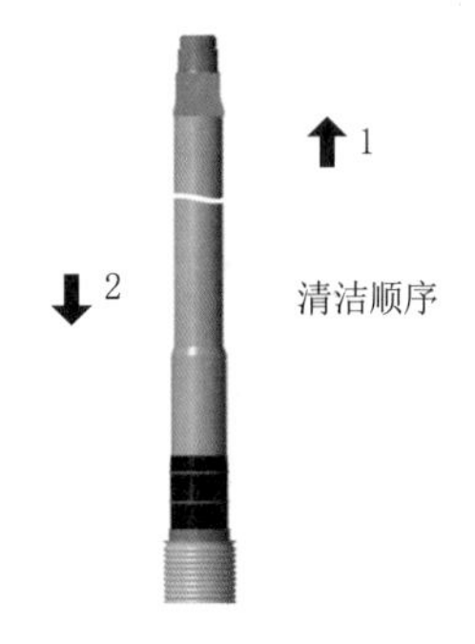

差异化描述

应在具备组装条件的前提下进行应力锥的套装（包含天气因素、吊装工器具、吊装辅助人员等）；不具备条件的，不能允许强行组装。

1.2.5 涂抹硅油、套装应力锥

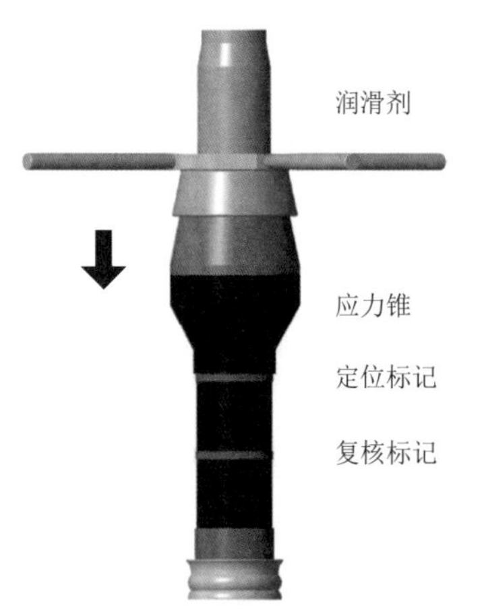

基本要求

电缆绝缘表面、应力锥内表面均匀涂抹一层硅油，用专用工具将应力锥向下套至标记位置（专用工具应4个手柄均匀受力）。

常见缺陷点

应力锥表面残留异物：

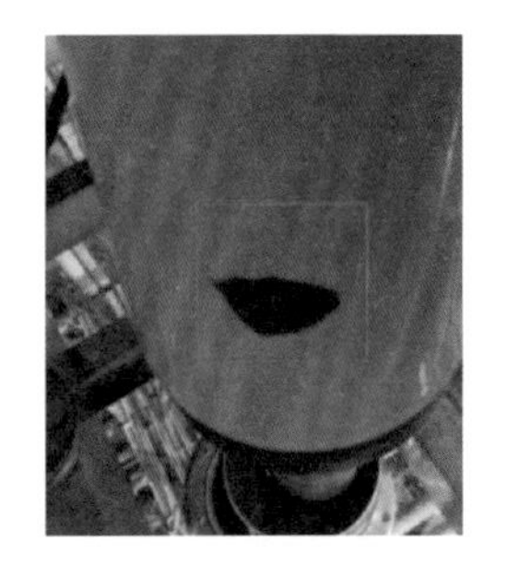

1.2.6 清洁应力锥外表面、保鲜膜防护

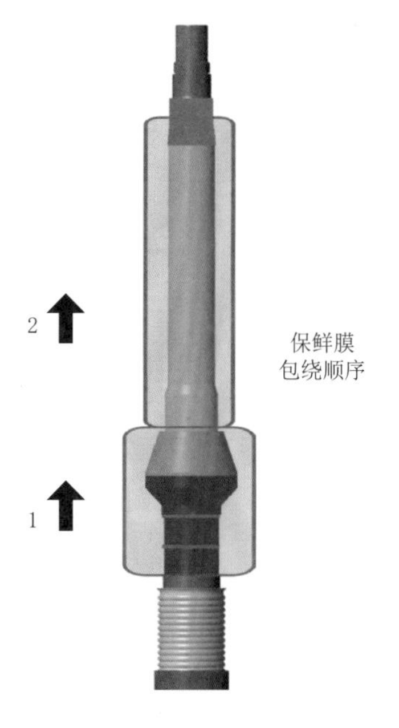

基本要求

清洁应力锥外表面、热风枪烘干后涂抹一层硅油；自下而上包绕一层保鲜膜至电缆顶部以保持干净。

注意：如遇到突发天气因素影响，应套上多层密封套加强密封，并用PVC胶带将套口处密封好，避免应力锥和电缆受潮。

1.3　终端套管安装

1.3.1　安装支承绝缘子，固定底座

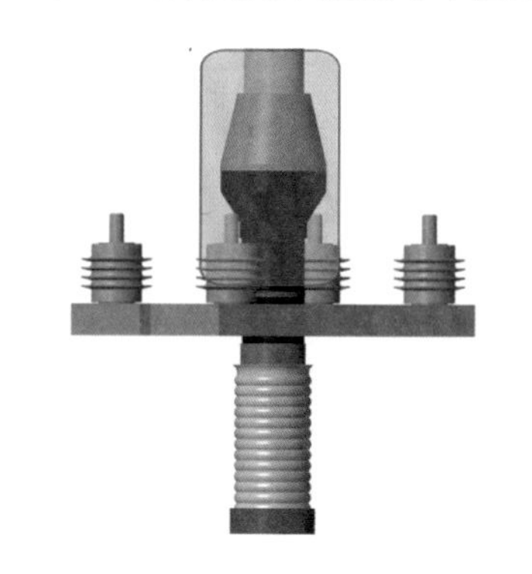

基本要求

将支撑绝缘子安装在电缆终端固定支架上（固定螺栓保持松弛状态，便于吊装时调整）。

差异化描述

220kV及以上终端的支撑绝缘子上需单独安装底座，需将固定螺栓拧紧（均匀用力）。

1.3.2　套管清洁、安装应力锥罩

基本要求

清洁套管内表面（如套管内有干燥剂已取出），热风枪烘干；清洁应力锥罩、烘干，将密封圈D涂抹密封胶，放置于应力锥罩的法兰槽中，再装入套管，螺丝对称拧紧，确保密封面贴合。套管上下端部用保鲜膜进行防护。

常见缺陷点

应力锥罩密封圈未安装到位（压断）：

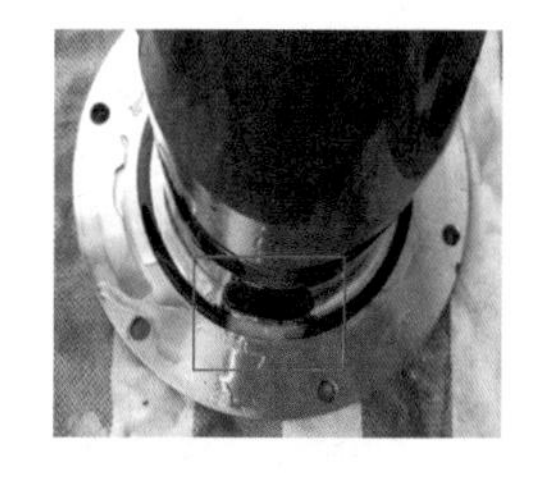

差异化描述

220kV及以上终端的应力锥罩较重，需分拆安装到固定支架上。

1.3.3　吊装套管

基本要求

拆开防雨篷布顶部，起重吊装套管。

1.3.4 固定套管

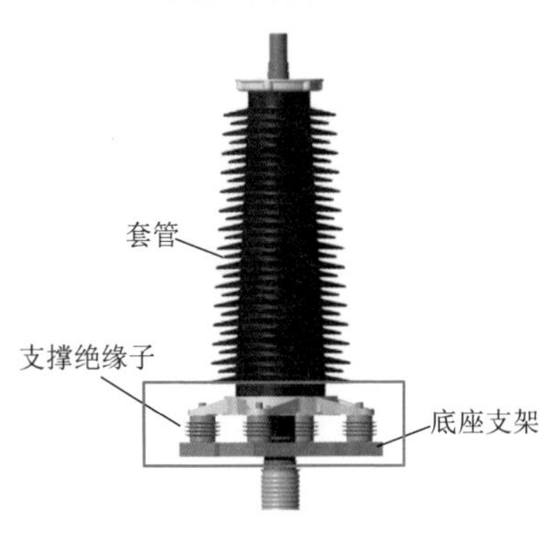

基本要求

调整支撑绝缘子的位置，然后均匀紧固支撑绝缘子上下螺栓，将套管可靠固定；应注意保证套管居中状态，避免支撑绝缘子承受过大的扭力。

1.4 金属部件安装

1.4.1 预装顶部零部件

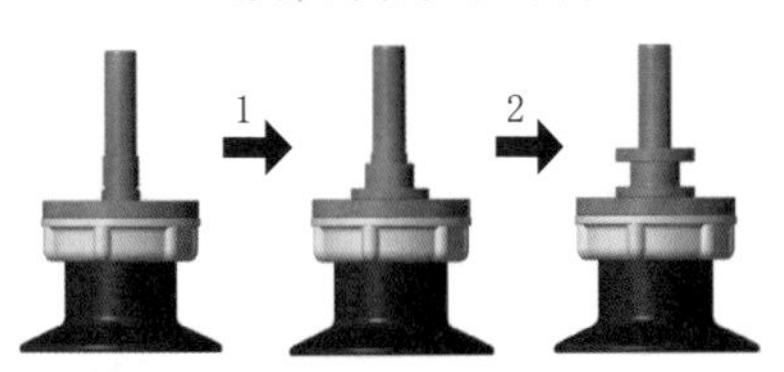

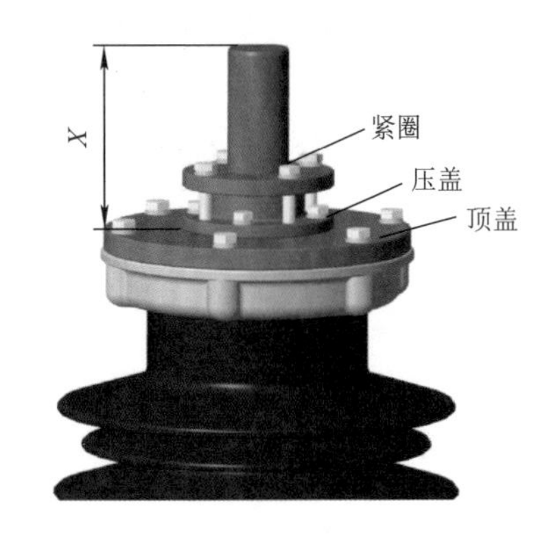

基本要求

去掉套管顶部的保鲜膜，再次清洁套管上端面，依次装入顶盖、压盖、紧圈（预装），使用专用工具旋转紧圈，使得接线柱顶面距顶盖上平面距离为X，对角均匀拧紧螺丝。

常见缺陷点

预装位置错误，不符合工艺尺寸要求。

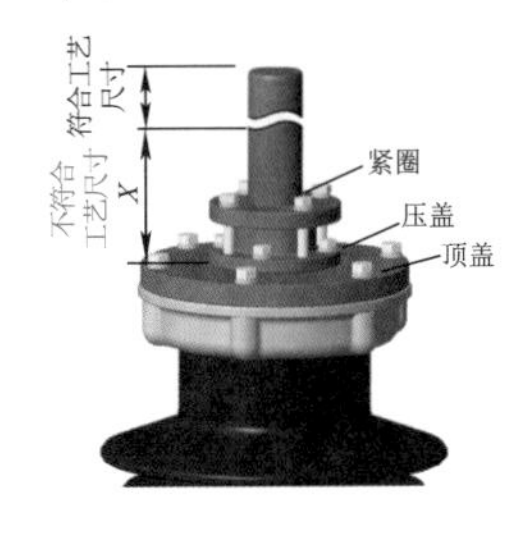

1.4.2 锥托安装

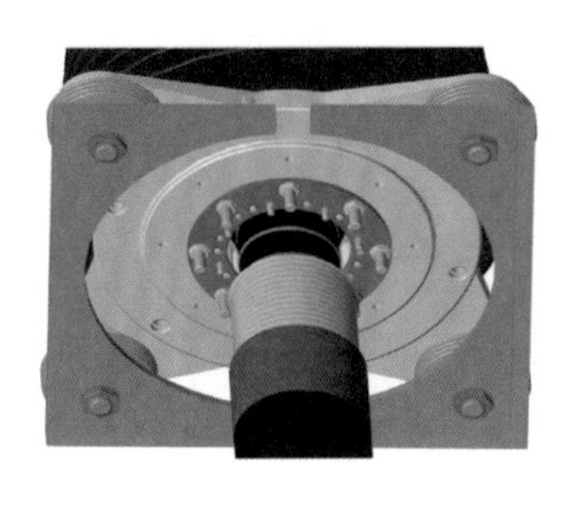

基本要求

将收紧螺杆拧入到应力锥罩法兰上，向上装入锥托，均匀对称拧紧螺杆，使锥托垫板上平面与收紧螺杆下平面贴合。

1.4.3　安装铜编织线

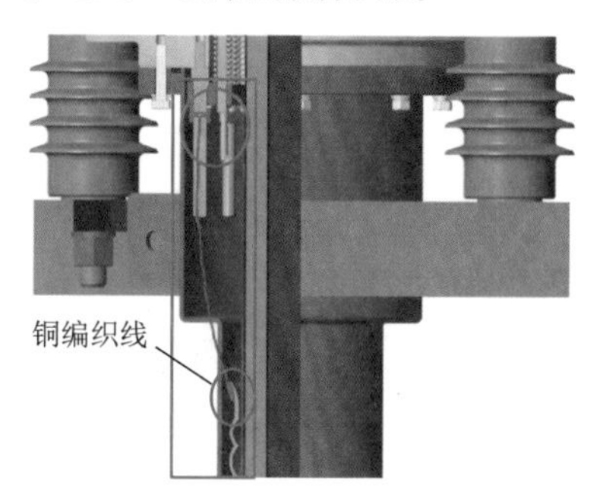

基本要求

用一根镀锡铜编织带将锥托与电缆的金属屏蔽可靠连接起来。

常见缺陷点

未装铜编织线：

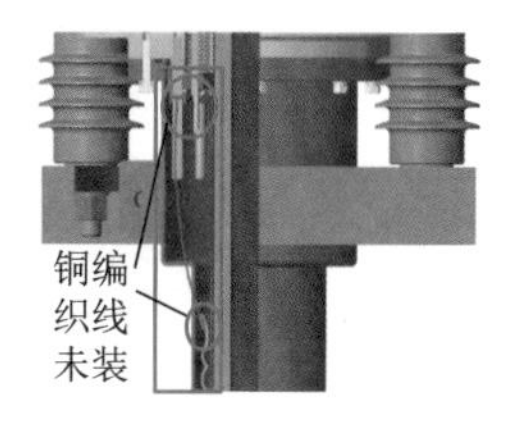

差异化描述

该步骤各厂家可能存在差异，具体以各厂家安装工艺为准。

1.5　绝缘剂填充

1.5.1　绝缘剂灌入

基本要求

① 依次拆开顶部预装的零部件（顶盖、压盖、紧圈）；将绝缘剂灌入套管；核对绝缘剂液面至套管顶面的距离Z。

② 灌油环节的控制，避免小工具、异物、雨滴等掉入套管。

常见缺陷点

套管内干燥剂未取出：

灌绝缘剂时防护不当，掉入异物、雨滴等：

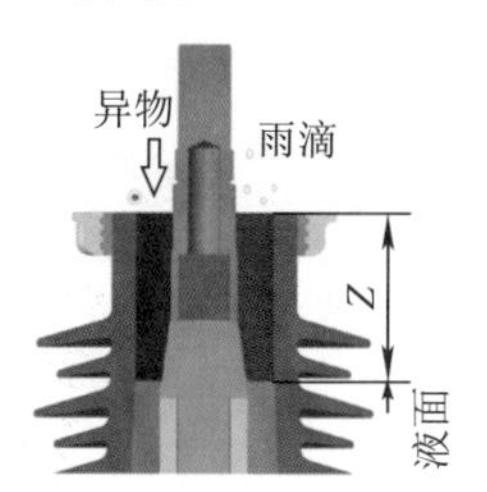

1.5.2 应力锥尺寸复核

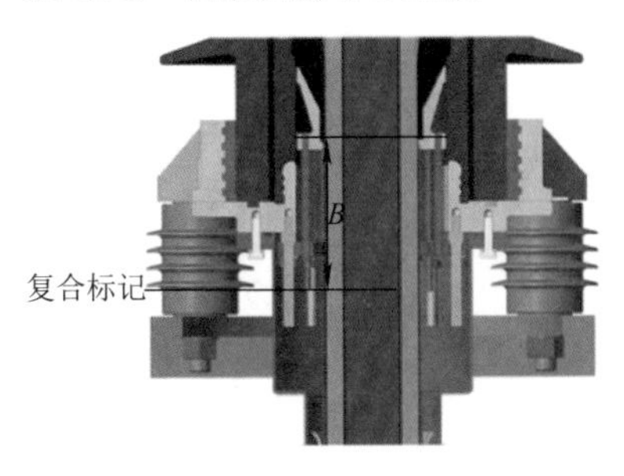

基本要求

用钢尺测量应力锥末端至应力锥复核标记的距离*B*，其值需满足工艺尺寸范围。

常见缺陷点

复核标记尺寸错误：

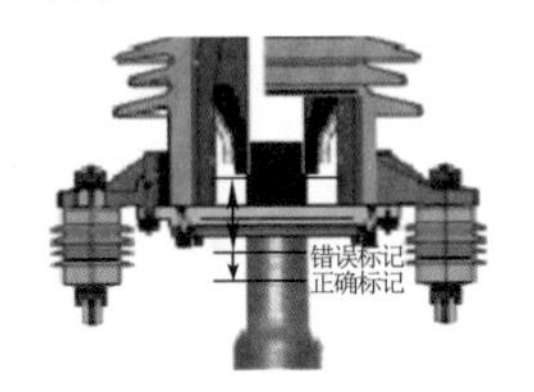

1.5.3 安装顶部零部件

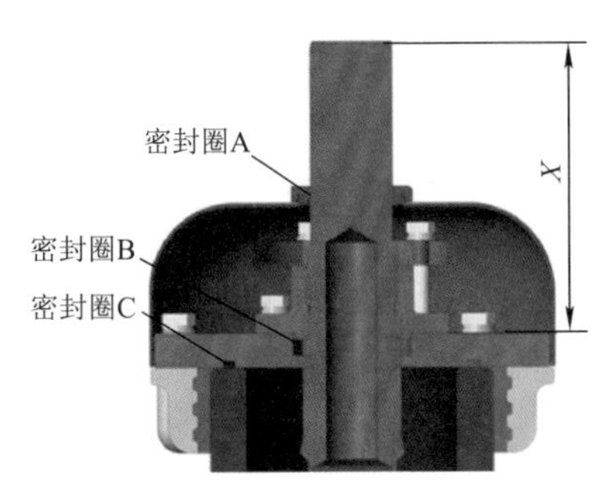

基本要求

① 清洁套管顶面，依次安装顶盖、压盖、紧圈，密封圈B、C涂抹密封胶，调节电缆，使顶盖上平面至接线柱顶面距离为*X*；对称均匀紧固螺丝。

② 密封圈A涂抹密封胶，安装屏蔽帽，再拧紧螺丝。

③ 清洁干净套管表面残留的绝缘剂。

常见缺陷点

绝缘剂未清洁干净(疑似漏油)：

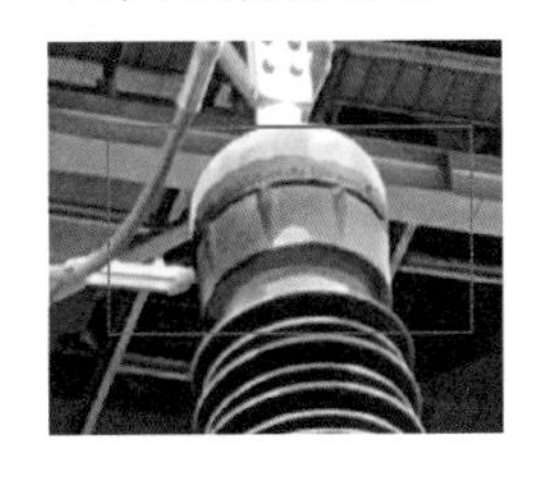

1.6 接地与密封处理

1.6.1 装配尾管

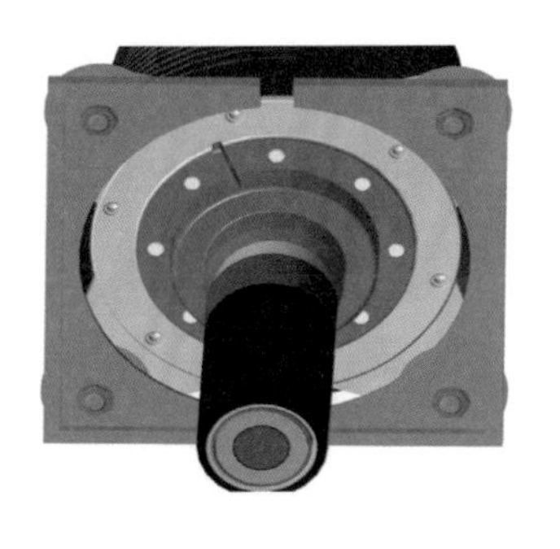

基本要求

校正电缆，将尾管密封圈涂抹密封胶，将尾管装配好，拧紧螺丝。

1.6.2 封铅处理

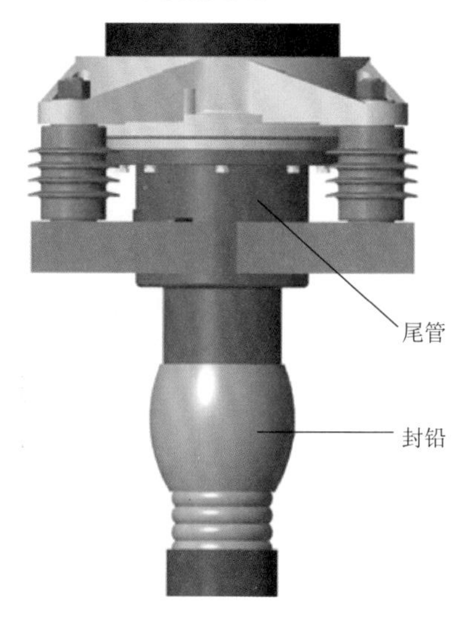

基本要求

塞入哈夫内衬，在尾管的尾部到电缆金属套的圆周上进行封铅处理；需控制喷枪烘烤的时间和温度，避免烫伤电缆内部。

常见缺陷点

封铅缺陷：

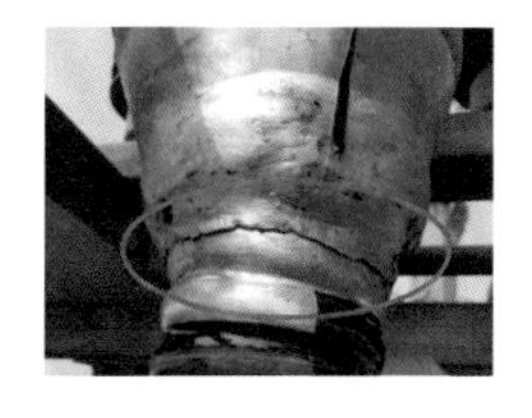

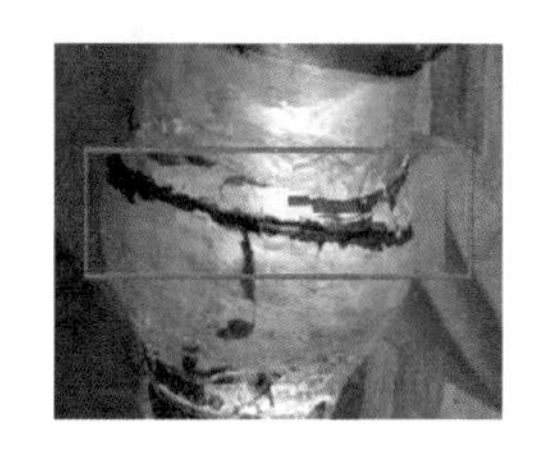

1.6.3 密封处理

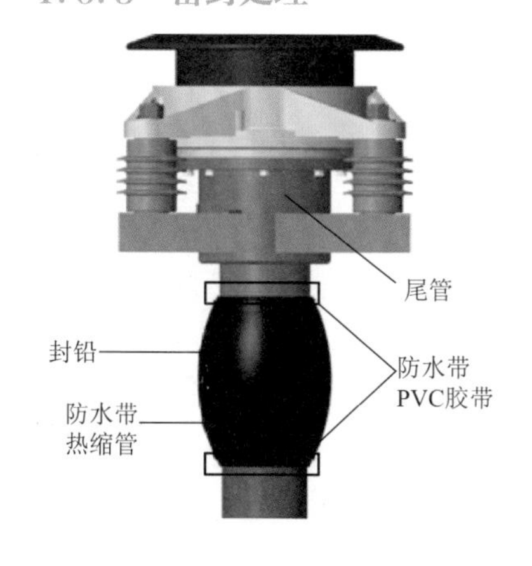

基本要求

① 半搭接包绕防水带2层，应盖住尾部及电缆外护套至少30mm；将热缩管套至尾管包带处，加热使其收缩，热缩管至少盖过电缆外护套50mm。

② 热缩管两端口处包绕2层防水带、2层PVC胶带。

常见缺陷点

铝护套腐蚀、穿孔：

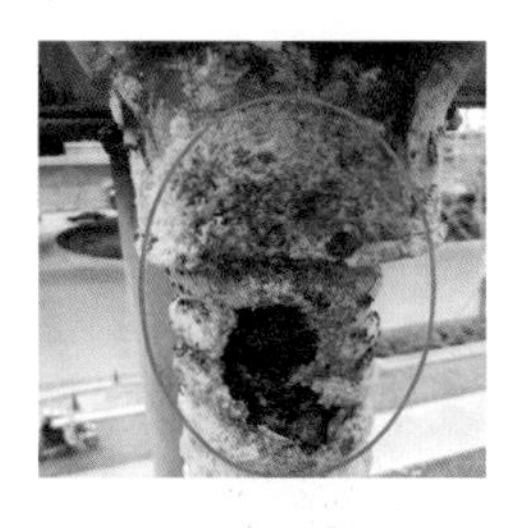

虚焊、焊锡整块脱落：

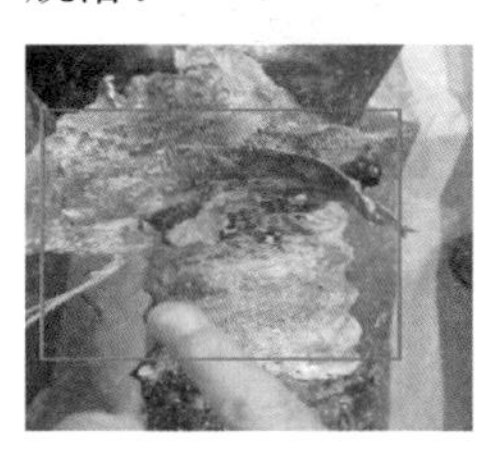

1.6.4 连接接地线

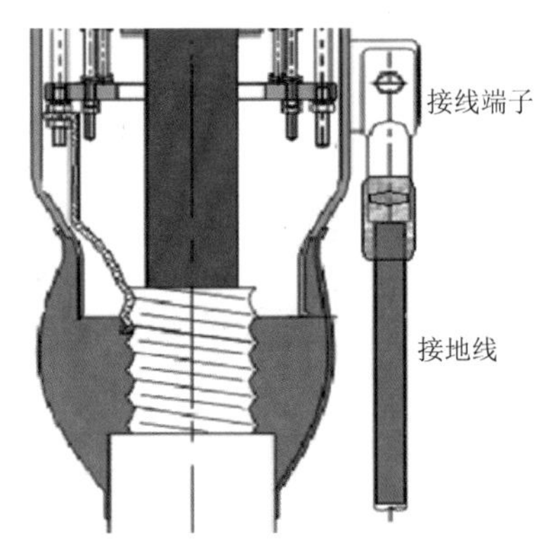

基本要求

将接地线与接线端子压接处包绕防水带、PVC带密封，然后连接到尾管接地柱(块)处；接地线另一侧接入接地箱体。

常见缺陷点

接地电缆故障(半导电层未剥离)：

1.6.5 完工

基本要求

连接出线金具，居中固定电缆抱箍，安装完成。

常见缺陷点

电缆固定不居中：

二、欧 式 结 构*

注意 110kV充油式电缆终端施工前应搭建安装平台和防雨防尘棚；需严格按照安装工艺进行施工，特别应注意必须遵守以下关键工艺环节的要求，否则可能导致运行安全问题！施工现场应保持清洁；环境要求：温度高于0℃，湿度低于70%。

1.1　电缆开断；剥除电缆外护套与金属护套、处理

1.1.1　去除外护套

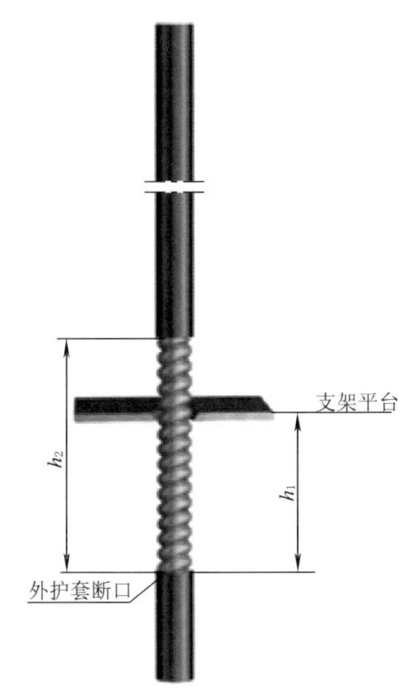

基本要求

以支架平台为基准，向下量取h_1为外护套断口，并以护套断口为基准向上量取h_2，去除此段外护套。

* 欧式高压交联电缆终端与日式结构相比没有弹簧压紧装置和应力锥罩，安装完成以后，应力锥直接浸泡于绝缘填充剂内，应力锥依靠自身弹性保持与电缆绝缘之间的界面压力。

1.1.2 金属护套处理

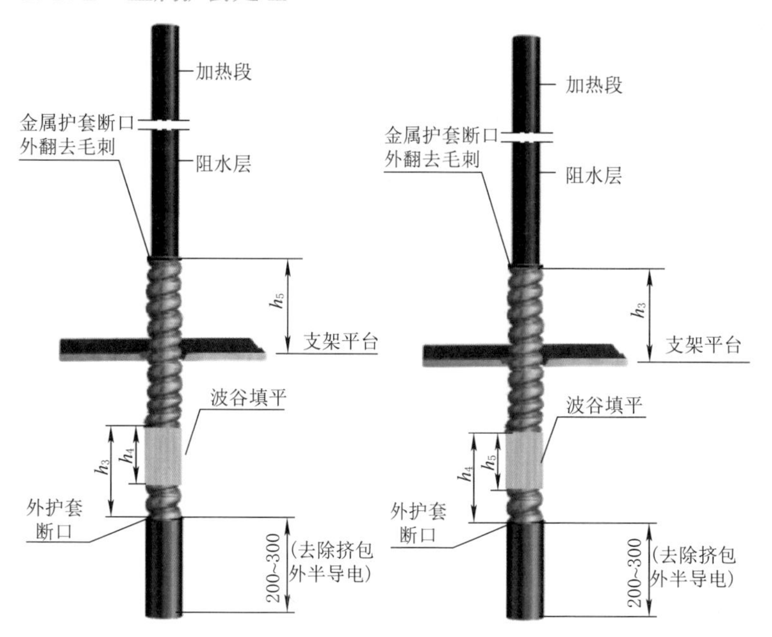

基本要求

① 外护套断口为基础，按工艺尺寸要求，波峰谷填平。

② 以支架平台为基准，向上量取h_5为金属护套开断断口，去除上部多余的外护套、金属护套，金属护套断口外翻并修锉整齐。

1.1.3 电缆加热、校直

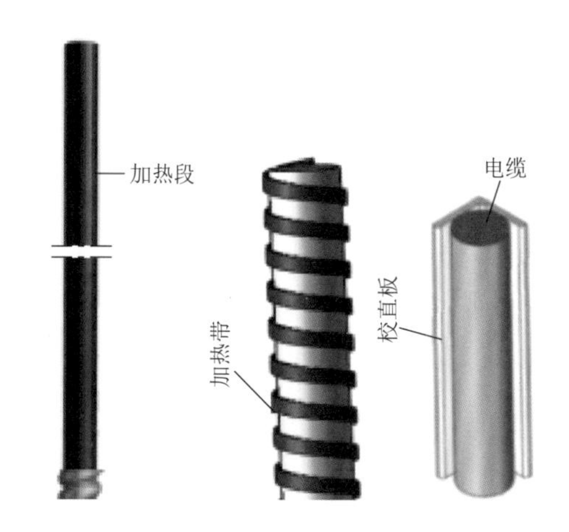

基本要求

对电缆进行加热（可用加热带或加热毯）、校直、冷却。

1.1.4　金属护套断口处理

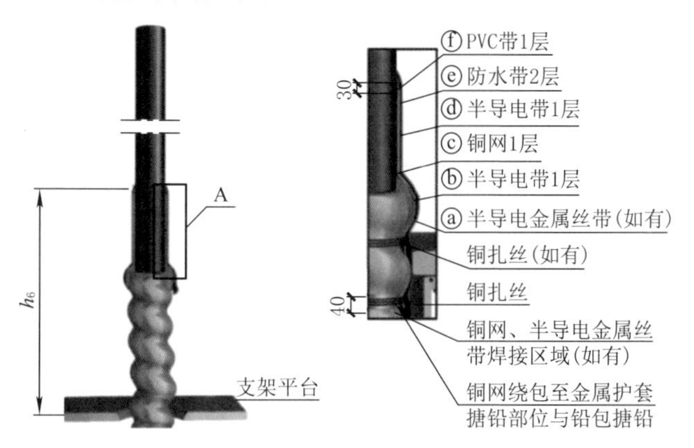

基本要求

金属护套末端保留阻水层20mm，其余去除，均匀塞入金属护套内，依次绕包半导电带、铜网、半导电带各1层、防水带2层、PVC带1层。铜网与电缆金属护套一起搪铅。

差异化描述

如有金属丝带，保留200mm翻转、绕包、绑扎至金属护套搪铅处，与电缆金属护套一起搪铅。

1.2　底部零部件套装

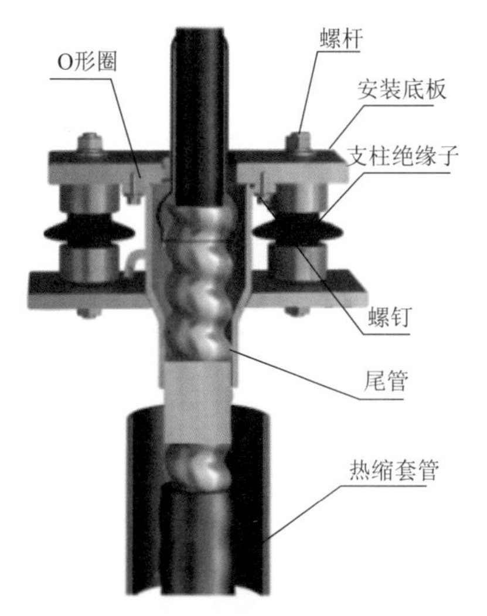

基本要求

① 清洗要安装的零件并依次套入热缩套管、尾管、O形圈、支柱绝缘子、安装底板。

② 安装支柱绝缘子、安装底板、O形圈、尾管。

③ 将支撑绝缘子和安装底板安装在支架平台上，用水平测量仪检查、调整安装底板至水平。

差异化描述

电缆截面240~800mm²(110kV)/400~1800mm²(220kV)时，金属护套断口在安装底板上部位置；电缆截面1000~1600mm²(110kV)/2000~2500mm²(220kV)时，金属护套断口在安装底板下部位置。

1.3 电缆线芯及绝缘与绝缘外屏蔽处理

1.3.1 正式锯线

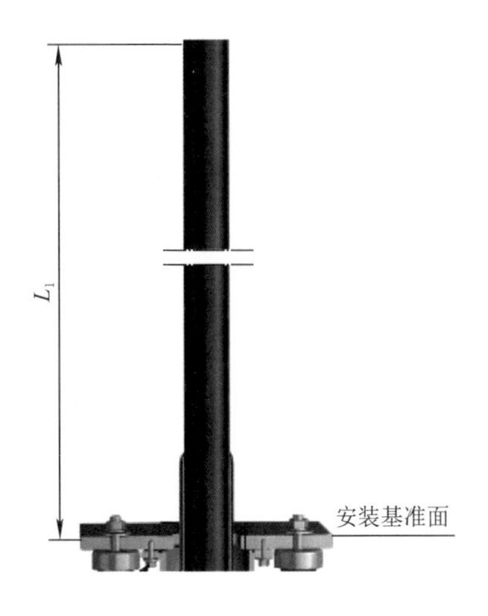

基本要求

安装现场实测套管高度，根据《套管高度与电缆开剥尺寸对应表》选取，以安装底板上平面为安装基准面向上$L_1 \pm 2$mm为电缆端面，切除多余的电缆，锯断后的电缆端面平齐。

1.3.2 绝缘与绝缘外屏蔽处理

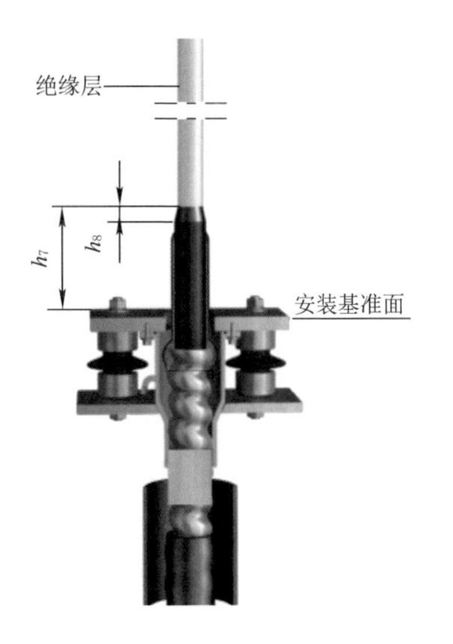

基本要求

以安装底板上平面为安装基准面向上h_7为电缆绝缘外屏蔽断口，绝缘外屏蔽为h_8。

1.3.3　电缆线芯处理

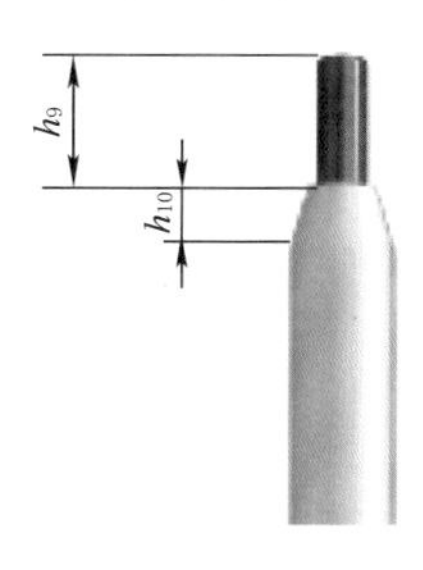

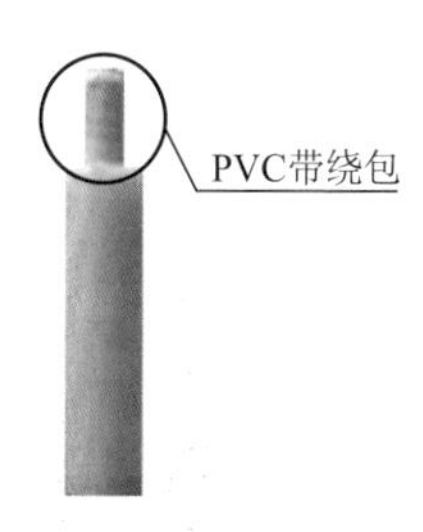

基本要求

① 自电缆端面剥出工艺导体尺寸h_9。

② 在绝缘端部剥出铅笔头状，高度尺寸h_{10}。

③ 清洁后用PVC带绕包。

差异化描述

电缆导体为分割导体，如线芯中间有明显空隙，应采取增补线芯的适当措施，再进行压接。

1.3.4　电缆绝缘表面打磨

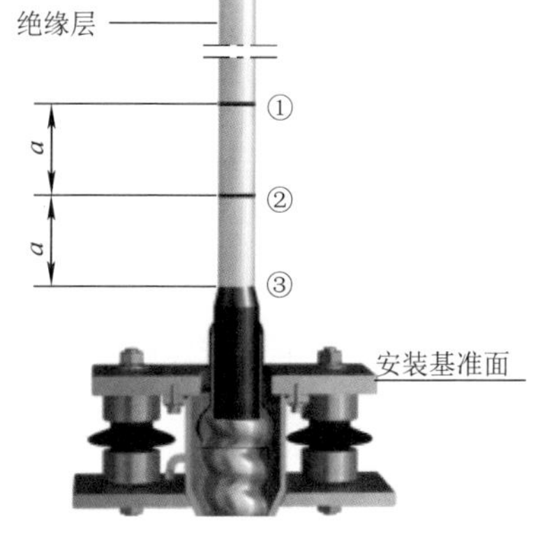

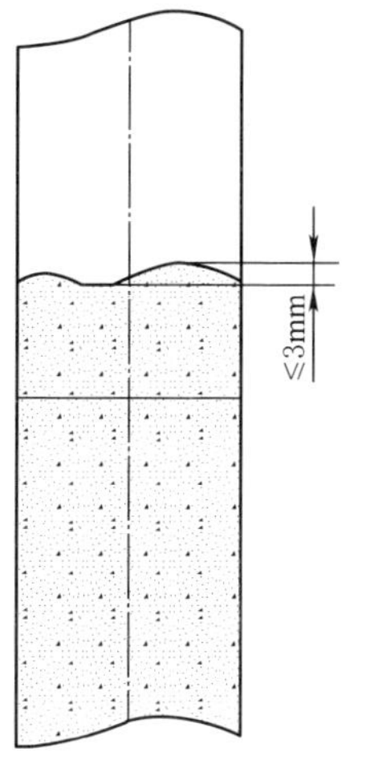

基本要求

① 依次采用相应砂带将电缆绝缘表面及绝缘外屏蔽断口处打磨光滑，绝缘外屏蔽断口与绝缘交界面的过渡处应作精细打磨，光滑平整，允许≤3mm的平缓的峰谷差。

② 测量①、②、③正交两方向绝缘层外径，误差≤0.5mm，光洁度≤2μm。

常见缺陷点

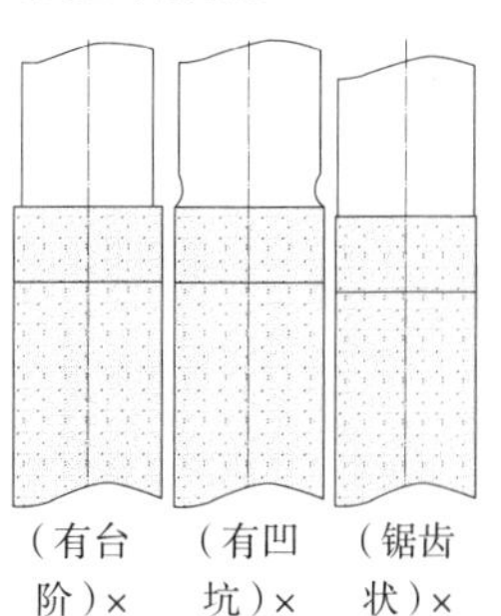

1.3.5 清洗、防护

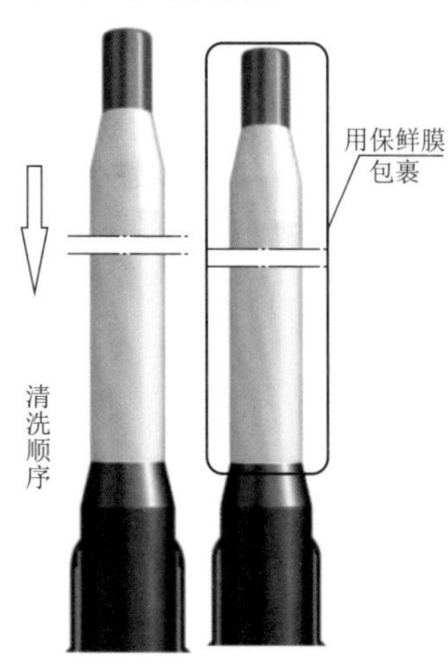

基本要求

① 清洗由电缆绝缘层向绝缘外屏蔽层，不得反方向。

② 清洗后电缆表面用保鲜膜包裹。

常见缺陷点

清洁方向不对：

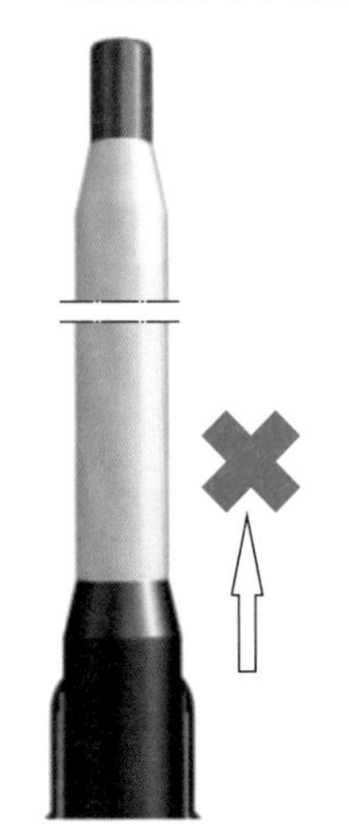

1.4 应力锥套装

1.4.1 应力锥支撑金具套装

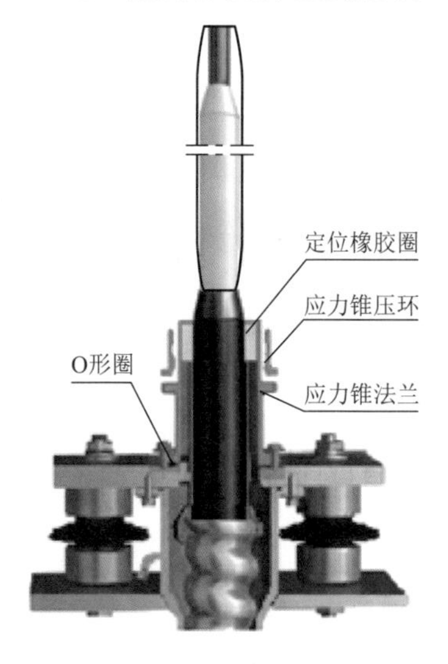

基本要求

① 套入O形圈、定位橡胶圈、应力锥支撑法兰与压环。

② 固定应力锥托架。

1.4.2 应力锥过盈量匹配核对与质量检查

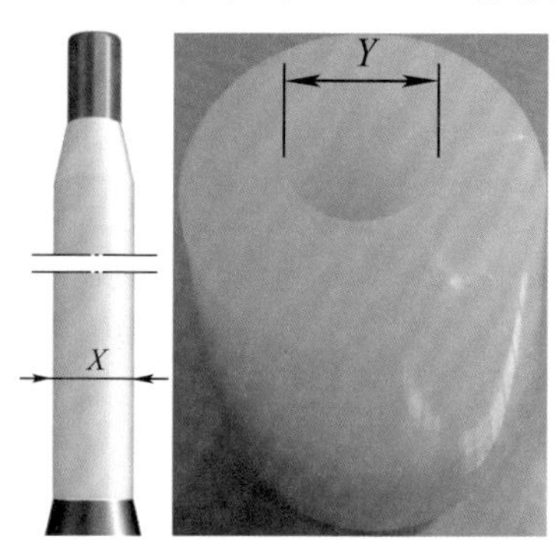

基本要求

① 电缆主绝缘外径X、应力锥内径Y，匹配过盈量（满足过盈量的要求）。

② 内外表面光滑，无伤痕、裂痕、突起物，绝缘与半导电的界面结合良好，无裂纹和剥离现象。

常见缺陷点

① X值减去Y值不满足应力锥过盈量要求。

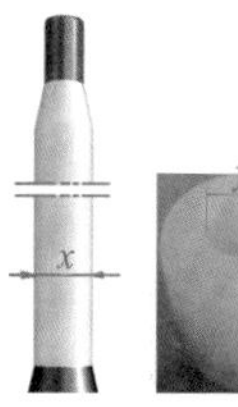

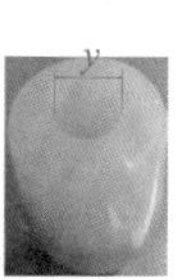

② 内外表面不光滑，或伤痕或裂痕或突起物。绝缘与半导电的界面结合有裂纹或剥离现象。

1.4.3 清洁电缆

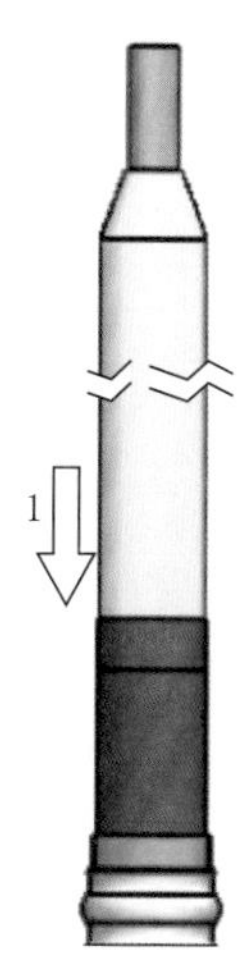

基本要求

① 去除电缆外包裹保鲜膜，用无水乙醇（酒精）和无尘纸清洗电缆绝缘表面、绝缘外屏蔽表面、应力锥法兰外表面。

② 待擦洗溶剂彻底挥发。

③ 从绝缘向绝缘外屏蔽方向清洁。

1.4.4　涂润滑剂、套装应力锥

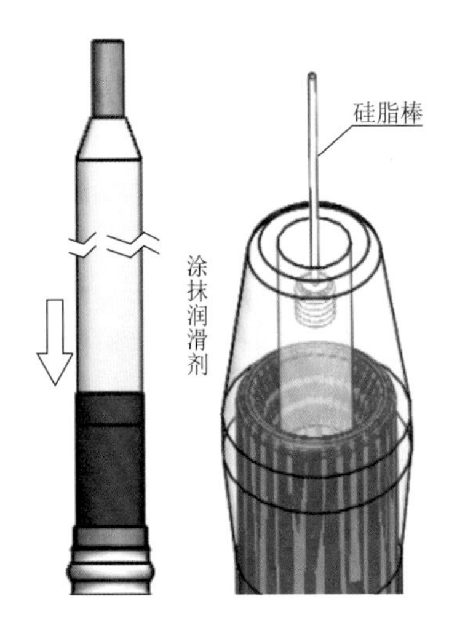

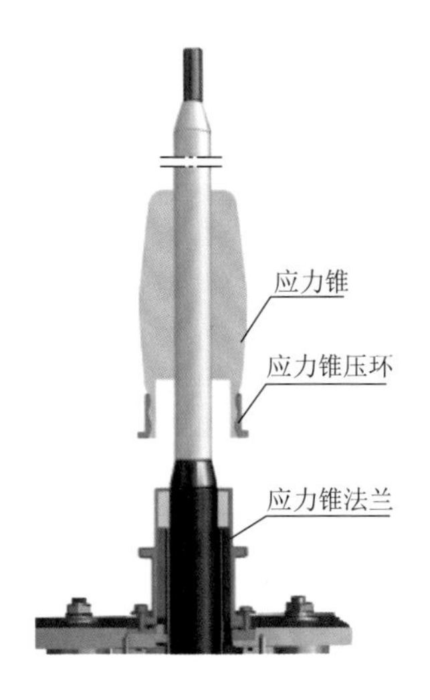

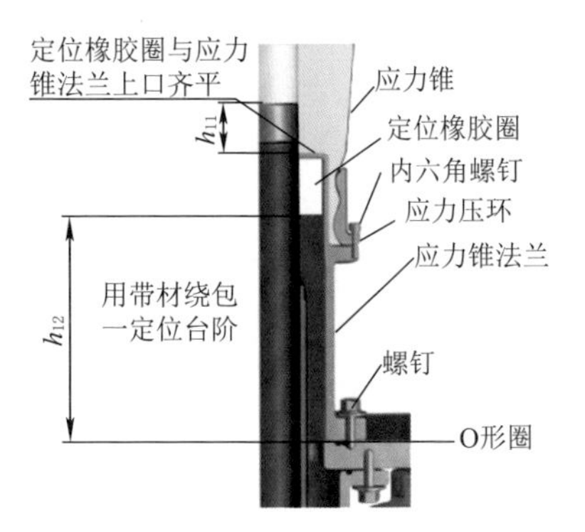

基本要求

① 电缆绝缘表面、应力锥内孔均匀涂抹一薄层硅脂(AG3)，从绝缘向绝缘外屏蔽方向涂抹。

② 将应力锥压环套入应力锥裙边，并使应力锥压环下平面与应力锥裙边相平。

③ 将应力锥与应力锥压环同步压下。

④ 应力锥推到和应力锥托架上平面接触，用螺栓将应力锥压环与应力锥托架连接。

常见缺陷点

① 涂沫方向不正确，润滑剂涂沫不均匀，堆积。

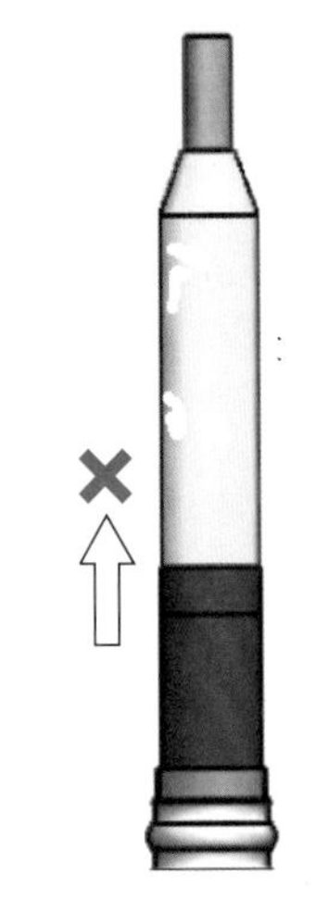

② 同步压下时，应力锥有扭曲或堆积或褶皱等现象。

1.4.5　套装后应力锥防护

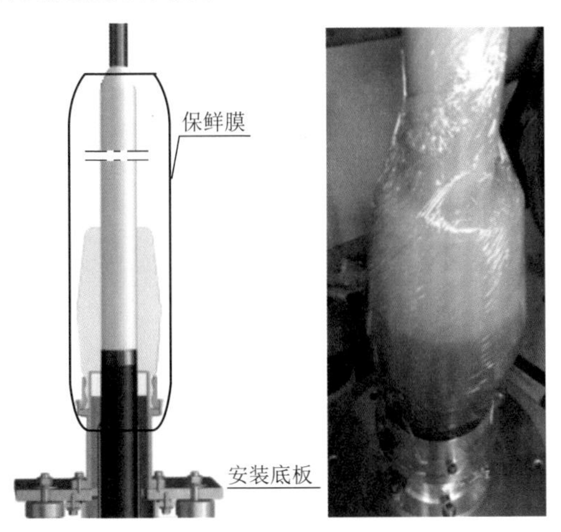

基本要求

① 清洗电缆和应力锥外表面。

② 用保鲜膜包裹。

1.5　出线压接及其位置处理

1.5.1　接线柱压接

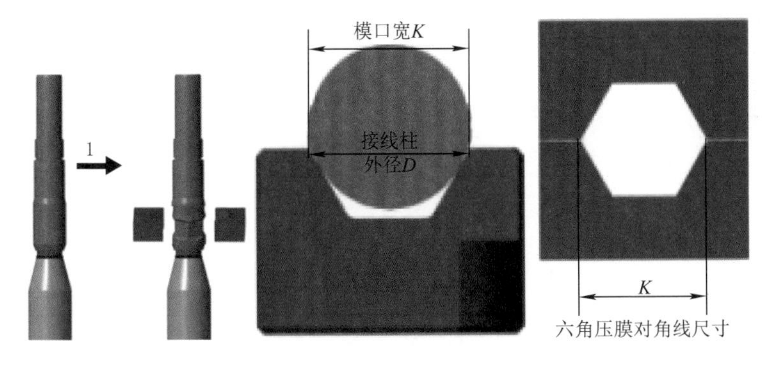

基本要求

① 套出线金具。

② 根据电缆导体截面选用压模（规格、吨位）压接，压接数由模宽确定，压接合模后停止15s。

③ 测量接线柱顶端至安装底板上平面的距离，保证工艺尺寸要求。

④ 电缆导体外径尺寸应小于接线柱相应截面内孔尺寸，其差值不超过2mm。

常见缺陷点

① 接线柱内径与电缆导体。

② 未规范操作。

1.5.2 接线柱与绝缘间隙的处理

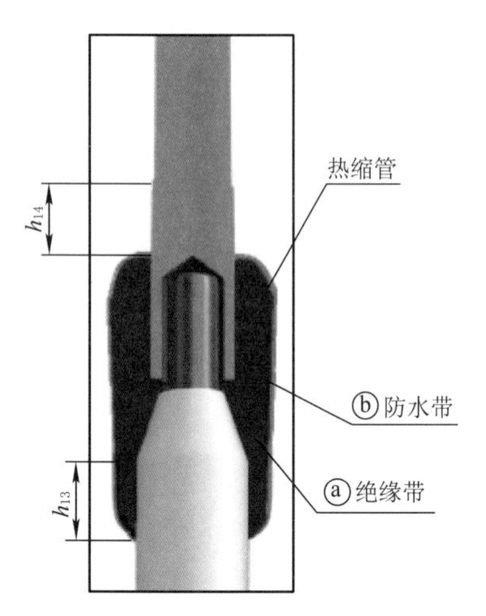

基本要求

① 去除压接飞边，压接部位如有毛刺需倒钝。

② 依次绕包2层绝缘带、2层防水带后收缩热缩管。

1.6 安装套管

1.6.1 电缆绝缘层的清洁处理

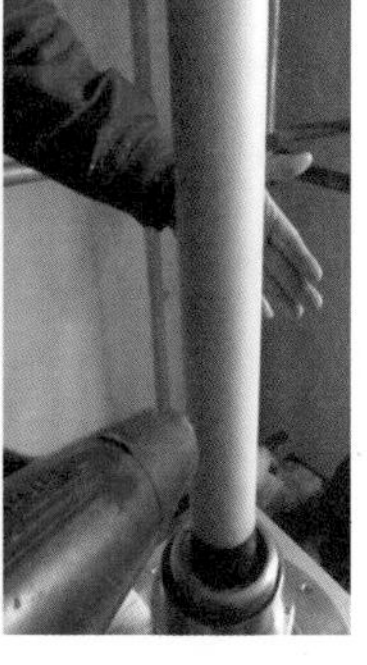

基本要求

去除电缆绝缘层、应力锥表面包裹的保鲜膜，用无水乙醇清洗电缆表面，并用热风枪烘干。

1.6.2　套管检查

基本要求

检查套管内外表面有无异物，如有需要应清洗。

1.6.3　清洗密封槽，固定密封圈

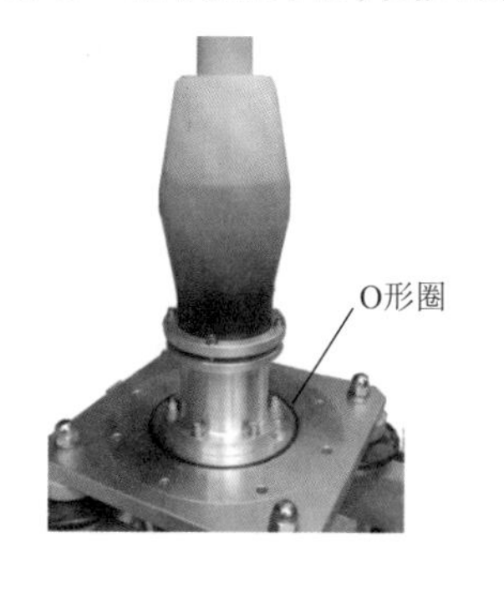

基本要求

① 清洗安装底板密封槽。

② 将密封圈用硅脂(AG2)固定在安装底板的密封槽内。

1.6.4　吊装套管

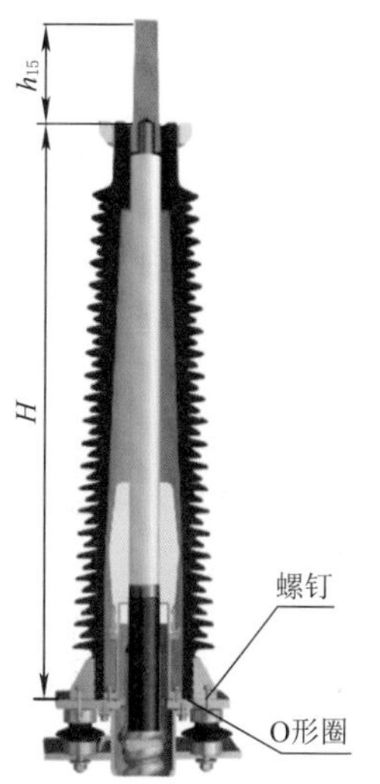

常见缺陷点

密封圈未安装到位（压断）：

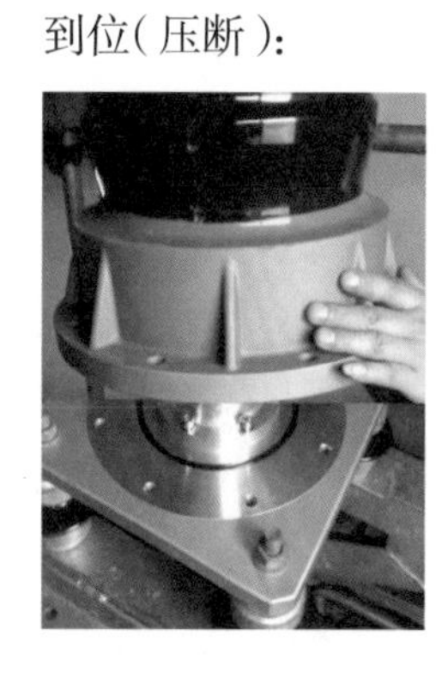

基本要求

① 将套管吊至电缆上方，慢慢放下，不能碰伤应力锥和电缆绝缘表面。确认密封圈在安装底板的密封槽内，将套管紧固在安装底板上。

② 套管安装固定。

③ 检查出线杆顶端至套管上平面的尺寸是否符合工艺要求。

1.7 绝缘填充

1.7.1 灌绝缘剂

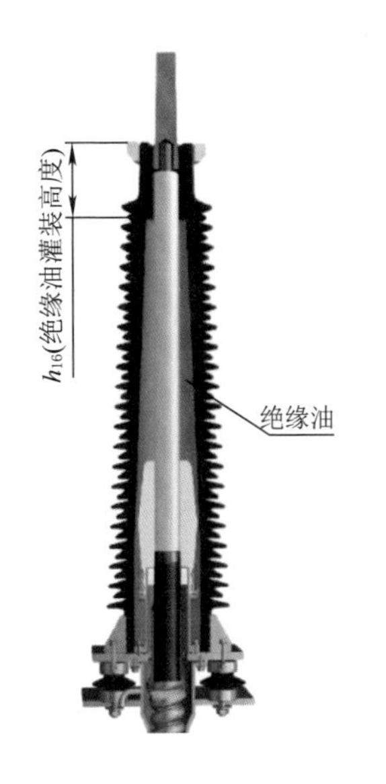

基本要求

① 绝缘油缓慢、连续地灌注到套管内。

② 绝缘油灌装高度距离套管上平面应符合工艺要求。

③ 环境温度低于10°C时，绝缘油需加热到(60±10)°C进行灌注，加热设定温度不得超过90°C。

④ 注油过程中不得有异物落于油中。

常见缺陷点

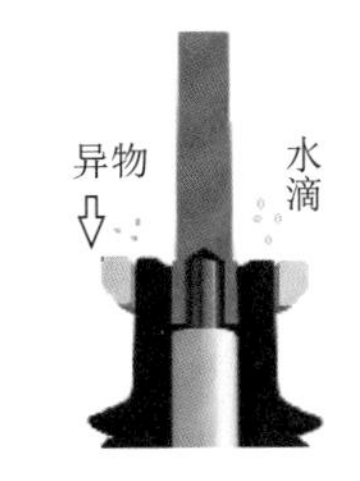

1.8 上部金具安装

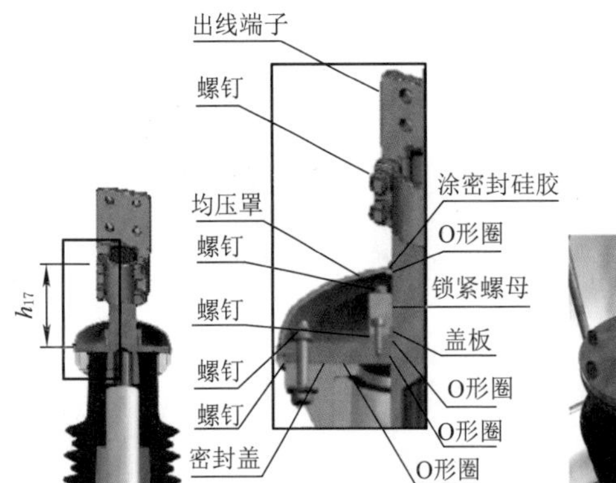

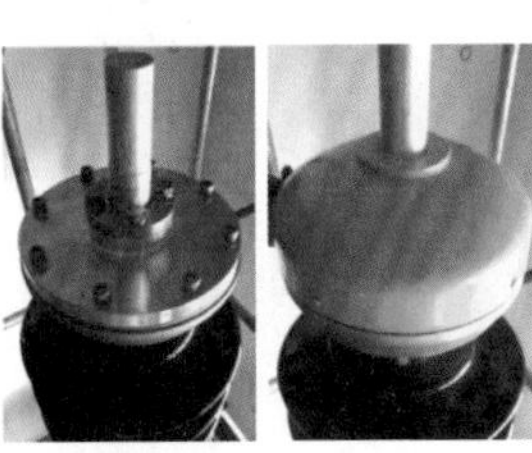

常见缺陷点

绝缘剂未清洁干净(疑似漏油)：

基本要求

① 将上部金具装配固定。

② 复核密封盖至接线柱平面高度尺寸的符合性。

③ 均压罩与接线柱（出线杆）结合部位涂密封硅胶密封。

④ 清洁干净套管表面残留的绝缘剂。

1.9　接地与密封处理

1.9.1　封铅处理

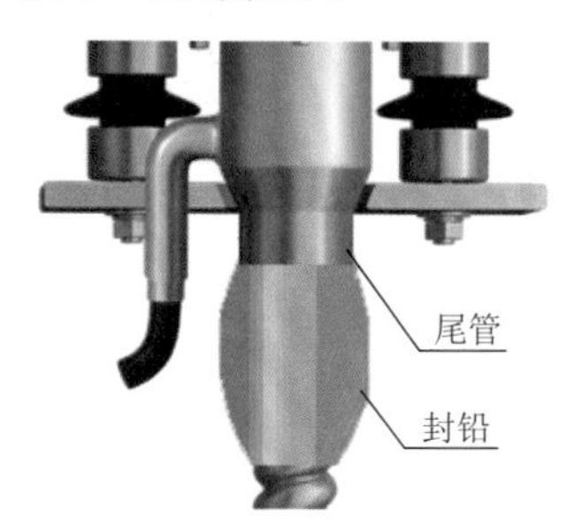

基本要求

① 铜网绕包在铅包外表面，在尾管上用扎丝扎紧。

② 尾管端部间隙填入垫铅。

③ 在尾管的尾部到电缆金属套的圆周上进行封铅处理；需控制喷枪烘烤的时间和温度，避免烫伤电缆内部。

常见缺陷点

封铅不到位：

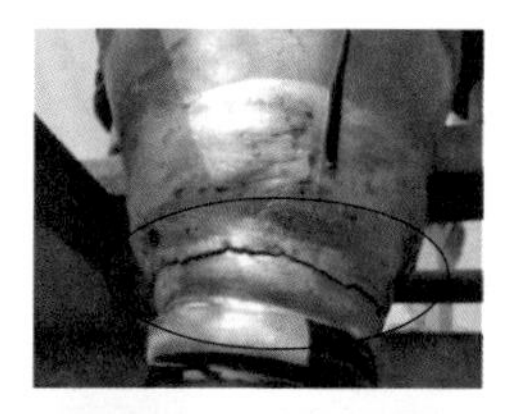

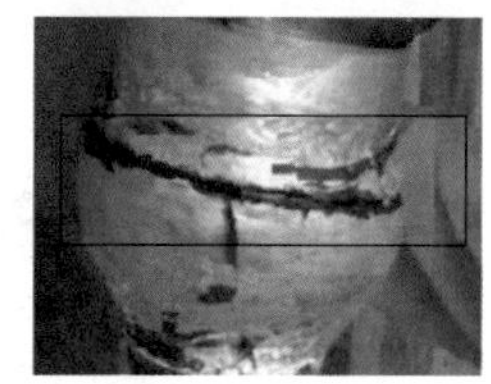

1.9.2　密封处理

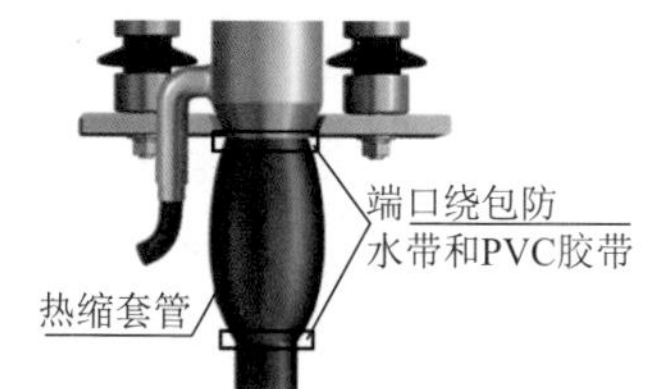

基本要求

① 用防水带绕包密封层。

② 收缩热缩套管。

③ 热缩套管端口绕包防水带和PVC胶带各2层。

常见缺陷点

铝护套腐蚀穿孔：

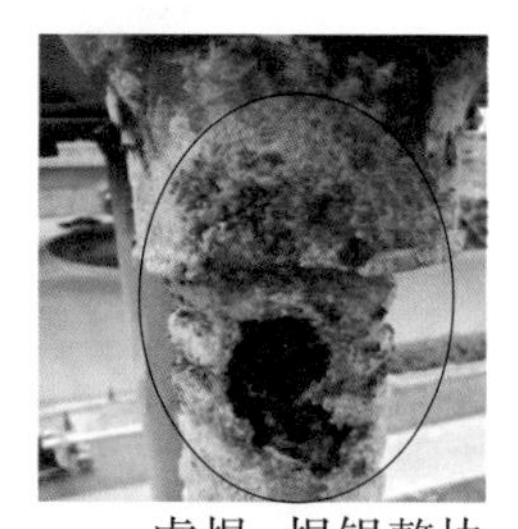

虚焊、焊锡整块脱落：

1.9.3 连接接地线

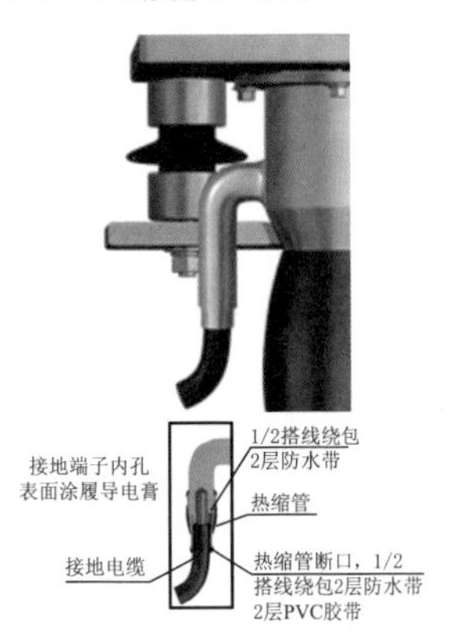

基本要求

① 将接地线与尾管端子(内孔涂覆导电膏)压接。

② 压接处包绕防水带、PVC胶带、收缩热缩管密封。

③ 接地线另一侧接入接地箱体。

常见缺陷点

接地电缆故障(半导电层未剥离):

1.9.4 安装完成

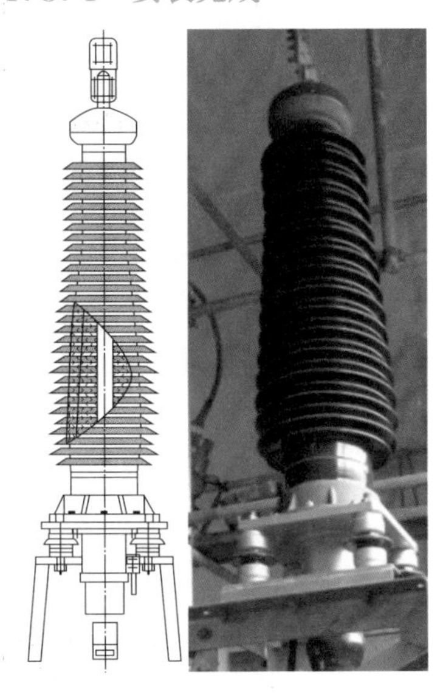

基本要求

连接出线金具,居中固定电缆抱箍,安装完成。

常见缺陷点

电缆固定不居中:

第二节　干式终端安装

2.1　安装接地块

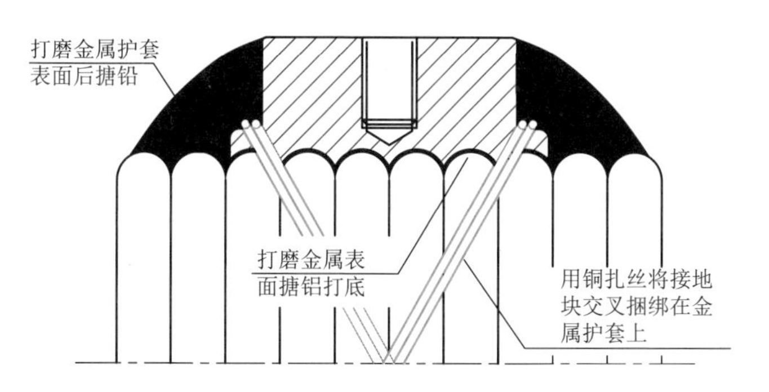

基本要求

① 对电缆金属套表面进行毛化处理。

② 将接地块固定在金属套上。

③ 封铅将接地块与金属套焊接。

常见缺陷点

封铅不牢靠，铜扎丝并未扎紧接地块，导致封铅时产生缝隙。

2.2　密封处理

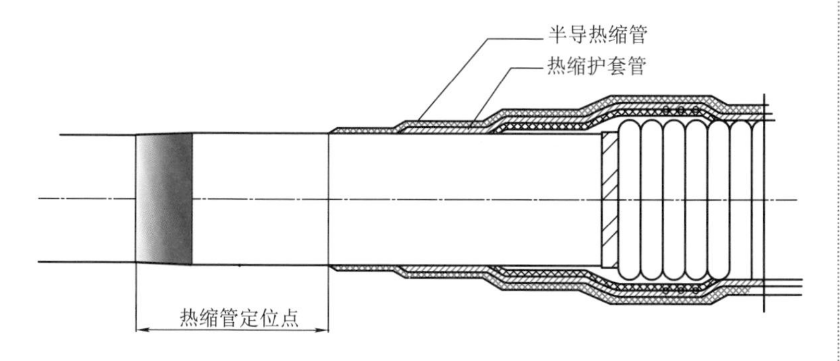

基本要求

① 套入热缩护套管，按照安装说明书规定位置固定后收缩热缩管。在热缩管底部缠绕防水胶带。

② 在接地块突出部位相对应的热缩护套管上切出方孔。

常见缺陷点

热缩管定位不准确，可能会导致电缆头后期密封不良，导致潮气进入。

2.3 安装终端主体

基本要求

将工装安装好后，接入氮气/过滤压缩空气后用手动葫芦将终端主体平稳拉入电缆绝缘。

常见缺陷点

硅油涂抹不均匀，导致电缆附件安装困难。

2.4 安装端子

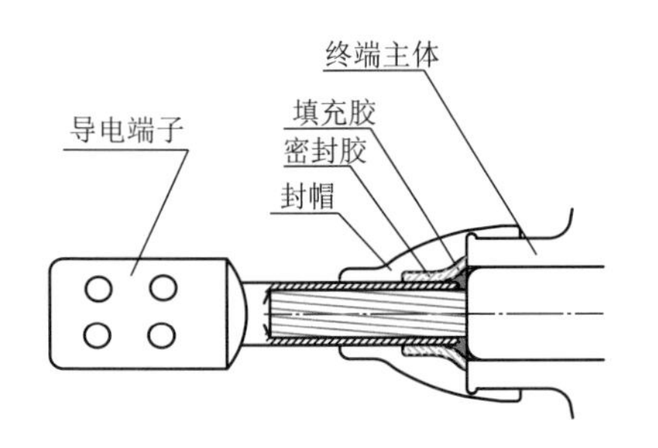

基本要求

压接端子，做好端部防水。

常见缺陷点

端子压接完后，毛刺未去除，扎伤密封件。

2.5 接地连接

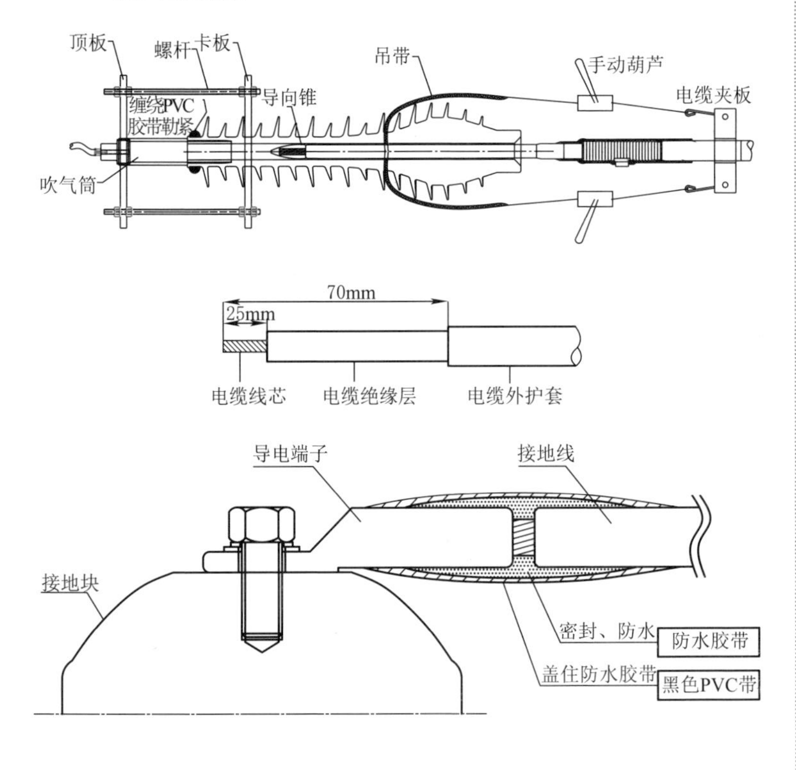

常见缺陷点

如接地电缆存在外屏蔽层，必须剥除外屏蔽层。

基本要求

① 按安装说明书规定处理接地电缆，将端子套入并压接，然后缠绕防水胶带作密封。

② 将端子用螺栓固定在接地块上。

第三节　110kV GIS 终端安装

3.1　内锥绝缘子安装

3.1.1　内锥绝缘子检查

基本要求

外观检查。

常见缺陷点

内绝缘子表面有凹坑、杂质、污垢等缺陷。

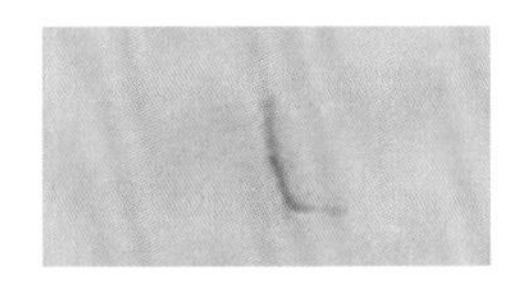

3.1.2　内锥绝缘子安装

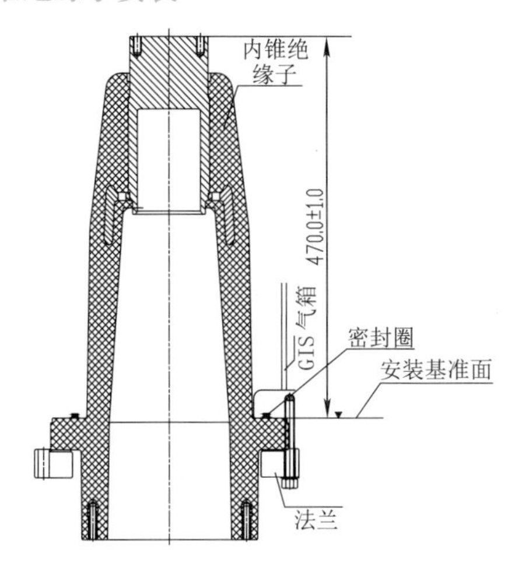

基本要求

清洁内外表面，用热风枪干燥；入仓前，检查开关与内锥绝缘子接触的平面及O形密封圈，确认接触面无损伤；入仓过程中，应始终保持内锥绝缘子表面的清洁，始终保持在入仓口的中心，在整个过程中内锥绝缘子表面不得有磕碰损伤。

常见缺陷点

表面有磕碰损伤，螺栓未紧固：

3.2 电缆处理及配件安装

3.2.1 电缆预处理

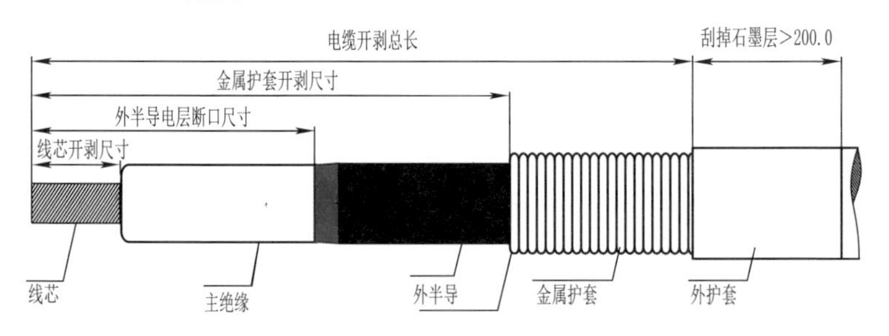

基本要求

电缆摆放至预定位置，锯除多余电缆，除去电缆外护套及金属套，保留电缆阻水带，清洗外护套的金属套，将断口扩张成喇叭口形状并用锉刀将喇叭口处理圆整。

常见缺陷点

开剥金属套时伤及电缆外半导层，扩张金属套喇叭口伤及电缆外半导层，线芯颞部的隔离纸未除去。

3.2.2 电缆绝缘层、外半导电层断口处理

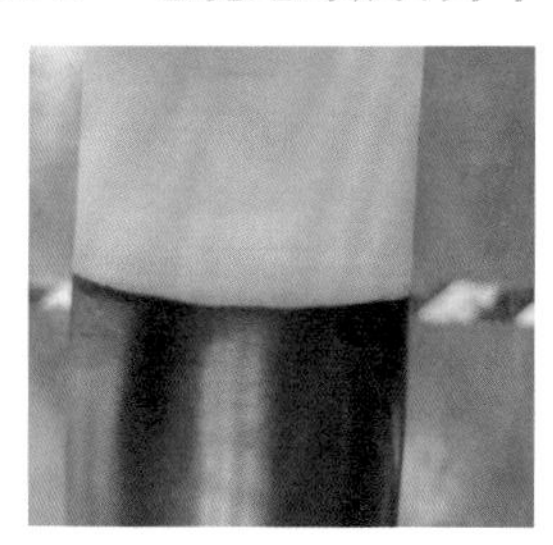

基本要求

外半导电层断口应与电缆轴线垂直、平整，在外半导电层断口刮出30 ~ 40mm左右的坡口，电缆绝缘层表面处理：依次用240#、600#、800#砂纸打磨电缆主绝缘层表面，使电缆主绝缘层表面没有划痕和导电颗粒。

常见缺陷点

外半导电层常见断口处理不当形式：

毛刺

平滑过渡

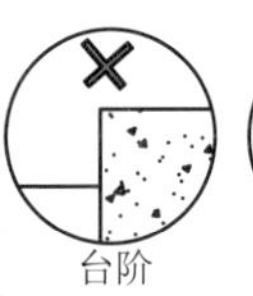
台阶

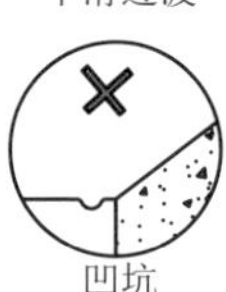
凹坑

3.2.3　配件安装

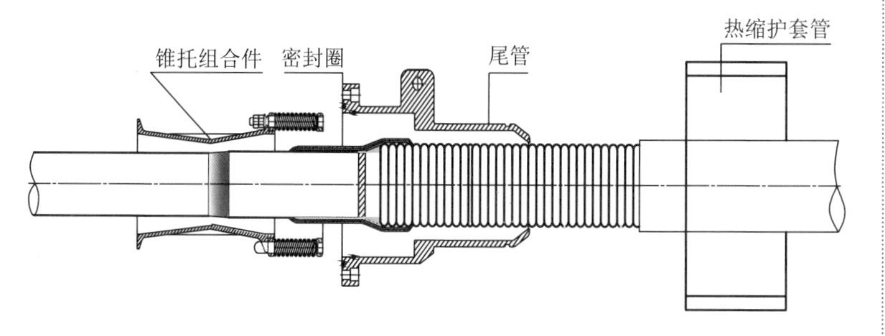

基本要求

电缆缠绕保鲜膜进行保护，将热缩护套管、尾管、锥托组合件、密封圈按部件的先后顺序套入电缆中。

常见缺陷点

套入配件数量、方向、顺序错误，电缆未做保护处理，刮伤电缆表面。

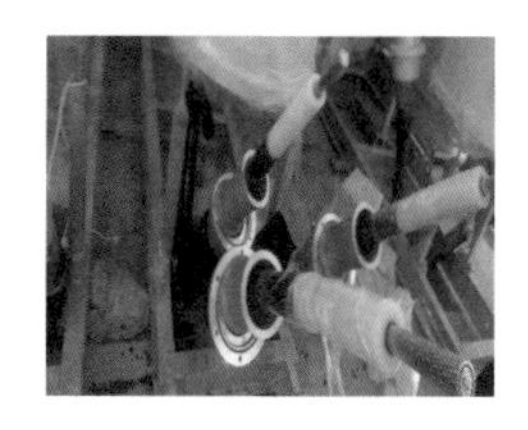

3.3　应力锥主体安装

3.3.1　安装前检查

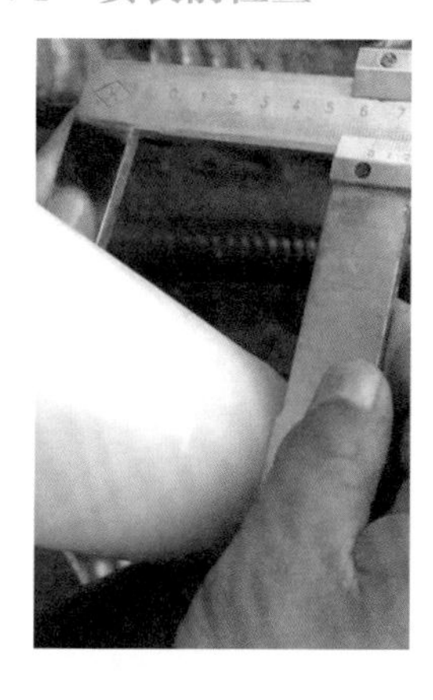

基本要求

安装前检查和清洁应力锥内壁，并核对器具型号。

常见缺陷点

应力锥的内径不满足绝缘过盈量配合的要求。

3.3.2 应力锥主体安装

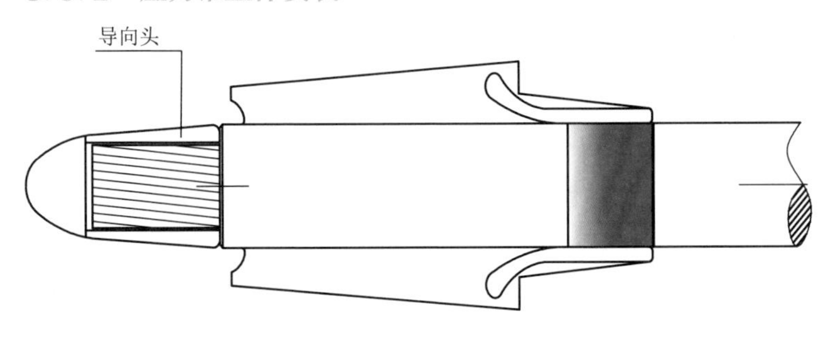

基本要求

导向头套上线芯，用清洁纸清洁导向头、绝缘层、外半导电层、应力锥主体内表面并用热风枪吹干，在绝缘层表面和应力锥主体内表面的绝缘部位均匀涂抹硅脂或硅油，再将应力锥推入至安装定位标记。

常见缺陷点

在电缆半导电部位涂抹硅油，应力锥安装定位尺寸错误。

3.4 导体压接

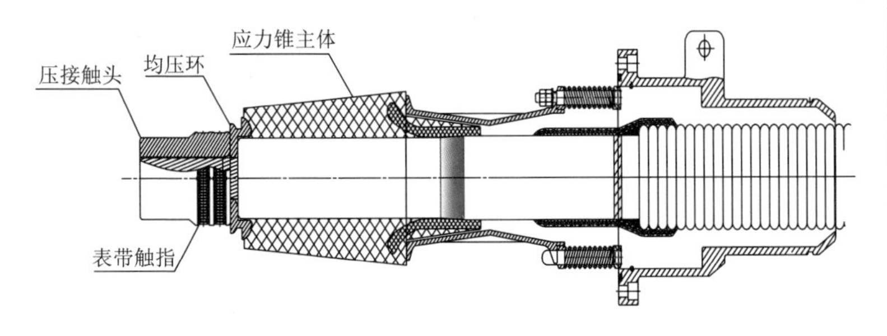

基本要求

将压接触头套入线芯，确认到位后进行压接，压接完成安装表带触指，回拉应力锥主体靠紧均压环。

常见缺陷点

压接后压接触头表面有毛刺、裂缝，压接长度不满足工艺要求。

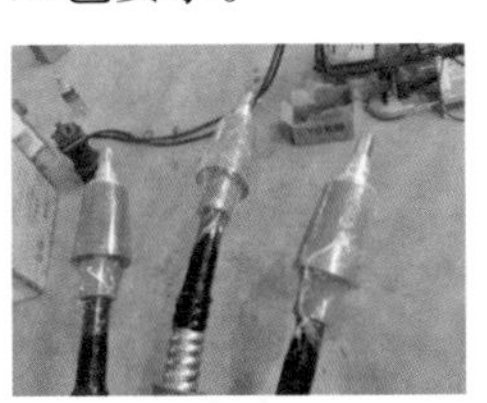

3.5　电缆安装进仓

3.5.1　安装前准备

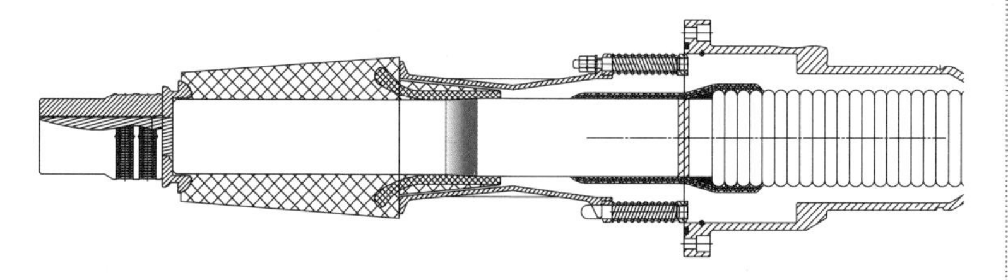

基本要求

安装前用电缆清洁纸或无水酒精将内锥绝缘子和硅橡胶应力锥主体擦拭干净并吹干，穿戴一次性PE手套后在应力锥绝缘部分表面及均压环表面涂抹一层薄薄的硅油，并在应力锥的半导电部分、O形密封圈表面分别涂抹一层硅脂或硅油。

常见缺陷点

硅脂或硅油涂抹不均匀，涂抹后未做密封防尘保护，沾染灰尘、杂质。

3.5.2　电缆安装进仓

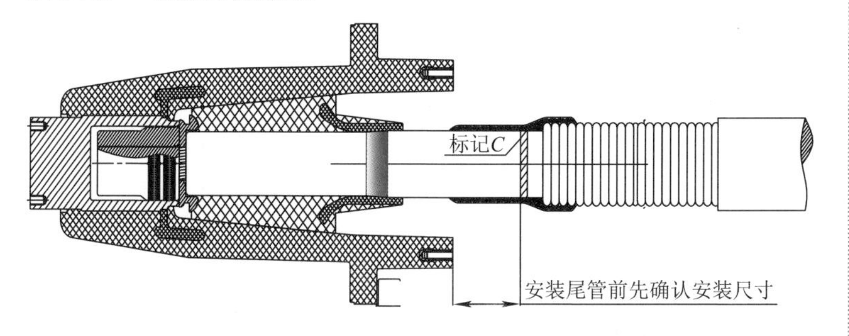

基本要求

电缆插入内锥绝缘子，直至硅橡胶应力锥主体表面与内锥绝缘子贴紧，核对尺寸。

常见缺陷点

安装时电缆弯曲，穿入时压接触头划伤内锥绝缘子内斜面，内锥绝缘子内壁未清洁干净。

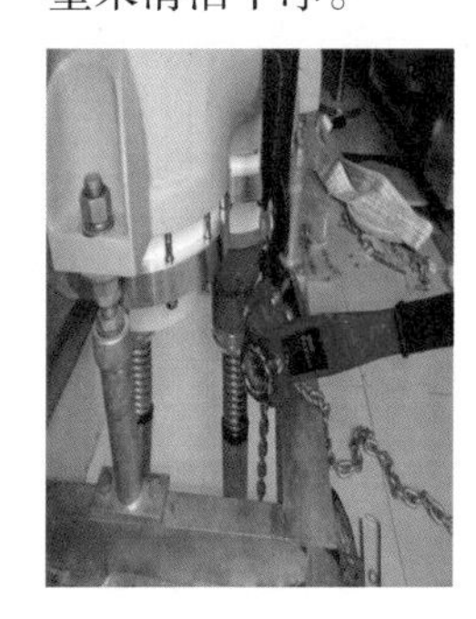

3.5.3 尾管安装

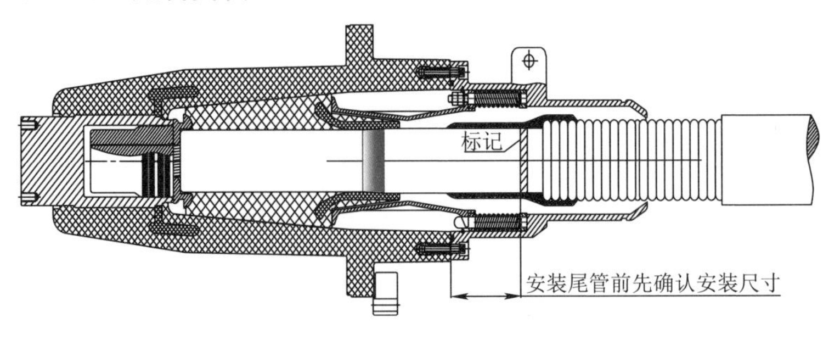

基本要求

安装尾管前在O形密封圈的表面涂抹一层薄薄的硅脂，将尾管往上顶入使锥托端口顶紧应力锥主体，借用螺杆把螺栓打紧至尾管与内锥端口面贴紧（推荐力矩符合工艺要求）。

常见缺陷点

尾管安装时螺栓力矩不对，安装不到位。

3.6 安装接地线及密封处理

3.6.1 进行封铅处理

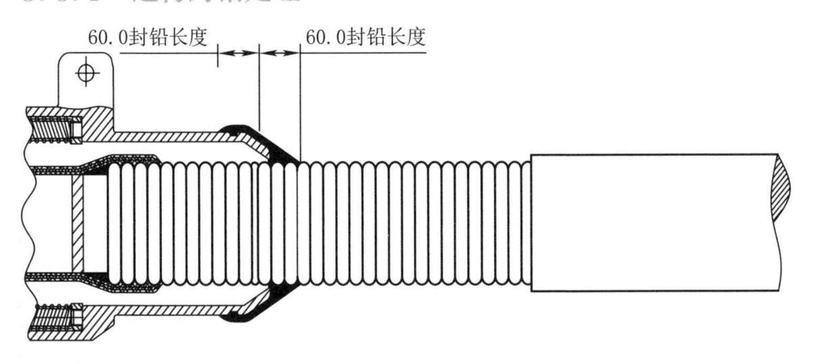

基本要求

尾管及电缆金属套所示封铅区域毛化处理，电缆金属套封铅位置进行打底处理后，铅条进行封铅，封铅时必须压实，涂抹均匀，长度不小于120mm。

常见缺陷点

持续封铅时间超过15min，烫伤电缆；封铅不牢固，开裂。

3.6.2　密封处理

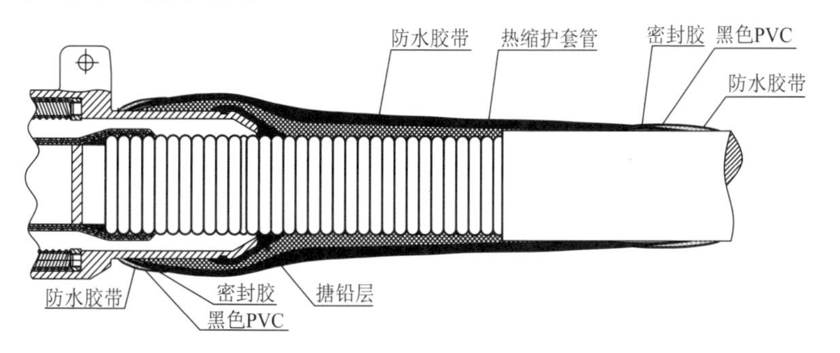

基本要求

封铅、电缆金属套和电缆外护套上缠密封胶和防水带后套上热缩管覆盖防层，加热收缩后缠绕防水胶带与黑色PVC胶带。

常见缺陷点

3.6.3　接地线安装

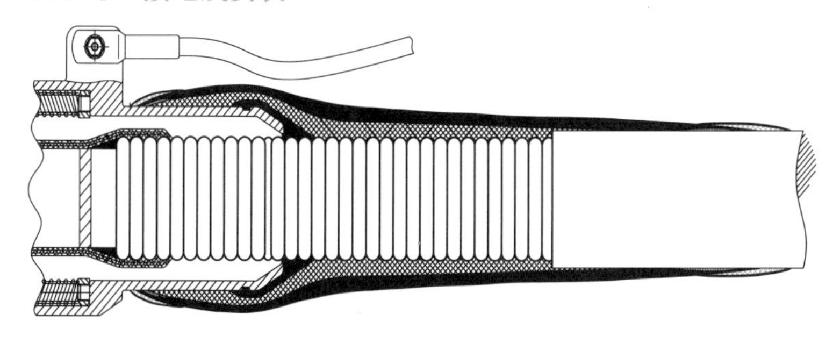

基本要求

用螺丝将接地端子和尾管连接，引出地线。终端安装完成后，立即对电缆进行固定，固定时防止电缆大幅度晃动，并保证电缆仓底部以下1.5m的电缆垂直。

常见缺陷点

3.6.4　现场清理

基本要求

安装结束，整理工具、清理现场。

常见缺陷点

现场未清理，垃圾余料随意丢弃。

第七章　高压电缆接头安装

第一节　整体预制接头安装

1.1　配件、主体套装

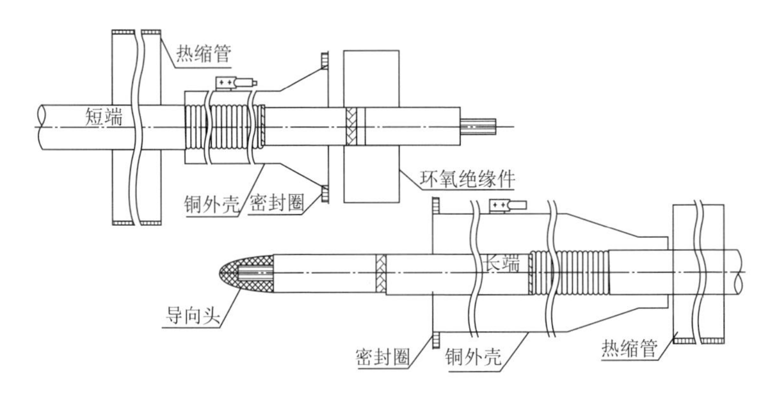

基本要求

① 按电缆长、短端分别将热缩管、铜外壳和密封圈等配件套在电缆上。

② 清洁电缆绝缘层表面和整体预制接头主体（以下简称主体）内表面并均匀涂抹硅油，使用拉装工具使接头主体套入长端，直到露出50mm电缆长端绝缘左右后卸下导向头和拉装工具，然后用保鲜膜临时保护。

常见缺陷点

① 套装配件时出现遗漏，顺序和方向错误，或磕碰损伤电缆。

② 套装接头主体时，电缆和接头清洁不充分，现场环境恶劣。

1.2　导体连接

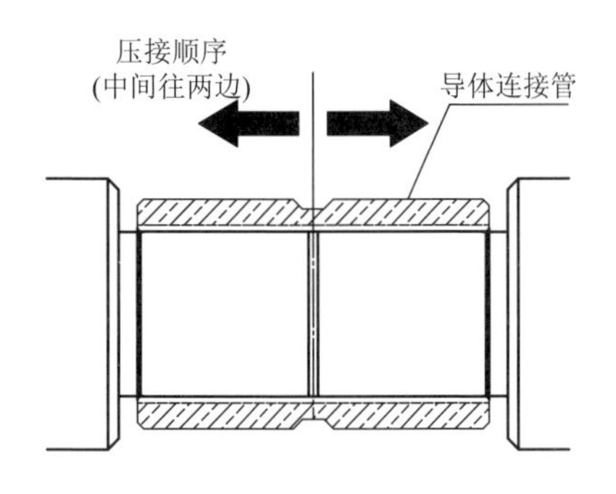

基本要求

① 套上连接管，确定线芯对接到位后按连接管外径的尺寸选取适当的压模进行压接。围压压接应以压模到位，压接不产生形变为原则。

常见缺陷点

① 没有对直两端电缆，没有去除电缆线芯阻水层。

② 压接时线芯没有接触到位，两端配件不全；没有处理锐边毛刺。

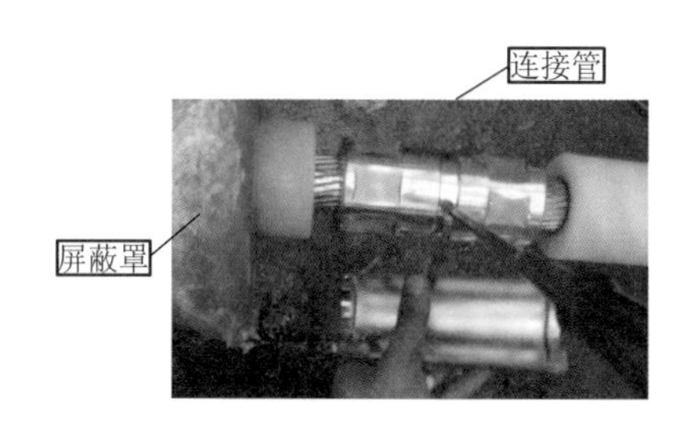

② 把铜编织线与连接管、屏蔽罩用螺钉连接紧固（不松动），把两块屏蔽罩扣在已压接好的连接管上。

③ 压接时，电缆不在一条直线上。

④ 铜编织线没有良好固定或超出屏蔽罩。

⑤ 屏蔽罩错位或有毛刺。

1.3　主体安装

1.3.1　套入主体

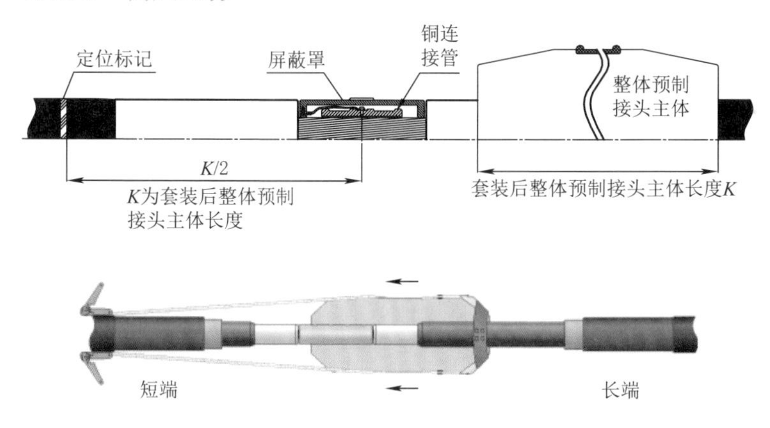

基本要求

① 在电缆短端做安装定位记号，并临时固定屏蔽罩。

② 清洁电缆绝缘，并涂抹硅油，通过拉装工具使主体套入到标记位置。

1.3.2　外屏蔽连接

1.3.2.1　绝缘接头处理

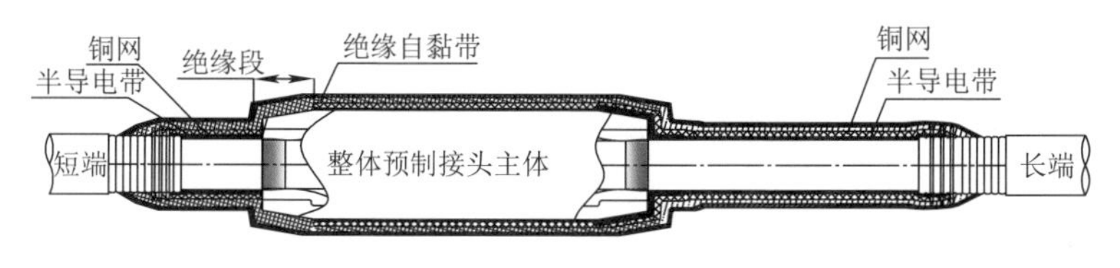

基本要求

按安装说明书规定，分别在电缆长端和短端缠绕半导电带、铜网、绝缘自黏带等。

常见缺陷点

铜网或半导电带错误缠绕到接头主体的绝缘段上。

1.3.2.2 直通接头处理

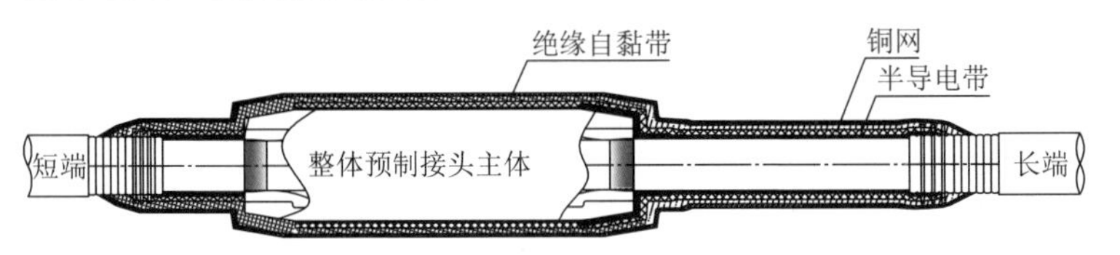

基本要求

按安装说明书规定，分别对电缆长端和短端缠绕半导电带、铜网、绝缘自黏带等。

1.4 保护壳安装

1.4.1 铜壳组装

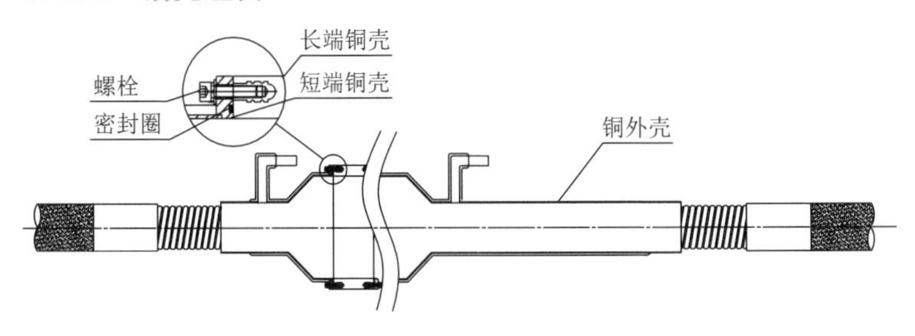

基本要求

将密封圈装入铜外壳法兰上的密封槽内，用螺栓将两端铜外壳缩紧。

1.4.2 铅封

基本要求

① 对铜外壳尾端及电缆金属套封铅区域进行毛化处理。

② 先用铅焊材料对电缆金属套进行打底处理，再用锡合金进行打底。

③ 封铅时必须压实，涂抹均匀，长度不小于120mm。

常见缺陷点

① 铜外壳灌胶口没有正面向上。

② 封铅时间超过20min，烫伤电缆。

1.4.3 灌胶

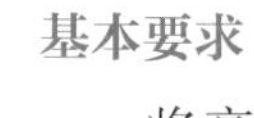

基本要求

将高压电缆密封胶按比例搅拌均匀，从铜外壳灌胶口灌满为止。

1.5 密封与接地处理

1.5.1 端部密封处理

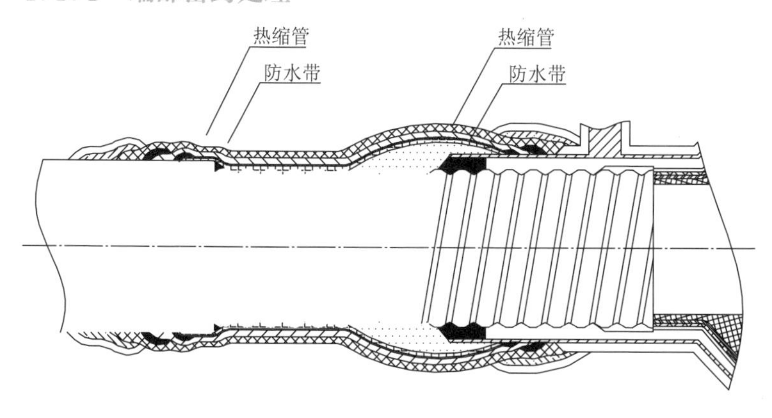

基本要求

在电缆护套断口和铜壳PE层端部进行打磨毛化处理，然后按安装说明书规定分别对铜壳两端缠绕密封胶、防水带，套上热缩管加热收缩。

1.5.2 接地电缆的连接方式

1.5.2.1 绝缘接头

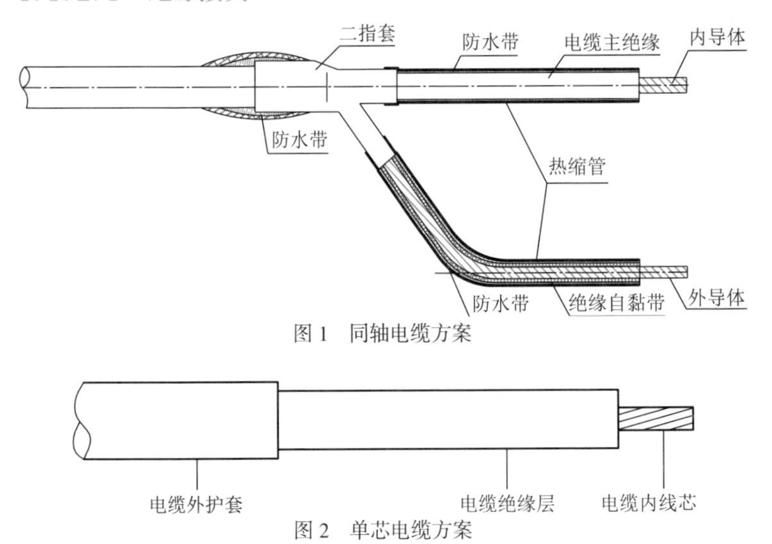

图1 同轴电缆方案

图2 单芯电缆方案

基本要求

① 同轴电缆方案：按要求开剥同轴电缆。

② 单芯电缆方案：按要求开剥单芯电缆。

1.5.2.2 直通接头

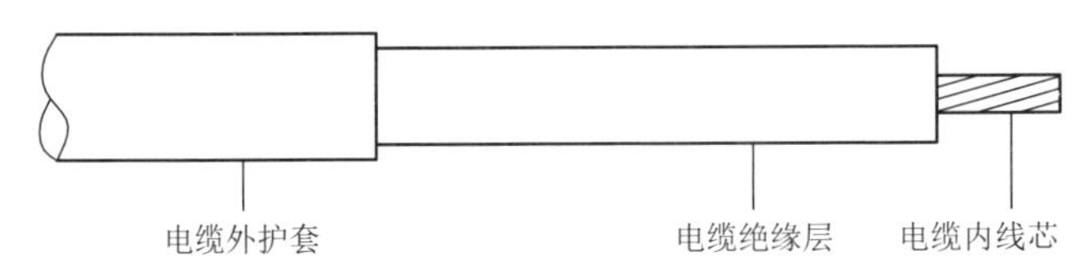

基本要求

按要求开剥单芯电缆。

1.5.2.3 密封处理

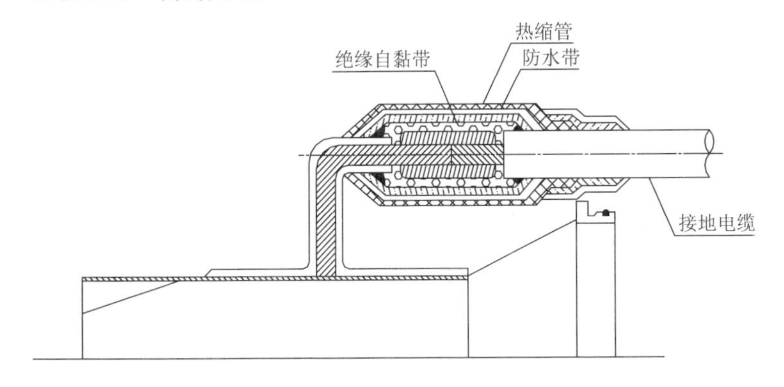

常见缺陷点

若配玻璃钢外壳，应先将接地电缆穿过玻璃钢外壳顶部小孔。

基本要求

核对好接地电缆对应电缆护套方向后分别套入铜外壳接地柱并压接，缠绕防水胶带和套上热缩管加热收缩。

1.5.3　安装玻璃钢

1.5.3.1　放置玻璃钢

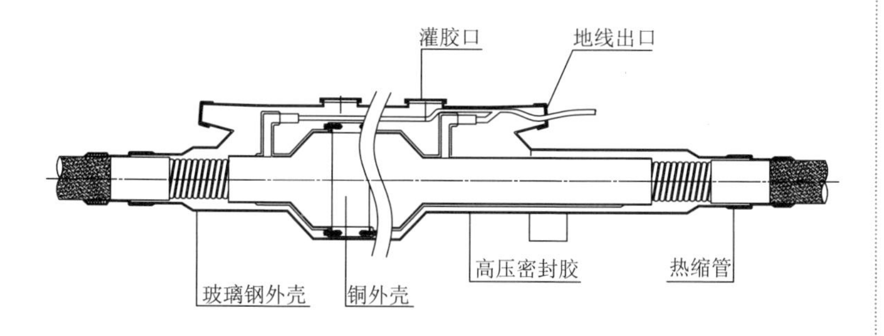

基本要求

将玻璃钢外壳底座放置于铜外壳的中间，将地线从玻璃钢外壳出线口引出，合上玻璃钢外壳打紧螺丝，在出线口处半搭接缠绕防水带。

1.5.3.2　玻璃钢密封

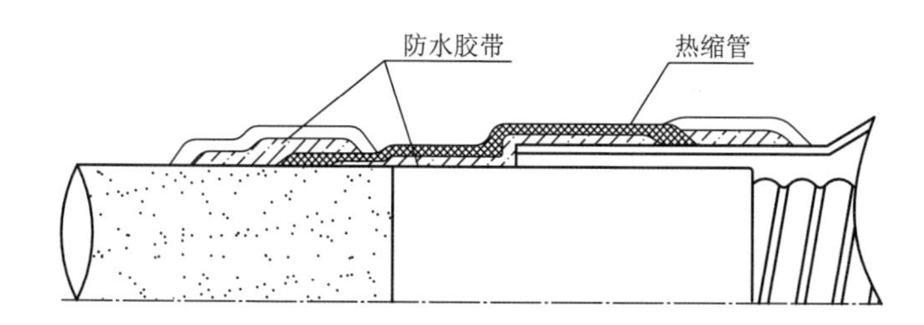

基本要求

① 玻璃钢外壳两端口用缠绕防水胶带、收缩热缩管。

② 将高压电缆密封胶搅拌均匀，然后从玻璃钢外壳灌胶孔处灌满盖紧，再用防水胶带缠紧灌胶盖。

第八章　接地系统安装

4.1　接地系统安装

4.1.1　安装箱体

基本要求

将箱体用螺栓固定于安装位置。

4.1.2　处理接地电缆

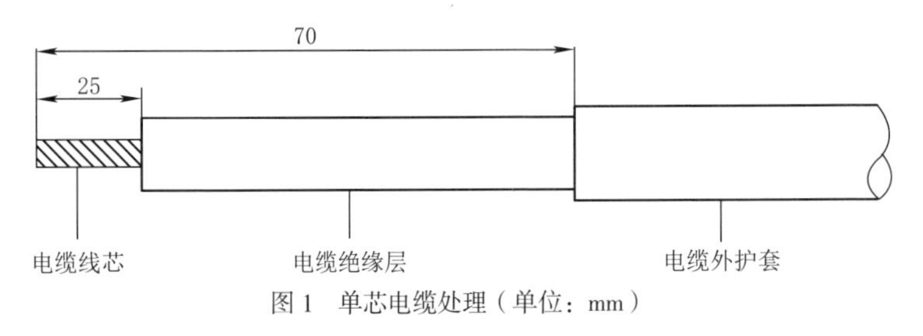

图 1　单芯电缆处理（单位：mm）

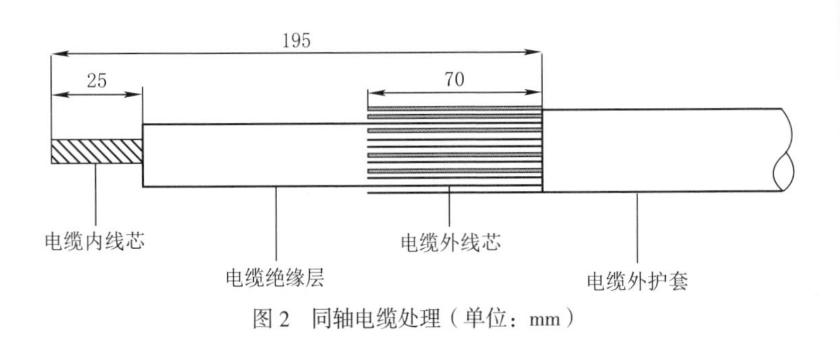

图 2　同轴电缆处理（单位：mm）

基本要求

按安装说明书规定处理接地电缆。

常见缺陷点

单芯电缆带绝缘屏蔽(外半导电层),必须剥除部分绝缘屏蔽(外半导电层)。

4.1.3 内部接线

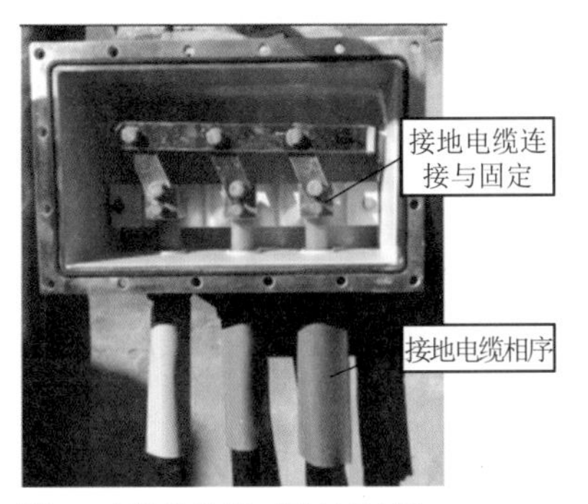

图 1 直接接地箱 / 保护接地箱内部接线

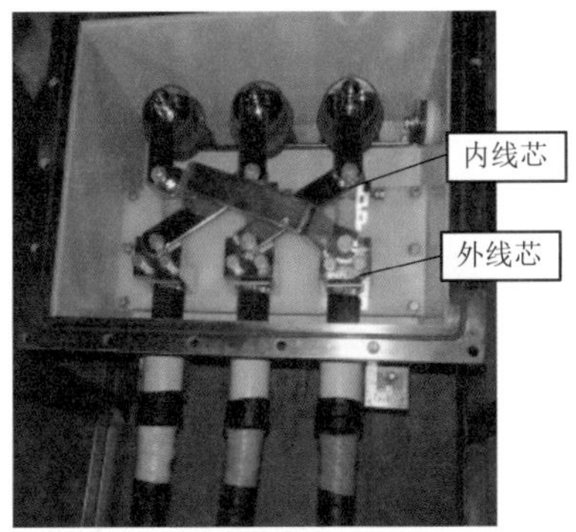

图 2 交叉互联接地箱内部接线（同轴电缆方案）

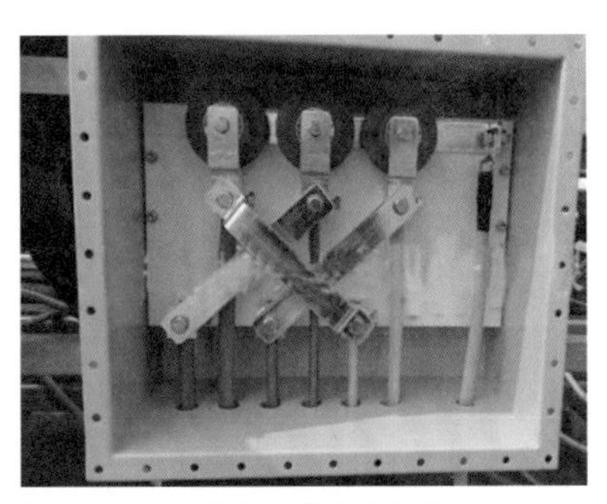

图 3 交叉互联接地箱内部接线（单芯电缆方案）

基本要求

将热缩管套入接地电缆，按相序分别将电缆插入密封套至箱体内并良好固定。

常见缺陷点

交叉互联箱接地电缆接线方向错误或方向不一致。

差异化描述

交叉互联箱有两种结构，一是采用同轴电缆方案，也叫三进一出；另一种是采用单芯电缆方案，也叫六进一出。

4.1.4　进线口密封处理

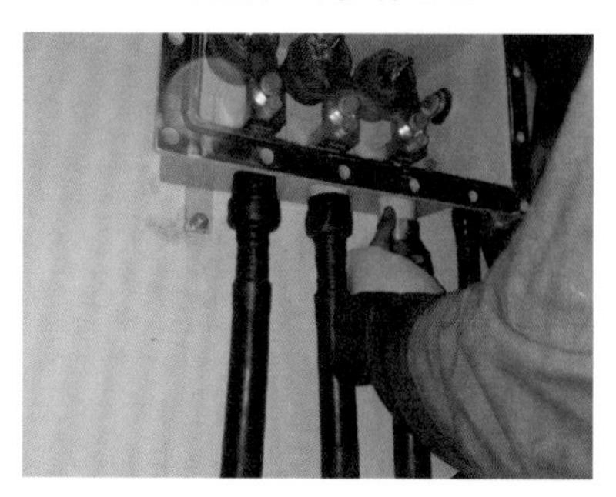

基本要求

将密封套端口缠绕防水胶带，然后套入热缩管并加热，固定线缆。

4.1.5　完成安装

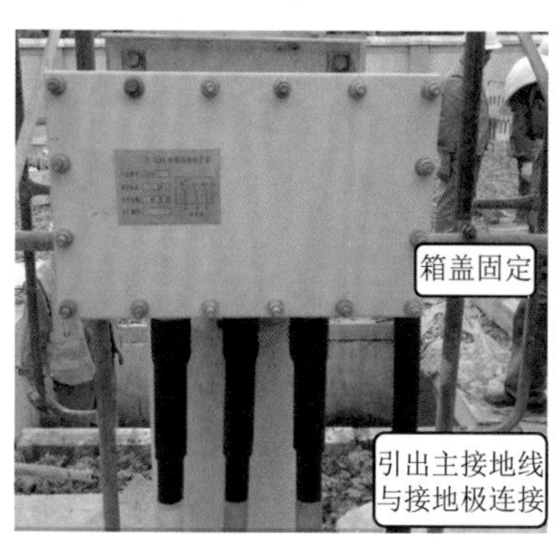

基本要求

检查密封圈，盖上箱盖，并锁紧螺栓，从箱体侧面引出主接地线与接地极连接。

常见缺陷点

① 接地电缆长度应适中，避免过长或过短。

② 同一线路同类接头其接地线或同轴电缆布置应统一，接地线排列及固定、同轴电缆的走向应统一，易于维护。